普通高等教育土建学科专业"十五"规划教材

高等学校给水排水工程专业指导委员会规划推荐教材

城市水系统运营与管理

（第二版）

陈　卫　
张金松　主编
金同轨　主审

中国建筑工业出版社

图书在版编目（CIP）数据

城市水系统运营与管理/陈卫，张金松主编．—2 版．
北京：中国建筑工业出版社，2010.7（2022.7重印）
　（普通高等教育土建学科专业"十五"规划教材，
高等学校给水排水工程专业指导委员会规划推荐教材）
　ISBN 978-7-112-12228-8

Ⅰ．①城… Ⅱ．①陈… ②张… Ⅲ．①市政工程—
给排水系统—高等学校—教材 Ⅳ．①TU991

中国版本图书馆 CIP 数据核字（2010）第 125275 号

普通高等教育土建学科专业"十五"规划教材
高等学校给水排水工程专业指导委员会规划推荐教材
城市水系统运营与管理（第二版）

陈　卫
张金松　主编
金同轨　主审

*

中国建筑工业出版社出版、发行（北京西郊百万庄）
各地新华书店、建筑书店经销
北京红光制版公司制版
北京建筑工业印刷厂印刷

*

开本：787×960 毫米　1/16　印张：28¾　字数：580 千字
2010 年 12 月第二版　2022 年 7 月第十一次印刷
定价：65.00 元（赠教师课件）
ISBN 978-7-112-12228-8
(37419)

版权所有　翻印必究
如有印装质量问题，可寄本社退换
（邮政编码　100037）

本教材是普通高等教育土建学科"十五"规划教材，全书分4篇，共14章。第1篇（第1章、第2章）概述城市水系统运行与管理和城市水资源保护与管理；第2篇（第3章至第7章）介绍给水处理构筑物的运行、维护与管理，污水处理构筑物的运行、维护与管理，城市污水再生利用技术与管理，水处理厂电气与机械设备的运行与管理，水处理厂自动化控制；第3篇（第8章至第10章）介绍了给水管网的技术管理与维护，排水管网的技术管理与维护，泵站的运行维护与管理；第4篇（第11章至第14章）介绍了企业运营的内部管理，城市供水排水调度，供水排水企业对外服务与收费管理，城市供水排水项目投融资。

本书系统全面、内容新颖、实践性强，可作为高等院校给水排水工程（给排水科学与工程）和环境工程等专业本科生教材，亦可供从事城市水系统及饮用水净化、污水处理和管道系统运行与控制、城市水业经营与管理的有关人士参考。

为便于教学，作者特制作了与教材配套的电子课件，如有需求，可发邮件（标注书名、作者名）至 jckj@cabp.com.cn 索取，或到 http://edu.cabplink.com//index 下载，电话：(010)58337285。

* * *

责任编辑：王美玲
责任设计：张　虹
责任校对：刘　钰　王雪竹

第二版前言

城市水系统是水的自然循环和水的社会循环的耦合。城市水系统的良性循环是实现水资源可持续利用和城市可持续发展的重要保障。《城市水系统运营与管理》即从运营与管理的角度分析城市水系统良性循环的技术保障措施与科学管理方法。

本教材以城市水系统为研究对象，重点介绍城市水系统良性循环的技术保障措施与科学管理方法，涵盖水源、自来水厂、污水处理厂、管道系统以及机电与自控的运行和技术管理，探讨了市场经济条件下的企业内部管理、调度、服务收费和投资融资等。本教材适用于高校给水排水工程专业和相关专业本科生课程教学，具有强化理论知识与生产实践和社会实践相结合的作用，为学生实际工作能力的培养和将来逐步融入社会创造条件。本教材已在高校给水排水工程和其他相关专业的教学中使用，一些水务（集团）公司也将其作为技术与管理培训教材，使用中均获得良好评价，同时，也得到了一些宝贵意见和建议。现根据当前国家相关政策、最新专业规范和标准、新技术和新工艺，以及借鉴读者的意见和建议等，对全书进行了修订。

鉴于教学计划中专业课教学时数的限定，建议将本教材的施教结合生产实习或其他的实践性教学环节进行，既可以适当少占课内学时，又能丰富实践性教学环节的内容，有利于提高实践教学质量，使其目的性更加明确。

本教材由陈卫、张金松主编。编写人员及分工：第1章，张金松；第2章，陈卫、孙敏；第3章，陈卫、李小东；第4章，李欣；第5章，郑兴灿、陈卫；第6章，罗彬、李欣；第7章，罗彬、南军；第8章，张雅君、冯萃敏、王俊岭；第9章，张立秋；第10章，张立秋；第11章，张金松、郑海良、周令、范洁；第12章，尤博文、周克梅、李欣；第13章，张金松、李立丽、范爱丽、薛芝平；第14章，张金松、周令、郑海良、范洁。全书由张金松、陈卫统稿，由西安建筑科技大学金同轨教授主审。

参加修订的人员：陈卫、张金松、孙敏、李欣、郑兴灿、罗彬、南军、张雅君、冯萃敏、王俊岭、张立秋、尤博文、周克梅、周令、李立丽。

感谢读者对本书修订工作的支持。

第一版前言

水是人类和地球上一切生物生存发展所必需的、不可替代的并可再生的一种特殊资源。水处于不断运动、不断循环之中,这种运动和循环具有突出的系统属性。在水的社会循环中,由工业生产过程的水循环和居民生活的水循环构成了城市水循环系统;在城市水循环中,水源、供水、用水和排水相连接,形成一个相互关联的网络系统,称之城市水系统。

城市水系统的根本目标是保证水的良性社会循环,实现水资源可持续利用。为了实现这一目标,城市水系统必须是一个完整、协调的体系,具备供水排水的统一性,具有保障和维系经济增长与资源环境协调发展的可持续性。作为城市的公共设施,城市水系统的功能、供水排水的产品和服务,又具有公益与商品的两重性。以城市水系统为运营、管理对象的城市水业,是对国民经济发展具有全局性和先导性影响的基础产业。

《城市水系统运营与管理》是首次以城市水系统为研究对象的专业教科书,着重从运营与管理的角度分析城市水系统良性循环的技术保障措施与科学管理方法,涵盖水源、自来水厂、污水处理厂、管道系统以及机电与自控的运行和技术管理,还探讨了市场经济条件下的企业内部管理、调度、服务收费和投资融资等。本教材相应课程是给水排水工程专业课程体系中过去未曾设置的,对于本专业本科学生是全新的,具有强化理论知识与生产实践和社会实践相结合的作用,为培养学生的实际工作能力和将来逐步融入社会创造条件。

鉴于教学计划中专业课教学时数的限定,建议将本教材的施教结合生产实习或其他实践性教学环节进行,既可以适当少占课内学时,又能丰富实践性教学环节的内容,有利于提高实践教学质量,使其目的性更加明确。

本教材由陈卫、张金松主编。编写人员及分工为:第1章,张金松;第2章,陈卫、孙敏;第3章,陈卫、李晓东;第4章,李欣;第5章,郑兴灿;第6章,罗彬、李欣;第7章,罗彬、南军;第8章,张雅君、冯萃敏、王俊岭;第9章,张立秋;第10章,张立秋;第11章,张金松、郑海良、周令、范洁;第12章,周克梅、李欣;第13章,张金松、李立丽、范爱丽、薛芝平;第14章,张金松、周令、郑海良、范洁。全书由张金松、陈卫统稿。

本教材由西安建筑科技大学金同轨教授主审。

在本教材编写过程中,得到了国家城市给水排水工程技术研究中心、深圳市水务集团、南京市自来水总公司、哈尔滨市自来水总公司、哈尔滨工业大学、河海大学、北京建筑工程学院等许多单位和个人的大力支持,得到了许多建设性的意见和建议,在此一并表示衷心感谢。特别感谢深圳市水务集团原总工程师陆坤明高工和哈尔滨工业大学李伟光教授给予的具体指导。

  本教材是一次全新的尝试,限于编者的认识、知识和水平,书中难免存在缺点和不妥之处,恳请读者批评指正。

目 录

第1篇 总 论

第1章 城市水系统运行与管理概论 ... 2
- 1.1 概述 ... 2
- 1.2 城市水系统分析 ... 2
- 1.3 城市水系统特性 ... 5
- 1.4 城市水系统的运营与管理 ... 9

第2章 城市水资源保护与管理 ... 14
- 2.1 城市水资源与城市建设的关系 ... 14
- 2.2 城市水资源保护与管理措施 ... 18
- 2.3 城市取水构筑物的运行管理 ... 29

第2篇 水 处 理 厂

第3章 给水处理构筑物的运行、维护与管理 ... 46
- 3.1 常规给水处理工艺 ... 46
- 3.2 受污染水源水的预处理 ... 76
- 3.3 受污染水源水净化的深度处理 ... 85
- 3.4 新型净水工艺 ... 93

第4章 污水处理构筑物的运行、维护与管理 ... 96
- 4.1 预处理工艺 ... 96
- 4.2 生物处理 ... 101
- 4.3 消毒与计量 ... 122
- 4.4 污泥处理构筑物 ... 126

第5章 城市污水再生利用技术与管理 ... 137
- 5.1 城市再生水系统的构成与类型 ... 137
- 5.2 再生水的用水途径与类别 ... 140
- 5.3 再生水净化处理的基本要求 ... 141
- 5.4 再生水处理工艺 ... 149
- 5.5 再生水生产运行的技术要求 ... 154
- 5.6 再生水的输配与存储 ... 157

第6章 水处理厂电气与机械设备的运行与管理 161
6.1 水处理厂供配电方式及其运行要求 161
6.2 常用电气设备运行维护 170
6.3 给水处理厂常用机械设备维护 174
6.4 污水处理厂常用设备维护 179
6.5 机械设备管理制度 187

第7章 水处理厂自动化控制 193
7.1 给水厂的自动化控制 193
7.2 污水处理厂的自动化控制 199

第3篇 管道系统

第8章 给水管网的技术管理与维护 224
8.1 给水管道材料、附件与附属设施 224
8.2 给水管网技术管理 230
8.3 给水管网的监测、检漏与维护 236

第9章 排水管网的技术管理与维护 257
9.1 排水管渠的材料 257
9.2 排水管渠的接口 263
9.3 排水管渠的基础 265
9.4 排水管渠的构筑物 268
9.5 排水管渠的运行管理 278
9.6 GIS 在排水系统中的应用 284

第10章 泵站的运行维护与管理 288
10.1 水泵启动前的准备工作 288
10.2 水泵运行中应注意的问题 289
10.3 水泵常见故障与排除 290
10.4 泵站的运行日志与设备档案 291
10.5 泵站的管理制度 293
10.6 泵站辅助设施的运行管理 295
10.7 泵站水锤及防护 308

附录：水泵站设备档案 314

第4篇 企业运营管理与供水排水项目投融资

第11章 企业运营的内部管理 318
11.1 供水排水企业的运营管理特征 318

11.2　企业的组织设计 ………………………………………………… 320
　　11.3　计划与财务管理 ………………………………………………… 324
　　11.4　生产管理 ………………………………………………………… 332
　　11.5　人力资源管理 …………………………………………………… 348
第 12 章　城市供水排水调度 …………………………………………… 358
　　12.1　城市供水调度 …………………………………………………… 358
　　12.2　城市排水调度 …………………………………………………… 370
第 13 章　供水排水企业对外服务与收费管理 ………………………… 379
　　13.1　供水排水企业公共关系 ………………………………………… 379
　　13.2　城市供水排水客户服务 ………………………………………… 383
　　13.3　供水排水价格 …………………………………………………… 397
　　13.4　抄表收费管理 …………………………………………………… 406
第 14 章　城市供水排水项目投融资 …………………………………… 419
　　14.1　城市供水排水设施的建设和发展 ……………………………… 419
　　14.2　城市供水排水项目资金的筹集 ………………………………… 424
　　14.3　城市供水排水项目的投资决策 ………………………………… 437
主要参考文献 ……………………………………………………………… 445

第 1 篇
总 论

第1章 城市水系统运行与管理概论

1.1 概　　述

城市的社会经济活动中每天都要消耗大量的水，用于工业、农业、商业活动以及市民的日常生活。水在某种程度限定和决定了城市的性质、规模、产业结构和发展方向，城市对水有很高的依存度。

水是人类和地球上一切生物生存发展所必需的、不可替代的一种特殊资源，是基础性的自然资源、战略性的经济资源和公共性的社会资源。在自然界中，水处于不断运动、不断循环之中，这种运动和循环具有突出的系统属性。

在自然界，水以海洋、湖泊、河流、地下水、大气水等多种形式存在，在太阳光能和地心引力等自然能量的作用下，水从海洋、各种地表水面及地面蒸发形成水蒸气，继而形成雨、雪等降水，一部分以地表径流形式流入江、河、湖泊，成为地表水；另一部分渗入地层成为地下水，而地下水也在经历漫长的渗流循环过程。由此可知，地球上的水通过蒸发、降水、径流和渗流等形式进行周而复始的自然循环，从整体上看，这种循环是一个全球性的大系统。

水资源是指流域水循环中能够为自然环境和人类社会所利用的淡水，其补给来源主要为大气降水，赋存形式为地表水、地下水和土壤水，可通过水循环逐年得到更新。人类社会的生产和生活，需要从各种天然水体中取水，使用之后，以各种废水和污水形式排出，又返回天然水体之中，形成水的自然循环系统中的一个特殊的子系统——水的社会循环。在水的社会循环中，工业生产过程的水循环、居民生活的水循环，即工业循环和民用循环，构成了城市的水循环系统，在城市的水循环中，水源、供水、用水和排水系统相连接，形成一个相互关联的网络系统，称之城市水系统。

1.2 城市水系统分析

1.2.1 城市水系统的概念

城市水系统存在的基础是城市水资源。

城市水资源指城市可利用的、具有足够的数量和可用的质量，并能满足城市某种用途的水资源。在现有社会经济和技术条件下能被有效利用，同时具备水量和水质要求的地表水、地下水、再生回用水、雨水和海水等，均可视为城市水资源。

城市水资源作为城市生产和生活的基础资源之一，除了它固有的本质属性和基本属性外，还具有环境、社会和经济属性。水的环境属性源于其本身就是环境的重要组成部分，它决定了水在自然环境中的特殊地位以及水的质量和状态受环境影响的必然性；水的社会属性决定了水资源的功能，主要体现在水的被开发利用上，而开发利用的行为方式又取决于社会对水的需求程度和认识水平；水的经济属性是水资源稀缺性的体现，它是由水的社会属性衍生出来的，社会的需求是水的经济价值的根源，水的功能和价值只有通过开发利用和保护这一社会活动才能得以实现。因此，水资源的功能和价值的实现过程实际上就是水资源的开发利用和保护过程。

城市水系统就是在一定地域空间内，以城市水资源为主体，以水资源的开发利用和保护为过程，并随时空变化的动态系统。城市水系统与社会、经济、政治因素密切相关。

1.2.2 城市水系统的构成

城市水系统由城市的水源、供水、用水和排水等四大要素构成，集城市用水的取水、净化、输送，城市污水的收集、处理、综合利用，降水的汇集、处理、排放，以及城区防洪（潮、汛）、排涝为一体，是各种供水排水设施的总称。城市供水排水设施可分为供水和排水两个组成部分，亦分别称为供水系统和排水系统。

城市供水的用途通常分为生活用水、工业生产用水和市政消防用水三大类，为了满足城市和工业企业的用水需求，城市供水系统需要具备充足的水资源、取水设施、水质处理设施和输水及配水管道网络。上述各种用水在被用户使用以后，水质受到了不同程度的污染，需要及时地收集和处理；另外，城市化地区的降水会造成地面积水，甚至洪涝灾害，需要及时排除。因此，城市污（废）水可以分为生活污水、工业废水和雨水。为收集、处理和排除以上各种城市污（废）水而建设的工程设施，称为城市排水系统。只有建立合理、经济和可靠的城市排水系统，才能达到保护环境、保护水资源、促进生产和保障人们生活和生产活动安全的目的。

城市水系统主要包含以下供排水设施：

（1）水源取水设施。包括地表和地下取水设施、提升设备和输水管渠等。

（2）给水处理设施。包括各种采用物理、化学、生物等方法的水质处理设备和构筑物。生活饮用水一般采用反应、絮凝、沉淀、过滤和消毒处理工艺和设施，工业用水一般有冷却、软化、淡化、除盐等工艺和设施。

（3）供水管网。包括输水管渠、配水管网、水量与水压调节设施（泵站、减压阀、清水池、水塔等）等，又称为输水与配水系统，简称输配水系统。

(4）排水管网系统。包括污水收集与输送管渠、水量调节池、提升泵站及附属构筑物（如检查井、跌水井、水封井、雨水口等）等。

（5）污水处理设施。包括各种采用物理、化学、生物等方法的水质净化设备和构筑物。由于污（废）水的水质差异大，采用的污水处理工艺各不相同。常用物理处理工艺有格栅、沉淀、曝气、过滤等，常用化学处理工艺有中和、氧化等，常用生物处理工艺有活性污泥处理、生物滤池、氧化沟等。

（6）排放和重复利用设施。包括污水受纳体（如水体、土壤等）和最终处置设施，如排放口、稀释扩散设施、隔离设施和污水回用设施等。

1.2.3 城市水系统的功能

城市水系统的总体功能是满足城市社会经济和自然环境的用水需求，向各种不同的用户供应满足需求的水质和水量，同时承担用户排出的污水的收集、输送和处理，达到消除污（废）水中污染物质对人体健康的危害和保护环境的目的。考虑到城市水源是自然环境的重要组成部分，也可以将城市水系统的功能表述为：在一定的约束条件下，最大限度地满足城市社会经济的合理用水需求。这里所指的约束条件有三层含义：一是不能破坏水资源量的补排平衡；二是不能破坏水资源的质量状态；三是不能破坏水资源的赋存环境。

具体来讲，城市水系统应具有以下三项主要功能：

（1）水量保障。向指定的用水地点及时可靠地提供满足用户需求的用水量，将用户排出的污（废）水（包括生活污水和生产污废水）和雨水及时可靠地收集并输送到指定地点。

（2）水质保障。向指定用水地点和用户供给符合质量要求的水及按有关水质标准将废水排入受体。包括三个方面：采用合适的给水处理措施使供水（包括水的循环利用）水质达到用户用水所要求的质量；通过设计和运行管理中的物理和化学等手段控制贮存水和输配水过程中的水质变化；采用合适的排水处理措施使污（废）水水质达到排放要求，保护环境不受污染。

（3）水压保障。为用户用水提供符合标准的用水压力，使用户在任何时间都能取得充足的水量；使排水系统具有足够的高程和压力，使之能够顺利排入受纳水体。在地形高差较大的地方，应充分利用地形高差所形成的重力提供供水压力或排水输送能量；在地形平坦的地区，给水压力一般采用水泵加压，必要时还需要通过阀门或减压设施降低水压，以保证用水设施安全和用水舒适；排水一般采用重力输送，必要时用水泵提升高程，或者通过跌水消能设施降低高程，以保证排水系统的通畅和稳定。

城市水系统还要从用水需求、环境污染、减少渗漏、节水措施和加强补给等方面进行调控，保证其功能的发挥：

（1）节制需求

现实生活和生产活动中，不合理的用水和浪费水现象严重，必须对用水需求进行节制。主要手段有计划管理、定额管理、价格调控和宣传教育，还要大力发展节水器具和节水型工艺，提倡一水多用，重复利用，提高用水效率。

（2）控制污染

控制的主要手段是建设污水收集系统和污水处理设施，尤其是要扩大建设城市污水集中处理厂，提高污水处理率，对污水进行末端治理。从未来发展趋势看，推行清洁生产，强化源头和过程控制，应是污染控制的主导方向。

（3）减少渗漏

渗漏是城市供水和用水过程中存在的普遍现象，全国每年渗漏浪费的水量超过 100 亿 m^3。减少渗漏的主要手段是将技术和经济措施相结合，加强供水管网的渗漏控制和用水器具的跑冒滴漏控制等。

（4）增加补给

降雨对地表水和地下水的补给是城市水系统进入良性循环的基本前提，但由于城市化的发展和水土流失等原因，降雨对城市水系统的补给正在逐渐减少。主要是采用技术、经济、行政和法律手段，限制地下水超采，增加人工回灌，扩大或诱导地下水的补给，涵养地表水源。

1.3 城市水系统特性

城市水系统是水的自然循环和水的社会循环的耦合。

一般天然水体都是一个生态系统，对排入的废弃物有一定的自净能力。由于社会循环的水量不断增大，排入水体的废弃物不断增多，一旦超出了水体的自净能力，水质就会恶化，从而使水体遭到污染。受污染的水体，将丧失和部分丧失使用功能，从而影响水资源的可持续利用，并加剧水资源短缺的危机。对城市污水进行处理，使其排入水体不致造成污染，称为水的良性社会循环。

城市水系统的根本目标就是保证水的良性社会循环，实现水资源的可持续利用。为了实现这一目标，城市水系统必须将城市给水和排水紧密结合，形成一个完整、协调的体系，具备给水排水的统一性；必须保障和维系经济增长与资源和环境协调发展的可持续性；作为城市的公共设施，城市水系统实现的功能、给水排水的产品和服务，又具有公益与商品的两重性。

1.3.1 给水排水的统一性

传统观念认为给水和排水是两门互不相关的行业，通过给水和排水的组织、运营、管理形式显示出来，直接排斥了给水排水的统一体性，为偏废城市污水处理提供了依据。单纯考虑城市给水工程，不顾及排水工程，使城市污水污染了水体，影响了供水水质。而且水源、供水、污水处理、污染控制、防洪、农业灌溉、渔业等又分属各家，缺乏统筹安排和相互约束，权力和利益不统一，造成效率低下，对水环境的人为破坏严重。具体表现为：一方面一些城市供水设施能力偏于超前，设施利用率明显下降，不仅浪费资源，还限制了再生水的利用；排水及污水处理设施建设严重滞后，厂网建设不配套，城市排水不畅，污水处理设施得不到有效利用。另一方面，一些城市在水资源的开发利用和保护上，宁愿斥巨资开发新水源，甚至是不惜代价实施跨流域远距离调水，也不愿将资金投在污水处理及再生水利用上，不仅造成了新水源工程的闲置浪费，还在一定程度上助长了多用水、多排水的行为，既浪费了水资源，又加剧了水环境的恶化。

　　人类社会对水的使用应服从自然界的水循环的自然规律。在水循环过程中，给水与排水是人类向自然界"借水"和"还水"的两个过程。在用水之后，必须对水进行再生处理，使水质达到自然界自净能力所能承受的程度。由于供水排水设施投资巨大，建设周期长，城市给水应尽可能少"借水"，减少水处理和输送的费用；使用上要对水"物尽其用"，以减少污水量和污水处理费用；江河湖库等水系是整个流域中城市用水的供体与受体，只有整个流域上做到"好借好还"，才能保证全流域水的正常使用，即给水排水要从流域或区域的尺度保证对水的可持续利用。另外，从城市生态学的角度看，城市是一个具有复杂网络的人工生态系统，物流、能流、信息流的交换平衡才能维持整个系统的稳定。城市水系统以水为载体，实现物流和能流的交换，保持城市生态系统的平衡。据美国统计，40%的美国人口在使用被上游用过一次后再经处理过的水。现代城市中，污（废）水经过一定处理后作为水源，可回用于工业、市政、农业乃至生活用水。这样，污水处理厂也可以看做为水的加工厂，其水源是污（废）水，而处理的成品为城市用水资源。

　　目前，随着水源污染的加剧和用水需求的增加，我国城市水系统的建设和运行呈现出一些新趋势：有些城市因水源污染而被迫在净水厂前端设置污水处理设施对原水进行预处理；有些城市因缺水，需对污水处理厂的出水进行深度处理再生利用。在这些情况下，自来水厂和污水处理厂已相互交织，难分彼此，城市水源、供水、用水、排水等环节之间的关系变得越来越密切，相互间的制约作用也越来越明显。城市水系统是以城市可持续用水为核心的统一体。

1.3.2　发展的可持续性

　　可持续发展是20世纪70年代以后逐渐形成并已被国际社会广泛接受的一种新的发展观，它是人类经过实践探索和理性反思后在认识上的一次重大突破，也是人类思维方式和观念更新的一种表征。可持续发展是指既满足当代人的需要，又不对后代人满足其需要的能力构成危害的发展，其本质是改变以靠大量消耗资源而破坏环境为代价维持经济发展的传统生产方式，最大限度地节约和合理使用资源，尽量减少人类生产活动和消费行为对环境的不利影响，实现经济增长与资源和环境的协调与平衡。

能够促进社会可持续发展的城市水系统应具有如下几方面的特征：

（1）可持续利用水资源。城市水系统不能以无限地扩大供水量来获得盈利，而应考虑到水源时间上的可持续性和地域分配上的公平性，走集约型而不是粗放型供水的发展道路。提高社会整体用水效率对保证水资源可持续利用至关重要。

（2）公平有效给水排水。公平有效给水排水的内涵，要求供水排水企业的服务质量、水价、水质、水量等方面符合社会用水需求，并保证相关利益在消费者之间、消费者和供水排水企业之间公平分配。城市水系统应该满足所有社会生产和生活的基本用水需求，并尽可能地降低费用，要满足"提供服务的稳定性、可靠性、规则性和质量稳定性"的要求，并且要"禁止提供差别性服务以及禁止提供差别性价格"。这是由城市水系统的公益性所决定的，也是可持续发展思想的公平原则的体现。因此，城市水系统的可持续发展必须保证消费者能公平地获得安全可靠的供水。

（3）供水排水企业经济自立。给水排水工程作为社会生产活动之一，既有公益属性，又有商品属性。因此，在确保社会基本用水需求得到满足的基础上，应该实现给水排水部门的正当盈利，使其有能力根据社会需求的变化相应地提高自身的供排水能力和服务质量，从而不断地满足消费者的用水需求和促进水资源的合理开发和有效保护。

尽管城市水系统的最终目的可以定义为使社会用水需求得到最大满足，但是上述三个特征决定了其在操作和管理层次上的相互制约和相互矛盾。例如，水资源的可持续利用，势必要求消费者节约用水，限制其需求的无限满足；促进用水效率的提高和公平有效供水，将使供水排水企业的盈利受到约束，必须以提高内部效率、增强经济效益为根本途径；供水排水企业的经济效益与消费者的用水费用无疑也是一对矛盾。面对这些矛盾，如果不能很好地协调处理，过分偏重某一方面而偏废其他方面，必然导致城市水系统可持续发展的阻滞。因此，研究城市水系统运营与管理的规律，探讨在社会主义市场经济的条件下，如何兼顾利益各方的需求，保证其三个特征相互协调，这是城市水系统可持续发展的难点和关键。

1.3.3 公益与商品的两重性

城市水系统最主要的特点是其公益性。长期以来，城市水系统在绝大多数国家主要以非营利的社会公益企业的形式存在。这种存在形式可以归结为如下几方面的原因。首先，水是生产、生活的必需品，不同的生产部门、不同的社会阶层都必须用水，因而决定了水的价格需求弹性和收入需求弹性很小。从而导致了水价的制定不能完全以市场为杠杆，供水排水企业必须以保证全社会的基本用水需求为首要目标，而不是利润最大化，显然这个目标本身具有强烈的公益性。其次，给水排水的产品质量直接影响和制约了公众的健康，必须对整个行业的水质和水量进行严格监控和管理，避免事故尤其是恶性事故的发生。这就强化了政府和公众的职能，供水排水企业对市场的任何反应特别是短期行为往往引起政府和公众的强烈关注，从而造成了供水排水企业的对市场驱动的非敏感性。这种特点也是公益性的重要表现之一。

决定城市水系统以社会公益企业形式存在的另一个重要原因是自来水厂和污水处理厂及其输配、收集管网系统需要大量的建设投资和运行维护费用，而且规划建设时间超长，使用周期受许多不确定性因素影响。一般城市供水排水设施的使用年限至少20年，其中管网的年限一般都是50年、100年甚至更长。这就极大地增加了供水排水行业的投资风险。对于这种高投资、高风险、低收益的基础性行业，个体不愿也很少有能力参与，由政府集资建设、统筹控制和管理的模式因而成为世界各国的广泛实践。所以，城市水系统由市政公共部门负责建设、运营也就在情理之中，公益性城市水系统的存在具有很大的必然性。

城市水系统的另一个重要属性是其商品性。城市水系统的产品水凝聚了一定的社会必要劳动，具有使用价值和可交换性，因而也是一种商品。由于传统观念对供水排水行业公益性的过分强调，使人们轻视了水的商品性。但是，日益严峻的水危机要求必须把水的商品性提高到应有的重要地位，不能认为水是一种丰富而廉价的资源。目前，几乎所有易获得的水源都已开发或正在开发，因此未来开发的单位成本将会增加。许多发展中国家债务负担沉重，可用于投资的资金有限，而且公用企业的各种资金需求之间竞争激烈，城市水系统的发展将遭遇资金短缺的瓶颈。另一方面，随着世界人口的持续增长和人类活动的增加，生态系统的退化和水体环境的污染日趋严重，将进一步激化用水需求和给水之间的矛盾，从而加剧作为生产生活必需品的水的稀缺性。

传统的供水排水企业采取福利给水排水的低水价政策，造成用水浪费严重。由于水的收入需求弹性和价格需求弹性较小的假设只在满足基本用水量的情况下成立，超过了这个水平，其弹性系数急剧增大。如仍保持低价供水，必然造成公众对奢侈用水的漠视，使节水技术开发和实施缺乏动力，从而造成社会性的用水浪费现象。因此，水价就必须根据城市水系统所提供的产品和服务的商品特性，按市场经济的原则来制定。也就是说，水价不仅包括了供水排水企业设施的修建、运营、折旧以及扩大再生产的费用，还必须把相应产生的废水的收集、回收再生处理厂、排放等全部设施的各种相应费用包括在内，同时要加上合理利润。与公益性给水排水形式相比，强调水的商品属性，供水排水企业会更好地使用资金、革新技术、降低成本；对消费者来说，能刺激用水效率的提高，促进节约用水。

水系统的公益性和商品性是相互对立、矛盾的两种属性。强调公益性必然削弱其商品性，反之亦然。因此，一旦水资源的稀缺性要求突出水的商品性，就不可避免地要弱化一些公益性的行为，同时强化市场的资源配置功能，如取消用于低价给水排水的政府财政补贴，推行供水排水企业的企业化、市场化，供水排水企业有可能在利润最大化的驱动下，利用其市场垄断地位牟取不正当利益，如降低服务质量、拒绝向边远住宅区供水、制定垄断价格等，从而损害社会整体福利。因此，在这一方面还必须有政府、社会和公众的监督，以保证供水和排水相对的公平性。

1.4 城市水系统的运营与管理

1.4.1 城市水系统的产业特征

城市水系统是重要的基础设施。以城市水系统为运营、管理对象的城市水行业，是对国民经济发展具有全局性和先导性影响的基础产业。在社会主义市场经济的条件下，水作为一种特殊商品已经进入市场。按产品水的生产、销售和污（废）水收集与处理流程，可分为取水、制水、用水（分销）、污（废）水收集和处理等几个环节即把地表水或地下水及其他可利用水资源作为原水通过输水管送至自来水厂，原水经过加工处理为产品水后，通过供水管网分销给消费者；经消费者使用后，废弃污（废）水由排水管网收集输送至污水处理厂；经达标处理后，或排放水体，或再经过深度处理再生利用，提高水资源的利用率。城市水行业是一种典型的网络型产业，主要技术经济特征可以概括为：

第一，该产业的大部分资产具有很强的专用性，与其他网络产业如电信产业相比，具有更显著的沉淀成本特征，当期运营成本在总成本中所占的比例比较低。这就意味着，在城市水行业，相对于总成本来讲，维持再生产或者回收运营成本所需要的运营收入比较低。沉淀成本带来的主要问题是，投资形成的资产在事后容易受到侵占，即投资最后可能得不到合理的补偿。由于运营商的相当一部分投资属于沉淀性投资，一旦投资完成以后，只要营业收入超过运营成本，运营商就愿意提供服务。

第二，存在明显的密度经济或者规模经济。接入到给水排水管网系统的用户越多，或者消费的数量越大，平均成本摊得越低。这个特征决定了，在某个给定的市场，只有少数供应商能够在竞争中生存下来，或者说，供水和污（废）水处理市场的竞争是不充分的。根据现有的技术，水的输送成本非常高，不可能建立全国性的长途传输管网，调节全国给水排水市场的平衡。另外，由于不同污水的成分复杂，混合传输不仅使污染难以控制，而且会产生难以预见的化学反应，所以供水和污（废）水处理市场具有典型的区域性特征。在我国，城市的规模决定着供水排水企业的经营规模和经营的区域范围，每个供水排水企业各自在本地区范围内实行独家垄断经营。

第三，给水排水具有典型的必需品特征。在公共政策中，更强调其公共服务性，比如政府承诺普遍服务等政策目标。因此，在供水排水企业，水价和污水处理费长期被人为规定低于成本，这种社会性资费使政府必须以不同形式向运营商提供大量的补贴。在目前的体制改革中，调整水价和污（废）水处理费的改革遇到了很大的阻力。

第四，供水公司提供的供水质量直接关系到消费者的健康。供水质量的含义之一是指饮用水的质量，即水的物理、化学和微生物性质。虽然消费者能够判断供水的味道和气味，也可观察到其颜色，但饮用水中的有害物质如重金属物质的含量、杀虫剂的成分和致病微生物的存在却是消费者难以辨别的，因而供水质量需要严格的政府管制；供水质量的另一层含义就是经营企业所提供的服务水平。如消费者需要供水有足够的水压，使用后的污水能及时排除，并且水管泄漏能得到及时维修等。

针对城市水系统的行业特征，其运营与管理必须机制合理：

对于营销环节明显的自然垄断特征，或者竞争至少是不充分的，需要一定程度的政府监管。

对于水行业具有的区域垄断的特征，从经济管制的角度出发，为了更好地利用地方信息，减少信息不对称的影响，管制权力应该是分散化的，即主要由地方政府行使管制职能。

水行业的投资者（无论是国有还是私有）的资产容易受到侵占，具体表现在水价和污水处理费问题常常被人为限制在较低的水平上，不能保证回收总成本。为此，水行业需要合理的监管制度设计，避免企业财务状况继续恶化、投资者缺少必要的投资激励、管网覆盖范围增长缓慢、服务质量难以得到保证等问题。

1.4.2 供水排水企业的企业化运营

产业化、市场化已经成为城市水行业改革与发展的主要方向。

所谓产业化，又称工业化，是指形成一个产业的过程，其核心内涵是生产的连续性、产品的标准化、生产过程的集成化。对城市水行业而言，其产业化改革就是要建立清晰的资产权属结构、需要建立相对健全的产业链、需要有高层次的产业主体和产业结构、各产业链环节间需要合理的投资收益保障，并以明确的价值核算来串联。

我国城市水行业的产业化主要存在以下几方面的问题：

一是水行业产业结构问题。我国城市水行业整体分散，城市局部形成垄断。1000多家传统运营企业（或企业单位）分布于600多个城市，基本是市域范围内的封闭经营。产业分散、信息封闭、相对垄断、各自为政，最大的企业市场份额不足3%。因此水行业产业发育受到双重束缚，既有垄断而产生的低效，更有规模不足的制约。在目前进行市场化的改革中，产业发育的规模制约，比垄断的制约更大。因为，对于城市水行业这种资本高沉淀性的行业，只有形成一定的企业规模和品牌，才能够在人才、金融、采购、服务、成本控制和信息等领域进行优化，形成良性的市场化竞争。

二是竞争主体问题。城市水行业具有经营形式的自然垄断性、投资的低回报性、经营合同的长期性、政策的高风险性、经营回报的高稳定性、资本的高沉淀性等特征。这些特征决定了与之相适合的企业主体需要具有从业的长期性，具有稳定的、低成本、大容量的金融通道，具有一定的产业规模和服务品牌。但是受地域经济及其他条件的制约，我国城市水行业恰恰缺乏这样的企业主体。城市水行业产业链的投资、运营等核心环节，现有的竞争主体都不够强大，市场份额小，应对市场风险的能力较弱，没有形成自己良好的品牌和声誉。因此在市场竞争中仍然存在很大的风险和不确定性，无法形成良好的市场竞争。

三是产业链各环节总体发育不良。城市水行业产业链所涉及的投资、建设、管理、技术设备、服务等方面存在不同的发育差距：投资环节未激活，投资主体多元化改革仍处于摸索阶段；运营环节低效和零散；配套环节的数万家设备、技术企业混乱而无序；服务环节未得到重视和发展。

可见，我国城市水行业的产业发展水平总体上还不能适应城市水行业市场化的需求。只有当我国城市水行业产业化解决了上述问题，才能建立相对完善的市场化运作体系，在此之前只能选择性地进行市场化尝试。

随着国家有关部门相继颁布、实施《关于推进城市污水、垃圾处理产业化发展的意见》、《关于加快市政公用行业市场化进程的意见》、《市政公共企业特许经营管理办法》等相关政策以来，各地开始了城市水行业产业化、市场化改革的探索与实践。改革以产权制度改革和产权结构调整为重点，同时把产权制度的改革和产权结构的调整同市场机制的建立结合起来，实现政企分离，使企业成为市场竞争主体，同时完成政府规定的经营和服务目标，保障供应，提高产品和服务质量，保证国有资产的保值增值。几年来的实践表明，只靠转变观念很难实现政企分离，只有通过产权的变化才能使产权关系清晰，企业的法人治理结构才能完善，也才能从根本上解决政企分离的问题。无论是利用外资还是其他社会资本，都应当以进行产权结构的改革为主，同时必须注意理顺企业的经营机制，完善法人治理结构。只有这样，才能有利于企业整体管理水平和经济效益的提高，有利于企业和行业的长远发展。

目前为止，全国绝大多数城市的给水和部分城市的排水初步实现了企业化经营，这些企业主要以国有独资企业形式存在，少数地区有股份制、中外合资等形式。特大城市的供水排水企业围绕供排水核心业务，拓展经营领域，形成水务集团或供水排水集团。供水排水企业的生产经营、人员聘用、收益分配，甚至对外投资，都有了很大的自主权。虽然城市水行业自然垄断的特点决定行业的竞争不可能实现完全竞争，供水排水企业的市场化改革也不可能使其取得完全的市场参与地位，有些权力还将保留在政府，但产权进一步明晰、企业取得独立法人地位、自主选择经营者和高级管理人员、自主决定对外投资、建立现代企业制度并实现自负盈亏、自我约束和自我发展，则是必然的趋势和结果。

1.4.3 供水排水企业的市场化发展

城市水行业的产业化发展不是孤立的，而是和市场化相互关联的。市场化就是利用市场机制代替原有的政府计划和行政干预来调节、分配行业资源（包括资本、人才、市场等在内的广义资源）。市场化以提高行业运行效率为目标，以竞争为手段，以价格机制为基础，需要建立适应行业特点的竞争机制和政府监管机制。我国城市水行业市场化改革就是要利用市场机制，建立符合水行业特征的有限而有效的竞争机制，降低行业运行成本，提高运行效率。

城市水行业的市场化，通常是以水价改革为先导。水价改革对拓宽市场融资渠道及改革现行城市水行业管理和运行机制至关重要。当水价提高到使水费收入足以补偿运营成本时，就具备了政企分开的基本条件，真正独立经营的供水排水企业开始出现。长期以来，由政府投资管理的供水排水企业，运作方式带有明显的计划经济色彩；采取福利性质的收费方式，使国内大部分供水排水企业处于亏损经营或政策性亏损状态。

目前，水价改革已经在全国展开，有资料表明，仅从1985年到1996年的12年间，中国城市水价平均上调了约12倍之多。而据有关部门对全国32个城市的调查，1987~1996年的10年间，平均调整水价达6次之多。这些调价的直接后果就是使大部分城市的水价已经能补偿成本，一些城市的水价之高甚至使该地的供水排水企业有能力获得可观的盈利。水价改革的另一方面体现为价格管理机制的优化。在市场化之前，城市水价是完全指令性的计划价格，连当地的城市政府也无权制定本地水价，但在市场化的过程中，这种严格的价格管制开始松动。水价上调的另外一个重要原因是我国大多数地区的水资源严重缺乏，为制止水资源的浪费，提高水价（主要体现为阶梯水价制）是抑制消费的有效措施。目前，虽然大部分城市的综合水价仍需由上级政府规定，但很多地方已经采取国际通行的"价格听证会"方式来核定水价，供水排水企业在水价制定中的角色也更加主动。

建设部在2002年底颁发的《关于加快市政公用行业市场化进程的意见》中，提出要在市政公用行业建立特许经营制度。特许经营是西方国家采取的一种公用企业的经营方式，已有近百年的历史。在我国城市水行业的改革过程中建立特许经营制度，可以通过竞争来选择更为优秀的企业参与供水、污水处理设施的建设和运营，有利于改善经营，提高经济效益及管理和服务水平，同时通过合同契约来规范政府与企业双方的责任、权利和义务。

以前，中国城市给水排水几乎全部是政府投资，国外资本和民间资本不能进入这一领域，造成城市财政供水排水设施投资不足，给水排水服务质量较为低下，影响城市基础设施功能发挥。近几年，根据国家的有关政策，城市水行业的市场已经开放，社会资本包括外国资本在不断进入供水排水设施的建设和经营领域，各地采取了各种不同的方式进行合资合作。从早期的利用国际金融机构贷款和外国政府贷款的项目融资到外商 BOT、POT 和合资经营等形式的直接投资，再到引入国内私人资本、利用国内资本市场筹资等形式，城市给水排水投资主体多元化的格局已经形成。一些地方通过引进外资和其他社会资本，拓宽了资金渠道，加快了供水和污水处理设施的建设，不同程度地缓解了设施不足的问题，特别是环境基础设施的不足；同时，引入了一些新的观念和管理理念，提高了企业的管理水平。

市场开放方面主要的不足是销售环节的开放严重不足，竞争不充分。全国目前有 100 多座自来水厂和污水处理厂由本地国家资本以外的资本投资经营，但几乎所有城市都保持由本地国有供水排水企业经营供水排水管网。在售水环节，目前的市场还是极其封闭的，整个行业缺少开放观念。在已经对非国有资本放开的地方，也经常有恶意违约的现象发生，使许多非国有资本对城市给水排水的投资怀有疑虑。放开管网经营是提高城市供水经营效益的最重要的手段，放开过程中的资产评估和产权界定问题也不难解决，根本的障碍还是观念未能改变。如果观念改变，售水环节能对本地国有资本以外的投资者放开，则将大大推动城市供水投资主体多元化的格局的形成。

尽管发展的过程中会有一些困难，但随着时间的推移，中国城市水行业将迈向更完全的市场化，最终形成本行业除水价由政府管制、水质标准及供水服务规范由政府制定、供水经营权由政府核准以外，其他各经营环节都完全按市场规则运作的新格局。而通过更全面地引入市场机制，中国城市给水排水的规模和质量将迈上新台阶。

第 2 章 城市水资源保护与管理

可持续发展是一个综合和动态的概念,是经济问题、社会问题、资源和环境问题三者互相影响、互相协调的综合体。联合国可持续发展高级顾问委员会选定了关系到可持续发展的非常重要的战略部门,即能源、运输与水。而能源、运输都与水有关。水是可持续发展中的重中之重。

水资源保护与管理是指通过法律、行政、经济、技术等手段,科学地规划、开发、涵养与保护水资源,有效地管理和利用水资源,改善水资源的质量,保证供给,满足社会经济可持续发展对水资源的需求。

2.1 城市水资源与城市建设的关系

水是人类生命之源,更是人类聚集的城市的血脉。人类文明的发展,城市的建设和发展都与水有着不可分割的密切联系。人类依水体而居,城市依河傍水而发展,城市是流域内社会经济发展的核心。

2.1.1 城市水资源特征

水是城市得以存在和发展的基本要素,城市水资源是城市生活和工业生产的基础资源之一,它在功能上具有不可替代性和多样性,在数量上具有有限性;从系统而言具有有限的循环再生性、统一性和不可分割性等特征。作为城市水系统的基本要素,城市水资源还具有时空性、社会性、环境性和经济性。可以认为,在一定社会经济和技术条件下能被有效利用,同时具备水量和水质要求的地表水、地下水、天然降水、再生回用水等,均可视为城市水资源。合理开发、有效利用、科学保护与管理城市水资源是城市社会经济可持续发展的重要保证。

在不同的社会发展时期和不同的地域分布上,城市水资源特征有不同的表现。我国社会经济建设发展到今天,城市水资源出现了许多问题。在缺水地区,城市水资源的有限性、稀缺性及不可替代性表现为对城市、国民经济发展的严重制约或对生活的不利影响。城市水资源的社会与环境属性决定其需求表现为取用集中、用水量大、水质要求高等特征;同时,城市水资源也面临着伴随发展而来的风险,表现为水环境脆弱性特征,主要反映在水资源供求矛盾突出,水环境污染严重,饮用水源水质下降,地下水超采且污染严重,城市环境地质灾害频发。对城市水资源经济属性的重视不够、水价体系不合理或管理机制的不利,实际在引导过量用水,导致用水效率低,尤其是直接或间接地造成资源、资金及其他物质财富的浪费，限制了城市给水排水基础设施的建设，进而制约了国民经济的发展，由此造成的有形与无形损失是难以估量的。

2.1.2 城市建设对水资源的需求与影响

水是城市环境的重要组成部分，因此，城市水系统规划是城市总体规划的重要内容。水源是城市发展的先决条件，以水定发展，不仅要考虑城市水资源对社会经济发展的承载能力，还要考虑水的质量，考虑水环境与水生态对日益增加的水污染的承载能力。

从世界范围来看，产业革命以后的工业迅速发展，人口涌向城市，造成许多城市用水困难。20世纪中期，许多城市发生了水荒，还有一些城市因水污染而引发了公害，城市水问题受到了全球的重视。由于城市地区集中了越来越多的人口，积聚了越来越多的财富，城市化发展越快，城市水问题愈加突出。我国城市建设与水需求问题主要表现为：

（1）水资源供求矛盾突出

由于人口持续增长、城市化和经济高速发展，工业用水和生活用水将持续增加，使现存的水资源供求矛盾更趋激化。其主要表现为：需水量增长速度超过可开发供水量的增长速度，供需总量不平衡；北方地区、沿海工业发达地区、平原河网经济活跃地区等地域性水资源供求矛盾已严重制约社会经济的发展。

2008年全国总供水量5910亿m^3，占当年水资源总量的21.5%。地表水源供水量占81.2%，地下水源供水量占18.3%，其他水源供水量（指污水处理再利用量和集雨工程供水量）占0.5%。其中，生活用水占12.3%，工业用水占23.7%，农业用水占62.2%，生态与环境补水（仅包括人为措施供给的城镇环境用水和部分河湖湿地补水）占2.0%。

在全国668座建制市中，有400多座城市存在着不同程度的缺水，其中130多座严重缺水。城市生活和工业缺水约60多亿m^3/a，日缺水量超过1600万m^3/d，因为缺水，全国工业每年造成的损失近2300多亿元。据专家预测，我国的用水高峰将在2030年左右出现，届时人口将达到16亿，城市化率将达到70%，工业用水总量将增至2000亿m^3/a，城乡居民生活用水总量将增至1100亿m^3/a，城市用水量缺口达1500多亿m^3/a。

（2）水环境污染严重，饮用水源水质下降

据2003年统计，我国城市年排放污水量约350亿m^3，较2000年增长了5.2%；污水处理厂规模为4245万m^3/d（其中生化处理规模占74.4%），较2000年增长了97%；污水处理率为42.2%，较2000年增长了8个百分点。按我国《城市污水处理技术政策》确定的目标，到2010年，城镇平均二级处理率达50%，城市污水二级处理率达60%，重点城市二级处理率达70%。城市基础设施尤其污水处理设施建设的确加大了力度，但仍有大量工业和生活污水未经处理直接排放，水环境污染还在加剧，致使大量水体难以作为饮用水水源，浪费了水资源。

据《2008年中国水资源公报》报告，在约15.0万km评价河长中，I类水、II类水河长仅占35.3%，III类水河长占25.9%，IV类水河长占11.4%，V类水河长占6.8%，劣V类水河长占20.6%。在评价的44个湖泊中，水质符合和优于III类水的面积占44.2%，IV类和V类水的面积占32.5%，劣V类水的面积占23.3%。国家重点治理的"三湖"情况是：太湖含有总磷、总氮指标的水质评价表明，湖体水质均劣于III类，其中V类和劣V类水面积达92.6%，除东太湖和东部沿岸处于轻度富营养状态外，其他湖区均处于中度富营养状态。

滇池厌氧有机物及总磷和总氮污染十分严重，V类水面占28.3%，劣V类水面占71.7%，全湖处于中度富营养状态。

巢湖含有总磷、总氮指标的水质评价表明，东半湖水面水质为IV—V类，西半湖为劣V类，总体水质为劣V类。在评价的378座水库中，情况相对较好，有303座水库水质良好，优于III类水，水污染极为严重的劣V类水质水库有16座。对347座水库进行的营养化程度评价结果是，处于中营养状态的水库241座，处于富营养状态的水库106座。这些污染严重的水体主要集中在城市附近，不仅加剧了城市水资源的短缺，而且增加了保证供水质量的难度，严重威胁着城市居民的饮水安全。全国的饮用水源的水质呈恶化趋势。

（3）地下水超采且污染严重，城市环境地质灾害频发

据2003年统计，全国近27%的城市用水仍依赖地下水。根据2001年对全国118座大城市浅层地下水的调查，97.5%的城市浅层地下水受到不同程度的污染，其中40%受到重度污染；地下水超采区中，城市超采区就占63%。深层地下水超采区90%以上集中在城市。超采地下水，导致区域性地下水位大幅度下降，出现地面沉降、塌陷，一些沿海城市发生海水入侵等严重生态环境问题。

2.1.3 管理机制与水价对城市水资源的影响

科学的水管理体制和合理的水价体系是城市水系统良性循环的保证。目前，我国管理机制、水价与收费的问题主要表现：

（1）管理机制不利，水价与收费不到位

政企不分，政府对城市供水企业干预过多，企业不能完全行使企业的法人财产权和经营权，适应社会主义市场经济的约束及监管机制没有形成。

政企不分，产权不清，产权出让不规范，产权结构单一，政策性亏损掩盖经营性亏损问题比较突出。

行业规划、产业政策滞后，城市供水、排水及污水再生利用设施建设发展不协调，城市水资源不能实现合理配置，现有设施不能充分发挥作用。

行业管理力度不够，缺乏社会监管，尚未形成统一行业管理体制和集约化城市供排水经营模式，服务标准不统一。

投资渠道不畅，企业负债率过高，城市供水、排水建设资金严重缺乏，投资偿还机制不健全。

城市用水价格欠合理，污水处理收费不到位，城市水价构成机制及调整程序有待健全和规范。

企业管理方式和经营机制不适应市场经济要求，内部管理不科学，效率低下，竞争力不强。

（2）用水效率低，浪费严重

用水效率低，浪费严重，也是水管理机制不利、水价与收费不到位引发的结果。我国大部分城市工业用水重复利用率低下，全国平均在40%~50%，只有青岛、大连、北京、天津、西安等严重缺水城市工业用水的重复利用率达到70%以上，而日本、美国、前苏联等在20世纪80年代重复利用率均达到75%以上。如果按发达国家75%重复利用率折算，我国每年浪费近100多亿 m^3 水资源。我国工业万元产值用水量是发达国家的5~10倍。市政供水管道老化漏失严重，据2003年统计，全国管网漏损率为20%以上。还存在相当程度的浪费现象，尤其是宾馆、学校和商业等公共用水部分。即使在非常缺水的城市，水浪费也非常严重。

总之，我国城市化进程以及城市发展对城市水资源的需求增长很快，这也是世界各国城市化进程发展的必然趋势。从用水结构上看，我国与世界发展中国家同期相比有相似之处（表2-1），与经济发达国家相比，农业用水量偏高。据资料显示（表2-2），在1980~1997年期间，我国用水结构发生了较大变化。工业用水量和城镇生活用水量增长较快，分别为5.8%和4.44%，而农业用水比例有所减少，已降至76.7%。随着我国城市化进程的加快，要使城市生存环境良好，迫切需要加强城市水系统的建设与管理，以提高城市水资源环境承载力，使城市水系统良性循环，保障城市社会经济建设的可持续发展。

世界各国或地区用水结构　　　　　　　　表2-1

国家或地区	各类用水占总用水量的比例（%）			统计年份
	工业用水	城镇生活用水	农业用水	
亚洲	5.00	6.00	88.00	1987
欧洲	54.00	13.00	33.00	1987
非洲	5.00	7.00	88.00	1987
中国	8.59	1.86	89.54	1988
印度	4.00	3.00	93.00	1975
日本	33.00	17.00	50.00	1980
美国	46.00	12.00	42.00	1985
法国	69.00	16.00	15.00	1985
全世界	23.00	8.00	69.00	1987

资料来源：参考文献［1］

我国1980年、1997年、2002年、2008年用水情况　　单位：$10^8 m^3/\%$　　表2-2

年　份	总用水量	工业用水量	城镇生活用水量	农林用水量
1980	4436.91/100	457.32/10.30	67.69/1.50	3911.89/88.29
1997	5566.00/100	1121.00/20.14	175.72/3.16	4269.28/76.70
2002	5497/100	1143.38/20.80	318.83/5.80	4034.79/73.40
2008	5910/100	1400.67/23.70	726.93/12.30	3782.4/64.00

2.2　城市水资源保护与管理措施

城市水资源保护与管理是城市水资源可持续利用及城市用水有效供给和用水安全的重要保证。

2.2.1　城市水资源保护与管理的目标和措施

未来城市发展对水的要求越来越高，未来新增供水主要为城市供水，加强城市水资源管理已成为当务之急，水资源的开源、节流、治污、保护任务十分艰巨。

（1）城市水资源保护与管理的目标

保护地表水资源，不因过量取水或引水而引发下游地区生态环境的变化，防止水体的污染，保证水体功能正常。

保护地下水资源，防止因地下水位持续下降而引发环境恶化和地面沉降。

保护饮用水水源，集中饮用水源地保护是水资源保护中的重中之重。防止因水体污染而引发其丧失饮用水源功能，消除威胁饮用水安全的隐患。

实现水资源可持续开发利用，保持水生态环境的良好状态，促进社会经济的可持续发展。

（2）城市水资源保护与管理的措施

结合我国城市水资源现状与实际，借鉴国外的先进经验，可以采纳下列措施：

法律行政措施：制定水资源保护法规、政策和有关标准，建立和健全相应的执法机构；建立和健全水资源管理的行政机构，编制流域或区域的水资源保护与利用的规划，合理划分城市水域功能区，按照污染物总量控制的要求，落实水污染防治措施。

技术经济措施：建立和完善水资源监测系统和数据库系统，实现水量、水质等长期监测和排污监督；加大污水处理设施的建设，发展高效经济的处理技术，减少污染物向水体排放；把城市污水作为城市水资源的重要组成部分，建立城市污水资源化系统，实现污水再生利用，达到节水减污的双重目的。充分认识水的商品属性，依从经济规律，制定合理的水价，运用经济杠杆作用，实施全社会节水，有效保护城市水资源。

2.2.2 城市水域功能区划与水源保护

水域功能区划是根据流域或区域水资源状况、水资源开发利用现状以及一定时期社会经济在不同地区、不同用水部门对水资源的不同需求，同时考虑水资源的可持续利用，对江河、湖泊、水库等水体划定具有特定功能的水域，并针对这些水域的保护和开发，提出不同的水质目标。水体功能包括集中式饮用水源、人体接触和非接触的景观和娱乐用水、市政与工业用水、航运、海洋和淡水环境用水、灌溉、商业和体育垂钓、稀有或濒危生物保护及地下水回灌等。

根据水域功能区划及相应的环境质量目标，确定水质要求，计算环境容量，并依此编制水污染防治规划及总量控制目标。只有这样，才能做到以最小的投入获取最大的环境效益，从而使管理科学化，而且有法可依。

做好城市水体规划，合理划分城市水域功能区，有利于保护河流、湖泊和沿海等水域的完整性，有利于建立有效的城市水源保护带，有利于提高公众对水资源多种功能用途和保护水质的重要性的认识。对水体进行统一的功能划分后，可以集中技术力量、资金优势重点保护同人民生活关系紧密的水体，可以充分利用水体自净容量，为经济、社会发展创造条件，真正做到高功能水域高标准保护，低功能水域合理保护，专业用水区依据专业用水标准保护，补给地下水的水域依据保证地下水使用功能标准保护，使不同性质的水域都能有效发挥自己的作用。

划定饮用水水源保护区并建立饮用水水源保护区制度，是《中华人民共和国水法》的体现。城市水源保护和管理，必须根据水功能区划和城市发展特点进行水源保护工程建设。水源工程建设主要包括三个方面：第一，制定《水源保护区法》。规定水源保护区的划定办法，明确各类主体对保护水源区的责任和义务。第二，建立对水源区的利益补偿机制。《水源保护区法》规定国家对水源保护区实行利益补偿的原则，作为实施利益补偿的法律依据。水源保护区所在流域的相关地方政府共同组建补偿基金，出资比例由有关各方按在水资源利用中的受益程度协商确定，基金主要用于支持和鼓励对水源区和上游地区的生态环境保护和水质保护行动。第三，制定"水源保护区综合发展规划"。国家和受益区的地方政府共同分担实施规划所需的资金。

根据《水法》，省级以上人民政府可以依法划定生活饮用水地表水源保护区。生活饮用水地表水源保护区分为一级保护区和其他等级保护区。在生活饮用水地表水源取水口附近，可以划定一定的水域和陆域为一级保护区。在生活饮用水地表水源一级保护区外，可以划定一定的水域和陆域为其他等级保护区。各级保护区应当有明确的地理界线。禁止向生活饮用水地表水源一级保护区的水体排放污水。禁止在生活饮用水地表水源一级保护区内从事旅游、游泳和其他可能污染生活饮用水水体的活动。禁止在生活饮用水地表水源一级保护区内新建、扩建与供水设施和保护水源无关的建设项目。在生活饮用水地表水源一级保护区内已设置的排污口，由县级以上人民政府按照国务院规定的权限责令限期拆除或者限期治理。对生活饮用水地下水源应当加强保护。

城市自来水厂的水源必须设置卫生防护地带。地表水源、地下水源的卫生防护地带和防护措施，以保证水源水质符合我国《地表水环境质量标准》(GB 3838—2002) 中 II 类或 III 类水质标准中规定的要求。

北京市的水源工程建设很有典型意义。2000 年北京市颁布实施了水源保护具体办法。密云水库是北京主要水源，为了有效地保护库区的林木和植被，防止畜牧业污染等，北京市先后在密云县投入资金 2 亿元发展畜牧业"舍养"；同时控制库区农田的化肥和农药使用量，推广使用生物肥料，控制面源污染，减轻对水源的污染，到 2005 年底将彻底杜绝使用化肥。同时，严格限制上游建金矿、铁矿等污染水源的工矿企业，关闭了有污染的工业企业，以确保水库水保持 II 类水质标准。

2.2.3 城市水资源战略与节约型体系

随着城市社会经济发展，我国城市水资源开发利用战略在不断地调整。

初期战略（1949~1958）"以需定供，大力开源"：建国时，仅 60 座城市有自来水厂，供水能力 240 万 m^3/d，难以满足基本需求，大力就地开源成为首要任务；

第二次调整（1959~1978）"开源为主，提倡节水"：1959 年建筑工程部提出"提倡节约，反对浪费，开展节约用水工作"；1973 年国家建委发文《关于加强城市节约用水的通知》，通过节水达到"弥补开源和供水设施不足"的目的；

第三次调整（1979~1988）"开源与节流并重"：水源短缺显现，1981 年建设部的《关于加强节约用水的通知》和 1988 年的《城市节约用水规定》，使节水初步纳入法制轨道；

第四次调整（1989~1999）"开源、节流与治污并重"：缺水与水污染并存，水污染又加剧了水资源短缺，并对饮水安全造成威胁。治污迫在眉睫，与开源节流同等重要。

新世纪城市水资源战略是"节流优先、治污为本、多渠道开源"，建立城市水资源节约体系。节流优先是我国水资源匮乏的基本国情的客观要求，是反对用水浪费，降低水工程投资，减少污水排放，控制水污染，提高用水效率的合理举措；治污为本是保护供水水源水质，改善水环境的必然要求，是城市水资源利用和水环境协调发展的根本出路；多渠道开源是水资源综合利用的需要，是优化不同水工程投资结构的要求，是解决水资源紧缺问题的有效途径，是保障城市水资源可持续利用的最佳选择。

在城市化和工业化进程中,建设节水型城镇和工业体系是实现城市水系统有效控制和城市水环境污染综合整治的关键。在节约型体系中,防治工业污染与加大区域经济结构调整力度相结合,发展资源和能源消耗少、污染物排放量低的工业;通过技术进步和技术发展,推行并实施循环经济模式和清洁生产,实现增产防污减污;根据城市水环境污染源结构与趋势变化,优先治理城市生活污水污染;推进城市污水再生利用,开发海水资源,利用雨水资源。必要有效措施是:厉行节约,通过工业节水、生活节水、供水系统减耗减漏等,实现以最小的水资源代价换取最大的社会经济效益;通过水的循环循序利用、污(废)水深度处理及再生利用、海水和雨水利用等多渠道开源,缓解水资源紧缺,实现污(废)水排放量减至最小,水污染程度控制到最低。节水的一般方法与步骤如图 2-1 所示。

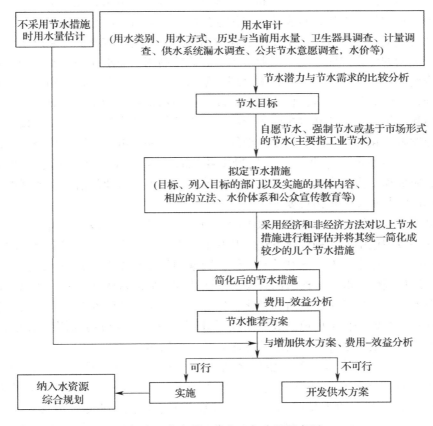

图 2-1　节水的一般方法与步骤示意图

用水类别的划分方法和定价水平直接影响节水措施和实施效果。如在苏格兰的一项公用供水的需水量和水资源评估中，将用水类别分为7项，对其中的计量生活用水，英格兰和威尔士的经验表明可以压缩10%。Delaware河流流域委员会在进行流域水资源规划时，将用水分为发电、工业、公用供水、农业和其他几个类别。洛杉矶在对南加利福尼亚1990～1991年干旱时期采用节水措施下的需水量进行评估时，将用水量划分为基础用水量和季节性用水量。也有按室外用水和室内用水分类，侧重于居住区室内用水的分类，如大便器、淋浴头、浴缸、洗衣机和各种龙头等，对于节水型用水器具的选用及漏水控制较为适用。可见，实行节水，弄清用水的分类和方式是很关键的，不但决定了节水措施的方向，也决定了节水措施的有效性和经济性。

目前，全国城市中80%以上设有节水办公室，有些城市建立了节水管理网络。北京、天津、上海等一批城市已经全面实施节水型城市战略。北京、天津、上海、沈阳、山东、浙江、河南和山西等省市通过实施节水，在一定程度上缓解了城市用水的供需矛盾，减少了城市污水排放量，取得了明显成效。

从宏观上看，节水效果主要反映在对用水总量和用水定额的影响以及对水资源供需平衡的作用方面。对于工业节水，有效控制用水需求尤为重要，即通过产业结构调整和企业技术改造、科学合理地编制节水规划，制定行业用水定额和节水标准，对企业节水实行目标管理，提高工业用水重复利用率。工业节水还应突出治污和减污。对新建和改扩建工业项目，必须符合节水指标才准予建设，特别是火力发电、化工、造纸、冶金、纺织、建材、食品、电镀、电子线路板生产等用水量大和污染重的行业。我国于2002年颁布了《清洁生产促进法》，提出了节水、减少和防止污染的要求，并且正在陆续颁布各种行业的清洁生产标准，提出更具体的节水和防止污染要求。

另外，鼓励性对策方法在节水中的应用也取得了成效。鼓励性对策方法是现代管理决策理论中的一种优化方法，其基本思想是在生产中通过制定合理的政策和奖励制度，使生产者个体利益与集体、国家的整体利益统一起来，以充分调动生产者的积极性，取得生产者的合作，从而达到全局的最优化目标。1984～1986年，中国科学院自动化研究所和某化工厂合作，首次将鼓励性对策方法应用于生产。其实验对象是化工厂第二成品车间后处理工段顺丁橡胶冷却用新水的节约。采用方法为自报节水指标的鼓励性方法。具体做法是：

根据一定的新水量定额，由生产者按月（或年）自报节水量，月终（或年终）根据实际节水量计算奖金。试验之初规定了奖励系数为10%，冷却水用水量定额为$13m^3/t$（橡胶），若实际节水量大于自报节水量，则多于节水量的部分以7%的奖励系数计奖，反之，不足部分以13%的系数扣奖。此外，还规定了被冷却油温的上限，单位新水量基准值（每t产品新增水量的标准值）的下限等约束条件，以保证产品质量和生产安全。超过约束条件时按超过次数罚款。

在 10 个月的试验期间，该工段共节约新水 $15.28 \times 10^4 \mathrm{m}^3$，单位新水量基准值降至 $6\mathrm{m}^3/\mathrm{t}$ 左右，每吨橡胶成本减少 1.18 元。在该厂其他 3 个车间中推广应用，其结果平均节水 32%。可见，鼓励性对策方法为生产者所接受，提高了用水管理水平，经济效益明显。

2.2.4 水资源统一管理与水务一体化管理

从某种意义上说，水危机的实质是管理危机，是由于不能统一水资源管理的政策和行动而造成的。

在 1992 年联合国里约热内卢环境与发展大会上，确认了在世界范围内水资源管理改革有着广泛的一致性的需求。各地区和国家的机构在全球合作的框架下进行了水资源统一管理（Integrated Water Resource Management，IWRM）理论与实践的研究。

目前，IWRM 在世界范围内尚没有一个明确、清晰且被大家广为接受的定义。但是，水资源统一管理定义的一些基本元素已被广泛讨论并形成基本共识：不能局限于水本身，它是与社会、经济、环境、生态相关联的，是集成体的一部分；是多方面协调发展的一个过程，是自然和人文两大系统相互作用的结果；IWRM 应对可持续发展负责，是一个多方参与（政策制定者、管理执行者、水资源使用者，包括政府、团体、个人）的管理过程。全球水伙伴（Global Water Partnership）组织给出的定义具有代表性：水资源统一管理是一个促进水、土地和相关资源同步开发与管理的过程，它以公平的方式，在不损害人类赖以生存的生态系统的可持续性的情况下，实现经济和社会福利的最大化。

水资源统一管理与传统的分散化管理（Fragmented Water Resource Management，FWRM）的主要区别在于：FWRM 注重技术手段解决问题，更多地满足于工程需要，IWRM 从技术和非技术、工程和非工程手段相结合的角度出发，综合考虑自然资源、生态环境、社会经济、机构、法律等不同系统来解决问题；灌溉、防洪、水电、城市给水排水等都是孤立的工程，IWRM 则要求任何一个工程都要纳入到水资源的系统中加以考察；FWRM 对工程可行性论证主要关心经济标准，IWRM 则关注经济、环境、社会和工程标准；传统上水的各种使用或多或少是由独立的部门控制的，IWRM 要求对所有的水进行统一管理。

我国在 2002 年修订的《水法》中明确"国家对水资源实行统一管理与分级、分部门管理相结合的制度"。水资源统一管理就是由水行政主管部门履行水资源综合规划、总体配置、取水许可和有偿使用等政府职能；水资源开发利用则由各部门各司其责，包括供水、节水、污水处理与利用，以及水工程实施（包括地表水和地下水资源的开发、利用、控制、调配和保护水源的各类工程)等。

水资源统一管理以水的自然循环为主要对象,如水的蒸发、水汽输送、降水、地下径流、地表径流、海洋陆地等,以流域管理为体系,履行国家委托的兴利除灾和水资源配置等政府职能,包括以农业和生态为主要对象的服务。从资源管理角度,促进水的节约和保护。总体上体现政府行为,更具有公益性特征。水资源统一管理必须与开发利用相分离,即国家权力的履行和市场经营行为应该分离管理,应具备全局性、公正性、科学性。

水资源统一管理机构从行政体制上保障对城市水资源进行高效管理和合理配置。首先,应加快产权制度的建立,明晰水资源的产权。在水资源国家所有的前提下,应进一步细分使用权、开发权、经营权、管理权、转让权和收益权,并根据开发利用方式、特点和外部效应等,将这些权利具体落实到相应的组织、机构和个人,并明确有关的责任、权利、义务以及保障措施。第二,加强水资源法制建设,不断完善水资源保护和管理的法律,特别是明确水资源费的征收原则和管理使用办法、生态环境用水和水资源使用权与排污权的转让等规定,为执法提供科学依据。第三,建立强有力的监督机构,严格执法。

水资源统一管理不等于水务的一体化管理。

水务一体化管理是在国家统一的政策、法律、法规下,对水资源开发利用活动与过程的协调和监督管理。

城市水务管理以水的社会循环为主要对象,以水为原料,实施取水、净化、输配和污水收集、处理、回用、排放等职能,为满足城市生产生活用水消费需求,提供以改善水质量为主要特征的水产品和水环境服务,并治理在用水过程中形成的水污染和保护水环境。城市水务承担一定的公益职能,但更具有市场化、企业化的性质。我国城市水务管理有如下主要特点:

(1)城市化高速发展是基本特征。城市人口增加、城市区域扩展、历史欠账严重、基础设施短缺是主要矛盾,加快建设是主要任务。

(2)统筹规划协调实施是关键。布局优化,规模合理,管网配套,与道路建设、旧城改造、新区开发密切相关,应纳入城市建设管理统一体系。

(3)标准规范和技术管理是基础。供水安全涉及千家万户,事关人民健康、经济运行和社会稳定,必须有相应的规范标准、形成基本完善的管理体系。

只有制定有效的政策和法律框架,根据社会经济及资源的可持续发展需要,进行水资源统一管理与合理配置,有效分离行政监督管理职能与水服务职能,才能产生有效的水管理与水服务。若不按自然规律和经济规律科学地管水和治水,必然存在信息不共享、决策不统一,部门之间时有摩擦发生,在防洪减灾、城市用水、污染防治、保护生态等方面产生众多矛盾,造成许多不应有的水资源浪费和损失等问题。

2.2.5 城市水价体系

以最佳的途径实现社会经济发展对城市水资源的需求，仅仅依靠行政手段见效甚微，应当积极采取以经济杠杆为主的技术、行政、法律和宣传教育等手段相结合的综合措施，以求从根本上解决城市水资源方面的种种矛盾，尤其是供需矛盾。

国内外的实践表明，正确地发挥经济杠杆作用与相应技术经济措施的作用，是实现城市水资源科学管理的关键。而建立合理的水费体制又是发挥经济杠杆作用的核心，也是进行城市水资源合理开发利用的最基本、最有效、最简单的途径。

合理的水费可以有效地节制消费者（居民或城市）对水的需求，既节约了用水，又提高了水的有效利用程度。建立并推行以需求管理为目标的城市水价体系，对促进水的可持续利用、综合节水、城市水环境综合整治、拓宽水污染治理资金渠道具有现实的作用和意义，是城市供水、节水与污水处理决策支持的重要组成部分。

改革开放发展至今，在计划经济与福利用水体制下形成的"水是取之不尽、用之不竭"的低价消费观念和行为正在逐步改变。水是一种商品，特定水质水量的生产加工与供给属于工业生产行为，需要巨额投入，应按市场需求和资源成本对其按质论价，实现水的市场化，以充分体现其真正的价值。只有按照商品经济的规律，建立合理的水价体系，利用经济杠杆作用，才能解决好水资源开发利用和保护问题，才能促进合理用水和节约用水、限制水的浪费，才能建立良性循环的投资环境，保证基础设施的建设、运行和扩大再生产。因此，必须加速改变我国水价政策所存在的不合理性，建立合理的水价体系。

城市水价体系的制定应充分体现水资源及水产品的经济效益、环境效益和社会效益，使得水行业有利可图，实现良性循环，并保证产品水的生产质量；将污水还原成接近自然水的状态，维持良好的生态环境，保证水资源可持续利用；保证供水量充足、水质符合标准，使社会稳定。

合理的水价应由非市场调节的水资源税、市场调节的工程水价和环境水价三部分构成。

水资源税是体现水资源价值的价格，它包括对水资源耗费的补偿，对水生态系统影响的补偿，以及对促进节水和保护水资源技术进步的投入等。

工程水价即通过生产加工将资源水变成产品水，并进入市场成为商品水所花费的代价，它包括勘探、设计、施工、运行、维护与折旧、经营与管理的代价等。具体体现为供水价格。

环境水价即经使用后排出用户范围的污废水污染了水环境，为治理污染和保护水环境所需要的代价。具体体现为污水处理费。

欧美等发达国家一般遵循以下原则：成本补偿原则；合理利润原则；反映市场变化、及时调整价格原则；用户公平负担原则；提高资源配置效率原则。

国内学者提出了三段式水价——基本水价、保护水价、资源水价来实行收费，以调节收入与水价的矛盾。基本水价保证低收入阶层的基本需求，超过基本量的用水，采用保护水价，超出保护水价部分则大幅度提高收费，作为资源水价。

我国目前的城市水价格占家庭收入的份额很低，远低于欧美和许多亚洲国家。欧洲15个国家的调查表明，自来水费占家庭收入的0.3%~1%。在日本，家庭生活用水消费占家庭消费支出的0.6%~1.0%。泰国、新加坡、印度尼西亚则规定，家庭用水消费应在平均家庭收入的3%以内。国内已有研究认为，家庭水费的支出占家庭收入的2.5%~3%比较合适。

我国城市水价由水资源费、水资源开发费、净水与输配水费、排水与污（废）水处理费用、再生水生产及输配水费等组成（图2-2）。水资源费是根据水资源配置调整、供给与需求的稀缺程度，以及水资源保护与水环境恢复费用来确定；自来水价格是根据制水、供水直接成本（包括水源开发费用），企业资产折旧、投资回报，国家税收和供水企业的一定盈利等来制定；排水与废（污）水处理费用是根据水处理企业的处理成本，企业资产折旧、投资回报，国家税收和企业的一定盈利等来制定；再生水及各类用水价格的制定同前。

在这个价格体系中，各类水价格应该是动态的，价格应体现随时空的不同而变化、随用水阶层、用水需求和经济承受能力的不同而变化；随用水行业用水需求和行业发展优先度的不同而不同；随水质的不同、用水目的不同和用水量的季节变化而变化。

城市水价体系 { 水资源费；水资源开发费 { 水源保护费；取水工程费 } 自来水价格；净水与输配水费；排水与污（废）水处理费用；再生水及各类水生产及输配水费 }

图2-2 我国城市水价体系

合理的水价体系使水不仅作为资源而且作为商品与用户的利益紧密联系。目前部分城市正在开始实施的居民阶梯性水价和非居民用水超计划超定额加价制度，在促进城市用水结构的调整，激励节水，减少浪费等方面成效显著。美国市政用水情况表明，水价增加10%，需水量减少1.5%~7%。据上海市用户需水量价格弹性系数研究表明，水价每增加10%，需水量将下降3.8%；居民年收入每增加10%，除去水价影响，用水量需求将增加2.2%。据分析，水费支出占家庭收入1%时对心理影响不大，占2%时开始关注水量，占2.5%时注意节水，占5%时认真节水，占10%时考虑水的重复利用。大连市和长春市水价情况见表2-3。

大连市和长春市自来水水价情况　　　　　表 2-3

用水分类		水价（元/m³）	
		大连市	长春市
居民用水		1.60	2.00
工业用水		2.20	4.17
特殊行业用水	商贸、宾馆用水	3.00	4.17
	建筑用水		7.00
	饭店用水		6.00
	洗车用水	12.00	7.00
	美容美发用水		12.00
	桑拿、冲浪用水		14.00
备注		居民用水实行超基数加价，每月每户基数 6m³，超过部分由 2 元/m³ 调到 3 元/m³	

在一些城市进行的合理调整和提高水价取得了显著成效，但因地制宜地推广应用，使其收费与管理真正走上科学化、合理化、规范化和法制化的轨道，还有很多工作要做。尤其在城市污水处理设施建设与运营的投资筹措和市场化运作管理方面存在很多问题。由于污水排污收费很低，有时污水处理费收取以后不到位，使得城市排水设施建设、运营、养护维修资金严重不足，污水处理设施建设不到位，已建的污水处理厂养护维修运营资金长期得不到保证，相当一部分污水处理厂不能正常运行，处于半运转乃至闲置状态。大部分排水设施又失修失养和老朽破旧，亟待更新改造，更难挤出资金用于新的排水管渠系统和污水处理设施的建设。因此，城市水价改革、收费管理制度的正确实施与水业的市场化运作模式仍是今后相当长的时期内的热点问题。

2.2.6 城市水污染防治规划

城市水污染防治规划的指导思想是以城市可持续发展和人与自然的和谐为目的，通过方案优化，使城市水污染防治的费用最省，逐步改善城市水环境质量，形成长期、稳定、良好的生态环境，确保城市水资源可持续利用和城市社会经济的可持续发展。

城市水污染防治规划中确定的水质目标，应根据本地财政的支撑能力和实际情况，按近期、中长期总评考虑，对水污染防治与改善水质制定出相应分阶段实施的技术上可行、经济上合理的措施与实施方案。对于工业废水污染，应强调源头控制，实施循环经济模式，实现清洁生产，力求废物减量化和生产全过程控制，达到节水减污的目的。对于重要水源地区域的农村污染要十分重视，提倡农肥农药的合理利用，减少其对环境的污染。对畜禽排泄物、乡镇的生活污水与企业废水等应采取有效措施进行处理及利用，实现乡村的良性生态循环。完善城市雨水、污水收集系统和建设城市污水处理厂，形成污水集中收集处理为主、分散处理为辅的治污格局。对城市雨洪水排水系统、城市污水（含工业废水和生活污水）排水系统、城市污水处理厂达标污水及深度处理再生利用、城市污水处理厂污泥的处理处置系统等进行周密规划，并提出建设投资分配等方案。

水污染防治与城市社会经济发展相协调，与环境保护、水利工程、市政工程、公用企业、园林绿化等相关联，应一并纳入城市建设总体规划之中，且与相应的专项规划同步实施。

2.2.7 城市污水再生利用

水资源的可持续利用和保护是我国社会经济发展的重大战略问题，对于缺水问题的解决，尤其是水质污染型缺水问题的解决，节约用水和水污染控制起到核心作用。与传统的城市供水水源相比，解决城市水资源短缺的新型替代性水源开发已引起广泛的关注，主要包括海（咸）水淡化、雨水资源收集利用、远距离（或者外流域）调水，以及污水再生利用。通过对各种新型水源的发展前景进行分析比较可以发现，城市污水再生利用在资源可靠性、技术进步潜力、生态和环境影响、工程效率等几个方面具有显著的战略发展优势。

国内外20多年来的实践经验已经表明，城市污水的再生处理与再用本身蕴含着合理性和必然性，不仅技术可行，而且经济合理。其合理性表现在，城市污水再生处理与再生利用过程是水自然再生循环过程的模拟与强化。其必然性表现在，城市用水的严重紧缺和水资源可持续利用的客观需求，要求人们通过水质与水量的再生与恢复，使城市污水的再生处理与再用成为开源节流、减轻水体污染、改善生态环境、解决城市缺水的有效途径，以保障水资源的开发利用能够满足社会经济可持续发展的需求。

建设部、国家环保总局、科技部于2000年颁布的"城市污水处理及污染防治技术政策"中，提倡各类规模的污水处理设施按照经济合理和卫生安全的原则，实行污水再生利用，发展再生水在灌溉、绿地浇灌、城市杂用、生态恢复和工业冷却等方面的利用。

在中国城市中发展污水再生利用，事实上是把污水再生利用看做建设循环经济体系和实现城市水资源可持续利用的核心内容，即污水再生利用的战略定位。由此，就必然要求改变传统的水的社会利用、循环方式，建立起新的用水理念和新的循环模式，最终实现用水系统的根本变革。对现有城市水系统造成的冲击主要反映在：对城市水资源规划和城市生态规划编制的影响；对构建水资源管理的法律、法规、政策、措施的框架体系的影响；对给水厂设计和建设的影响；对污水处理厂设计和建设的影响；对排水管网设计与建设的影响；对污水处理标准制定和选取的影响；对水价体系构成的影响等。

城市污水再生利用发展战略在中国的推行，必须从技术、经济、产业、规划、管理、安全、公众接受等各个方面进行充分准备，为此需要构建中国城市污水再生利用发展的战略框架，如图 2-3 所示。天津、北京和青岛等城市在城市污水再生利用方面做了大量工作，制定了相应的政策、条例与规定，实施了示范工程和工程应用。详见第 5 章中介绍。

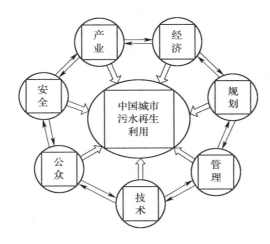

图 2-3　城市污水再生利用发展战略框架
（资料来源：文献［3］）

2.3　城市取水构筑物的运行管理

2.3.1　地下水取水构筑物的运行与管理

地下水取水构筑物是给水工程的重要组成部分之一。它的任务是从地下水水源中取出地下水，并送至水厂或用户。地下水取水构筑物的位置主要取决于水文地质条件、地质环境和用水要求，应选择在水质良好、不易受污染的富水地段；应尽可能靠近主要用水区；应有良好的卫生防护条件，为避免污染，城市生活饮用水的取水点应设在地下水的上游；应考虑施工、运转、维护管理方便，不占或少占农田；应注意地下水的综合开发利用，并与城市总体规划相适应。

由于地下水的类型、埋藏条件、含水层的性质等各不相同，常见的地下水取水构筑物，按其构造不同，主要分为管井、大口井、辐射井、复合井和渗渠等，其适用范围，见表 2-4。

地下水取水构筑物的形式及适用范围 表 2-4

形式	尺寸	深度	适用范围				出水量
			地下水类型	地下水埋深	含水层厚度	水文地质特征	
管井	井径 50~1000mm 常用 150~600mm	井深 20~1000m，常用 300m 以内	潜水，承压水，裂隙水，溶洞水	一般在 200m 以内，常用在 70m 以内	大于 5m 或有多层含水层	适用于任何砂、卵石、砾石地层及构造裂隙，岩溶裂隙地带	单井 500~6000m³/d，最大为 20000~30000m³/d
大口井	井径 2~10m，常用 3~6m	井深在 20m 以内，常用 6~15m	潜水、承压水	一般在 10m 以内	一般为 5~15m	砂、卵石、砾石地层，渗透系数最好在 20m/d 以上	单井 500~10000m³/d，最大为 20000~30000m³/d
辐射井	集水井直径 4~6m，辐射管直径 50~300mm 常用 75~150mm	集水井井深常用 3~12m	潜水、承压水	埋深 12m 以内，辐射管距降水层应大于 1m	一般大于 2m	补给良好的中粗砂、砾石层，但不可含有漂石	单井 5000~50000m³/d，最大为 310000m³/d
渗渠	直径 450~1500mm，常用 600~1000mm	埋深 10m 以内，常用 4m	潜水，河床渗透水	一般埋深 8m 以内	一般为 4~6m	补给良好的中粗砂砾石，卵石层	一般为 10~30m³/(d·m)，最大为 50~100m³/(d·m)

2.3.1.1 管井

管井是最常见的地下水取水构筑物之一，管井的使用、维护和管理是决定井的使用年限长短，能否发挥其最大经济效益的关键。若使用管理不当，会出现水量衰减、堵塞、漏砂、淤砂，甚至导致早期报废。

（1）管井技术档案的管理

管井验收交付使用后，应及时以勘测资料、设计图纸和施工文件等为基础建立技术档案。这个档案是管井管理的重要依据，以便分析、研究管井运行中存在的问题。

技术档案主要应包括下列资料：

① 管井的竣工施工图

② 管井施工说明书　该说明书系综合性施工技术文件，主要包括管井的地质柱状图（岩层名称、厚度、埋藏深度），井的结构，过滤器和填砾规格，井位坐标及井口绝对标高，抽水试验记录，水的化学及细菌分析资料，过滤器安装、

填砾、封闭时的记录资料等。

③ 管井使用说明书　主要包括井的最大开采量和选用的抽水设备类型和规格；管井在使用中可能发生的问题、防止水质恶化和维护方面的建议。

④ 钻进中的岩样　钻进中的岩样分别装在木盒中，并附岩石名称，取样深度和详细的描述。

⑤ 运行使用记录　对每眼管井的运行都要认真填写观测卡（表 2-5），记录抽水起始时间、静水位、动水位、出水量、出水压力及水质（主要是含盐量及含砂量）的变化情况，绘制长期变化曲线；详细记录电机的电位、电压、耗电量、温度等和润滑油料的消耗以及机泵的运转情况等，一旦出现问题，应及时处理。

管井观测卡片　　　年　　月　　　　　　表 2-5

日期		观测时间（h）	静水位（m）	动水位（m）	降深（m）	出水量（t/h）	单位出水量（t/(h·m)）	延续稳定时间（h）	值班人员签字	备注
月	日									
	1									
	2									
	…									
	30									
	31									

（2）管井的日常维护措施

抽水设备选用和维护　根据管井的出水量和丰、枯季节水位变化情况，严格控制出水量和进水流速，选择合适的抽水设备。抽水设备的出水量应小于管井的出水能力，应使管井过滤器表面进水流速小于允许进水速度，以防止出水含砂量的增加，保证滤料层和含水层的稳定性。在管井运行过程中，必须定期检修机泵，保证设备始终在完好状态下运行。对设备的易损易磨零件，要有足够的备用件，以便在发生故障时及时更换，将供水损失减少到最低限度。每天应详细填写运行观测记录卡，定期分析水质。

及时清淤　井底沉淀管内淤积是管井使用过程中常见的问题，应及时清淤。淤积原因是多方面的，如滤料不合格，挡不住泥砂造成淤积；井管接口封闭不严密，抽水时泥砂从接缝中流入井内；洗井不及时、不彻底；或者由于井口封盖不严，掉入砖头、瓦块等。常用的清淤方法有：

① 双泵清淤　用一台泥浆泵和一台离心泵，泥浆泵用铁管或胶管向井内送高压清水，将井底淤积物冲起，离心泵则不断向井外抽水排出泥砂，边冲边逐步加长泥浆泵送水管向下冲击，直到冲净为止。

② 光锥清淤　用人工架打井的 75～100cm 光锥，下入井内淤积的地方，反

复冲击掏出井内泥砂，直到掏净为止。也可以边掏边抽水，效果更显著，但冲锥时要注意保护好井管。

维护性抽水 对于季节性供水的管井或备用井，在停泵期间，应每隔10天或半个月进行一次维护性的抽水，且每次进行时间应不少于24h，以防止过滤器发生锈结，保持井内清洁，延长管井使用寿命，并同时检查机、电、泵等设备的完好情况。对于地下式井室的管井和高矿化度地下水的地区，更应注意这一情况。

管井的消毒 管井竣工或每次检修后，在投入使用前都应进行漂白粉消毒。漂白粉的有效氯含量约30%，1kg漂白粉用20kg水稀释成药液，然后先将药液的一半直接倒入或用虹吸方法吸入井内，使其与井水混合，开动水泵，使出水带氯气味，然后停泵，再将另一半药剂倒入井内，停24h后再用水泵抽水直到氯气味完全消失为止。

管井出水量减少原因及其恢复措施 管井在使用过程中，往往会有出水量减少现象，通常为水源和管井本身的原因。

水源方面的原因，一是地下水位区域性下降，使管井出水量减少。区域水位下降一般发生在长期超量开采的地区，对此，除在设计时应充分估计到地下水位可能降低的幅度而采取相应措施外，还应调整现有抽水设备的安装高度，必要时需改建取水井，使之适应新的水文地质情况。二是含水层中地下水的流失。地下水流失可能是地震、矿坑开采或其他自然与人类活动的结果，使地下水流入其他透水层、矿坑或其他地层。设置供水水源防护区，切实有效地加强水源管理是解决这些问题的关键。

管井本身的原因是出水量减少，排除抽水设备的故障外，主要由过滤器或其周围填砾、含水层填塞造成的。在采取消除故障措施之前，应掌握有关管井构造、施工、运行资料和抽水试验、水质分析资料等，对造成堵塞的原因进行分析、判断，采取相应措施。近年来，在生产中采用井下彩色摄影、摄像等直接观测方法，可为确切了解管井内部状况提供可靠依据。针对不同的出水量减少原因，可采用的出水量恢复措施有：

① 由于过滤器进水孔尺寸选择不当、缠丝或滤网腐蚀破裂、井管接头不严或错位、井壁断裂等原因，使砂粒、砾石大量涌入井内，造成堵塞。解决方法是更换过滤器、修补封闭漏砂部位、修理折断的井壁管。图2-4所示为弹力套筒补井方法。将2mm厚钢板卷成长度3～5m（视补井需要）的开口套筒（图2-4（a）），然后将套筒卷紧（图2-4（b）），安置在特制的紧固器上，送入井下预定位置，最后松开紧固器，套筒则借自身弹力张开（图2-4（c）），紧紧贴在井管上，达到封闭目的。

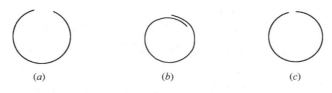

图 2-4　弹性套筒横断面

② 过滤器表面及周围填砾、含水层被细小泥砂堵塞。可采用安装在钻杆上的钢丝刷，在过滤器内上下拉动，清除过滤器表面上的泥砂；或活塞洗井；或压缩空气洗井。

③ 过滤器及周围填砾、含水层被腐蚀胶结物和地下水中析出的盐类沉淀物填塞，即化学性堵塞。其成因是地下水含有盐类——天然的电解质，金属过滤器浸在其中必然产生程度不同的电化学腐蚀。电位不同的金属，如镀锌钢丝与钢管、或铜网与钢管或铸铁管均易于产生电化学腐蚀；钢管、铸铁管由于本身材质不纯，也会产生化学腐蚀。当地下水抽水、水位升降或与空气接触曝气而含有溶解氧时，会加速电化学腐蚀。其产物逐渐在管壁上结垢，使过滤器堵塞。此外，地下水中溶解的钙、镁等盐类，由于井孔抽水，使地下水压力降低，使溶于水中的气体（二氧化碳，硫化氢等）析出，破坏了地下水化学平衡，使水中盐类沉积于过滤器及其周围的含水层，形成不透水的胶结层。除在设计管井时考虑相应的措施外，常见的解决方法是用酸洗法进行清除，通常用浓度为 18%～35% 的工业盐酸清洗。为防止酸液侵蚀过滤器及注酸设备，应加入缓蚀剂（甲醛的水溶液）。注酸可采用图 2-5 所示的简易装置。洗毕，应立即抽水，防止酸洗剂的扩散，以保证出水水质。应该注意，注酸洗井必须严格按操作规程进行，以保证安全。

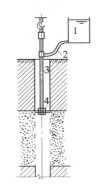

图 2-5　简易注酸装置
1—贮酸器；2—橡皮管；
3—注酸管；4—橡皮活塞

④ 细菌繁殖造成堵塞的解决方法是用氯化法或酸洗法使其缓解。

增加管井出水量的措施

① 真空井法　将井管的全部或部分密闭，井孔抽水时，使管井处于负压状态（实质上是增加水位降落值），以达到增加出水量的目的。

② 爆破法　在坚硬裂隙岩溶含水层中取水时，常因孔隙、裂隙、溶洞发育不均匀，影响地下水的流动，从而影响水井的出水量。往往同一含水层中各井的出水量也可能相差很大。采用井中爆破法，能增强含水层的透水性。该方法将炸药和雷管封置在专用的爆破器内（图 2-6），用钢丝绳悬吊在井中预定位置（图 2-7），用电起爆。当含水层很厚时，可以自下而上分段进行爆破。爆破的岩石、

碎片用抽筒或压缩空气清理出井外。

应该指出，爆破法不是对所有含水层都有效。在松软岩层中爆破时，在局部高温高压作用下，含水层可能变得更为致密或裂隙被黏土碎屑所填充，减弱了透水性，得到相反的效果。在坚硬岩层中，爆破能形成一定范围的破碎圈和振动圈，容易造成新的裂隙密集带，沟通其他断裂或岩溶富水带，效果显著。因此，在爆破前，必须进行含水层岩性、厚度和裂隙溶洞发育程度等情况分析，拟定爆破计划。

③ 酸处理法　对于石灰岩地区的管井可采用注酸的方法，以增大或串通石灰岩裂隙或溶洞，增加出水量。图 2-8 为基岩井孔注酸装置示意图。注酸管用封闭塞在含水层上端加以封闭。注酸后即以 980kPa 以上的压力水注入井内，使酸液渗入岩层裂隙中。注水时间约 2~3h 左右，酸处理后，应及时排除反应物，以免沉淀在井孔内及周围的含水层中。

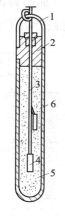
图 2-6　爆破器
1—提环；2—接管头和封闭物；
3—双心电缆；4—雷管；
5—炸药；6—管皮

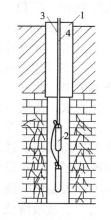
图 2-7　爆破器放置位置
1—套管；2—爆破器；
3—双心电缆；4—细钢丝绳

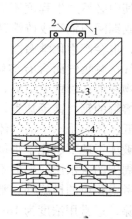
图 2-8　基岩井孔注酸方法示意
1—注酸管；2—夹板；3—井壁管；
4—封闭塞；5—裂隙基岩

（3）常见管井的维修方法

管井填塞的清理方法　当井内有砖头、瓦块等杂物填塞时，根据具体情况，通常可采用以下方法修理。

① 用不同规格的抽筒将杂物抽出。操作时应尽量缩短抽筒上下冲程，慢抽慢进，尽量避免抽筒碰撞井管。

② 如果井内填塞物卡于井管之中，可用钻杆将填塞物冲下，使之落于井底再设法打捞。

③ 如果填塞物较大，可用抓石器将填塞物抓上来。

经过上述处理，如井内仍存有残留填塞物，即可用空气压缩机抽水的方法将填塞物吹净。

井管折断的修理方法 如果井管折断可采用下短管的方法进行修理,如图 2-9 所示。短管的外径宜比井管内径小 50mm 以上,将短管的上部制成灯口,短管下端绑好海带胶皮封闭塞,用钻杆将短管送至修管位置,再用水泥将封闭塞上端封闭,待水泥凝固后,提出钻杆即完成修理。

上部井管的更换方法 井管动水位以上部分易生锈而损坏,而且由于水泵规格的变动,上部井管有时也需要更换。更换时,先用套钻法将上部井管钻通,套钻钢管要比更换的井管直径大 100mm,钻进时将井管套在钢管中间钻进,同时以泥浆泵向孔内输送泥浆形成新的泥壁,一直钻到井管计划更换深度以下 3 处,如图 2-10 所示,然后下入更换的新管,套在原井管的外面,管外用黏土封闭如图 2-11 所示,再将新换的井壁管 1 与原井管 2 间封闭好,最后用割管器自管内将原井管于 4 处割断,提上断管,即完成更换上部井管的全部工作。

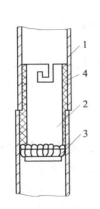
图 2-9 井管折断修理方法
1—井管;2—短管;
3—橡皮擦头;4—水泥

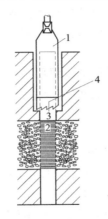
图 2-10 套钻法
1—套钻钢管;2—井管;
3—井管;4—圆齿钻头

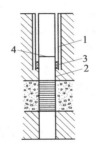
图 2-11 更换井孔上部井壁管
1—新换的井壁管;2—原来的井管;
3—两管间的封闭;4—原井管割断处

2.3.1.2 大口井

大口井是广泛用于开采浅层地下水的取水构筑物。常用大口井直径为 3~6m,最大不宜超过 10m。井深一般不超过 15m。大口井分为完整式和非完整式,完整式大口井只有井壁进水,适用于含水层颗粒粗、厚度薄(5~8m)、埋深浅的含水层;在浅层含水层厚度较大(大于 10m)时,应建造非完整式大口井,井壁和井底均可进水,进水范围大,集水效果好,调节能力强,是较为常用的井型。

(1)大口井的运行和管理

大口井的运行和管理基本上与管井相同,可参考管井的相应部分。大口井还应注意以下两点:

严格控制开采水量 大口井在运行中应均匀取水,最高时开采水量不应大于设计允许的开采水量,在使用的过程中应严格控制出水量。由于大口井在丰水期和枯水期的出水量变化幅度较大,所以在枯水期更要杜绝过量开采的产水方式,否则,很容易破坏滤层结构,导致井内大量涌砂,直至造成大口井报废。

防止水质污染 大口井一般集取浅层地下水,应加强防止井周围地表水的侵入。井口、井筒的防护构造应定期维护;在地下水影响半径范围内,注意污染监测;严格按照水源卫生防护的规定制定卫生管理制度;保持井内良好的卫生环境,经常换气并防止井壁微生物生长。

(2)增加大口井出水量的措施

降低水泵标高 使用多年的大口井,往往遇到井内动水位下降、水泵吸水扬程增加、效率降低、出水量相应减少等现象。若有条件将水泵下降,可以改善水泵的工作条件,恢复一定的出水量。

重新铺设井底反滤层 对由于井底反滤层铺设不当或已造成井底严重淤积的大口井,应采取重新铺设反滤层的办法以加大出水量。铺设时要先将地下水位降低,将原有反滤层全部挖出,彻底清洗并补充滤料,严格控制粒径规格和层次排列,保证施工质量。

清理井壁进水孔,换填井壁周围的反滤层 一般在井壁外堆填砾石,粒径为 80~150mm;外面填三层反滤料,最外层粒径为 2~4mm,中间层为 10~20mm,内层为 50~80mm。

2.3.1.3 渗渠

渗渠即水平铺设在含水层中的集水管(渠),也称水平式地下水取水构筑物。适用于开采埋藏深度小于 2m,含水层厚度小于 6m 的浅层地下水。渗渠的埋深一般在 4~7m,很少超过 10m。集水管(渠)铺设在河流、水库等地表水体之下或旁边的河漫滩、河流阶地含水层中,集取河流下渗水和地下潜流水。渗渠汇集的地下水,由于渗透途径较短,其水质往往兼有河水和普通地下水质的特点,如浊度、色度、细菌总数较河水低,而硬度、矿化度较河水高。

我国东北、西北的一些山区及山前区的河流,其径流变化很大,枯水期甚至有断流情况,河床稳定性差,冬季水荒严重,因此,地表水取水构筑物不能全年取水。这类河流河床多覆有颗粒较粗、厚度不大的冲积层,蕴藏丰富的河床地下水(河床潜流水),渗渠是适宜开采此类地下水的取水构筑物,它能适应上述特殊的水文情况,实现全年取水。

(1)渗渠的运行和管理

渗渠的管理与管井、大口井的管理有共同之处,另外还应注意以下几点:

掌握渗渠在不同时期出水量的变化规律 渗渠的出水量与河流流量的变化关系密切,当河流处于丰水期时渗渠出水量大,枯水期时出水量小。需要通过长期的观测,掌握渗渠出水量的变化规律,以便正确指导生产。

常用的方法是利用检查井或专门设观察孔,每隔 5~7d 观测并记录井或孔中的水位,及相应的河水水位与水泵的出水量,连续观测 2~3 年,则可基本掌握渗渠出水量的变化规律，观测记录表见表2-6。

渗渠水量观测卡片　　　　　　　　　表 2-6

观察时间\观察项目	河水情况		检查井（观察孔）水位（m）					水泵出水量（m³/h）
	水位（m）	流量（m³/h）	检查井1号	检查井2号	检查井3号	检查井4号	检查井5号	
年　月　日								
年　月　日								
年　月　日								
年　月　日								

加强水质管理　　渗渠的出水往往只经消毒就送往用户，做好渗渠的水质监测和水源卫生防护对确保出水水质具有重要意义。

做好渗渠的防洪　　设置于河床中的渗渠、检查井、集水井等要严防洪水冲刷和洪水灌入集水管造成整个渗渠的淤积。应在每年洪水期前，做好一切防洪准备，如详细检查井盖封闭是否牢靠，护坡、丁坝等有无问题等，洪水过后应再次检查并及时清淤、修补被损坏部分。

渗渠出水量衰减原因及其防止措施　　渗渠常由于泥砂淤积河床和淤塞含水层、填砾层，在运行中常存在不同程度的出水量衰减问题，严重时，会出现早期报废。主要有以下两方面的原因：

① 渗渠本身的原因　　渗渠反滤层和周围含水层受地表水中泥砂杂质淤塞。尤其是以集取河流渗透水为主的渗渠，淤塞现象普遍存在。防止渗渠淤塞的措施为选择河水含泥砂杂质少的河段，合理布置渗渠，避免将渗渠埋设在排水沟附近；控制取水量，降低水流渗透速度，保证反滤层的施工质量。

② 水源的原因　　渗渠所在地段河流水文和水文地质状况发生变化，如地下水水位发生地区性下降；河流水量减少水位降低，尤其是枯水期流量的减少；河床变迁，主流偏移等。

为从根本上防止上述问题的发生，在设计时应全面掌握有关水文和水文地质资料，对河床变迁趋势进行科学的预测，对开发地区水资源状况做出正确评价。选择适当河段，如以集取地表水为主的渗渠，其开发的水量，应纳入河流综合利用规划之中。在有条件时，应采取必要的河道整治措施，以稳定水源所在的河床或改善河段的水力状况。

增加渗渠出水量的措施

① 修建拦河闸　　山区河流如果距离渗渠下游河床较近，则可垂直河流修建拦河闸，枯水期关闸蓄水，抬高水位以增加渗渠出水量。丰水期开闸放水，冲走沉积的泥砂恢复河床的渗透性能。

修建拦河闸要尽量选择造价低廉、管理方便的闸型,修建时还要考虑河水水位抬高后,不会导致上游农田和房屋受淹的问题。

② 修建临时性的拦河土坝　无条件修闸时,可在渗渠下游将河砂堆成土堤以缩小枯水期河流断面,达到提高河水水位的目的。堆堤工作应在每年枯水期前进行,翌年春季雨水来临前拆除,这种方法管理烦琐,每年工程量较大。改进的方法是将土坝顺河修筑,慢慢缩小水面,这样有可能在第二年洪水时只冲走倾斜缩口的部分土堤,而能保留一大部分,以减少第二年工程量。

③ 修建截取潜流工程　截取潜流工程又称为地下潜水坝,即在河底以下修筑地下截水墙。当含水层较薄、河流断面较窄时,两岸为基岩或弱透水层,在渗渠所在河床下游10~30m范围内修建截水潜坝(图2-12),可以截取全部地下水量,有效提高渗渠出水量。常用的地下潜水坝材料有黏土、钢筋混凝土等。采用垂直砌筑或斜向砌筑,底部一定要深入不透水层0.2~0.5m,顶部距河底1.0m。潜水坝不能修建在夹有黏土的含水层中、河水浑浊的河床上、煤矿或电厂冲灰排水造成河床淤泥处等。

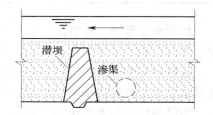

图2-12　河床下截水潜坝

(2) 常见的渗渠的维修方法

渗渠淤塞的处理　渗渠的淤积与堵塞影响渗渠的出水量。常用的维修方法有:

① 水冲洗清淤　在集水井地面附近安装两台水泵,一台为高扬程水泵,水泵压水管末端与水枪相连,将水枪放在集水井内,利用水枪形成的高压水柱的冲力使淤积的泥砂变成浑水,另一台为低扬程水泵,将浑水从集水井中排出,直至浑水排完。

② 修理和加厚反滤层　由于反滤层太薄使浑水进入集水管,应翻修反滤层并适当加厚,翻修时要严格掌握反滤层的级配及厚度要求。

③ 加大渗渠与集水管的流速　由于集水管流速太小造成淤积,可将集水井内水位下降,加大集水管与渗渠的水力坡降,减少淤积。

集水管的漏水处理　当渗渠或集水管基础发生不均匀沉陷,或集水管衔接损坏,造成集水管向外漏水时,应把集水管内的水抽干净,查明漏水部位,针对漏水原因进行补漏或局部翻修。

由于渗渠的出水量减少以后的翻修工作量甚大,加之河床内流量减少和水质恶化等原因,渗渠的使用受到很大限制,已经极少使用。

2.3.2 地表水取水构筑物的运行与管理

地表水取水构筑物的形式取决于地表水的类型与各类水体的取水条件。其中江河取水构筑物具有普遍性和代表性,湖泊、水库、海水取水构筑物多数情况下都是根据不同水体条件,从最基本的江河取水构筑物类型演变而来。

2.3.2.1 江河取水构筑物

江河取水构筑物形式(表2-7)是根据对取水量和水质的要求,结合江河的水流状态、流量流速、水位变幅、河床断面状况、河床地质条件、冰情和航运等情况,以及施工、运行条件来决定的。

江河取水构筑物的形式及适用范围   表2-7

种类		形式	组成	适用范围	备注
江河取水构筑物	固定式取水构筑物	岸边式	格栅、进水孔、进水室、格网、吸水室、泵房和排泥、启闭、起吊设备等	江河岸边较陡,主流近岸,岸边有足够水深,水质和地质条件较好,水位变幅不大的地段	
		河床式	取水头部、进水管、集水井和泵房等	河床稳定,河岸较平坦,枯水期主流离岸较远,岸边水深不够或水质不好,而河中又具有足够水深或较好水质	具体的形式因取水头部和进水管的形式不同而不同
		斗槽式		河流含砂量大,冰絮较严重,取水量大,在岸边式或河床式取水构筑物之前设置	按水流进入斗槽的流向分为顺流式、逆流式、双流式
	移动式取水构筑物	浮船式	浮船、联络管、输水管、船与岸之间的交通联络设备、锚固设施等	河岸有适宜的坡度(阶梯式倾角为20°~30°、摇臂式为45°)。取水点应具有足够的水深,小型浮船,枯水期水深大于1m;取水量大时,水深大于2m	河水水位变幅在10~40m之间,水位涨落速度小于2.0m/h,取水量不大;当供水要求紧迫,施工周期短;建设临时性供水水源
		缆车式	泵车、坡道或斜桥、输水管和牵引设备等部分	河岸地质条件较好,并有10°~28°的岸坡为宜。河岸不宜太陡或平缓	

维护条件和技术要求，在保证取水安全可靠的前提下，通过技术经济比较确定。主要形式有岸边式取水构筑物、河床式取水构筑物和移动式取水构筑物。

江河取水构筑物的运行与管理主要包括原水水质的监测、取水构筑物的维护和取水泵站的运行和维护。主要运行控制参数有原水浊度、pH 值、水温、河水水位、取水泵站吸水井水位、沉淀池水位、清水池水位、取水泵机组进口真空度及出口压力、总管压力、流量、取水泵机组分电量、取水泵站总电量等。常见的主要措施有：

（1）防漂浮物措施

对于江河取水构筑物，水流中所挟带的漂浮物，在山区多是树枝、树叶、水草、青苔、木材，在平原及河网地区还会有稻草、鱼、虾等，当流经城市附近后又加入破布、纤维、菜叶等城市垃圾。这些水草、杂物不仅漂浮在水面上，也浮沉于各层水之中，特别是每年汛期第一、二次洪水中，水草杂物特别多。由于水流的影响，很容易聚集于进水孔和取水头部的格栅和格网上，严重时会把进水孔和取水头部堵死，造成断流事故，是江河取水构筑物日常维护管理的重点。

防草措施 在河网地区——取水口附近的河面上，通常设置防草浮堰、挡草木排和在压力管中设置除草器等，以阻止漂浮在水面上的杂物靠近取水头部和进入水泵。

改进格栅 在取水头部或进水间的进水孔上设置格栅，以拦截水中粗大漂浮物和鱼类。当格栅不能有效拦截时，可采用增设旋转格网、增加栅条数量和在栅条上增设横向钢筋等措施。另外，由于人工清栅存在劳动强度大、洪水期清理困难等问题，可采用机械或水力方法及时清理格栅。

加强管理 建立巡回检查制度，一般每天检查一次。在汛期，应增加检查次数，发现有堵塞现象要及时采取措施，以免延误。

（2）防冰冻、防冰凌措施

北方大多数河流在冬季均有冰冻现象，特别是水内冰、流冰和冰坝等，对取水的安全有很大影响。冬季取水构筑物在运行时，常见采取的防冰措施有：

加快水流速度 水深较浅、河面较宽的河流，在冰冻前修筑顺河土坝，使水流在较窄的河面上流动，加快取水头部处水流流速，在一定程度上可以防止冰冻的形成。土坝每年冰冻前修筑，翌年汛前拆除。

经常破冰 在进水孔附近每天破冰 1~2 次或 3~4 次，以避免整个取水头部封冻而造成停止进水的事故。

通入压缩空气 在进水孔附近的水域中，每隔一定时间通入压缩空气，使进水孔处的水域经常产生水浪，防止水流冰冻。压缩空气机可以设置在岸边或泵房内，利用导管将压缩空气送至进水孔附近的水域中，输送压缩空气的间隔时间可根据气温高低，以水不封冻为原则来确定。

降低进水孔流速 降低进水孔的进水流速，可减少水内冰的带入数量，而且能阻止过冷却水形成冰晶。但流速减小，必增大进水孔面积，在实际使用中受到限制，一般进水孔流速控制在 0.05m/s 左右为宜。

加热格栅法 该方法比较有效，应用较广。通常采用电、蒸汽或热水加热格栅，防止冰冻。电加热格栅是把格栅的栅条当作电阻，通电后使之发热。蒸汽或热水加热格栅是将蒸汽或热水通入空心栅条中，然后再从栅条上的小孔喷出。

加热格栅可按两种温度计算，一种是使格栅表面温度保持在 2℃ 以上，以防止格栅冻结；另一种是使进水温度保持在 1～2℃ 以上，以防水中继续形成水内冰。后者需要的热量大，但较安全。

在进水孔前引入废热水 当取水构筑物附近有洁净的工厂废热水可利用时，可采取此措施。常用于电厂取水构筑物防冰，简易有效。

在进水孔上游设置挡冰木排 适用于河水中流速较大，冰凌撞击较严重的河段，以阻挡水内冰进入进水孔。

设置导凌设备 因被导凌设备撞碎的冰屑需流经一定距离后才逐渐稳定浮于水面，所以导凌设备在进水孔上游的距离，通常根据导凌设备后水流情况来确定。为了得到较好的效果，取水头部一般设在第二排导凌设备后 10～30m 稳定区域内；导凌设备长度通常根据河水流速来确定，一般在 8～10m 左右，布置成二排，间隔为 20m 左右；导凌设备与水流方向的夹角，则根据流速大小来确定，当流速在 1.5m/s 时，可采用 30°夹角；导凌设备的固定，一般采用岸上设固定桩用钢丝绳锚固或在水中用铁锚固定，当水位涨落或流速变化时要能够保证随时调整其布置及角度。

采取渠道引水 使水内冰在渠道内上浮，并由排水渠排走。

此外还有降低栅条导热性能、机械清除、反冲洗等措施来防止进水孔冰冻。

（3）进水管的维护措施

河床式取水构筑物的进水管主要有自流管、进水暗渠、虹吸管等。自流管一般采用钢管、铸铁管和钢筋混凝土管。虹吸管要求严密不漏气，通常采用钢管，当埋在地下时，亦可采用铸铁管。进水暗渠一般用钢筋混凝土，也有利用岩石开凿衬砌而成。

为了提高进水的安全可靠性和便于清洗检修，进水管一般不应少于两条。当一条进水管停止工作时，其余进水管通过的流量应满足事故用水要求。

进水管的管径是按正常供水时的设计水量和流速确定的，进水管的设计流速一般不小于 0.6m/s，即大于泥砂颗粒的不淤流速，以免泥砂沉积于进水管内，造成淤积；当水量和含砂量较大、进水管短时，可适当增大管内流速，管线冲洗或检修时，管中流速允许达到 1.5~2.0m/s。

自流管一般埋设在河床下 0.5~1.0m，以减少其对江河水流的影响和免受冲击。自流管如需敷设在河床上时，须用块石或支墩固定。自流管的坡度和坡向应视具体条件而定，可以坡向河心、坡向集水间或水平敷设。

自流管清淤 清淤主要消除进水管内的泥砂淤积。通常采取顺冲和反冲两种方法。

① 顺冲法 顺冲是关闭一部分进水管，使全部水量通过待冲的一根进水管，以加大流速的方法来实现冲洗；或在河流高水位时，先关闭进水管上的阀门，从该集水间抽水至最低水位，然后迅速开启进水管阀门，利用河流与集水间的水位差来冲洗进水管。顺冲法比较简单，不需另设冲洗管道，但附在管壁上的泥砂难于冲掉，冲洗效果较差。

② 反冲法 反冲是在河流最低水位时，先关闭引水管末端闸门，将集水井水位充水到最高水位，然后迅速打开闸门，利用集水井与河流水位差来达到反冲引水管的目的；或是将泵房内水泵出水管与引水管连接，利用水泵压力水或高位水池水进行反冲洗，冲洗时间一般约需 20~30min，引水管中流速要达到 1.5~2.0m/s；这种方法冲洗效果较好，但管路较复杂。虹吸进水管还可在河流低水位时，利用破坏真空的办法进行反冲洗。

虹吸进水管的维护 虹吸管的虹吸高度一般采用不大于 4~6m，虹吸管末端至少应伸入集水井最低动水位以下 1.0m，以免空气进入。虹吸管应朝集水间方向上升，其最小坡度为 0.003~0.005。虹吸引水管的轻微漏气将使虹吸管投入运行时增加抽气时间，减少引水量，严重时会导致停止引水。日常运行时，要避免在振动较大的情况下进行；定期检查引水管的各个部件、接口、焊缝、有无渗漏现象，外壁保护涂料有无剥落和锈蚀情况，发现问题，及时检修。

（4）抗洪、防汛措施

取水构筑物一般设在河岸或河床中间，取水泵房紧靠河道。每年的防汛工作至关重要。主要采取以下防汛措施：

掌握水情 汛期来临，应密切注意本地区水文、气象资料和上游洪水情，正确估计汛情大小，及早制定抗洪抢险具体方案。

物质准备 在汛前应根据实际需要，备全备足防汛物资。常用的防汛物资有土、砂、碎石、块石、水泥、木材、毛竹、草袋、钢丝、绳索、圆钉和照明、运输及挖掘工具等。

防汛前检查 在防汛前要对取水头部、进水管、闸门、渠道、堤防以及河道内阻水障碍物等所有工程设施做一次全面细致检查，发现隐患应及时消除。

堤防的巡查 取水头部与进水泵房附近的堤防,直接关系到水源的安全。在汛期,特别是水情达到警戒水位时要组织巡查队伍,建立巡查、联络及报警制度。查堤要周密细致,在雨夜和风浪大时更要加强对堤面、堤坡出现的裂缝、漏水、涌水现象的观察。

防漫顶措施 当水位越过警戒水位,堤防有可能出现漫顶前,要抓紧修筑子堤,即在堤防上加高,一般采用草袋铺筑。草袋装土七成左右,将袋口缝紧铺于子堤的迎水面。铺筑时,袋口应向背水侧互相搭接、用脚踩实,要求上下层缝必须错开,待铺叠至可能出现的水面所要求的高度后,再在土袋背水面填土夯实。填土的背水坡度不得陡于1:1。

防风浪冲击 堤防迎水面护坡受风浪冲击严重时,可采用草袋防浪措施。方法是用草袋或麻袋装土(或砂)七成左右,放置在波浪上下波动的位置。袋口用绳缝合并互相叠压成鱼鳞状。也可采用挂树防浪,即是将砍下的树叶繁茂的灌木树梢向下放入水中,并用块石或砂袋压住,其树干用铅丝或竹签连在堤顶的桩上。木桩直径0.1~0.15m,长1.0~1.5m,布置成单桩、双桩或梅花桩。

漏洞处理 一般水面发生漩涡,多为漏洞所致。检查漏洞时,把谷糠及木屑等易漂浮的物质撒于水面上,容易发现漩涡。有时也可在漏洞近水侧的适当位置将有色液体倒入水中,再观察漏洞出口的渗水如有相同颜色逸出,则可据此判断漏洞进口的大致位置。

漏洞修补一般在迎水面。若漏洞较小,周围土质较硬时,则可用大于洞口的铁锅或其他不透水器具扣住,亦可用软楔、草捆堵塞,再在上面盖以土袋,最后把透水性较小的散土顺坡推下,以帮坡截渗。

在漏洞的进口位置一时找不到时,为防止险情恶化,可暂在背水坡面漏洞出口处修筑滤水围井。方法是用土袋围一个不很高的井,然后用滤料分层铺压,其顺序是自下而上分别填0.2~0.3m厚的粗砂、砾石、碎石、块石。围井内的涌水在上部用管引出。

2.3.2.2 其他地表水取水构筑物

对于湖泊和水库取水构筑物和海水取水构筑物,在运行和维护中主要是防止泥砂淤积、减轻藻类和浮游动植物造成的取水头部、格网和管道堵塞。常用的防治生物的方法有加氯法、加碱法、加热法、机械刮除、密封窒息、含毒涂料、电极保护等。其中以加氯法采用最多,效果较好。水中余氯量保持在0.5mg/L左右,即可抑制生物的繁殖。

对海水取水构筑物还应降低取水构筑物的设备和管材的腐蚀率。通常采用的防腐蚀措施有:海水管道宜采用铸铁管和非金属管;水泵叶轮、阀门丝杆和密封圈等采用耐腐蚀材料,如青铜、镍铜、钛合金钢等制作;海水管道内外壁涂防腐涂料，如酚醛清漆、富锌漆、环氧沥青漆等；采取阴极保护。为了防止海水对混凝土的腐蚀，宜用强度等级较高的抗硫酸盐水泥或普通水泥混凝土表面上涂防腐涂料等。

第 2 篇
水 处 理 厂

　　水质是城市水系统良性运作的核心。传统的给水处理和污水处理分别是给水工程和排水工程中的重要组成部分。城市和现代工业的发展使给水处理和废水处理间存在的界限越来越模糊。用水处理的概念涵盖给水处理和污(废)水处理,更能反映现代水处理的发展特点。水处理是将水质不合格的原料水加工成符合需要的水质标准的产品水的过程。当原料水是自然来源的水,主要含有天然来源的物质,其产品水是用于生活饮用或工业生产目的时,则水处理过程属于给水处理;当原料水是受人为污染的水,其产品水只是为了符合排入水体或其他处置方法的水质要求时,则水处理过程属于污(废)水处理。

第3章 给水处理构筑物的运行、维护与管理

给水处理的任务是,按用水的水质标准对原水进行加工,去除水中的有害成分,使处理后的水质符合生活或工业生产等用水的各种要求。对给水处理工艺运行、维护与管理的要求与目标是:

确保在任何情况下净水处理设施的运行正常、安全可靠和经济合理,使出厂水水质始终能达国家标准《生活饮用水卫生标准》(GB 5749—2006)的要求;

建立健全的、能确保工作目标的各项规章制度;

保证管理工作的标准化和制度化。

根据原水水质和用户要求的不同,给水处理技术可分为常规处理、预处理、深度处理和特殊处理。当给水水源受到一定程度的污染,又无适当的替代水源时,或水源水具有某些特殊性质时,在常规处理的基础上,需要增设预处理或深度处理工艺,以满足用户对使用水水质的要求。

3.1 常规给水处理工艺

常规给水处理的主要去除对象是水源水中的悬浮物、胶体物和病原微生物等。

常规给水处理工艺使用的处理技术有混凝、沉淀(或澄清)、过滤和消毒等,是我国自来水厂主要采用的饮用水处理工艺。

3.1.1 混凝

混凝是净水处理的第一道工序,其好坏直接影响后序的沉淀、过滤效果,直至出厂水水质。混凝过程分为凝聚和絮凝两个阶段。凝聚包括投加混凝剂后的化学反应和初步絮凝两个过程。主要任务是使混凝剂迅速均匀地分散到水中,其水解和聚合反应产物,使水中胶体脱稳并开始聚集,形成微小的絮粒。凝聚过程要求水力的或机械的快速搅拌,以使化学反应迅速进行,并使反应产物与胶体颗粒充分接触,需时较短,一般在 2min 以内可以完成。此过程在混合设备中实施。絮凝是指微小絮粒通过进一步的电中和、吸附架桥、沉淀网捕等作用相互碰撞聚集而逐渐长大的物理过程。絮凝过程要求对水体的搅拌强度适当,并随着絮凝体颗粒的长大搅拌强度由强渐弱,如搅拌强度过大,较大的絮凝体会因水的剪力而破碎。絮凝过程一般需时 10~30min,在絮凝池中完成。

3.1.1.1 混凝剂与助凝剂

饮用水处理常用的混凝剂有铝盐、铁盐及其聚合物,见表3-1。

常用的混凝剂性能与适用条件　　　　表3-1

药剂名称 (化学式)	外观	对水温和pH值的适应性	腐蚀性	适用条件
硫酸铝 ($Al_2(SO_4)_3 \cdot 18H_2O$)	白色或略带灰色的块粒状。精制含$Al_2O_3 \geq 15.7\%$,粗制含$Al_2O_3 \geq 10.5\% \sim 16.5\%$。粗制硫酸铝含20%~30%不溶物,杂质多	适用于水温为20~40℃。pH=5.7~7.8时,主要去除水中悬浮物 pH=6.4~7.8时,处理浊度高、色度低的水	腐蚀性较小	一般情况下都可以使用,原水须有一定碱度,特别是投加量大时。处理低温低浊水时,絮体松散效果较差,投加量大时有剩余Al或SO_4离子,影响水质
三氯化铁 ($FeCl_3 \cdot 6H_2O$)	黑褐色结晶,有金属光泽,易潮解,纯度45%	受温度影响较小,适用的pH=6.0~8.4	对金属和混凝土的腐蚀性极大	絮体相对密度大,易下沉,易溶解,杂质少,处理低浊度水和色度较高原水的效果不显著。适宜于浊度较高的原水,刚配制的水溶液温度高,有时可使塑料泵变形
聚合氯化铝 (PAC) ($[Al_2(OH)_nCl_{6-n}]_m$)	有液体和固体产品,氧化铝含量:固体,43%~46% 液体,8%~10%	温度适应性强 pH=5.0~9.0范围均适用	腐蚀性较小	液体PAC需有专门的运输和贮液设施,操作方便,腐蚀性较小,应用较普遍,处理水碱度降低少,对低温低浊、高浊和污染原水的处理效果较好,无定型产品,质量不够稳定
硫酸亚铁(绿矾) ($FeSO_4 \cdot 7H_2O$)	半透明的淡蓝绿色结晶,含量$\geq 95\% \sim 96\%$	适用于碱度和浊度高、pH=8.5~11.0的水,受温度影响小	易腐蚀溶液池,因此需有防腐涂料,管道需用塑料管	价格较低,絮体易沉淀,一般用氯氧化成三价铁,不适宜于色度和含铁较高的原水,冬夏季均可使用,处理低温低浊水的效果比铝盐好

3.1.1.2 混凝剂投加控制及其管理

固体混凝剂的配制需设溶解池和溶液池。在溶解池中,用水力、机械或压缩空气使固体药剂溶解;再送入溶液池中用水稀释成规定的浓度,以便定量投配。直接使用液体混凝剂时,只需设溶液池。

溶解池、溶液池、搅拌设备、管道及配件等均应采用防腐材料或有防腐设施。使用 $FeCl_3$ 时，尤需注意防腐。因 $FeCl_3$ 溶解时放出大量热，当溶液浓度为 20% 时，溶液温度可达 70℃，故使用时药液浓度不宜大于 10%。

药液配制浓度和放置时间关系到药效的发挥、投加量的控制精度和每日的调制次数。浓度过小，药液易失效；浓度过大，在低投加量时难以控制投加精度；药液放置时间不宜过长，否则影响混凝效果。一般药液配制浓度在 5%~15% 为宜，低投加量时可降至 1%~2%。但硫酸铝溶液的浓度较低时，易发生水解而降低效果。为防止此现象的发生，宜将其溶液的 pH 值调到 4 或稍低。聚丙烯酰胺（PAM）溶液的黏度很大，其工作溶液的浓度通常为 0.5%~1%，投加浓度常为 0.1%。

（1）混凝剂最佳投加量的确定

混凝剂投加量是否合适，是取得良好混凝效果的重要因素。混凝剂最佳投加量是指达到既定水质目标的最小混凝剂投加量。其与原水水质条件、混凝剂品种、混凝条件等因素有关。目前我国大多数中小水厂是根据实验室试验和实际观察来确定，然后人工调节控制。这种方法简单易行，但试验结果指导生产往往滞后 1~3h，在水质或水量变化较多较大的情况下，难以及时调节。在国外和国内大中水厂已较多应用的投药自动控制能达到按最佳投加量准确投加、及时调节，且节省药剂。

1) 实验室杯罐试验法应用

杯罐试验的设备和操作都很简便，其试验的基本设备包括搅拌器、烧杯和浊度检测或 pH 值检测等相关仪器仪表。杯罐试验基本操作方法在《水处理实验技术》书中有详细介绍。在杯罐试验设备中所发生的混凝过程就相当于一个微型的间歇式完全混合反应器内的混凝过程。从长期使用的经验中得出，在选用足够大的水样体积和严格的操作条件下，杯罐试验完全能够模拟生产规模的混凝过程，得出反映混凝过程中影响因素复杂关系的结果以指导生产，是研究或控制混凝过程的最主要方法。因此，足够大的水样体积（1L）和严格的操作条件（G 值或 GT 值：凝聚段为 700~1000s^{-1}；絮凝段为 20~70s^{-1} 或 $1×10^4$~$1×10^5$；操作同步等）是杯罐试验结果可靠的关键。

2) 现场模拟试验法应用

采用现场模拟装置来确定和控制投药量是较简单的方法。常用的模拟装置是斜管沉淀器、过滤器或两者并用。当原水浊度较低时，采用过滤器（直径一般为 100mm）；当原水浊度较高时，斜管沉淀器和过滤器串联使用。连续测定模拟滤后水的浊度，由此判断投药量是否适当，再反馈至生产调控投药量。因为是连续检测，故能实现投药自动控制，但仍存在反馈滞后现象（一般约十几分钟）。应用中，斜管沉淀器或过滤器应经常冲洗，以防因堵塞致使模拟效果不可靠。

3) 特性参数法应用

混凝效果的影响因素复杂，但在某种情况下、视某一特性参数为影响混凝效果的主要因素，据此特性参数的变化反映混凝程度的方法即特性参数法。

流动电流检测法（SCD）是利用与水中胶体ζ电位有正相关关系的流动电流这一特性参数的变化反映胶体脱稳程度，进而反映混凝效果。SCD法控制因子单一，操作简便，投资较低，克服滞后，实现了生产上的在线检测与控制。对以胶体电中和脱稳絮凝为主的混凝作用，控制精度较高。应用中应注意的是检测点的选定、检测探头的保洁与控制系统的参数设定。此方法的局限性表现在用于以吸附架桥为主的高分子絮凝剂时，投药量与流动电流的相关性不显著。SCD法检测控制系统示意如图3-1所示。

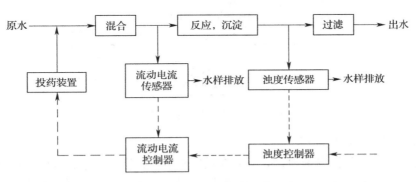

图3-1　SCD法检测控制系统示意

透光率脉动法（FP）是由英国学者Gregory和Nelson开发的利用光电原理，检测水中絮凝颗粒尺寸和数量的变化，从而实现混凝在线检测与控制的一种新技术。该方法利用流动悬浮液中颗粒组成的随机脉动变化特性，来分析和检测悬浮液中颗粒聚集状态及颗粒尺寸的变化情况。通过对透过光线强度的脉动程度的计算，可得到反映颗粒粒径相对变化的数值。该方法具有流过式特点，以连续在线方式检测，使得混凝过程及混凝剂投加过程可进行在线监测和控制。检测值为比值形式，避免了电子元件的电子漂移和透光壁面粘污的影响，在一定程度上弥补了传统检测方法和混凝剂投加控制技术的局限性。FP法检测控制系统示意如图3-2所示。

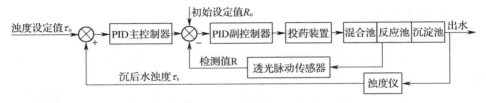

图3-2　透光率脉动系统控制示意

显示式絮凝投药控制法（Fractal Dimension Analyszer，缩写：FDA）是分形理论在混凝研究中的应用。通过分形理论，以结构表征技术分析絮凝体形成及其与各种因素间的相互关系，采用分形维数作为主要控制特征参数。FDA 系统主要包括原水流量前馈控制、絮凝体分形维数反馈控制与沉后水浊度反馈调节 3 个部分。系统通过视频摄像装置采集水下絮凝体的图像信号，同时将原水流量信号和沉后水浊度信号输入计算机，通过建立的模糊投药控制模型分析，输出投药量控制信号，调节混凝剂的投加量。FDA 法絮凝投药控制系统示意如图 3-3 所示。

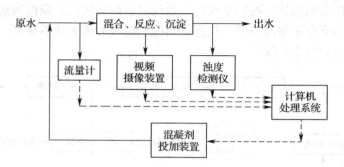

图 3-3　FDA 法絮凝投药控制系统示意

（2）石灰投加量确定

对铝盐或铁盐混凝剂而言，只有在适宜的 pH 值范围内才能有较好的混凝效果。当原水碱度不足使铝盐或铁盐水解困难时，投加石灰可以增加水中碱度，改善混凝条件，促使混凝过程顺利进行。石灰投加量应通过混凝试验确定，也可以根据其化学反应按下式计算：

$$Al_2(SO_4)_3 + 3H_2O + 3CaO = 2Al(OH)_3 + 3CaSO_4 \quad (3-1)$$

$$2FeCl_3 + 3H_2O + 3CaO = 2Fe(OH)_3 + 3CaCl_2 \quad (3-2)$$

$$[CaO] = 3[\alpha] - [x] + [\delta] \quad (3-3)$$

式中　[CaO]——纯石灰 CaO 投加量，mmol/L；

　　　[α]——混凝剂投加量，mmol/L；

　　　[x]——原水碱度，按 CaO 计，mmol/L；

　　　[δ]——保证混凝顺利进行的剩余碱度，一般取 0.25～0.5mmol/L（CaO）。

（3）混凝剂投加

混凝剂投加设备包括计量设备、药液提升设备、投药箱等。

1）投加点要求满足药剂与原水迅速充分混合。通常采用的投加点是水泵前投加、水厂进水管中投加。

2）投加方式：泵后重力投加，药剂溶液池液位与加药点的高差不宜太小，将药液投入水泵压水管上或混合絮凝池入口处。加药管始端应设高压水装置，运行时 8h 冲洗一次。取水泵房距水厂较远时适用。还有水射器压力投加；计量泵投加等。

3）计量设备：计量控制混凝剂的定量投加，并能随时进行调节。计量设备有转子流量计、苗嘴或孔板、计量泵、电磁流量计、超声流量计等。水厂应用以前三种为多。

3.1.1.3 混凝设施运行、维护与管理

（1）混凝设施运行与维护

混凝设施运行与维护包括经常性维护、定期维护与大修、运行控制指标（G值或GT值等）的定期技术测定。

1）经常性维护：每日检查投药设施运行是否正常，贮存、配制、传输设备有否堵漏，设备的润滑、加注和计量是否正常；每日检查机械混合装置运行状况，加注润滑油；保持环境和设备的清洁。按混凝要求，注意池内和出口处絮体情况，在原水水质发生变化时，要及时调整加药量，应做到混凝后水中的颗粒与水分离度大，絮体均匀且大而密实。及时清扫池壁，防止藻类孳生，及时排泥。

2）定期维护与大修：每月检查维修投加设施与机械搅拌，做到不渗漏、运行正常；每年对混合池、絮凝池、机械和电气设施进行一次解体修理或更换部件，金属部件应油漆一次。加药间和药库应5年大修一次，混合设施及机械传动设备应1~3年进行修理或更换。

3）运行控制参数的技术测定：在运行的不同季节应对絮凝池进行技术测定。测定内容包括：入池流量、进出口流速、停留时间、速度梯度的验算及记录测定时的气温、水温和水的pH值等。

速度梯度 G 值的验算 絮凝池 G 值的测定应在测定絮凝池进水流量（可从进水泵房开机数量或其他方法测算）、水温、水头损失（指絮凝池进口和出口的水面高差）和絮凝池有效容积（等于池长×池宽×水深，减去隔板式其他构造所占容积）的情况下，按式（3-4）计算 G 值：

$$G = \sqrt{\frac{\rho h}{60 \mu T}} \quad (\text{s}^{-1}) \tag{3-4}$$

式中 ρ——水的密度，1000kg/m^3；

h——池内水头损失，m；

μ——水的动力黏度系数，$\text{kg} \cdot \text{s/m}^2$，见表3-2；

T——絮凝时间，$T = \dfrac{V_{\text{有效}} \times 60}{Q}$ （min）； $\tag{3-5}$

水的动力黏度 表3-2

水温 t（℃）	μ（kg·s/m²）	水温 t（℃）	μ（kg·s/m²）
0	1.814×10^{-4}	15	1.162×10^{-4}
5	1.549×10^{-4}	20	1.029×10^{-4}
10	1.335×10^{-4}	30	0.825×10^{-4}

$V_{有效}$——絮凝池有效容积，m^3；

Q——絮凝池进水流量，m^3/h。

G 值应在 $20 \sim 70 s^{-1}$ 范围内、GT 值应在 $1 \times 10^4 \sim 1 \times 10^5$ 范围内。

【例 3-1】某水厂进水流量为 $833 m^3/h$，絮凝池的有效容积为 $278 m^3$，絮凝池水头损失经实测得 $0.27m$，当时水温为 $20℃$。求 G 及 GT 值。

【解】絮凝时间

$$T = \frac{60 \times 278}{833} = 20(\min)$$

查表 3-2 得 $\mu = 1.029 \times 10^{-4}$ 代入式（3-4）得：

$$G = \sqrt{\frac{\rho h}{60 \mu T}} = \sqrt{\frac{1000 \times 0.27}{60 \times 1.029 \times 10^{-4} \times 20}} = 47(s^{-1})$$

$$GT = 47 \times 20 \times 60 = 56400$$

（2）加药间的管理

1）混凝剂的质量核验：混凝剂是净化处理的主要原料，每批混凝剂进厂都要进行质量核验。

硫酸铝的质量核验　检验项目包括氧化铝（Al_2O_3）含量与以氧化铁（Fe_2O_3）计的其他金属氧化物含量、游离酸含量、水不溶物含量、砷含量和重金属含量。

在交付总袋数的 10% 中取样，若总数少于 50 袋时，选取袋数也不应少于 5 袋。取样时应除去表面的 150mm 厚度的硫酸铝，以清洁干燥的铝制取样器自袋口中心垂直插入袋的 1/2 深度处取样。每批所取试样不得少于 2kg，将取的试样仔细混匀，以四分法缩分至约 1kg，分装于两个清洁干燥的带磨口塞的玻璃瓶中。瓶上贴标签注明：生产厂名称、产品名称、生产日期和取样日期。一瓶用于检验，另一瓶密封保存（保存 3 个月）备用。

按《净水剂　硫酸铝》（HG 2227—91）进行检验。检验结果如有一项指标不符合标准要求时，应重新自两倍量的包装中取样进行检验。重新检验的结果，即使只有一项指标不符合标准要求时，则整批产品不能验收。

聚合氯化铝的质量核验　检验项目包括氧化铝（Al_2O_3）含量、盐基度、密度、水不溶物含量、pH 值、氨态氮、砷、铅、镉、汞和六价铬含量。按《化工产品采样总则》（GB/T 6678—2003）和《水处理剂聚氯化铝》（GB 15892—2009）进行取样、检验和验收。

其他种类混凝剂参照相应的标准及方法进行质量核验。

2）药剂贮藏：药剂的贮藏要根据药剂周转与水厂交通条件，一般要贮备 $15 \sim 30d$ 的混凝剂用量。药剂周转使用时要以先存先用为原则。贮存时应防止有毒物质的污染和受潮。

3.1.1.4 强化混凝工艺

近些年来，随着水源污染严重、水质不断恶化和饮用水质标准不断提高，人们开始研究一些新技术强化常规处理工艺（强化混凝、强化沉淀与气浮和强化过滤）或发展饮用水深度处理技术。

常规给水处理工艺中对有机物去除起主要作用的是混凝工艺，其去除有机物的机理主要分三个方面：带正电的金属离子和带负电的有机物胶体发生电中和而脱稳凝聚；金属离子与溶解性有机物分子形成不溶性复合物而沉淀；有机物在絮体表面的物理化学吸附。

强化混凝就是针对受污染水源的污染特征，通过改善和优化常规混凝条件与方式，以增强除浊、除污染物质，特别是去除有机污染物等效果的混凝技术。常规处理对水中溶解性有机物的去除效果一般在 10%～20%，通过强化混凝可将去除率提高到 25%～30%，有些方法还可以在强化混凝的同时，伴随有强化过滤作用。

由于近年水源受有机物污染严重，高浓度的有机物对水中胶体产生很强的保护作用，致使常规混凝效果变差。为提高常规混凝效果，在保证浊度去除率的同时提高水中有机物的去除率，强化混凝处理无疑是一个首选之法。国内外普遍认为，强化混凝是控制饮用水中天然有机物（NOM）的最佳方法之一，能有效地去除藻类，并可降低水中剩余铝的浓度。

强化混凝的主要措施有：①混凝剂换型，如从铝盐混凝剂改为铁盐混凝剂；②使用新型混凝剂，如聚硅酸盐铁盐、聚硅酸盐铝盐或复合型混凝剂等；③与复合型混凝剂配合使用，如铝盐混凝剂与高锰酸盐或高铁酸盐复合药剂联用；④控制混凝条件，如控制最佳 pH 值范围，优化药剂投加顺序，优化混合或絮凝反应时间等。

采用不同的混凝剂与助凝剂，或混凝条件与方式不同，强化混凝的作用机理则不同，且影响混凝效果的因素也有异。

强化混凝要根据水质情况筛选优化确定混凝剂的种类和投量。目前水厂使用的混凝剂大致有 3 种：铝盐 Al(Ⅲ)、铁盐 Fe(Ⅲ) 以及人工合成的有机阳离子聚合混凝剂。一般铝盐和铁盐的混凝效果要优于人工合成的混凝剂，原因是这两种混凝剂可以按上述的混凝机理与 NOM 作用，而人工合成的有机阳离子聚合混凝剂只能通过电性中和与 NOM 反应，将其去除。尽管各种混凝剂的混凝效果不同，但对于确定的水质，在原水 pH 值一定的条件下都会存在一个最佳投量，因此应根据具体水质情况优选混凝剂，并利用混凝剂投加量与利用效率之间存在的关系确定最佳投量。投加一定量的助凝剂会强化混凝剂的混凝效果。深圳水务集团黄晓东等人在使用 PAC 混凝的同时，在水中投加高分子助凝剂，结果表明有机物去除率提高了约 10%，藻类去除率也提高了 10%～15%。原水 pH 值也是影响混凝效果的一个重要因素，通常较低的 pH 值有利于强化混凝对 NOM 的去除。Robert 等人的研究证明，随着 pH 值的下降强化混凝对 NOM 的去除率明显升高；Gil 等人的研究表明，调节水源水的 pH 值，除达到相同的混凝效果外，可以使混凝剂投量减少 50% 以上。但并不是 pH 值越低越好，通常最佳的 pH 值范围为 5~6.5。在生产应用中主要应考虑的影响因素有：混凝剂种类与性质、混凝剂与助凝剂的投加顺序及其投加时间间隔、水中有机物种类与浓度、pH 值、水温等。因此，实际应用中应结合水质情况等，经现场试验确定相关技术参数与运行条件。

此外，在考虑诸多影响因素的同时，制备化学复合药剂以进行强化混凝处理也是一个新的研究方向。哈尔滨工业大学利用高锰酸盐复合药剂与强化混凝处理相结合，有效地去除了地表水中的 NOM 和藻类物质，并降低了处理水的浊度。

3.1.2 沉淀池与澄清池

原水经过投药、混合、絮凝后，水中微小颗粒絮凝成絮体（肉眼可见的絮凝体），进入后续的沉淀池。沉淀池的主要作用是使絮体即水中的杂质依靠重力作用从水中分离出来使浑水变清。沉淀池在整个地面水净水系统中能够去除 80%~90% 的悬浮固体，然而它与滤池相比造价仅为滤池的 50%~70%，耗水率仅为 3%~7%（因为整个水厂的耗水率是 5%~10%），电耗仅为 20%~25%（沉淀池每千立方米水约耗 2 度电），它在整个地面水净水处理工艺中的技术经济作用十分明显。

澄清池是将混凝与沉淀两个过程集中在同一个处理构筑物中进行，并循环利用活性泥渣，使经脱稳的细小颗粒与池中活性泥渣发生接触絮凝反应，进而使水得以净化。澄清池具有絮凝效率高、处理效果好、运行稳定、产水率高等优点。

3.1.2.1 沉淀池的类型及其维护管理要求

水厂常用的沉淀池有平流式沉淀池和斜板（管）沉淀池，辐流式沉淀池常用于高浊度水的预沉池。

平流式沉淀池是应用最早最广的狭长矩形沉淀池。水深 2.5~3.5m，长宽比要大于 4，长深比要大于 10，以保证池断面水流均匀。池底多为平底，采用机械刮泥或吸泥，采用刮泥方式时需在进水侧池底设泥斗。平流式沉淀池构造简单、造价较低、处理效果稳定、操作管理方便、耗药量少，且具有较大的缓冲能力，但占地面积较大。

斜板（管）沉淀池是在沉淀池中装置许多间隔较小的平行倾斜板或倾斜管，增加了沉淀面积和改善了水力条件（雷诺数 Re 降低，佛汝德数 Fr 提高），使颗粒的最大垂直沉淀距离从几米缩小到隔板之间的几厘米，大大缩短了颗粒沉淀分离所需要的时间。斜管（板）沉淀池具有沉淀效率高、在同样出水条件下池容积小、占地面积少；在相同颗粒沉淀效果的条件下，单位池面面积的产水率是平流式沉淀池的 6~10 倍。

沉淀池运行管理与维护的基本要求是：保证出水浊度达到规定的指标，一般在8NTU（散射光浊度，下同）以下为宜；保证各项设备安全完好，池内池外清洁卫生；具有完整的原始数据记录和技术资料。

3.1.2.2 平流式沉淀池的运行与维护

（1）平流式沉淀池主要运行控制指标

1）水力停留时间是指原水在沉淀池中实际停留时间，是沉淀池设计和运行的一个重要控制指标。设计规范规定为1.0~3.0h。停留时间过短，难以保证出水水质。

2）表面负荷率是指沉淀池单位面积所处理的水量，是控制沉淀效果的重要指标。表面负荷率参考值见表3-3。

表面负荷率参考指标　　　　　　　　　　　　　　　　表3-3

原水性质	表面负荷率（$m^3/(m^2 \cdot h)$）
原水浊度<250mg/L的混凝沉淀	1.3~1.6
原水浊度>250mg/L的混凝沉淀	1.8~2.2
原水高浊度时的混凝沉淀　初次沉淀池	1.5~2.5
原水高浊度时的混凝沉淀　二次沉淀池	0.8~1.5
低浊高色度水的混凝沉淀	0.8~1.1
低温低浊水的混凝沉淀	0.7~1.0

3）水平流速是指水流在池内流动的速度。水平流速的提高有利于沉淀池体积的利用，一般在10~25mm/s范围内比较合理。

（2）平流式沉淀池的运行与维护

沉淀出水水质反馈混凝效果。在水厂管理中，沉淀池的管理往往是与加药、混凝统一管理的。

1）掌握原水水质和处理水量的变化，以正确地确定混凝剂投加量。在线检测浊度实现投药串级控制的水厂，可以较好地解决原水水质和水量的变化对混凝效果和沉后水的影响。对于一些中小水厂，一般要求2~4h检测一次原水浑浊度、pH、水温、碱度，在水质变化频繁季节，每1~2h要进行一次检测。在水质频繁变化的季节如洪水、台风、暴雨、融雪时，需加强运行管理，落实各项防范措施。要了解进水泵房开停状况，运行水位宜控制在最高允许运行水位和其下0.5m之间。对水质测定结果和处理水量的变化要及时填入生产日记。

2）出水水质控制，沉淀池出口应设置质量控制点，出水浊度宜控制在8度以下。

3）及时排泥，沉淀池运转中及时排泥极为重要。若排泥不及时，池内积泥厚度升高，会缩小沉淀池过水断面，相应缩短沉淀时间，降低沉淀效果，最终导致出水水质变坏。但排泥过于频繁又会增加耗水量。穿孔管排泥是在池底设置多排穿孔管，利用水池内水位和穿孔管外水位差将污泥定期排出池外，但孔眼易堵，影响排泥效果。采用排泥车排泥时，每日累计排泥时间不得少于8h。这种排泥方式由于连续进行，一般不需要定期放空清池，在大中型平流式沉淀池中已广泛采用。穿孔管排泥时，排泥周期视原水浊度不同、通常为每3~5h排泥一次，每次排泥1~2min，每年需定期放空1~2次。

4）防止藻类孳生、保持池体清洁卫生。原水藻类含量较高、且除藻不当时，藻类会在沉淀池中孳生。对此，应采取适当的预处理措施，杀灭孳生的藻类（详见3.2节预处理）。沉淀池内外都应经常清理，保持环境卫生。

3.1.2.3 斜板（管）沉淀池的运行与维护

斜板（管）沉淀池按水流方向分上向流、侧向流与同向流3种，目前应用较多的是上向流斜板（管）沉淀池。原水经投加混凝剂絮凝后生成絮体，由整流配水板均匀流入配水区，自下而上通过斜板（管），在斜板（管）内泥水分离，清水从上部经集水区、通过集水槽送出池外，斜板（管）上的沉泥借重力滑落到积泥区，由穿孔排泥管或其他排泥设施定期排出池外。

（1）斜管沉淀池运行主要控制指标

1）表面负荷率与上升流速：表面负荷率是指斜管沉淀池单位面积（含无效面积）上的出水流量，而上升流速是指斜管区平面面积的水流上升流速。两者都反映斜管沉淀池处理负荷的大小。规范规定斜管沉淀池的表面负荷率为9~11m^3/（m^2·h）（2.5~3.0mm/s）。根据斜管沉淀池应用的实际经验，一般认为上升流速控制在2.0~2.5mm/s左右较为合适（低温低浊水时宜用低值）。

2）斜管管径、长度与倾角：斜管一般采用蜂窝形（正六角形）断面，其结构合理、刚度较好。斜管管径为25~35mm，材质多用0.4~0.5mm的薄塑料板（无毒聚氯乙烯或聚丙烯），长度为1m，倾角为60℃。

（2）斜管沉淀池的运行与维护

斜管沉淀池的管理与维护基本与平流式沉淀池相同，但必须特别注意：

1）斜管沉淀池的缓冲能力及稳定性较差，对前置的混凝处理运行稳定性要求较高，对絮凝水样的试验或目测，应每小时不少于一次，池出水浊度宜控制在8度以下。

2）斜管内易产生积泥，需及时排泥。穿孔管式排泥装置必须保持快开阀的完好、灵活和排泥管畅通，排泥频率应每8h不少于一次。斜管顶部如出现泥毯，则应降低水位、露出管孔、用压力水进行冲洗。

3）斜管内易孳生藻类，需适当采用预处理措施，以抑制藻类。

沉淀池的定期维护与大修应按《城镇供水厂运行、维护及安全技术规程》（CJJ 58—2007）执行。

3.1.2.4 澄清池的运行管理与维护

澄清池是在一个构筑物内同时完成混合、絮凝和沉淀过程，并循环利用活性泥渣，使经脱稳的细小颗粒与池中活性泥渣发生接触絮凝反应，大大提高了沉淀效率，使水得以净化。

澄清池分为泥渣悬浮型和泥渣循环型两种形式。

1）泥渣循环型：泥渣循环型澄清池是利用水力或机械的作用使池中部分活性泥渣不断回流，泥渣在循环过程中不断发生接触絮凝作用，使水中杂质得以去除。常用的泥渣循环型澄清池有机械搅拌澄清池与水力循环澄清池。水厂应用以前者较多。

2）泥渣悬浮型：泥渣过滤澄清池工作原理：加药后的原水从池底部进入向上流动，水的上升流速使活性泥渣保持悬浮状态，进水中的细小颗粒在随水流通过泥渣层时发生接触絮凝作用，使水得以澄清。

常用的泥渣悬浮型澄清池有脉冲澄清池与悬浮澄清池。

（1）澄清池运行管理的基本要求

对澄清池运行管理的基本要求是：勤检测、勤观察、勤调节，特别要重视投药和排泥两个环节。

1）投药量调整：澄清池的投药与运行不应间歇进行。根据进水量和水质的变化及时调整混凝剂的投加量，以保证出水符合要求。

2）排泥及时：澄清池中泥渣层浓度应保持不变，及时排泥是保证澄清池正常运行的关键之一。要正确掌握澄清池排泥周期和排泥时间，既要防止泥渣浓度过高、又要避免出现活性泥渣被大量排出池外，降低出水水质。泥渣浓度和出水水质是有一定关系的（表3-4）。

泥渣浓度和出水水质的关系　　　　　表3-4

泥渣浓度（mg/L）	出水浊度（NTU）
1500～2000	5～7
1000～1500	7～10

泥渣浓度的控制方法：

控制泥渣面高度。在设计泥渣面附近设置活动取样管或在池壁设观察窗检查泥渣面位置。当泥渣面上升到设计位置时开始排泥。

控制第二絮凝室的5min泥渣沉降比。最佳沉降比要根据实际运行经验确定，一般在10%～20%范围内，超过规定的沉降比应排泥。

（2）澄清池运行中的技术检测

1）泥渣沉降比的测定：泥渣沉降比反映了絮凝过程中泥渣的浓度与活性，是运行中必须控制的重要参数之一。一般地说，5min的沉降比值在10%～20%之间。

取泥渣水100mL，置于100mL的量筒内，经静止沉淀5min后，沉下泥渣部分所占总体积的百分比即为5min泥渣沉降比。

2）进水流量与上升流速的近似测定：进水流量用池直壁部分的水流上升速度来近似测定。测定前在池内直壁部分量取一段距离，并做记号，放空水位到记号以下。测定时,把进水闸阀开到正常运行位置,当水位上升到记号下限时记录时间,水位上升到记号上限时终止记录,进水流量值则用式(3-6)近似计算:

$$Q = \frac{HF}{T} \times 3.6 \qquad (3-6)$$

式中 Q——澄清池进水流量,m^3/h;

H——水位上升高度,mm;

F——上升水流断面面积,m^2;

T——水位上升 H 高度所需的时间,s。

当近似进水流量测得后,用式(3-7)求出近似上升流速:

$$V = \frac{Q}{3.6F} \qquad (3-7)$$

式中 V——澄清池水流上升流速,mm/s。

(3) 澄清池的检修

澄清池最好每年放空 1~2 次,检修时间宜放在用水低峰季节进行。进行检修的主要内容有:彻底清洗池底与池壁积泥,维护各种闸阀及其他附属设备,检查各取样管是否堵塞。

(4) 机械搅拌澄清池的运行管理与维护

1) 初次运行与正常运行

进水流量控制在设计流量的 1/2~2/3,投药量应为正常投加量的 1~2 倍;当澄清池开始出水时,观察分离区与絮凝室水质变化情况,以判断并调整投药量与(低浊度时)投泥量;第二絮凝室泥渣沉降比达标后,方可减少药量,间隔增加水量;采用较大的搅拌强度和提升量,以促进泥渣层的形成;初次运行出水水质不好时,应排入下水道,而不能进入滤池。

正常运行后,每隔 1~2h 测定一次出水浊度、水温和 pH 值,水质变化频繁时,应增加测定次数;每隔 2~4h 测第二絮凝室泥渣沉降比;在掌握沉降比与原水水质、药剂投加量、泥渣回流量及排泥时间之间关系的基础上,确定沉降比控制值与排泥间隔时间。

在不得不停池的情况下,停止运转时间不宜太长,以免泥渣积存池底被压实与腐化;重新运行时,应先排除池底积存泥渣,以较大水量进水;适当增加药剂投加量,使底部泥渣有所松动并产生活性后,再减少进水量;待出水水质稳定后,方可逐渐恢复到正常药剂投加量和进水量。

2) 特殊注意事项

起始运行时按机电维护管理和操作要求,对搅拌器及其动力设备进行检查。

启动搅拌电机应从最低转速开始,待电机运转正常后再调整到所需的转速。开始运行时的搅拌机转速控制在 5~7r/min,叶轮开启度适当下降。调节转速时要缓慢,叶轮提升可在运转中进行,叶轮下降必须要停车后操作。

当池子短期停水，搅拌机不可停顿，否则泥渣将沉积、压实并使泥渣活性消失。

3）保养、维护与大修

电机与齿轮箱应按规定的时间进行保养和维修，齿轮油每星期检查一次，不足时应及时添加；要经常检查搅拌设备的运转情况，注意声音是否正常、电机是否发热，并做好设备的擦拭清洁工作；澄清池的定期维护与大修，应按《城镇供水厂运行、维护及安全技术规程》（CJJ 58—2007）执行。

澄清池运行中可能出现的问题及处理方法见表3-5。

澄清池运行中可能出现的问题及处理方法　　　　表3-5

可能出现的问题	原因	处理方法
清水区细小絮体上升、水质变浑、第二絮凝室絮粒细小、泥渣浓度越来越低	投药不足；原水碱度过低；泥渣浓度不够	增加投药量；调整pH值；减少排泥
絮粒大量上浮、泥渣层升高、出现翻池	泥渣量过高；进水流量过大，超过设计流量；进水水温高于池内水温、形成温差异重流；原水藻类大量繁殖，pH值升高	增加排泥；减少进水流量；适当增加投矾量，彻底解决办法是消除温差；预加氯除藻，或在第一絮凝室出口处投漂白粉
絮凝室泥渣浓度过高，沉降比在20%～25%以上，清水区泥渣层升高、出水水质变坏	排泥不足	增加排泥
分离区出现泥浆水如同蘑菇状上翻，泥渣层趋于破坏状态	中断投药，或投药量长期不足	迅速增加投药量（比正常大2～3倍），适当减少进水量
清水区水层透明，可见2m以下泥渣层，并出现白色大絮粒上升	加药过量	降低投药量
排泥后第一絮凝室泥渣含量逐渐下降	排泥过量或排泥闸阀漏水	关紧或检修闸阀
底部大量小气泡上穿水面，有时有大块泥渣上浮	池内泥渣回流不畅，消化发酵	放空池子，清除池底积泥

（5）低温低浊及其他情况时的处理

1）低温低浊时，为了提高混凝效果，往往投加助凝剂，也可适当投加黄泥以增加泥渣量，保证泥渣层浓度；要适当减少排泥，尽可能保持较高的泥渣沉降比，以保证运行正常，满足出水水质要求。

2）原水碱度不足时，混凝效果不良，以致形成絮体过少，不利形成活性泥渣层和接触絮凝作用。可投加石灰，提高混凝效果。

3）水源污染程度稍大，有机物或藻类较多时，可采用预氧化等预处理措施，氧化水中有机物、藻类等，可去除臭味。

3.1.2.5 强化沉淀与气浮技术

近年来水源水质的严重恶化,致使常规沉淀工艺的处理效果难以满足出水水质要求。由此,相继出现了强化常规沉淀处理的措施,如优化沉淀池沉淀区流态、优化排泥、优化斜板间距、强化澄清池等。气浮也是传统的水处理工艺,气浮工艺对低温低浊、含藻类原水水质具有良好的处理效果,但对浊度较高或水质变化较大的水处理效果不理想。应用较多的气浮工艺的强化措施有:优化气浮的接触区和分离区、优化进水和出水、优化各功能区流态等。

强化沉淀-气浮技术是将两种处理工艺优势结合,实现固液分离的新工艺,以沉淀为主、气浮为辅,工艺的适应性较强,已在国内许多水厂中得以应用。但由于沉淀和气浮各自的运行机理截然不同,在实践中还存在很多问题,如运行过程中的俗称"跑矾花"现象,配水不均,排泥效果差,以及工艺构造不合理等。针对这些问题,改进的新型气浮-沉淀固液分离工艺尚在试验研究中。

3.1.3 滤池

在常规水处理中,过滤是指用石英砂等粒状滤料层截留水中悬浮杂质,从而使水获得澄清的工艺过程。过滤出水水质必须满足生活饮用水水质标准的要求。在水源浊度较低的情况下,有时可以省略沉淀池或澄清池,但过滤是不可缺少的,它是保证饮用水卫生安全的重要措施。常用的滤池形式有:普通快滤池、双阀滤池、虹吸滤池、无阀滤池、移动冲洗罩滤池和压力滤罐,以及近年来应用较多的 V 型滤池。各种形式滤池过滤的基本原理一样,即主要为微粒与滤料的黏附作用;过滤的基本工作过程也相同,即过滤与冲洗交替进行。滤池运行的主要指标有:滤速、滤池水头损失、滤层含污能力、冲洗强度、滤层膨胀率等。

3.1.3.1 过滤的主要影响因素

(1)沉淀池出水浊度(简称:沉后水浊度)

沉后水浊度即滤池进水浊度,直接影响滤池的过滤周期和滤池出水水质。沉后水浊度较小,即便以较高的滤速运行,也可获得满意的过滤效果。相反,如果沉后水浊度较高,滤池内水头损失很快增大,工作周期明显缩短,使滤后水水质难以保证,同时,使反冲洗水量增加。为确保滤池出水水质,且按滤池设计工作周期运行,则控制沉后水浊度在 8 度以下为宜。水头损失随时间变化曲线如图 3-4 所示。

(2)滤速和工作周期

滤速大、产水量高,但超出设计滤速时,滤池负荷增加,容易影响出水水质,缩短工作周期。按设计规范要求,单层砂滤池的滤速为 8~10m/h。如果产水量增加,需要滤速已经超出正常范围,宜将单层滤料改为双层或多层滤料,相应的滤速可提高到 10~14m/h 或 18~20m/h。

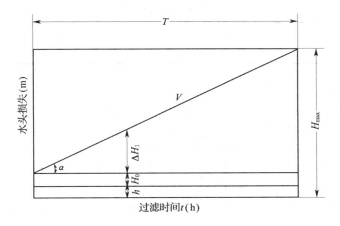

图 3-4 水头损失随过滤时间变化曲线

V—滤速；T—过滤时间；H_{max}—最大允许水头损失；H_0—清洁滤层水头损失；
ΔH_1—在时间为 T 时的水头损失增值；h—配水系统、承托层及管（渠）水头损失之和

滤池工作周期的长短涉及滤池实际工作时间和冲洗水量的消耗，故滤池工作周期也直接影响滤池产水量。一般，工作周期为 12~24h。

（3）滤料粒径、级配与滤层厚度

1）滤料是滤池实施过滤作用的主体，滤料的粒径、级配、与滤层厚度直接影响过滤效果、出水水质、工作周期和冲洗水量。一般来说，单层滤料的有效粒径与厚度的比值 $L/d_{10} \geqslant 1000$。

2）双层滤料或三层滤料滤池是从滤料级配上改善，以提高过滤效率。滤料由上向下的粒径分布是由大到小，质量分布是由轻到重，可实现水的反粒度过滤，能增加滤速、使滤层截污量增加，但不需要大幅度提高反冲洗强度。

3）滤料较粗且较均匀，则滤速大、水头损失增加慢、过滤周期长，滤料层纳污能力大，但需要滤层有足够的厚度。如果滤层厚度不足，因杂质穿透会影响出水水质。另外，粗滤料的反冲洗，仅用水洗时，需要较高的冲洗强度。V 型滤池采用均质粒料，粒径为 0.95~1.35mm，滤层厚度约 1.0~2.0m，采用气水反冲洗，滤层基本不膨胀，水冲洗强度较低。

（4）配水与冲洗条件

配水系统的功能是收集滤后清水和分布反冲洗水。经过一个过滤周期，滤层内截留了大量杂质，如果反冲洗水分布不均匀，会使部分滤层长期冲洗不足而在滤料层中形成泥球、泥毯等，进而影响正常过滤。因此，将滤料层冲洗干净并恢复到过滤前的状态非常重要。冲洗质量直接影响滤后水质、工作周期和滤池的使用寿命。冲洗条件包括冲洗强度，滤层膨胀率和冲洗时间。冲洗控制指标见表 3-6。

滤池冲洗控制指标　　　　　　表 3-6

滤料类别	冲洗方式	冲洗强度 （L/(s·m²)）	膨胀度 （%）	冲洗时间 （min）	冲洗后的排水 浊度（mg/L）
砂滤料	水洗	12～15	45	4～7	
煤、砂双层滤料	水洗	13～16	50	6～8	
三层滤料	水洗	16～17	55	5～7	<20
均质粒料	气洗	13～17	基本不膨胀	10	
	气水洗	13～17 3～4.5			
	水洗	4～6			

（5）水温

水温低时，水的黏度较大，水中杂质不易分离，故在滤层中的穿透深度就大。滤池在冬季低水温运行时，应适当降低滤速，以保证出水水质。

（6）预加氯

对受有机污染的原水，通常采取预加氯措施，以氧化有机物和灭活藻类，防止滤层堵塞。但对预加氯产生的有害健康的有机氯化物，必须有相应的工艺措施予以去除。另外，预加氯会使滤层对一些污染物的净化能力受到影响，如对氨氮的去除等。

3.1.3.2　滤池的运行

（1）普通快滤池的运行

普通快滤池是最普遍应用的滤池，其运行由 4 个闸阀控制，冲洗水由专设的水塔或水泵供给。

1）投产前的准备

检查所有管道和闸阀是否完好，各管口标高是否符合设计，特别是排水槽上缘是否水平；初次铺设滤料应比设计厚度增加 5cm 左右，保持滤料面平整，并清除滤池内杂物；进水检查，较慢流速进水，排除滤料内空气；新装滤料应在含氯量 0.3mg/L 以上的溶液中浸泡 24h，经检验滤后水合格后，冲洗两次以上方能投入使用。

2）运行操作

过滤　徐徐开启进水阀，当水位上升到排水槽上缘时，徐徐开启出水阀，过滤开始。此时，应注意滤池出水浊度，待出水浊度达到要求时，再将阀门全部开启。按要求控制滤速，记录过滤时间、出口浊度、水头损失等。当滤池滤层内水头损失达到额定值（1.5～2.5m）或滤后水浊度大于 1NTU 时，即应停止过滤，进行冲洗。

冲洗　首先降低池水位至距滤层砂面 200mm 左右，关闭过滤水阀。开启冲洗管上的放气阀释放残气后，逐渐开启冲洗阀至最大进行冲洗。冲洗时，排水槽和排水管应畅通，无壅水现象，按要求控制冲洗强度和滤层膨胀率。采用气水冲洗方式时，应防止空气过量造成跑砂。冲洗结束时，排水的浊度不应大于 15 度。

大中型水厂一般按滤层内水头损失变化自动控制过滤与冲洗过程。

（2）无阀滤池运行

无阀滤池是目前小型自来水厂中最常用的一种滤池。无阀滤池分重力式或压力式两种，前者应用较多。与快滤池相比，无阀滤池不用闸阀控制运行，其过滤与冲洗过程全部靠水力自动控制完成。

无阀滤池自动运行，正常运行时只要每 1~2h 记录无阀滤池的进、出水浊度，虹吸管上透明水位管的水位、冲洗开始时间、冲洗历时等。在滤层水头损失还未达到最大允许值，发现滤池出水水质变坏而虹吸又未形成时，应即刻采用人工强制冲洗。

滤池运行后每半年应打开人孔，对滤池全面检查，检查滤料是否平整、有无泥球或裂缝，池顶有无积泥并分析原因，采取相应措施。

（3）V 型滤池的运行

V 型滤池是采用较粗均质滤料和气、水反冲洗的快滤池，因进水槽设计成 V 字形而得名。V 型滤池过滤与冲洗过程全部由程序自动控制。

V 型滤池的主要特点是：滤料较粗（不均匀系数 $K_{60} = 1.2~1.5$），滤层较厚（约 1.0~2.0m），过滤周期长，能满足高速过滤的要求，滤速为 7~20m/h；采用气、水反冲洗，滤层不膨胀，避免了滤层的水力分级；气、水反冲洗时，始终进行表面扫洗，冲洗效果好，冲洗水量较少；反冲洗时，同一滤池组中其他滤池的流量或流速不会突然增加或仅有一点增加。

（4）滤池运行常见故障分析与排除（见表 3-7）

滤池运行常见故障分析与排除　　　　　　　表 3-7

故障	主要危害	主要原因	排除办法
冲洗时大量气泡上升	1. 滤池水头损失增加很快，工作周期缩短； 2. 滤层产生裂缝，影响水质，漏砂、跑砂	1. 因某些缘故滤层露出水面后再运行时，未经反冲排气就过滤，使空气进入滤层； 2. 冲洗水塔存水用完，空气随水夹带进入滤池； 3. 工作周期过长，使砂面以下某一深处的水头损失超过该处水深，产生负水头作用，使水中气体释放并存于滤料中； 4. 藻类孳生，产生的气体； 5. 水中溶气量过多	1. 加强操作管理，一旦出现用清水倒滤； 2. 水塔中贮存的水量应为单个滤池冲洗水量的 1.5 倍； 3. 调整工作周期，增加砂面上水深，或抬高滤池出水位置； 4. 采用杀藻措施； 5. 检查产生水中溶气量大的原因，消除溶气的来源

续表

故障	主要危害	主要原因	排除办法
滤料中结泥球	砂层阻塞，砂面易发生裂缝。泥球往往腐蚀发酵，直接影响滤池的正常运转和净水效果	1. 冲洗强度不够，长时间冲洗不干净； 2. 沉后水浊度过高，加大滤池负担； 3. 配水系统不均匀，部分滤池冲洗不干净	1. 调整冲洗强度和冲洗历时； 2. 降低沉后水浊度； 3. 检查承托层有无移动，配水系统是否堵塞； 4. 对滤料消毒，情况严重时，大修翻砂
滤料表面不平，出现喷口现象	过滤不均匀，影响出水水质	1. 滤料凸起，可能是滤层下面承托层及配水系统有堵塞； 2. 滤料凹下，可能配水系统局部有碎裂或排水槽口不平	查找原因，翻整滤料层和承托层，检修配水系统和排水槽
过滤后水质达不到标准	影响出水水质	1. 沉淀池出水浊度过高； 2. 初滤水滤速过大； 3. 如果水头损失增加很慢，可能是滤层内有裂缝，造成短路； 4. 滤料太粗、滤层太薄； 5. 滤层太脏，含泥率过大； 6. 微污染原水	1. 降低沉淀池出口浊度； 2. 降低初滤时滤速； 3. 检查配水系统，排除滤层的裂缝； 4. 更换滤料； 5. 改善冲洗条件； 6. 强化处理工艺
滤速逐渐降低，工作周期缩短	影响滤池正常生产	1. 冲洗不良、滤层积泥或长满青苔； 2. 滤料强度差、颗料破碎	1. 改善冲洗条件； 2. 采用杀藻措施； 3. 更换符合要求的滤砂
砂粒逐渐凝结成较大颗粒	影响滤池正常生产	1. 混凝过程中可能投加石灰，由于碳酸钙的结晶作用所致； 2. 水中含锰量大，使砂粒成黑棕色甲壳	用硫酸或苛性钠浸泡滤料

3.1.3.3 滤池的管理与维护

（1）滤料和承托料的质量检验、保管与存放

1）滤料的质量检验：滤料的质量直接影响过滤效果、出水水质、工作周期和冲洗水量。滤料的质量检验比较复杂，包括取样，样品制备，破碎率和磨损率、密度、含泥量、轻物质含量、盐酸可溶率等测定，无烟煤滤料的沉浮测定，筛分与粒径级配调整等，按行业标准进行检验。

2）保管与存放：滤料和承托料一般都包装在织物袋中，并有颜色标志，见表3-8。滤料在运输及存放期间应防止包装袋破损、使滤料漏失、相互混杂或混入杂物。不同种类和不同规格的承托层和滤料应分别堆放。

滤料及承托料包装颜色标志　　　　　　表 3-8

滤料材质	粒径（mm）	颜　色
石英砂滤料	0.5~1.2	棕色
砾石承托料	2~4	黄色
	4~8	蓝色
	8~16	绿色
	16~32	黑色
	32~64	紫色
磁铁矿承托料	0.5~1	黄色
	1~2	蓝色
	2~4	紫色
	4~8	黑色

（2）滤池的技术测定

掌握滤池的技术性能，才能用好管好滤池。要定期对滤池运行的技术参数进行测定并记录。

1）滤速和产水量测定：滤速可以利用迅速关闭进水阀的方法来测定。测定时，滤池内事先标定好一个固定的距离，然后迅速关闭进水阀、记录下降这段距离的时间，按式（3-8）推算出滤速，每次测定重复 3 次以上，取其平均值。按式（3-9）计算滤池产水量。

$$V = \frac{60H}{t} \tag{3-8}$$

式中　V——滤速，m/h；

　　　H——多次测定水位下降平均值，m；

　　　t——水位下降 H 所需的时间，min。

$$Q = V \times F \tag{3-9}$$

式中　Q——产水量，m³/h；

　　　F——滤池面积，m²。

滤池应在恒定的滤速下工作，滤速的迅速变化将导致滤池工作的恶化直至失效。

2）冲洗强度测定：

水塔冲洗时　根据水塔水位标尺所示的下降水位值，得出一次冲洗所用的水量 Q'，按式（3-10）计算冲洗强度。

$$q = \frac{Q'}{F \times T} \tag{3-10}$$

式中　q——冲洗强度，L/(s·m²)；

　　　Q'——冲洗水量，L；

　　　T——冲洗时间，s。

其他同上。

水泵冲洗时 可利用冲洗时滤池内冲洗水的上升速度来测定。测定时关闭排水阀，待冲洗水上升水流稳定后，相对已标定的固定高度测定上升水流所需的时间，多次测定，取其平均值，按式（3-11）计算。

$$q = \frac{1000H}{t'}(\text{L}/(\text{s}\cdot\text{m}^2))\qquad(3\text{-}11)$$

式中　H——滤池内已标定的高度，m；

　　　t'——水位上升 H 所需时间，s；

其他同上。

3）含泥率测定：滤池冲洗后采样，测定滤料冲洗后的含泥量。采样与测定按行业标准《城镇供水厂运行、维护及安全技术规程》（CJJ 58—2007）进行。

4）水头损失测定：水头损失利用水头损失计测定。

（3）过滤设施的维护与检修

1）日常保养：每日检查阀门、冲洗设备和电气仪表等的运行情况，进行相应的加注润滑油和清洁卫生保护。

2）定期保养：对阀门、冲洗设备和电气仪表等，每月检查维修一次，每年解体修理一次或部分更换，金属件油漆一次。

3）滤池检修及其质量：滤池、土建构筑物、机械不应超过 5 年进行一次大修。翻换全部滤料；根据集水管、滤砖、滤板、滤头、尼龙网等的损坏情况进行更换；阀门、管道系统、土建构筑物的恢复性修理；行车及传动机械解体修理或部分更新；钢制排水槽刷漆调整。滤池壁与砂层接触面的部位凿毛；排水槽高程偏差小于 ±3mm，水平度偏差小于 ±2mm；配水系统应在填装滤料与砾石前进行冲洗，以检查接头密闭性、孔口与喷嘴的均匀性，孔眼畅通率应大于 95%；滤料应分层铺填平整，每层厚度偏差不得大于 10mm；滤料经冲洗后，表层抽样检验，不均匀系数应符合设计要求，滤料应平整，并无裂缝和与池壁分离的现象。

3.1.3.4　强化过滤技术

目前，大多数水厂采用石英砂滤料对水进行过滤处理。由于石英砂的净水机理主要是机械截留作用，对水中的悬浮物具有比较好的去除效果，而对溶解性污染物，如重金属离子、溶解性有机物等几乎没有去除作用。因此，针对微污染水源水质状况，改进滤池工艺，强化过滤作用，是改善滤池处理效果，确保供水水质的有效措施。

对过滤工艺的强化措施是多方面的，可以对滤速进行控制、使用新型滤池、用多层滤料代替单层滤料，以及投加助滤剂等。由于提高过滤效果的关键是滤料，因此，强化过滤主要围绕改善滤料表面特性，用物理或化学方法对传统滤料进行改性，改善其表面结构和性能，如增加滤料的比表面积，使吸附能力增强，进而提高滤料的截污能力。常用的改性剂多为铝盐、铁盐、锰盐以及这几种金属的氧化物等。

实践表明，改性滤料在与水中各类有机物、细菌、藻类接触过程中，能充分发挥由表面涂料所产生的强化吸附和氧化净化功能，能净化大分子和胶体有机物，还可以大量吸附和氧化水中各种离子（包括重金属离子）和小分子可溶性有机物。还有实验研究表明，采用改性滤料强化过滤，出水水中剩余铝的浓度要远低于国家水质标准 0.2mg/L。

深圳水务集团公司通过实验研究表明，在过滤之前投加混凝剂，能有效地提高去除有机物和浊质的过滤效果。如果投加高分子聚合物，其投加浓度应是μg/L级的。

3.1.4 消毒

消毒是饮用水处理工艺的终端处理，是必不可少的饮用水安全卫生的保障。消毒的目的是杀灭水中对人体健康有害的病菌、病毒和原生动物的胞囊等绝大部分病原微生物，以防止通过饮用水传播疾病。《生活饮用水卫生标准》（GB 5749—2006）规定，经过消毒后的水中的总大肠菌群数在 100mL 中不得检出，耐热大肠菌群不得检出，大肠埃希氏菌不得检出，细菌总数限值为 100CFU/mL；对于水中游离性余氯的浓度，与水接触至少 30min，由厂水中限值为 4mg/L，出厂水中余量≥0.3mg/L，管网末梢水中余量≥0.05mg/L，以防止残余微生物在输配水管道中孳生和繁殖。

饮用水消毒方法主要有氯消毒、二氧化氯消毒、臭氧消毒和紫外线消毒等。各种消毒方法比较见表 3-9。

常用消毒剂性能与适用条件　　　　　　　　表 3-9

药剂	氯、漂白粉	氯氨	二氧化氯	臭氧	紫外线辐射
消毒灭细菌	优良	适中、较氯差	优良	优良	良好
pH 值影响	优良	差、接触时间长时较好	优良	优良	良好
在配水管网中剩余消毒作用	消毒效果随 pH 增大而下降，在 pH=7 左右时加氯较好	受 pH 影响小，pH≤7 主要为二氯氨，pH≥7 时为一氯氨	pH 值的影响比较小，pH>7 时较有效	pH 值影响小，pH 值较小时，剩余 O_3 残留较久	对 pH 值变化不敏感
副产物生成 THM	有	可保持较长时间的余氯量	比氯有更长的剩余消毒时间	无需补加氯	无需补加氯
其他中间产物	可生成	不大可能	不大可能	不大可能	不大可能
投加量（mg/L）	2～20	0.5～3.0	0.1～1.5	1～3	

续表

药剂	氯、漂白粉	氯胺	二氧化氯	臭氧	紫外线辐射
接触时间	30min	2h		数秒至10min	
适用条件	绝大多数水厂用氯消毒，漂白粉只使用于小水厂	原水中有机物较多和供水管线较长时，用氯胺消毒较宜	适用于有机物如酚污染严重时，须在现场制备，直接应用。	制水成本高，适用于有机物污染严重时。无持续消毒作用，在管网水中应加少量氯消毒	管网中没有持续消毒作用。适用于工矿企业等集中用户水处理

3.1.4.1 氯消毒

氯是一种有强烈刺激性的黄绿色气体。在大气压力下，温度0℃时，每升氯气重3.22g，约为空气重量的2.5倍。当温度低于零下33.6℃时，或在常温下将氯气加压到6~8个大气压时，就成为深黄色的液体，俗称液氯。1L液氯重1468.41g，约为水重的1.5倍。同样重量的液氯体积比氯气小456倍，便于贮藏和运输。1kg液氯可气化成0.31m³氯气，氯气能溶于水，即与水发生水解作用。氯消毒是水厂最广泛应用的消毒方法。

（1）氯消毒效果的影响因素

氯气溶于水后会生成HOCl、OCl⁻和Cl⁻。由于HOCl是中性分子，能很快扩散到细菌表面，并穿透细菌细胞壁，直接破坏细菌细胞中的酶，导致细菌死亡。而OCl⁻是带负电的，难以接近带负电的细菌表面起到消毒作用。一般认为，氯的消毒作用以HOCl为主。只有当HOCl被消耗后，OCl⁻会转化为HOCl，继续进行消毒反应。

氯消毒效果的主要影响因素：

1）pH值与水温：加氯后水中生成HOCl的OCl⁻的多少，与水的pH值和水温有关。为了提高消毒效果，控制水中pH值不大于7.54是很重要的。水温对杀菌效果的影响还体现在余氯的损耗上。一般夏季水温高，余氯消耗大，往往需要提高清水池中的余氯量。

2）接触时间：接触时间长，有利于充分杀菌。但接触时间过长会使余氯消失。通常接触时间是30min。

3）水中氨氮的影响：当水源因受有机物污染而含有一定的氨氮时，氯加入水中后会生成氯胺。各种形态氯胺在平衡状态下的含量比例决定于氯、氨的相对浓度、水的pH值和温度。水中有氯胺时，仍是HOCl起消毒作用。当水中的HOCl因消毒而消耗后，氯胺又产生HOCl。因此，水中有氨氮的氯消毒即氯胺消毒，其特点：一是消毒作用缓慢，需要较长的接触时间，杀菌力较弱；二是余氯保持较久，适用于供水管网较长的情况，但很少单独使用，通常作为辅助消毒剂以抑制管网中细菌再繁殖；三是在水中含有机物和酚时，不会产生氯臭和氯酚臭，减少三卤甲烷（THMs）产生的机会。值得注意的是，加氯量的变化使余氯或以游离性氯存在或以化合性氯（由氯胺产生的余氯）存在。

（2）加氯量的确定

加氯量可以分为两部分：一部分是为了杀灭细菌、氧化有机物和还原性无机物所消耗的氯量，即需氯量；另一部分是剩余氯量，必须满足国家标准的要求。加氯量由加氯量曲线试验确定，并按水源、水质、净化设备的条件和管网的长短经过生产实践检验。

（3）加氯点

加氯点选择要根据原水水质情况，净水设备条件，因地制宜合理确定。通常有：

滤后加氯、滤前加氯、二次加氯和管网中途补充加氯。

（4）加氯机运行

加氯机用来将氯气均匀地加到水中，加氯机的类型有许多种。应用较多的有转子加氯机和转子真空加氯机。前者构造及计量简单、体积较小；可自动调节真空度，防止压力水倒入氯瓶。后者加氯量稳定，控制较准确，水源中断时能自动破坏真空，防止压力水倒流入氯瓶。

1）使用前准备工作：氯属于 II 级（高度危害）物质，操作者必须经专业培训，考试合格并取得特种作业合格证后方能上岗；检查加氯间内检修工具、材料、防毒面具、备有氨水、水射器、氯气导管、加氯管及压力水源、加氯机各部件、氯瓶放置位置等。

2）运行与检查：严格按照加氯机使用手册控制运行操作与调换氯瓶；记录投入运行的时间和转子流量计显示的加氯量及氯瓶的重量。检查转子流量计的转子位置是否移动，如有移动及时调整，有否漏氯现象出现；检查水射器的工作头部，发现问题立即采取措施。进行漏氯检验，氯与氨接触会很快生成氯化铵（NH_4Cl）晶体微粒，形成白色烟雾。漏氯检验方法即用 10% 氨水，对准可能漏氯的部位，如果出现烟雾，就表示该处漏氯。

（5）氯瓶安全使用

液氯钢瓶的使用必须严格按照《氯气安全规程》(GB 11984—2008)执行。

氯瓶一般规格见表 3-10，其构造见图 3-5。氯瓶装有两只出氯总阀，使用时应一个在上，一个在下。上面一只阀门接到加氯机，氯瓶的出氯总阀都与一根弯管连接，氯气从伸到液氯面以上的弯管出来。如果氯瓶内装氯较满，或弯管位置移动，出来不是氯气而是液氯时，需转动氯瓶，将下面一只总阀转到上面，或将氯瓶在出氯总阀一端垫高。

氯瓶规格 表3-10

型号	最大充氯量（kg）	外径×高度（mm）	瓶自重（kg）	公称压力（MPa）
YL-100	100	350×1335	82.5	
YL-500	500	600×1800	246	2
YL-1000	1000	800×2020	448	

注：1. 外形尺寸指内径；
  2. 设计使用年限为12年，使用温度≤60℃；
  3. 重量未包括盖帽和阀门在内。

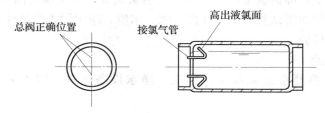

图3-5 氯瓶构造

氯瓶上最重要的部件是出氯总阀，总阀下面装有低熔点安全塞，温度到70℃时就会自动熔化，氯气就会从钢瓶中逸出，不致引起钢瓶爆炸。出氯总阀外面有保护帽，防止运输和使用时碰坏。

氯瓶的供热、降温与保温直接影响到液氯气化效果和加氯机的正常工作。

1）氯瓶的供热：氯瓶中每千克液氯挥发成氯气时需要吸收67kcal的热量。氯瓶周围空气中热量被吸收后，会在瓶壳上结露水，继而结霜，阻碍液氯的气化。用自来水冲淋氯瓶外壳即为氯瓶供热。

2）氯瓶的降温：夏季气温升高，氯瓶内压力会迅速提高。如果液氯气化不完善，加氯机会产生喷雾（即氯气和液氯的混合）现象，输氯管也会结霜，影响其正常使用。用自来水冲淋，可以降低液氯的温度，减低氯瓶内压力，消除喷雾。

3）氯瓶的保温：冬天水温较低时加氯，氯在水中会生成黄色晶体状水化物即氯冰，会阻碍液氯气化。因此，加氯间应有防冻保暖措施。为了保证液氯充分气化，在使用时，氯瓶的温度要比输氯管低，输氯管的温度要比加氯机低。加氯间不能采用明火取暖，暖气散热片应离开氯瓶和加氯机。最好采用专门的液氯蒸发器。

（6）消毒设施的维护保养

日常维护保养：氯瓶、加氯机及其组成部件、输氯系统、起重行车等装置的完好性，保洁。

定期保养与大修：1）氯瓶应符合现行行业标准《压力容器安全技术监察规程》的规定。可委托氯气生产厂在充装前维护保养。2）定时清洗加氯机、清通和检修输氯管道与阀门；应每年更换安全阀、针形阀、弹簧膜阀、压力表等。

3）起重行车等装置应符合现行国家标准《起重机械安全规程》的规定。

加氯机常见故障及排除方法见表3-11。

加氯机常见故障及排除（以 ZJ 型加氯机为例） 表3-11

故障表现	原 因 及 排 除
加不进氯	1. 检查进氯管、连接管是否有杂质堵塞。如有堵塞，可用钢丝疏通，再用打气筒吹掉杂质，不准用水冲洗。 2. 检查出氯总阀是否开得太小或没有打开； 3. 检查氯瓶中液量是否已降到额定压力以下； 4. 检查氯瓶周围是否温度太低、液氯难以气化； 5. 加氯管是否太长，水流阻力太大，水射器功能不够，加氯点是否承压等； 针对原因排除故障
加氯量不准	1. 转子流量计被沾污，间隙已经缩小，清扫即恢复状态； 2. 旋风分离器结霜，引起转子不稳，上下跳动；查出原因，排除故障
中转玻璃罩内水位下降	单向阀可能有渗漏，氯气有可能从平衡水箱中逸出。应停止使用，检查修复后才可再次投入使用
氯泄漏	按《氯气安全规程》（GB 11984—2008）检查与处理
压力水中断	立即关闭出氯总阀，待压力水供应恢复正常后，方能使加氯机重新运行

（7）加氯间的管理与维护

氯是一种剧毒气体，空气中氯气浓度为1ppm（百万分之一）时，人体即会产生反应。空气中的氯气为15ppm时，即可危及人的生命。因此，在运行管理中，应特别注意用氯安全。加氯间不允许漏氯。如遇氯泄漏，必须立即检查原因并及时采取措施加以制止。操作现场空气中氯限量见表3-12。

操作现场空气中氯限量 表3-12

允许限量	0.003~0.006mg/L
有感受但能操作	0.006~0.01mg/L
不能操作	0.012mg/L

1）正确控制加氯量，确保出厂水的余氯要求，具体做好：掌握原水水质的变化，加强前后处理工序的联系，控制余氯量，并根据余氯量及时调整加氯量。

2）加强设备维护，预防泄漏。所有设备要定期检查和维护，各种管道阀门要有专人维护，一旦发现漏气，立即调换。务必做好操作记录，使各种设备处于完好状态。

3）氯瓶的安全使用。运输人员应充分了解氯瓶的安全运输常识。运输车辆必须是经公安部门验收合格的化学危险品专用车辆；氯瓶应轻装轻卸，严禁滑动、抛滚或撞击，并严禁堆放。氯瓶不得与氢、氧、乙炔、氨及其他液化气体同车装运。氯瓶贮存库房应符合消防部门关于危险品库房的规定。氯瓶入库前应检查是否漏氯，并做必要的外观检查。检漏方法是用10%的氨水对准可能漏氯部位数分钟。如果漏氯，会在周围形成白色烟雾（氯与氨生成的氯化铵晶体微粒）。外观检查包括瓶壁是否有裂缝、鼓包或变形。有硬伤、局部片状腐蚀或密集斑点腐蚀时，应认真研究是否需要报废。氯瓶存放应按照先入先取先用的原则，防止某些氯瓶存放期过长。每班应检查库房内是否有泄漏，库房内应常备10%氨水，以备检漏使用。氯瓶在开启前，应先检查氯瓶的放置位置是否正确，然后试开氯瓶总阀。不同规格的氯瓶有不同的放置要求。氯瓶与加氯机紧密连接并投入使用以后，应用10%氨水检查连接处是否漏氯。氯瓶在使用过程中，应经常用自来水冲淋，以防止瓶壳由于降温而结霜。在加氯间内，氯瓶周围冬季要有适当的保温措施，以防止瓶内形成氯冰。但严禁用明火等热源为氯瓶保温。氯瓶使用完毕后，应保证留有0.05~0.1MPa的余压，以免遇水受潮后腐蚀钢瓶，同时这也是氯瓶再次充氯的需要。

4）加氯间的安全措施。加氯机使用前应详细阅读加氯机使用说明，并严格按照说明书的要求操作。加氯间应设有完善的通风系统，并时刻保持正常通风，每小时换气量一般应在10次以上。加氯间内应在最显著、最方便的位置放置灭火工具及防毒面具。加氯间内应设置碱液池，并时刻保证池内碱液有效。当发现氯瓶严重泄漏时，应先带好防毒面具，然后立即将泄漏的氯瓶放入碱液池中。

5）氯中毒的紧急处理措施。在操作现场，一般将氯浓度限制在0.006mg/L以下。当高于此值时，人体会有不同程度的反应。长期在低氯环境中工作会导致慢性中毒，表现为：眼黏膜刺激流泪；呼吸道刺激咳嗽，并导致慢性支气管炎；牙龈炎、口腔炎、慢性胃肠炎；皮肤发痒、痤疮样皮疹等症状。

短时间内暴露在高氯环境中，可导致急性中毒。轻度急性氯中毒表现为：喉干胸闷，脉搏加快等轻微症状。重度急性氯中毒表现为：支气管痉挛及水肿，昏迷或休克等严重症状。处理严重急性氯中毒事故，应采取以下方法：设法迅速将中毒者转移至新鲜空气中；对于呼吸困难者，严禁进行人工呼吸，应让其吸氧；如有条件，也可雾化吸入5%的碳酸氢钠溶液；用2%的碳酸氢钠溶液或生理盐水为其洗眼、鼻和口；严重中毒者，可注射强心剂。

以上为现场非专业医务人员采取的紧急措施，如果时间允许或条件许可，首要的是请医务人员处理或急送医院。

3.1.4.2 二氧化氯消毒

液氯消毒生成的消毒副产物提高了饮用水的化学物风险，降低了饮用水化学安全性。随着安全消毒剂的开发，具有独特氧化性能和良好灭菌效果的二氧化氯受到广泛地关注和越来越多的应用。

二氧化氯有强氧化能力,能去除氯酚和藻类引起的嗅味,具有强烈的漂白能力,可以去除水中色度、氧化无机离子、控制三卤甲烷(THM_s)、减少总有机卤(TOX)等。二氧化氯不与氨氮等化合物作用,且加入水中不会产生有机物,故用以消毒具有较高的余氯。

二氧化氯在常温常压下是黄绿色气体,沸点11℃,凝固点-59℃,极不稳定,气态和液态均易爆炸。因此,使用时必须以水溶液的形式现场制取,即时使用。

二氧化氯易溶于水,在水中以溶解气体存在,不发生水解反应,在10g/L以下时没有爆炸危险,水处理所用二氧化氯溶液的质量浓度远低于此值。

(1)二氧化氯制备

在水处理中,常用的制取二氧化氯的方法主要有以下两种:

1)亚氯酸钠加氯制取法:该方法采用亚氯酸钠与氯反应,产生二氧化氯,其反应为:

$$2NaClO_2 + Cl_2 \rightarrow 2ClO_2 + 2NaCl \tag{3-12}$$

氯气作为还原剂参与反应,使亚氯酸钠的有效转化率理论上可达到100%。值得注意的是,在应用中,为了加快反应速度,实际投氯量往往超过理论计量值,其结果是在产物中含有部分游离氯。对受污染水的消毒时,多余的游离氯仍能与水中有机物反应,生成氯代消毒副产物。

已建有氯气消毒的水厂,可以在原有的设备基础上,增加简单的设施,就可以达到二氧化氯和氯气灵活使用的目的。目前,国内已有加氯机与二氧化氯发生器复合的"二合一"消毒机(图3-6)——双原料发生器。该设备既可产生二氧化氯,又可单独加氯,切换灵活,二氧化氯产率高达95%,具有缺药、缺水自动报警功能。

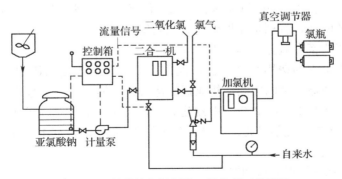

图3-6 亚氯酸钠与氯制取二氧化氯工艺流程

2)亚氯酸钠加酸制取法:亚氯酸钠在酸性条件(加入盐酸或硫酸)下能生成二氧化氯,其反应式为:

$$5NaClO_2 + 4HCl \rightarrow 4ClO_2 + 5NaCl + 2H_2O \qquad (3-13)$$
$$5NaClO_2 + 2H_2SO_4 \rightarrow 4ClO_2 + 2Na_2SO_4 + NaCl + 2H_2O \qquad (3-14)$$

该制取方法的优点是所生成的二氧化氯不含游离性氯,故投入水中不存在产生 THM_s 之虑。但根据式(3-13)和式(3-14)可知,亚氯酸钠转化为二氧化氯的转化率只有 80%,费用高于亚氯酸钠加氯制取法(因亚氯酸盐价格高,大约是氯消毒价格的 10 倍)。我国二氧化氯发生器多以此工艺为基础(图 3-7)。

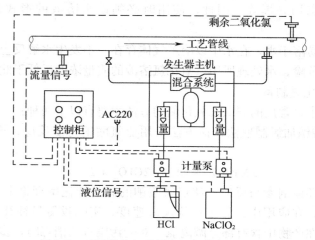

图 3-7　亚氯酸钠与酸制取二氧化氯工艺流程

二氧化氯的制取是在反应器内进行,分别用泵把亚氯酸钠稀溶液(约 7%)和酸的稀溶液(HCl 约 8.5%)打入反应器中,经过约 20min 反应,得到二氧化氯水溶液。酸用量一般超过化学计量关系的 3~4 倍。

(2)二氧化氯消毒与氯消毒比较

二氧化氯的消毒能力高于氯,对细菌和病毒的消毒效果好。因二氧化氯不水解,消毒效果不受水的 pH 值的影响。二氧化氯的分解速度比氯还慢,能在管网中保存很长的时间,有剩余保护作用。二氧化氯既是消毒剂,又是强氧化剂,对水中多种有机物都有氧化分解作用。

二氧化氯消毒的费用很高,在很大程度上限制了该法的使用。在消毒过程中,二氧化氯还原产生的中间产物亚氯酸盐对人体健康有一定危害,《生活饮用水卫生标准》(GB 5749—2006)中规定,水中亚氯酸盐的最大允许质量浓度为 0.7mg/L。关于二氧化氯消毒对人体的危害作用(包括消毒剂本身和消毒副产物)等还在深入研究中。

(3)二氧化氯消毒的投加要点

二氧化氯化学性质活泼、易分解,生产后不便贮存,必须在使用地点就地制取。

二氧化氯的投加点视应用目的而异。以消毒为目的,则投加点在滤后;如要求配水系统中保持余氯量,则在配水系统中补充投加;若为去除三卤甲烷,则应在滤前投加；在要求除锰的场合，则在投加后应有足够时间使二氧化锰沉淀；为了控制臭和味，可分散多点投加。因为制备的药剂使用不当，或二氧化氯水溶液浓度超过规定值，都会引起爆炸。因此，在二氧化氯设备运行中，必须有特殊的防护措施，二氧化氯水溶液浓度不大于 6～8mg/L，并避免与空气接触。

（4）二氧化氯使用的控制标准

从世界范围来看，二氧化氯使用的控制标准分三类：

第一类，只对二氧化氯的投加量控制，间接控制出厂水二氧化氯及其副产物的浓度；第二类，对二氧化氯的投加量和出水的副产物浓度均有限定；第三类，对二氧化氯的投加量不加限定，但对出厂水二氧化氯及其副产物浓度严格控制。

《生活饮用水卫生标准》（GB 5749—2006）中，对二氧化氯消毒的饮用水副产物指标作出规定，规定水中亚氯酸盐含量不得高于 0.7mg/L，即属于第三类标准。

3.1.4.3 臭氧消毒

臭氧是通过臭氧发生器制取的。该装置是在两个高压电极之间覆以厚度均匀的解电体（一般采用玻璃）。当两极接通高压交流电（一般为 10000～20000V）时，电极间发生无声放电。此时，如空气通过放电间隙，氧分子即受到激活而分解成氧原子。被激活的氧原子可自行结合，或与氧分子结合而生成臭氧分子。

（1）臭氧发生器装置

臭氧发生器装置由空气净化干燥系统和臭氧发生系统组成。臭氧产量与设备结构、电流频率、空气干燥度和压力、冷却水温度、臭氧浓度等有关。

制取臭氧的空气应满足一定的气量和质量要求。制取臭氧的理论耗电量为 0.82kW·h/kg，实际耗电量却为 15～20kW·h/kg。这表明，臭氧发生器工作时，大部分的能量都已转变成其他形式能量（热能等）。因此，需要冷却水对发生器进行冷却。冷却水温在 30°C 以下，用量为 2～5m³水/kg 臭氧。

（2）臭氧与水的接触反应

臭氧消毒必须使臭氧经历从气相到液相的传质过程和液相臭氧与水中污染物接触的反应过程。这个反应过程在接触反应装置中完成，接触时间 10～20min 为宜，通常为 15min。常用的接触反应装置如图 3-8 所示。

（3）臭氧的尾气回收

由于接触反应装置的臭氧吸收率难以达到 100%，故从装置排出的臭氧化空气的尾气中，仍含有一定数量的剩余臭氧，一般为臭氧产量的 1%～15%。当尾气进入大气，并使大气中臭氧浓度达到 0.1mg/L 时，即会对人的眼、鼻、喉以及呼吸器官带来刺激性，并造成空气污染。尾气排出浓度应控制在 0.06mg/L 以下。常用的尾气处理与利用方法有：回收利用法、活性炭吸附法、大气稀释排放法和燃烧法等。

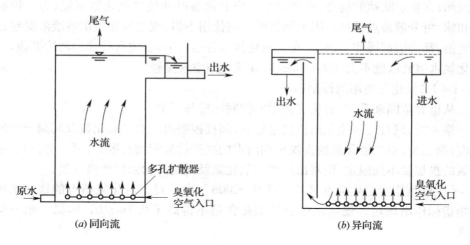

图 3-8 臭氧接触池

3.1.5 清水池运行管理与维护

清水池是给水系统中调节流量的构筑物,并贮存水厂生产用水和消防用水。

(1) 清水池运行管理包括:

水位控制 必须设水位计,并应连续检测,或每小时检测一次;严禁超上限或下限水位运行。

卫生控制 清水池顶不得堆放污染水质的物品和杂物,池顶种植植物时,严禁施肥;检测孔、通气孔和人孔应有防护措施,以防污染水质。

排水控制 清水池清刷时的排水应排至污水管道,并应防止泥沙堵塞管道;汛期应保证清水池四周的排水通畅,防止污水倒流和渗漏。

(2) 清水池维护包括:

日常保养 检查水位尺,清扫场地。

定期维护 每1~3年清刷一次,且在恢复运行前消毒;每月检修阀门一次,对长期开或关的阀门,每季操作一次;机械传动水位计或电传水位计定期校对和检修;对池体、通气孔、伸缩缝等1~3年检修一次,并解体修理阀门,油漆铁件一次。

大修维护 每5年对池体及阀门等全面检修,更换易损部件;大修后必须进行满水试验检查渗水。

3.2 受污染水源水的预处理

水生态环境恶化,水源水受到污染,特别是有机物、氨氮、藻类、色度等污染物的存在，使常规饮用水处理工艺无法保证处理后水质的卫生性和安全性。预处理是指在常规处理工艺前面，适当采用物理、化学、物化和生物的处理方法，对水中有机污染物等进行初步去除。同时，减轻常规处理和深度处理的负担，使常规处理工艺更好地发挥作用，提高水处理工艺对有机污染物的整体去除效果，改善和提高饮用水水质。

预处理方法可分为化学氧化法、生物氧化法和吸附法。

3.2.1 化学氧化预处理

化学氧化预处理主要是利用氧化势能较高的氧化剂（如 Cl_2、$KMnO_4$、O_3、H_2O_2、ClO_2 等）、或由物理手段产生的高能物质（如光子、电子、超声波等）、或光子与氧化剂、催化剂联用（如 $UV-H_2O_2$、$UV-O_3$、$UV-TiO_2$ 等）等产生强氧化性的自由基来氧化分解破坏水中有机污染物的结构，达到转化或分解污染物的目的。目前采用的氧化剂有氯气、高锰酸钾、臭氧、二氧化氯等，紫外光预氧化法应用较少。

3.2.1.1 氯气预氧化

预氯化氧化是应用最早的和目前应用最广泛的方法。在水源水输送过程中或进入常规处理工艺构筑物之前，投加一定量氯气预氧化，可以控制微生物和藻类在管道内或构筑物的生长，可以氧化部分有机物和藻类，能提高混凝效果并减少混凝剂用量，延长滤池过滤周期。但是，由于预氯化导致大量卤化有机污染物的生成，且不易被后续的常规处理工艺去除，可能造成处理后水的化学安全性下降。因此，预氯化氧化处理应慎用。

3.2.1.2 高锰酸钾与高锰酸钾复合药剂氧化预处理

高锰酸钾氧化预处理是利用高锰酸钾的氧化能力对水源水中有机物进行氧化分解，在中性 pH 值条件下，经高锰酸钾预处理的滤后水和氯化消毒后的水中，有机物的种类和浓度均有明显降低，水的致突变活性有一定程度下降，同时水中浊度和氯仿、四氯化碳等浓度均有明显降低，对低温低浊水也有较好的处理效果。高锰酸钾还有促进混凝、降低混凝剂药耗（28%左右）的作用。这种方法一般不需增设大的附属构筑物和设备，工艺简单，操作简便，投资小。高锰酸钾价格较高，也在一定程度上限制了此种技术的推广。

哈尔滨工业大学在高锰酸钾氧化预处理研究基础上，研制了高锰酸盐复合药剂（PPC）。该药剂以高锰酸钾为核心、由多种组分复合而成，其充分利用了高锰酸钾与复合药剂中其他组分的协同作用，具有很强的氧化能力，且利于除污染的中间价态介稳产物和具有很强吸附能力的新生态水合二氧化锰的形成，将氧化和吸附作用有机地结合起来，并利用此药剂对典型受污染饮用水源，如松花江水、黄河中游水库水、巢湖水、太湖水、嫩江水等进行了系统的基础研究与应用研究。研究表明，PPC 预氧化处理，可强化去除水中有机污染物、强化除藻、除臭味、除色、降低三氯甲烷生成势和水的致突变活性等。与其他预处理工艺进行对比研究发现，PPC 预氧化对有机污染物的去除效果要明显优于单独高锰酸钾预氧化，也远优于单独投加聚合氯化铝或预氯化工艺。采用 PPC 预氧化代替预氯化，能够强化去除藻类以及难去除的臭味物质；从很大程度上改善混凝处理效果，降低滤后水色度和浊度；对于预氯化处理过程出现的副产物，能起到一定程度的控制作用，且能够提高对氯化消毒副产物前质和致突变物质的去除效果，显著降低三氯甲烷的生成势和水的致突变活性；同时，使用 PPC 预氧化也不存在臭氧预氧化出现的溴酸盐副产物问题；对水中存在的少量重金属，PPC 投量在 1.0~2.0mg/L 时，去除率即可达到 90% 以上，对微量铅可达 100% 去除。PPC 的核心组分在氧化过程中被还原为胶体二氧化锰，在混凝剂的作用下会形成密实絮体，可通过沉淀与过滤进行分离，在通常给水处理条件与高锰酸盐投量范围内，可以保证较低的滤后水剩余锰浓度，满足国家生活饮用水卫生标准。

可见，使用 PPC 进行化学预处理，能够显著强化常规处理出水水质，并且处理工艺不需要增加过多的设备，易于投加运行管理，特别适于改善目前水厂的处理效果，因而具有较大的应用潜力。

3.2.1.3 臭氧氧化预处理

臭氧氧化预处理可有效杀灭藻类、细菌、病毒等，能够快速氧化大分子难降解物，有较强的脱色、除臭能力，可使水源水的 COD_{Mn} 有一定程度的下降，对氧化三卤甲烷前体物有较好的效果。

通常臭氧作用于水中污染物有两种途径，一种是直接氧化，即臭氧分子和水中的污染物直接作用。这个过程臭氧能氧化水中的一些大分子天然有机物，如腐殖酸、富里酸等；同时也能氧化一些挥发性有机污染物和一些无机污染物，如铁、锰离子。直接氧化通常具有一定选择性，即臭氧分子只能和水中含有不饱和键的有机污染物或金属离子作用。另一种途径是间接氧化，臭氧部分分解产生羟基自由基和水中有机物作用，间接氧化具有非选择性，能够与多种污染物反应。可见，臭氧的强氧化性决定其与水中的污染物作用后可获得不同的处理效果，使用臭氧预氧化的目的视水质而异，也与使用情况有关。实践表明，臭氧预氧化对水质的综合作用结果取决于臭氧投量、氧化条件、原水的 pH 值和碱度以及水中共存有机物与无机物种类和浓度等一系列影响因素。

研究与应用结果表明，单纯使用臭氧氧化，出水水质并不十分理想，特别是对于氨氮的去除以及出水生物稳定性控制等。

另外，由于臭氧的成本较高，一般采用低剂量投加。在这种情况下，大部分投加的 O_3 只能把大分子有机物氧化为小分子有机物（如酮、醛、酸等），而不是将有机物彻底降解。这就可能导致处理出水中溶解性的可同化有机物量（AOC 值）较高，使管网细菌量升高，降低饮用水水质。因此，应将臭氧预氧化法与其他工艺结合应用，发挥优势互补的作用。

3.2.1.4 紫外光氧化预处理

紫外辐射能促进臭氧在水中的分解，增加羟基自由基的数量，强化臭氧的氧化性能。所以，紫外光氧化预处理的组合工艺能有效减少水中有机污染物数量，但对水中毒性物质没有明显的去除能力，不但不能降低水的致突变活性，而且光解作用还产生了一些移码突变物与碱基置换突变物的前体物。因这些前体物在常规处理中不易被去除，从而使组合工艺出水氯化后的致突变活性有一定程度的增加。

3.2.2 生物氧化预处理

生物法应用于受污染水源的饮用水处理中是水处理技术领域的重大进展。

生物预处理是依靠微生物的生命活动（氧化、吸附、生物絮凝等），去除常规给水处理方法不能有效去除的水中有机物（包括天然有机物和人工合成有机物，通常用总有机碳 TOC 表示）、氮化合物（包括氨氮、亚硝酸盐氮和硝酸盐氮）等。有机物和氨的生物氧化，可以降低配水系统中使微生物繁殖的有效基质，减少臭味，降低形成氯化有机物的前体物。另外，还能延长后续过滤和活性炭吸附等物化处理的工作周期和容量。生物预处理设置在常规处理工艺之前，可以充分发挥微生物对有机物的去除作用，而生物处理后的微生物、颗粒物和微生物代谢产物等都可以通过后续处理加以控制。

生物预处理系统中的微生物绝大多数属于贫营养型微生物，具有世代周期长、繁殖缓慢的特性。为了保证处理效果和净化效率，必须保证有足够的微生物量（生物浓度）。生物膜法因微生物附着在载体填料上，能获得更稳定的生长环境，适合于世代周期长的微生物生存和繁殖，故绝大多数的生物预处理都采用生物膜法的形式。

在给水处理中，以生物接触氧化法的应用最多。生物接触氧化法即淹没（浸没）式生物滤池，在池内设置填料作为微生物的载体，经过充氧的水（或池内曝气）流经填料，使填料上形成生物膜；在水与生物膜接触的过程中，通过生物膜的生物絮凝、吸附、氧化等作用使水中污染物得到降解和去除。

生物接触氧化装置中的填料与其运行方式是处理效果好坏的关键。各种填料分为两大类别：颗粒状填料和非颗粒状填料。相应的接触氧化工艺分为：颗粒状（陶粒）填料生物接触氧化法与非颗粒状（YDT 弹性立体填料）填料生物接触氧化法，前者应用更多。

3.2.2.1 颗粒填料生物接触氧化法

颗粒填料生物接触氧化法也称曝气生物滤池，由布水槽（同时兼作反冲洗排水槽）、滤料层、承托层、布气系统、布水系统组成，其结构形式类似于气、水反冲洗的快滤池（图 3-9）。

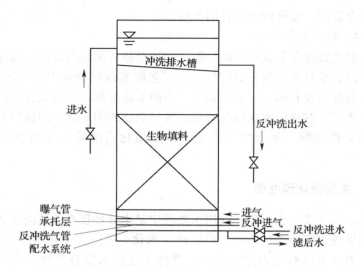

图 3-9 曝气生物滤池结构示意

曝气生物滤池使用的填料有陶粒、活性炭、石英砂、沸石、麦饭石、焦炭、炉渣、合成有机小球等,以陶粒应用最多,陶粒粒径为 2~5mm,其有关性质见表 3-13。

陶粒的物化性质参数 表 3-13

物理性质			化学成分质量分数(%)					
比表面积(m^2/g)	堆积容重(kg/L)	总孔隙率	SiO_2	Al_2O_3	FeO	CaO	MgO	烧失量
3.99	0.3~0.4	0.6~0.8	61~66	19~24	4~9	0.5~1.0	1.0~2.0	5.0

曝气生物滤池有自然挂膜和人工接种挂膜。自然挂膜适用于水温较高、营养物充分的情况。初始时,滤速为 0.5m/h 左右,气水比(1~2):1,逐渐提高滤速直至达到设计要求。调节气水比,以保证出水溶解氧大于 4mg/L,一般不大于 2:1,因为在生物膜培养期间,过大的气量会对生物膜造成不利的冲刷。对水温较低或原水营养物浓度不高时,可采用人工接种挂膜,即在水源地取一定量的底泥(富含所需微生物),取上清液引入滤池,或将一定量营养物(C:N:P=100:5:1)与底泥的上清液混合后再引入滤池,浸没滤料,曝气;24h 后换水,再曝气;3~5d 后小水量进水,逐渐加大进水量直至达到设计值。一般以 COD_{Mn} 去除率大于 15%,氨氮去除率大于 65% 为完成挂膜的标志。自然挂膜时,达到 COD_{Mn} 去除率大于 15%,一般需要 15~30d;达到氨氮去除率要求则需要 30~40d 甚至更长。

正常运行阶段主要应注意三个方面的问题:

1)水流方向:上向流或下向流。对有机物和氨氮处理,上向流滤池效果略高于下向流,但差别不是很大;对浊度处理,下向流滤池处理效果优于上向流。

下向流滤池因气、水逆流，易形成气阻效应，当滤速增加到 6m/h 以上时就会受到限制；上向流滤池由于气、水同向，所以滤速的提高不受气流的影响。

2）气水比：处理有机物应保证溶解氧大于 2mg/L，处理氨氮时溶解氧应在 4mg/L 以上。气量过大会扰动正常的生物膜，导致有效生物量的流失；在下向流滤池中，气量过大会形成强的气阻效应，导致下向流流速减慢，会使气泡占据更多滤池内部空间，而缩短水在池内的实际停留时间，对处理效果不利。

3）反冲洗参数：反冲洗周期为 3~7d，一般，当水头损失增至 1m 时，应立即反冲洗。一般采用气、水联合的反冲洗方式，填料层膨胀率为 10%~20%。冲洗强度和冲洗时间见表 3-14。

曝气生物滤池反冲洗参数 表 3-14

参数	气反冲	气水联合反冲	水反冲
时间（min）	2~3	3~5	3~5
强度（L/(m²·s)）	10~20	气10，水10	10~15

（1）运行控制条件

以清华大学与其他有关单位进行的小试、中试和生产试验研究为例。采用的主要水源分布在不同地域。表 3-15 列举了对各种水源水在不同的运行参数下对污染物的处理效果。

曝气生物滤池对微污染水源水的处理效果 表 3-15

水源	规模	空床停留时间（min）	源水水质（mg/L）	去除率（%）
深圳水库水	小试	30	COD_{Mn} 2.3~4.5 氨氮 0.4~1.7	平均21.4 平均94
北京通惠河水	中试	30	COD_{Cr} 15~50 氨氮 1.20~7.01	夏 50~60， 冬 30~35 >90
北京团城湖水	中试	60	COD_{Cr} 8~30 氨氮 0.4~1.7	45~51 接近100
官厅水库水	中试	15	COD_{Mn} 4~7 氨氮 0~14	平均20 >90
邯郸滏阳河水	中试	10~15	COD_{Mn} 7~12 氨氮 1.22~2.02	18~40 >90
淮河水安徽蚌埠段	生产试验	20~33	COD_{Mn} 2.1~10.3 TOC 4.2~12.7 氨氮 0~18	2.5~35.8 平均18.0 18.5~35.6 平均29.5 70~90

续表

水源	规模	空床停留时间（min）	源水水质（mg/L）	去除率（%）
大同册田水库水	中试	20	COD_{Mn} 3~8 氨氮 0.1~1.6	11.4~20.0 50~90
绍兴青甸湖水	小试	25	COD_{Mn} 3.64~6.80 氨氮 0.15~0.55	15.9~38.8 平均 25.0 66.7~99.9 平均 84.87

1）溶解氧：实践表明，当水中溶解氧低于 2mg/L 时，就会对生化作用有明显的影响。一般应保持在 4mg/L 左右，此时气水比约为 1:1（不同水源水情况不同）。增加气水比可使溶解氧提高，但处理效果无明显提高，还增加能耗，易形成气阻效应，或者缩短水的实际停留时间，反而不利于曝气生物滤池的运行。

2）水温：同样的水源水，相同的运行参数，对有机物的去除率，夏天（15~25℃）比冬天（5~10℃）高 10% 左右，但无明显的线性关系。水温变化在一定的范围内（12~25℃），对氨氮的去除率都在 90% 以上。值得注意的是，曝气生物滤池在低温下（3~5℃）对有机物仍有一定的处理效果，这是因为生物膜中存在适合 4℃ 以下生存的几种假单胞菌属。在水温 4~12℃ 时，对氨氮处理效果有一定影响，但仍有较高去除率。其原因是生物滤池能保证亚硝化菌和硝化菌的长泥龄，有较高的硝酸菌生物量；此外，水源水中氨氮浓度不高、负荷小也是一个原因。

3）滤速与停留时间：一般采用的滤速为 2~6m/h，空床停留时间为 20~60min。实践表明，降低滤速或延长空床停留时间可在一定程度上提高去除率，但提高的幅度不大。

（2）对藻类的处理效果

曝气生物滤池对藻类的去除率，因优势藻种的不同而有很大的差别。对绿藻门藻类去除率较低，仅有 40% 左右；对硅藻门藻类的去除率在 45%~75% 之间；而对蓝藻门藻类的去除率可高达 90% 以上。

（3）对浊度和色度的处理效果

生物滤池填料表面的生物膜具有一定的生物絮凝吸附能力，对水中形成浊度和色度的物质具有一定的去除能力，见表 3-16。

曝气生物滤池对浊度和色度的处理效果　　　　表 3-16

水质条件	浊度去除率（%）		色度去除率（%）	
	去除率	平均值	去除率	平均值
淮河水*	19.2~63.0	38.0	11.1~41.7	21.6
深圳水库水**	57.5~69.0	60.0	35.5~60.3	46.0

* 浊度 18~125NTU、色度 35~100 度、水温 5~13℃。

** 浊度 2.1~18.0NTU、色度 20~50 度、水温 13.8~29.8℃。

3.2.2.2 非颗粒填料生物接触氧化法

非颗粒填料生物接触氧化法所用填料常见的有:弹性波纹填料、PWT 立体网状填料和使用最多、较先进的 YDT 弹性立体填料。YDT 弹性立体填料是由中心绳和聚烯烃塑料弹性丝条组成,其主要特点是比表面积大,可为微生物提供大的附着空间,对气泡的切割性能好,氧的利用率较高,有一定柔韧性和刚性的丝条能长期在水中保持均匀辐射状伸展,不易堵塞。此外,YDT 弹性立体填料在价格上也具有优势,每立方米的综合造价远低于其他非颗粒填料,有关参考技术性能参数见表 3-17。

YDT 弹性立体填料的有关参数表 表 3-17

填料丝径 (mm)	填料直径 (mm)	比表面积 (m^2/m^3)	每根填料单位长度表面积 (m^2/m)
0.5 左右	140~200	318~368	0.9 左右

(1) 运行方式

按流态分为竖流式、侧流式和中间导流循环式;曝气方式可采用穿孔管曝气或微孔曝气。

1) 挂膜 YDT 弹性立体填料生物接触氧化法的挂膜方法与曝气生物滤池相似。需要注意的是,相对于陶粒表面的粗糙不平,YDT 弹性立体填料表面较为光滑,初期菌落不易附着在填料上,挂膜时要严格控制进气量。气量大容易引起初期附着的菌落因擦洗强度大而脱落;气量小又不能保证充足的溶解氧,同样不利于挂膜。一般以出水溶解氧不小于 4.0mg/L,气水比不超过 1.5 为宜。如达不到这样的条件,应考虑进水预曝气。一旦挂膜成熟,生物膜就会有较强的抗冲刷能力,即可根据需要调整曝气量。挂膜所需时间一般要比曝气生物滤池更长一些。

2) 运行控制条件

溶解氧 根据污染物浓度、曝气方式等,控制池内溶解氧不低于 4.0mg/L,一般在 5.0mg/L 以上,气水比为 (0.5~2.5):1。经验表明,溶解氧对氨氮的去除有非常明显的影响。当池内溶解氧为 3.5mg/L 时,氨氮去除率仅为 40% 左右,当溶解氧达到 5.5mg/L 时,氨氮去除率可达 75% 以上。

停留时间 在水温较高时,停留时间对处理效果影响不明显,但在水温较低 (6~12℃) 时,池水停留时间 1.2~2.0h 的氨氮去除率仅有 40%~50%,延长停留时间为 1.8~2.5h 后,去除率可达 60% 以上。一般停留时间为 1.2~2.0h。

定时排泥与反冲洗 生物膜不断脱落更新,脱落下来的生物膜及其表面吸附的颗粒物、絮状物等少部分随水漂走,大部分沉淀在生物池中。如果不及时清排沉泥,其腐烂会使污染物重新释放到水体,导致处理出水水质变差。定期排泥也是促进生物膜更新,保持高效处理效果的需要。一般情况下,冬季生物膜生长缓慢，每日排泥 1~2 次，1 到 2 个月冲洗一次；夏季生物膜生长较快，每日排泥 2~3 次，半个月至 1 个月冲洗一次，以保证正常运行。

（2）处理效果与曝气生物滤池比较

同济大学、中国市政工程中南院、清华大学等单位对 YDT 弹性立体填料生物接触氧化法的研究结果表明：对氨氮的平均去除率较高，都在 80% 以上；对亚硝酸盐氮的去除率为 80% 左右，对藻类、浊度、锰的去除率则在 50%~60% 之间；因水源水中可降解溶解性有机物（BDOC）所占比例较小，故对 COD_{Mn} 去除率不高。

与曝气生物滤池比较，处理效果稍次于曝气生物滤池，其中对氨氮、亚硝酸盐氮、TOC、COD_{Mn}、锰的去除率低 10% 左右，对 THMFP（三卤甲烷的生成能力）、UV_{254}（紫外线 254nm 吸光度）、$D\text{-}COD_{Mn}$（溶解性高锰酸盐指数）的去除率低 6%~8%。

3.2.3 吸附预处理技术

3.2.3.1 粉末活性炭吸附

粉末活性炭吸附预处理是指受污染水源的原水，经投加粉末活性炭炭浆混合后，再进入常规处理工艺，在絮凝池、沉淀池中粉末活性炭吸附污染物，并附着在絮状物上一并沉降去除；少量未沉淀的部分在滤池中被过滤去除，从而达到去除污染物的目的。

活性炭是一种多孔性物质，分为颗粒活性炭（GAC）和粉末活性炭（PAC）两大类。粉末活性炭的粒径为 10~50μm，炭浆浓度为 5%~10%，其投加量、投加点和水、炭接触时间均与原水水质和工艺流程有关。投加量应由试验确定。有研究表明，当投加量为 15~20mg/L 时，COD_{Mn} 的去除率约为 20%~30%（全流程去除率为 70%），CCl_4 为 10%~12%，酚 50% 以上，对氨氮的处理不明显，除色度和臭味效果好等。Ames 试验则由强阳性转变为弱阳性。投加点可选择在混凝加药之前，或混凝加药后、沉淀池前，应特别注意避免活性炭吸附与混凝作用对有机物的吸附竞争，避免活性炭被絮凝体包裹，保证充分混合；有研究表明，投加粉末活性炭具有助凝作用，可使沉淀池出水浊度降低，对低温低浊水处理效果明显。为保证足够的吸附时间，炭与水的接触时间以 15~30min 为宜。

大同市以册田水库为水源，当粉末活性炭投加 50mg/L 时，水库水中有机物（COD_{Mn}）的去除率在 60%~70% 之间。合肥水厂以巢湖为水源，季节性地在沉淀池后投加粉末活性炭除臭味效果良好。较大投加量的粉末活性炭参与混凝沉淀后，一并沉淀在沉泥中，尚无很好的回收再生利用方法，只能一次性使用，致使粉末活性炭作为预处理的费用相对较高。

3.2.3.2 黏土吸附

黏土特别是一些改性黏土，也是较好的吸附材料。在对大同册田水库水的黏土吸附研究中发现，当黏土投加量足够大时（大于 100mg/L），对水源水中的有机物也有较好的去除效果（COD_{Mn} 去除率在 30% 左右）。其主要机理是黏土颗粒对水中有机物的吸附作用。同时，通过投加黏土也改善和提高了后续混凝沉淀效果。但是，大量黏土投加在混凝池中，也增加了沉淀池的排泥量，给生产运行带来一定困难。

3.3 受污染水源水净化的深度处理

为去除常规处理工艺不能有效去除的污染物或消毒副产物的前体物等，除了对原水进行预处理外，也可在常规处理工艺后增设合适的处理单元，进行深度处理，以提高和保证饮用水水质。应用较广泛的深度处理技术有：活性炭吸附、臭氧氧化、生物活性炭、膜分离技术等。

3.3.1 颗粒活性炭吸附

活性炭吸附是完善常规处理工艺以去除水中有机污染物最成熟有效的深度处理方法之一。通常采用颗粒活性炭（GAC），有效粒径一般是 0.4~1.0mm，以国产 ZJ15 活性炭为例，其性能指标见表 3-18。活性炭对有机物的去除主要靠微孔吸附作用，即物理表面吸附，它的选择性低，可以多层吸附，脱附相对容易，这有利于活性炭吸附饱和后的再生；活性炭表面的多种官能团，通过化学吸附作用，可以去除水中的多种重金属离子，它的选择性较高，属单层吸附，脱附比较困难。关于吸附容量与吸附等温式等理论在《水质工程学》中讨论。

（1）吸附作用的主要影响因素

吸附质的化学性状 吸附质的极性越强，则被活性炭吸附的性能越差。

国产 ZJ15 活性炭性能指标 表 3-18

项目	指标	项目	指标	项目	指标
粒度（筛目）	10~20	总孔容积（cm^3/g）	0.8	真密度（g/cm^3）	2.2
碘值（mg/g）	>800	大孔容积（cm^3/g）	0.3	颗粒密度（g/cm^3）	0.77
机械强度（%）	>70	中孔容积（cm^3/g）	0.1	堆积重（g/L）	450~530
比表面积（m^2/g）	900	微孔容积（cm^3/g）	0.4		

吸附质的分子大小 活性炭的主要吸附表面积集中在孔径<4nm 的微孔区。饮用水处理中实测发现活性炭主要去除相对分子质量<1000 的物质，其最大去除区间的相对分子质量为 500~1000（饮用水水源中相对分子质量<500 部分主要为极性物质，不易被活性炭吸附）。

（2）设备及其运行

炭滤池多用于给水厂，形式与常规处理的滤池基本相同，只是把砂滤料换成了粒状炭，炭层厚度为 1.5~2.0m，所用池型可以是普通快滤池、虹吸滤池等。炭滤罐主要用于小型给水和工业给水。

饮用水处理粒状炭过滤通常采用滤速 10~15m/h，接触时间 10~20min。当出水不能达到处理要求时，退出运行。活性炭吸附周期与进水水质和运行控制终点有关。对于原水水质较好的饮用水处理，活性炭吸附周期一般在 1 年左右。若原水水质较差，则炭的吸附周期将缩短至几个月。如果以三卤甲烷作为炭床工作的终点，吸附周期只有 1~3 个月；若以对臭、味和有机物的去除为工作终点，吸附周期可达 1 年以上。

活性炭滤池设备简单，但炭层饱和后再生换炭不便。

饱和的粒状活性炭通过再生可以恢复活性炭的吸附能力。对饮用水处理吸附饱和炭的再生采用热再生法，即在高温下把已经吸附在活性炭内的有机物烧掉（高温分解），使活性炭恢复吸附能力。

活性炭再生损失率约 5%（烧失、磨损），高温再生的损失率要达 15% 或更多，活性炭吸附能力可恢复 90% 以上。常用的活性炭热再生设备是立式多段再生炉。

3.3.2 臭氧氧化与生物活性炭

臭氧氧化处理可有效杀灭藻类、细菌、病毒等，能够快速氧化大分子难降解物，有较强的脱色、除臭能力，对氧化三卤甲烷前体物和人工合成有机物等有较好的效果（对水中已有的三氯甲烷没有去除作用）。但在低剂量投加情况下，臭氧只能把大分子有机物氧化为小分子有机物，往往导致处理出水中溶解性可同化有机物量（AOC 值）较高，使出厂水的生物稳定性下降。因此，在水处理工艺中，臭氧氧化很少单独使用。

活性炭能比较有效地去除小分子有机物，而水中较大分子的有机物较多，不利活性炭孔表面面积的充分利用，吸附周期缩短。采用臭氧氧化与活性炭联用形式，先进行臭氧氧化，在去除部分污染物的同时，对水充氧，将大分子有机物氧化为小分子有机物，有利于后续的活性炭颗粒表面吸附可生物降解的有机物而形成生物膜。活性炭对水中污染物进行物理吸附的同时，又充分发挥了生物膜的氧化降解和生物吸附作用，显著地提高了活性炭除污染能力和出水水质，并延长了活性炭吸附周期。这种处理方法使活性炭床具有明显的生物活性，也称为生物活性炭法。臭氧投加量用于去除臭味时为 1.2~2.0mg/L，用于去除有机物时为 1.5~3.0mg/L。臭氧接触时间 5~15min。生物活性炭池水力停留时间一般采用 10~30min。

采用生物活性炭法应避免预氯化处理，否则微生物就不能在活性炭上生长，生物活性炭也就失去了生物氧化作用。与单独活性炭吸附比较，生物活性炭具有以下优点：提高了水中溶解性有机物的去除效率和出水水质；延长了活性炭的使用周期，减少了运行费用；水中氨氮被生物转化为硝酸盐，从而减少了后续氯化消毒的投氯量，降低了三卤甲烷的生成量。

生物活性炭法在欧洲和美国应用很广。我国在南京炼油厂、胜利炼油厂、北京田村山水厂、燕山石化公司水厂、九江石化总厂、大庆石化总厂等相继应用，并且取得了较好的处理效果。

3.3.3 膜分离处理

膜分离已经被证明是一种可以优质、安全和可靠地处理饮用水的技术。随着饮用水水质标准的提高，特别是对水中日益增多的致病微生物与有毒有害有机物（包括消毒副产物）等限值的严格要求，使得膜法在饮用水深度处理中的应用也越来越广泛。常用的膜技术有反渗透（RO）、微滤（MF）、超滤（UF）和纳滤（NF）。反渗透具有完全脱盐的性能，主要应用于海水淡化、苦咸水脱盐和直饮水处理。微滤（MF）、超滤（UF）和纳滤（NF）等膜分离工艺的膜孔径与分离对象比较见表3-19。

常见膜法性能与适用条件 表3-19

过程	分离机理	膜类型	主要参数	适用范围
微滤 MF	筛分	多孔膜孔径 $0.2 \sim 10 \mu m$	操作压力约 $0.1 \sim 0.2 MPa$	$>0.1 \mu m$ 大分子、微粒
超滤 UF	筛分、膜孔径大小和膜表面化学性质的截留作用	非对称性膜，孔径 $0.005 \sim 0.1 \mu m$	操作压力 $0.1 \sim 1.0 MPa$ 渗透通量、截留率	$>0.001 \mu m$ 的离子、大分子、胶体、微粒
纳滤 NF	筛分、溶剂的扩散传递	非对称性膜或复合膜，孔径 $1 \sim 2 nm$	操作压力 $0.5 \sim 2.5 MPa$ 渗透通量、截留率	离子、大分子
反渗透 RO	溶剂的扩散传递	非对称性膜或复合膜，孔径 $<3 nm$	操作压力 $2 \sim 10.0 MPa$ 渗透通量、截留率	离子、大分子

3.3.3.1 微滤的运行与管理

微滤（Microfitration，简称MF）压力驱动的膜过程。微滤膜具有比较整齐、均匀的多孔筛网型结构，孔径范围在 $0.2 \sim 10 \mu m$。微滤过程满足筛分机理，可去除 $0.1 \sim 10 \mu m$ 的物质及尺寸大小相近的其他杂质，如细菌、藻类等。

微滤膜材质主要分有机和无机两大类。有机材质主要有纤维素质、聚碳酸酯、聚酰胺、聚砜、聚醚砜、聚氯乙烯、聚乙烯、聚丙烯、聚偏氟乙烯等。无机材质主要有陶瓷和金属等。水处理中以应用有机膜为主。在饮用水处理中，膜组件形式有中空纤维、卷式、板框式和管式等。其中，中空纤维和卷式膜组件的填充密度高，造价低，组件内流体力学条件好；但是这两种膜组件的制造技术要求高，密封困难，使用中易污染，对料液预处理要求高。而板框式和管式膜组件虽然清洗方便、耐污染，但膜的填充密度低、造价高。在饮用水纳滤系统中多使用中空纤维式或卷式膜组件。

膜孔径的选择应根据工艺的需要，并不是越精密越好，因为膜孔越小，堵塞得越快，而且选用孔径过小的膜会大大提高制水成本。常用的膜孔径选择见表3-20。

膜孔径的选择 表 3-20

孔径（μm）	用 途
3~5	RO 或 NF 前的预处理过滤
0.45	电子工业高纯水终端过滤
0.2	医用无菌水的菌过滤，电子工业超纯水终端过滤，饮用水直接过滤

典型的微滤工艺包括格栅、微滤膜设备和消毒。对于一些管式膜系统，不需要格栅。微滤主要应用于去除颗粒物质、微生物、胶体物质、天然有机物（NOM）和合成有机物（SOC）。微滤还可作为反渗透、纳滤或超滤的预处理等。

天津开发区再生水厂针对原水含盐量高的特点，应用微滤+反渗透（双膜法）再生处理工艺，建成 3 万 m^3/d 微滤、1 万 m^3/d 反渗透再生水示范工程，开发了单台处理能力 $2500m^3/d$ 的微滤膜装置。天津纪庄子再生水厂针对居住区对再生水的使用要求，采用混凝沉淀+微滤+臭氧的工艺组合，进行再生水生产与应用示范。微滤处理规模 2 万 m^3/d。

微滤是通过改变操作压力实现恒速过滤运行。保证恒定产水量的主要障碍是由于膜污染造成的水通量下降。在微滤中，通常采用反冲洗、化学清洗和加强预处理以减缓膜的污染。

预处理 为了减少膜的污染或提高对溶解性有机物和病毒的去除率，采用投加混凝剂（硫酸铝或硫酸铁，投加量 5~50mg/L），或粉末活性炭进行预处理。

pH 值的调整 调节进水的 pH 值，以满足膜材料对 pH 值的要求，特别是对于纤维素类膜，pH 值在 5~8 为宜。

膜的反冲洗 微滤膜的反冲洗方式一般有气反冲洗、水反冲洗和气水反冲洗三种，一般通过操作压力、产水量等参数的控制来实现自控系统。

水反冲洗的频率为每 30~60min 一次，每次历时 1~3min，反冲洗水泵压力在 0.05~0.2MPa。对于微生物污染的膜，需在反冲洗水中加氯 3~50mg/L。

气反冲洗的频率是每 30~60min 一次，每次历时 2~3min。气反冲洗时，必须先将膜组件中的产水和进水排空，关闭产水阀，然后使压力为 0.6~0.7MPa 的空气通过膜内腔。利用压缩空气反冲洗可以省去水反冲洗系统。

由于膜污染的性质与程度不同，反冲洗系统可全部或部分恢复膜的水通量。如果反冲洗不能恢复产水量，那么必须对膜进行化学清洗或改进膜的预处理工艺。

膜的化学清洗 在膜工艺中，常规消毒与化学清洗对膜运行非常重要。通常，需配备单独的循环管路与膜组件连接。表 3-21 为常用的消毒清洗剂。

后处理 即消毒工艺，包括氯、二氧化氯、氯胺、紫外线和臭氧消毒等。

常用的消毒清洗剂　　　　　　　　表 3-21

药　剂	浓度与清洗方法
H_2O_2	浓度 1%~5%，循环 30~90min
Cl_2	100~400mg Cl_2/L 水，循环 30~90min
NaClO	5~10mg/L，循环 60min
热水	80℃，循环 1~2h
O_3	0.1~0.2mg/L，循环 30~90min
柠檬酸或草酸	0.5%浓度，以防铁、锰的污染
螯合剂和表面活性剂的混合物	各 10~100mg/L，在 30℃下循环 3~6h

浓水处置 微滤系统的浓水与预处理工艺有关。如果预处理没有投加 PAC，则浓水主要为颗粒物质；如果系统为 PAC-MF 组合工艺，则浓水含有较高的固体浓度。主要处置方法：直接排入水体，或排入市政污水管道，或经混凝-过滤处理，多以硫酸铝或硫酸铁为混凝剂，投加量为 5~50mg/L，需通过试验确定。

3.3.3.2 超滤的运行与管理

超滤（Ultrafiltration，简称 UF）是一个压力驱动过程，介于微滤与纳滤之间，且三者之间无明显的分界线。超滤膜的截留相对分子质量在 1000~300000 之间，而相应的孔径在 5~100nm 之间，操作压力一般为 0.1~1.0MPa，主要用于截留去除水中的悬浮物、胶体、微粒、细菌和病毒等大分子物质。

有机膜有板式、管式、卷式和中空纤维式等形式。无机材料膜为管式装置。不同的膜组件形式对污染或阻塞的控制能力有差异（表 3-22）。

超滤膜组件的比较　　　　　　　　表 3-22

项目	中空纤维	细管	粗管	板式	卷式
进水通道高度（mm）	1~2.5	3~8	10~25	0.3~1	0.5~1
典型充填密度（m^2/m^3）	1200	200	60	300	600
进水速度（m/s）	0.5~3.5	—	2~6	0.7~2.0	0.2~1.0
单位面积价格	低	高	高	高	低
膜更换费用（不含人工费）	适中	高	高	低	适中至低
能耗	低	高	高	适中	适中
抗污染	一般	很好	很好	一般	中等
膜清洗	好	很好	很好	较难	较难

大多数超滤水处理厂采用中空纤维膜，表 3-23 为中空纤维膜系统设计参数，宜根据原水水质与小试结果，对水通量、错流速度及反冲洗频率等进行调整。

原水水质直接影响超滤膜工艺的运行。现场小试很有必要，通过小试研究，可调整与优化运行参数，如反冲洗要求、水通量、运行压力和回收率等。

超滤的典型设计参数　　　　　　　　表 3-23

设计参数	典型值
水通量（20℃）[L/（$m^2 \cdot h$）]	80~170
错流速度（m/s）	0~1
进水利用率（%）	85~97
反冲洗：	
持续时间（s）	10~180
频率（1/min）	1/30~1/180
压力（MPa）	0.035~0.28

超滤系统的运行管理与原水的水质密切相关。通常，在恒定产水量的条件下，超滤系统有三个控制参数：进水压力、原水浊度和总有机碳（TOC）。为了使单位制水成本最小，宜采用自动控制以实现工艺系统的优化。

超滤可作为反渗透或纳滤膜工艺系统的预处理，或在饮用水处理中对水中浊度、微生物等的终端处理。近年来，超滤在大规模饮用水净化中应用已形成趋势。

超滤膜系统运行和维护管理要点：

水温对膜通量的影响较大，要做好进水水质、流量、压力的记录，根据波动及时调整运行参数，包括过滤通量、反洗周期、排污量等，保证反洗、维护性清洗的频率和强度。

定期进行化学清洗，根据跨膜压差变化或者 3~4 个月进行一次化学清洗。为防止微生物污染，要根据季节调整杀菌剂的投加量和反洗频率，并根据系统的流量、压力变化，及时进行化学清洗。

由于膜系统是自动化运行，各种连锁、保护较多，应注意仪表的校验和程序维护。

当检测到膜的完整性受到破坏时，应对故障膜组件进行修复。颗粒计数仪对于膜出水水质变化反应非常灵敏，以此进行膜的完整性监测，其效果优于在线浊度仪。

当膜的运行时间达到规定的使用寿命或在使用中造成损坏、化学清洗不能恢复其功能时，应及时进行更换。

台湾高雄拷谭高级净水厂以微污染山溪水为水源，水厂原工艺是"混凝—沉淀—过滤—消毒"，无法有效保障出水水质，因此在过滤后增加了超滤和反渗透（图 3-10 和图 3-11）。2007 年 9 月投产运行。

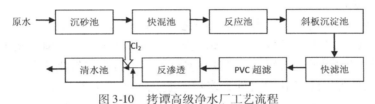

图 3-10　拷谭高级净水厂工艺流程

内压式 PVC 合金超滤膜组件规模为 280000m^3/d，单只膜设计产水量 3.5~4.5m^3/h，过滤周期 30~60min，反洗时间 40~60s，跨膜压力 0.05~0.08MPa，化学清洗周期 3~5 个月。

东营南郊水厂以引黄水库为水源，原处理工艺为"混凝—沉淀—过滤—消毒"。为改善水质，在原有砂滤池后增加了超滤膜深度处理系统（图 3-12 和图 3-13），2009 年 12 月建成投产，出厂水水质达到《生活饮用水水质标准》（GB 5749—2006）的要求。

图 3-11　拷谭高级净水厂超滤膜装置

浸没式 PVC 合金超滤膜系统处理规模为 100000m^3/d，膜设计通量 30L/（m^2·h），过滤周期 2~4h，反洗时间 2min，跨膜压力 0.02~0.04MPa，化学清洗周期 3 个月。

图 3-12　南郊水厂工艺流程

图 3-13 南郊水厂超滤膜车间

3.3.3.3 纳滤

纳滤（Nanofiltration，简称 NF）是 20 世纪 80 年代末发展起来的新型膜技术。纳滤介于反渗透与超滤之间，操作压力 ≤2.50MPa，纳滤膜孔径一般为 1～2nm，截留分子量在 200～1000u（$1u = (1.6605402 \pm 0.0000010) \times 10^{-27}$kg），对氯化钠的截留率小于 90%。水处理中多采用芳香族及聚酰胺类复合纳滤膜。一般膜表面带负电。

纳滤被广泛应用于饮用水的深度净化和水的软化中。在美国、日本等国家给水行业中，纳滤技术已经得到大规模的推广。国内在山东长岛南隍城建成的首套工业化大规模纳滤示范工程，是纳滤在高硬度海岛苦咸水软化的实际应用。纳滤膜在饮用水处理中除了软化之外，多用于脱色、去除天然有机物与合成有机物（如农药等）、"三致"（致癌、致畸、致突变）物质、消毒副产物（三卤甲烷和卤乙酸）及其前体物和挥发性有机物，保证饮用水的生物稳定性等。

采用纳滤循环系统，以污染严重的淮河水为原水进行饮用水深度处理试验研究的结果表明，纳滤循环工艺与单级纳滤工艺相比，在同样较低的压力下，出水率较高，并且能耗降低，减少了浓水排放。在回收率较高（80%）的情况下，膜出水中的 TOC 仍比自来水低 50%；对致突变物的去除效果十分显著，使 Ames 试验阳性的水转为阴性。

此外，纳滤出水是低腐蚀性的，对饮用水管网的使用期和管道金属离子的溶出有正面的影响，有利于保护配水系统的所有材料。试验表明采用必要后处理的纳滤膜系统能够使管网中铅的溶解量减少 50%，同时使其他溶出的金属离子浓度满足饮用水水质标准要求。

纳滤膜特别适用于处理硬度低、碱度低、TOC 浓度高的微污染原水，其系统回收率较高，产品水不需再矿化或稳定，就能满足优质饮用水的要求。

在饮用水处理中纳滤膜最需要解决的问题是：能够高效地截留水中消毒副产物前体、天然有机物（NOM）以及农药等有机污染物，以尽量减轻预处理的负担，同时对水中溶解盐分的截留率要小；纳滤膜的抗污染或低污染性，特别是能够抵抗有机物与微生物污染的高通量。

总之，膜法饮用水处理比传统方法工艺简化，制得的水的水质好得多，核算成本省得多；无需加混凝剂，不必担心残留铝对人体的影响；占地少，操作易于自动化。

3.4 新型净水工艺

3.4.1 高密度澄清池

高密度澄清池是一种采用斜管沉淀与污泥循环联合的快速、高效澄清池，具有效率高，适应性广的优点。

高密度澄清池由反应区和澄清区（或预沉-浓缩区和斜管分离区）组成，如图3-14所示。

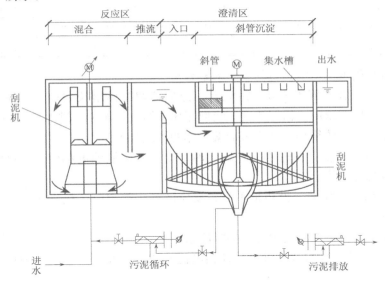

图3-14 高密度澄清池工艺

反应区：经过预混凝的原水进入到反应池底部，中心稳流型的圆筒内的叶轮使原水与回流泥水均匀混合，并提供水流提升所需的能量。在上升式推流反应区形成密实的絮凝体。

预沉-浓缩区：澄清区由预沉-浓缩区和斜管分离区构成。絮凝体慢速地进入到澄清区，可避免损坏絮凝体或产生旋涡，确保其在该区均匀沉淀。澄清池下部汇集污泥并浓缩。浓缩区上层污泥循环至反应区入口。浓缩区下层污泥浓缩，浓缩污泥用污泥泵抽出送至污泥处理。

斜管分离区：在澄清区的斜管沉淀区进行泥水分离，絮凝体沉入浓缩区，清水由集水槽汇集出水。高密度澄清池主要设计参数见表3-24。

高密度澄清池主要设计参数 表 3-24

参　　数	饮用水澄清处理		污水深度澄清处理	
	一般取值	取值范围	一般取值	取值范围
混合反应区的停留时间（min）	8	6~10	6	4~8
推流反应区的停留时间（min）	4	3~5	3	2~4
搅拌器桨板外边缘线速度（m/s）	3	2.8~3.2	3	2.8~3.2
污泥循环系数	0.04	0.01~0.05	0.02	0.01~0.05
斜管区上升流速（m/h）	22.5	12~25	22.5	12~25
反应池内的固体浓度（kg/m^3）	0.4	0.2~2	0.2	0.2~1
排放污泥浓度/进水浓度	800	400~1200	120	50~400
固体负荷（$kg/(m^2 \cdot h)$）	6		12	5~24
沉淀区的进口速度（m/h）	80		80	
浓缩污泥深度（m）	0.35	0.2~0.5	0.2	0.1~0.5
刮泥机的外边缘速度（m/s）	0.02	0.015~0.055	0.04	0.02~0.07
沉淀池的底板坡度	0.07		0.07	

影响高密度澄清池运行的主要因素有：

（1）回流比和回流浓度　污泥回流能加速絮凝体增长并增加其密度，以维持均匀絮凝所要求的高污泥浓度。当回流比或回流污泥浓度过大时，会出现加药不足而导致絮凝体细小，进而影响絮凝体的形成与沉淀。

（2）进水流量　在进水流量较大时，出水上清液浊度都较大，进水流量突变可能造成絮凝体上浮。

（3）药剂投加量　投药量不足，反应区产生的絮凝体较细小，其沉降性和浓缩性较差。

因此，高密度澄清池运行维护应注意以下事项：

1）用反应区混合泥水浊度快速估测泥水浓度，在同一水质期内两个指标应有线性关系；

2）严格控制回流过程，保证絮凝体形成与沉淀；

3）根据反应区的污泥浓度调节加药量，尽可能地降低药耗并获得较好的絮凝体；

4）可用沉降比估计反应区污泥浓度，并以此调节投药量和回流比；

5）应在合适的流量下工作，要缓慢调整流量，以防止因流量突变可能造成的上浮。

3.4.2　翻板滤池

翻板滤池也称为序批式气水反冲洗滤池（图 3-15）。所谓"翻板"由滤池反冲洗排水舌阀（板）在工作中在 0°~90° 范围内翻转而得名。翻板滤池是一种节能型滤池，不仅可用于新建水厂，也可用于自来水厂传统滤池的改造。该滤池不但在反冲洗系统、排水系统及滤料选择等方面有其独特的优点，而且在出水水质、反冲水耗量等方面也具有明显优势。

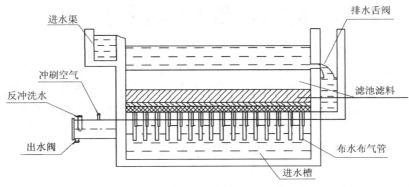

图 3-15　翻板滤池

翻板滤池的主要设计参数：

过滤速度：当进水浊度≤5NTU，滤速为 6~10m/h；

滤层厚度：一般用 1.5m 厚。当采用双层滤料时，陶粒：厚 800mm，粒径 1.6~2.5mm；石英砂：厚 700mm，粒径 0.7~1.2mm。

过滤水头损失：一般取 2.0m，相应的双层滤料滤池的纳污率为 2.5kg/m³。

气冲：5min，强度 5.0~6.0m³/m²；

水冲：3min，强度 3.0~4.5 m³/m²。

设计空床滤速为 11~12 m/h，接触时间为 10~11 min。

翻板滤池运行维护的要求：

（1）反冲洗时滤池有一定深度的泥水不能排除，对滤池初期过滤水水质有一定影响。在滤池实际运行中，可采取排放初滤水的方法来减少其对出水水质的影响。

（2）反冲洗时反冲洗泥水将进入滤池进水端的溢流进水渠，因溢流渠内的蓄水不能经翻板阀排除，其在滤池下一过滤周期时随原水一道进入滤池，会对滤池造成污染。因此需在溢流渠一端的底板上设一根排放管，采用气动蝶阀自动控制排水，将渠内蓄水排入下部的排水渠道。

（3）翻板滤池采用闭阀反冲洗，排水时漂浮物在短时间内（排放口 150 mm 高度范围内水的排放时间）无法排除，这会影响出水水质与滤池的感观。运行维护时应注意冲洗。

第4章 污水处理构筑物的运行、维护与管理

污水处理工艺是由一系列处理构筑物组成的,污水处理效率的高低,很大程度上取决于各个单体构筑物的运行、维护与管理。城市污水处理系统一般由预处理工艺、生物处理工艺、消毒与计量设施、污泥处理系统等几部分组成。

4.1 预处理工艺

城市污水预处理工艺一般主要由格栅、调节池、污水提升泵房、沉砂池、初沉池等处理单元组成。水量较大的污水处理厂可以不设调节池,直接利用排水主干管调节水质水量,泵站在后面有单独介绍,因此本节的预处理系统主要介绍格栅、沉砂池、初沉池三类预处理单元。

4.1.1 预处理工艺概述

4.1.1.1 预处理的目的、作用

城市污水预处理的主要目的是去除水中呈悬浮状态的固体污染物质,降低后续处理单元的处理负荷,减少后续处理设备和管道的磨损。预处理的作用主要通过栅网拦截、重力沉淀、旋流分离等物理作用去除污水中悬浮物质。

格栅主要是拦截污水中体积较大的大块漂浮物,以防水泵和管道堵塞,影响设备的正常运行。

沉砂池主要通过重力沉淀和旋流分离作用,去除污水中相对密度较大的无机颗粒,以防这些颗粒对后续设备和管道造成机械磨损。

初沉池的主要作用有以下几个方面,一是通过重力沉淀作用,去除污水中的可沉淀的有机悬浮物质 SS,一般可去除 50%~60% 的 SS;二是降低污水的 BOD_5 含量,一般可降低 25%~35% 的 BOD_5,以降低后续生物处理的负荷;三是起到均和水质的作用。

4.1.1.2 影响因素

影响预处理单元运行效果的因素主要有两个方面:一是污水水质的影响,主要包括悬浮物的含量、密度、化学性质、粒径分布对处理效果的影响以及水温、黏度、腐化程度等污水理化指标对处理效果的影响;二是污水水量变化的影响。

(1) 污水水质的影响

悬浮固体(SS)由可沉淀固体、可漂浮固体和一部分胶态的不可沉漂固体

组成。生活污水的 SS 中，可沉固体物质约 60%，胶态固体物质接近 40%，极少一部分为可漂浮固体物质。

城市污水处理厂的初次沉淀池一般情况下主要是去除 SS 中的可沉固体物质，去除效率可达 90% 以上；在可沉物质沉淀过程中，SS 中不可沉淀物质的一小部分（约 10%）会黏附到絮体上一起沉淀下去。另外，可漂浮固体物质的大部分也将在初沉池内漂至污水表面。沉下去的形成污泥被排除出池外，浮上去的作为浮渣被清除。在排除的污泥中包括在沉砂池未去除的一部分沉砂，在清除的浮渣中包括一部分在格栅未拦截下来的栅渣。综合以上几部分悬浮固体，初沉池可去除 SS 的 50%~65%。在处理厂的运行管理中，当初沉池达到 50%~65% 的 SS 去除率时，应视该初沉池运行正常，此时可沉固体的去除率已超过 90%。当要求更高的 SS 去除效率时，则必须采取投加化学絮凝剂等强化措施。生活污水的 SS 中，挥发性固体 Vs 一般占 70%~80%，在初沉池去除 SS 的过程中，必然使污水的 BOD_5 降低。一般情况下，初沉池去除 SS 达 50%~60% 时，可使污水的 BOD_5 降低 25%~35%。

（2）污水水量的影响

初沉池能起到均和池的作用，使入流原污水水质和水量的波动不至于对后续生物处理造成大的冲击。

4.1.1.3 监测指标

（1）格栅

应记录每天发生的栅渣量，用容量或重量均可。根据栅渣量的变化，可以间接判断格栅的拦污效率。当栅渣比历史记录减少时，应分析格栅是否运行正常。

测定栅前、栅后水位，用于测定过栅流速，并分析过栅流速控制是否合理，是否应及时清污。

（2）沉砂池

应连续测量并记录每天的除砂量，可以用重量法测定。

应定期测量初沉池排泥中的含砂量，以干污泥中砂的百分含量表示，这是衡量沉砂池除砂效果的一个重要因素。

对沉砂池排砂及初沉池排泥应定期进行筛分分析，筛分至少应分 0.10mm、0.15mm 和 0.20mm 三级。

应定期测定沉砂池和洗砂设备排砂中的有机物含量。

对于曝气沉砂池，应准确记录每天的曝气量。

应根据以上测量数据，经常对沉砂池的除砂效果和洗砂设备的洗砂效果做出评价，并及时反馈到运行调度中去。

（3）初沉池

污水处理厂初沉池的进出水应进行以下项目的分析及测量：

SS：取不同时段多个瞬时样的平均值，计算去除率。BOD_5：24h 混合样，计算去除效率。可沉固体：进行1h沉降试验，并计算去除效率。pH值、总固体（TS）和总挥发性固体（TVS）等每天至少测定一次。

初沉池排泥应进行以下项目的分析及测量：每班测排泥量；每天测一次排泥的含固量。

初沉池运转中，每班应记录以下内容：

排泥次数，排泥时间；排浮渣次数，浮渣量；温度和pH值；刮泥机及泥泵的运转情况。

4.1.2 构筑物的运行维护

4.1.2.1 格栅的运行维护

格栅的主要作用是将污水中大的污染物拦截出来，否则这些大块污染物将堵塞后续处理单元的运行设备和管道。

（1）流量分配调节

一般每台格栅前的渠道内都装有流量调节的阀门或启闭机，应经常检查并调节使之在各渠道内的水量分配均匀，并保证过栅流速设计要求。当水量增大时，过栅流速会增大，可增加格栅的投运台数；当水量偏小时，过栅流速降低，可减少投运台数。

（2）过栅流速的影响

过栅流速不能过大，过大会将本应拦截下来的栅渣冲走，但也不能太小，如果过栅流速小于0.6m/s，则栅前渠道内的流速就会小于0.4m/s，污水中的一些较重的砂粒可能会沉积在栅前渠道内。水头损失即格栅前后的水位差，主要取决于过栅流速。水头损失一般应控制在0.3m内。水头损失突然增大，有两种可能的原因：进水水量增加，或格栅局部堵死。

（3）格栅控制方式

目前常用的格栅控制方式有两种，一是利用栅前栅后的液位差，即过栅水头损失来自动控制格栅的开启，要求必须定期清洗水位测量仪的探头，以保证传输数据的准确性。另一种方式为时间控制，根据不同季节的栅渣量，设置格栅除污机的自动开停时间，要求记录并掌握每天发生的栅渣量，通过栅渣量的变化规律，调整格栅的定时开停时间，使格栅的运行更为高效。

（4）定时巡视检查

格栅除污机是污水处理厂内最易发生故障的设备之一，必须定时到现场巡视，观察格栅上的栅渣量，水头损失情况，检查格栅是否有局部堵塞现象，以便尽快解决并及时调整恢复。

对于用皮带输送机或螺旋输送器输送栅渣的污水处理厂，要检查格栅和输送机启动顺序，正常情况下，只要有一台格栅机运行，输送机就要动作，若格栅全部停止，输送机应延时停止，以便清空输送带上的栅渣。

应检查格栅及输送机是否有异常声音,栅条是否变形,栅齿是否脱落,定期加油润滑保养,并保持格栅间清洁。

格栅前后渠道容易沉砂,定期检查渠道内的积砂情况,及时清砂并找出积砂的原因。

(5)卫生安全

腐化污水在运输过程中产生的硫化氢和甲硫醇等恶臭有毒气体将在格栅间大量释放,因此格栅间内应采取强制通风措施,防止人员中毒,并减轻硫化氢对设备的腐蚀。

此外清除的栅渣应及时运走处置,防止腐败产生恶臭,栅渣堆放处应经常清洗。

4.1.2.2 沉砂池的运行维护

沉砂池按照其原理和构造,可以分为平流沉砂池、竖流沉砂池、曝气沉砂池、涡流沉砂池,近年来涡流沉砂池有增多的趋势,竖流沉砂池比较少见。对于沉砂池的操作最重要的是掌握排砂量,合理地安排排砂次数,及时清砂。

(1)平流沉砂池的运行维护

平流沉砂池运行最重要的是控制污水在池中的水平流速,并核算停留时间。水平流速应控制在 0.15~0.30m/s 之间,如果沉砂以大颗粒为主,水平流速应取较高值,以便减少有机物沉淀;如果沉砂主要以细小颗粒为主,水平流速取低值,以便于颗粒沉淀。停留时间决定沉淀效率,停留时间一般应控制在 30~60s。

水平流速的控制方式是改变投入运转的台数,或通过调节出水溢流堰来改变沉砂池的有效水深。一般先调节水深,如不满足要求,再考虑改变台数。

(2)曝气沉砂池

曝气沉砂池以曝气强度和水平流速作为控制指标,通过调整曝气强度,可以改变污水在池内的旋流速度,旋流速度越大,沉砂效率越高;水平流速越大,沉砂效率越低,当进入沉砂池中的污水量增加时,水平流速增加,此时需要增大曝气强度来保证沉砂效率不降低。

根据入流污水中砂粒的主要粒径分布,在运转中摸索出曝气强度与水平流速的关系,以方便运行,曝气沉砂池的水平流速估算方式同平流沉砂池。

(3)涡流沉砂池

涡流沉砂池操作时要注意各设备之间的工作顺序及工作时间控制。其运行顺序如下:搅拌器在运行命令下达以后,就开始连续运行,风机通过电磁阀与搅拌器的运行相互连锁,由时间继电器延迟,时间一般在 0~30min,以使砂石能沉积下来。然后,风机开始供气,对沉砂进行提升,在风机开启之前,还应首先开启自来水,进行洗砂。风机与砂水分离器交替运行,风机和砂水分离器的运行时间均可依据污水中的含砂量来调节,由时间继电器控制。工作顺序是:沉砂—洗砂—排砂—出砂。

（4）配水与配气

调节沉砂池进水、进气阀门，保证配水、配气均匀，使各组沉砂池保持相同的沉砂效率。

（5）排砂间隔

根据沉砂量及其变化规律，合理安排排砂次数和间隔，排砂间隔过长容易堵塞排砂设备，需要用气泵反冲来疏通管道；排砂间隔过短，会造成排砂率增大，增加后处理难度。

（6）设备检查保养

定期润滑保养排砂设备，检查设备的噪声和有无剧烈振动等；按时巡视并做好工作记录，按时清砂，保持良好的工作环境。若设备停运时间较长，造成积砂过多，不能直接启动排砂泵或刮砂机，应先人工清砂后再启动，避免设备由于过载而损坏。

（7）卫生安全

沉砂池是污水处理厂内发生臭味较大的处理单元，池上操作时间不宜过长，北方寒冷地区若将沉砂池建于室内，需要进行强制通风。沉砂应及时处理，避免产生臭味。

4.1.2.3 初次沉淀池的运行维护

初沉池的污泥一般为灰褐色，而从腐败的污水中沉淀的污泥为暗灰色，若污泥本身腐败，则为黑色，而且具有刺鼻的臭味。污泥的密度随含固量的变化而变化。一般初沉池污泥含固量为 3%～5%，密度为 1.015～1.020kg/L，pH 值为 5.5～7.5。污泥黏附的一些油脂类物质，其含量为 10～20mg/L。

（1）工艺参数控制

实际运行中，要善于观察污泥的特性，并控制好水力表面负荷、水力停留时间、堰板溢流负荷等参数在设计要求范围内，以保证运行效果良好。

水力表面负荷要适当，太高会使 SS 去除率下降，太低会造成浪费。城市污水处理厂初沉池后续采用活性污泥工艺时，水力表面负荷一般在 $1.5～3.0 m^3/(m^2 \cdot h)$；后续采用生物滤池等生物膜工艺时，水力表面负荷一般在 $0.85～1.2 m^3/(m^2 \cdot h)$。

水力停留时间足够，才能保证良好的絮凝效果，获得较高的沉淀效率。停留时间过长会导致污泥厌氧腐败，过短无法保证沉淀效率。城市污水初沉池停留时间一般在 1.0～2.0h。

初沉池出水的堰上负荷即单位长度的出水堰板在单位时间所能溢流的污水量。这个参数能够控制出水端水流稳定和出水均匀。初沉池堰上负荷一般控制小于 $10 m^3/(m \cdot h)$。

（2）异常问题的分析

1）排泥浓度下降

初沉池一般采用间歇排泥,当发现排泥浓度下降,可能的原因是排泥时间偏长,应调整排泥时间。经常测定排泥管内的污泥浓度,达到3%时需排泥。比较先进的方法是在排泥管路上设置污泥浓度计,当排泥浓度降至设定值时,泥泵自动停止;或根据时间控制排泥,排泥泵的开停时间可根据运行经验设定。

2) 浮渣槽溢流

若发现浮渣槽溢流,可能的原因是浮渣挡板淹没深度不够,或刮渣板损坏,或清渣不及时。也有可能浮渣刮板与浮渣槽不密合。

3) 排泥不及时

若排泥不及时,会使SS去除率降低,并造成泥斗、泥管和刮泥设备堵塞。

4) SS去除率低

除排泥不及时之外,表面负荷过大、停留时间太短、进水整流不合理、出水堰板不平、密度流、风力、污水严重腐败等因素都能使SS去除率降低。

初沉池运行时应详尽记录每天排泥次数、排泥时间、温度、pH值、刮泥机及泥泵的运转情况,排浮渣次数及渣量。

(3) 定期巡检的内容

检查出水三角堰是否出水均匀,有无堵塞;观察污泥颜色,若颜色发黑,说明污泥已经腐败,应加快排泥;应防止排泥管路堵塞,定期冲洗;定期检查水下设备的锈蚀程度,定期维护设备。

4.2 生物处理

生物处理法是利用微生物处理水中有机污染物的一种工艺,生物处理系统由于运行费用较低、运行稳定、维护方便,得到了广泛应用,目前已成为污水处理的主体工艺。

4.2.1 传统生物处理工艺

4.2.1.1 生物处理工艺的作用

生物处理工艺是城市污水处理系统的核心。传统生物处理工艺的主要作用仅限于去除水中的有机污染物,随着污水处理技术的发展,新型污水生物处理工艺例如SBR工艺、氧化沟工艺、A-A-O工艺等,在去除有机污染物的同时还具有脱氮除磷作用。

4.2.1.2 影响因素

一切生物都有其适宜的生存环境需求,环境条件的变异必然影响到它们的正常生活。微生物的生长对环境有一定的要求,如温度、营养、供氧等对污水生物处理效果的影响很大。

(1) 污水的浓度

污水中的有机物质作为活性污泥系统中的食物源,其污水浓度变化引起的BOD负荷的任何变化都会影响处理系统中的微生物生长与生物量。进入系统中的污水量(食料量)和系统中保持的微生物量必须维持一个适当的平衡关系。

(2)营养物质

活性污泥中的微生物需要营养物质维持自身的生命活动。

一般微生物较易利用氨态氮。生活污水中含有粪便,含氨态氮量较多,当处理生活污水时,氮量是足够的。当工业废水中含氮量较低时,不能满足微生物的需要,需要外加氮营养,如尿素、硫酸铵、粪水等。磷在微生物细胞组成中占了全部矿物元素的50%左右。微生物中主要以细菌对磷的要求较多。生活污水中含磷量较高,在处理时一般不需另加磷营养。若有些工业废水缺磷源时,则应另外加磷营养,如磷酸钾、磷酸钠、生活污水等。

缺乏氮元素能够导致丝状的或分散状的微生物群体产生,使其沉降性能变差。另外,缺氮使新的细胞难以生成,而老的细胞继续去除BOD物质,结果微生物向细胞壁外排泄过量的副产物——绒毛状絮凝物,这些絮凝物沉淀性能差。根据经验,从废水中每去除100kgBOD需要5kg氮和1kg磷,即BOD∶N∶P大约为100∶5∶1。

(3)溶解氧

在污水的好氧处理中,微生物以好氧菌为主,为了维持好氧菌的生命活动及处理效果,需要向曝气池中补充氧气。如果溶解氧不足,好氧菌的新陈代谢能力降低,正常的生长规律将受到影响,甚至被破坏。污水处理厂曝气池中溶解氧浓度应该维持在 $1 \sim 2 \text{mg/L}$,氧供应过多是没有必要的,这不仅是个浪费问题,而且也会因代谢活动增强,营养供应不上而使微生物缺乏营养,促使污泥老化,结构松散。因此,在生物处理工艺运行过程中,应经常测定溶解氧,使得曝气池中的溶解氧控制在一个合理的水平上,以保证好氧微生物的正常生长、发育,取得良好的处理效果。

应当注意到:季节性变化将影响溶解氧的浓度。在炎热的夏天,细菌的活性增强,因而需要消耗更多的溶解氧;当废水的温度上升时,废水中的饱和溶解氧值变小。据此,需要更多的空气充入曝气池以维持溶解氧浓度不变。在冬季,低温使得微生物的生物活性下降,加之废水中溶解氧饱和值增大,这样就可以减少氧气的供给量。

(4)停留时间

曝气池中水力停留时间或者说细菌与污水接触时间是一个重要的控制因素。必须提供足够的时间让细菌降解污水中的有机物质。如果曝气池停留时间太短,就不能去除全部的有机物质,出水的BOD浓度将增高。在二沉池中,为了使生物絮凝体能够沉淀下来,保持足够的停留时间同样是很重要的。可以通过运行记录,了解不同停留时间对污水处理效果的影响。

(5) pH 值

微生物的生长、繁殖和环境中的 pH 值关系密切。不同的微生物所能适应的 pH 值范围是不同的。一般细菌、放线菌、藻类和原生动物所能适应的 pH 值范围为 4~10，在中性或偏碱性（pH=6.5~8.5）的环境中生长最好。

在污水处理厂曝气池中的 pH 值同样应保持在 6.5~8.5 范围内，pH 值低于 6.5 时，菌群中占优势的是真菌而不是细菌。真菌将导致 BOD 去除效率低，活性污泥的正常结构遭到破坏，生物固体的沉淀性能变坏。当 pH 值太高时，磷元素开始形成对细菌没有用处的沉淀物，这些都导致 BOD 去除效果变差。因此，在 pH 值极高或极低条件下，曝气池中的生物群体将大量死亡。当 pH 值达到 9.0 时，原生动物将由活跃转为呆滞，菌胶团黏性物质解体。

(6) 有毒物质

一些有毒物质可能使微生物出现急性中毒或慢性中毒症状，如高浓度的重金属，如铜、铅、锌等。高浓度的氨也会引起微生物中毒。急性中毒将导致曝气池中的生物群体迅速死亡。因此，通常容易觉察出这种情况。慢性中毒过程则发生得很缓慢，因而往往难以识别。当高浓度的有毒物质如氰化物和砷排入污水处理厂的集水系统时，就会产生急性中毒现象。当细菌在处理系统中反复循环时，某种元素如铜，就逐渐地在微生物体内聚集起来，引起慢性中毒。最后，当细胞内该元素浓度增加，达到中毒水准时，微生物的活性程度就不断下降，直至死亡。分析厂内剩余污泥中出现的金属浓度将有助于弄清楚潜在的慢性中毒问题。

(7) 温度

温度是生物处理重要的影响因子。温度与微生物的生长、繁殖密切关系，并在很大程度上影响活性污泥中微生物的活性程度。根据运行经验，曝气池系统内的水温，以 15~30℃ 为适宜温度，若水温超过 35℃ 或低于 10℃ 时，处理效果就下降。

可以调节曝气池混合液中混合液悬浮固体（MLSS）浓度，补偿不同温度下的微生物活性的变化。当冬季气温变冷时，微生物活性处于最低阶段，曝气池中的挥发性固体（MLVSS）应该提高。而夏季微生物活性很高，曝气池中的挥发性固体浓度则应该降低。

(8) 混合

为了让细菌在曝气池中快速繁衍增殖，要求曝气池具有很好的混合性能。重要的是保持细菌处于流动状态，以至它们能够与废水中的有机物质接触，而且细菌之间能够互相接触，形成絮凝体。另外，混合性能优良的曝气池可以防止原废水在曝气池内直接从进口流向出口，即防止发生水流短流现象。因为短流会使曝气池中的微生物没有足够的时间去除废水中的有机物质，导致出水中 BOD 浓度高于正常水平。

4.2.1.3 监测指标

通常有两类监测方法即感官判断方法和化学分析方法。

（1）感观指标

1）颜色。颜色可以作为不良污泥或健康污泥的指标，好氧活性污泥的颜色应是黄褐色。污泥为深黑色时，表明曝气池中曝气不足，污泥处于厌氧状态（即腐败状态）。曝气池中还可能出现其他不正常的颜色，也可能表明某些有色物质（例如化学染料废水）进入处理厂。

2）气味。气味也能够指示污水处理厂运行是否正常。从曝气池采集到的混合液样品应有轻微的霉味。一旦污泥的气味转变成腐败性气味，污泥的颜色则会显得非常黑，污泥还会散发出类似臭鸡蛋的气味（硫化氢气味）。

3）泡沫。泡沫也能够指示污水处理厂的运行情况。泡沫可分为两种，一种是化学泡沫，另一种是生物泡沫。化学泡沫是由于污水中的洗涤剂以及倾入工厂污水系统中的化学药品中的表面活性物质等在曝气的搅拌和吹脱下形成的。在活性污泥的培养初期，化学泡沫较多，有时在曝气池表面会堆成高达几米的白色泡沫山，其主要原因是初期活性污泥尚未形成。曝气池中轻微的浪花状泡沫表明污泥不成熟，随着活性污泥的生长，数量的增多，大量的洗涤剂会被微生物所吸收，泡沫也就消失了。在日常的运行当中，若在曝气池内，发现有白浪状的泡沫，应当减少剩余污泥的排放量。浓黑色的泡沫表明污泥衰老，应当增加剩余污泥排放量。生物泡沫呈褐色，也可在曝气池上堆积很高，并进入二沉池随水流走，这可能是由于诺卡氏菌引起的生物泡沫，通常原因是由于入流污水中含大量油、脂类物质，如宾馆污水等。

4）藻类生长物。藻类生长物可以反映污水富营养化程度。曝气池壁上和堰壁上的藻类生长物是污水处理厂出水中富营养化程度的标志。藻类生长需要磷和氮，一些藻类具有从空气中获得氮肥的能力。因此，即使废水中氮的含量比较低，若磷的浓度较高，也会导致藻类生长问题。进水中氮浓度过高也会促使藻类的繁殖增长。

5）曝气器形成的水浪样式。如果曝气器形成的水浪非常小，可能意味着曝气头堵塞或曝气机浸没深度不适合，曝气池中溶解氧浓度可能偏低。

6）出水清澈程度。观察污水处理厂处理后出水的情况如出水中悬浮固体的浓度，可直接反映运行状况和污泥的沉降性能。

7）浮渣。如果在曝气池内的表面有悬浮物质或浮渣，表明污水处理厂进水的油脂成分偏高。这些油脂物质妨碍固体物沉淀，并使 BOD 去除率下降，而且容易引起泡沫问题。

（2）分析项目

1）进、出水水质测定

生化需氧量 BOD 测定：BOD 即是在规定的条件下，微生物分解氧化废水中有机物所需要的氧量。BOD 不是一种污染物，而是测量污水有机物总量的一种定量。一般都采用 20℃、培养 5d 的五日生化需氧量（BOD_5）作为检验指标。BOD 的测定时间长，不适宜于某些工业废水有机物的测定。

化学需氧量 COD 测定：COD 是量度水中有机污染物质的重要水质指标。污水处理中一般采用重铬酸钾法 COD_{Cr}。

由于 COD 表示包括难以生物降解的有机物在内的有机物耗氧量，因此，BOD_5/COD 的比值可作为该污水是否采用生物处理的判别标准，一般认为该比值大于 0.3 的污水，才适用于生物处理。

总固体 TS 在水质分析中是指一定水量经 105~110℃烘干后的残渣，以称重表示。

悬浮固体 SS 即用滤纸滤出固体物的干重。

挥发性悬浮固体 VSS 是指悬浮固体中的有机部分含量，即测定时以悬浮固体重量减去悬浮固体 600℃加热灼烧后的重量。

总氮 TN 是污水中一切含氮化合物以氮计量的总称，包括有机氮和无机氮。无机氮主要为氨氮、亚硝酸盐氮和硝酸盐氮。总氮是了解废水中含氮总量的水质指标。

总凯氏氮 TKN 主要包括有机氮和氨氮。一般废水中大多只有有机氮和氨氮存在。因此，有时测总凯氏氮基本上代表了总氮。也可用来判断污水在进行生物处理时，氮营养是否充足的依据。

总磷 TP 为废水中的含磷化合物，包括有机磷和无机磷，其结果即为总磷。

pH 值影响到生物处理系统中微生物的活性，保证 pH 值在 6.5~8.5 之间为宜。

2）工艺运行中曝气池工况指标

活性污泥的耗氧速率（SOUR）：活性污泥的耗氧速率是指单位重量的活性污泥在单位时间内所能消耗的溶解氧量，一般用 SOUR 表示，单位常采用 mgO_2/（gMLVSS·h）。SOUR 也称为活性污泥的呼吸速率或消化速率，它是衡量活性污泥的生物活性的一个重要指标。如果食料/微生物比值（F/M）较高，或污泥龄（SRT）较小，则活性污泥的生物活性较高，其 SOUR 值也较大。反之，F/M 较低，SRT 太大，其 SOUR 值也较低。SOUR 在运行管理中的重要作用在于指示入流污水是否有太多难降解物质，以及活性污泥是否中毒。一般来说，污水中难降解物质增多，或者活性污泥中毒时，SOUR 值会急剧降低，应立刻分析原因并采取措施，否则会使出水水质超标。传统活性污泥工艺的 SOUR 一般为 8~20mgO_2/（gMLVSS·h）。

污泥的沉降比（SV）：污泥的沉降比是指曝气池的混合液在 1000ml 的量筒中，静置 30min 后，沉降污泥与混合液的体积之比，一般用 SV_{30} 表示。SV_{30} 是衡量活性污泥沉降性能和浓缩性能的一个指标。对于某种浓度的活性污泥，SV_{30} 越小,说明其沉降性能和浓缩性越好。正常的活性污泥,其混合液悬浮固体(MLSS)浓度为1500~4000mg/L,SV_{30}一般在15%~30%的范围内。

污泥的容积指数(SVI):污泥的容积指数是指曝气池混合液在1000ml的量筒中,静置30min后,1g活性污泥悬浮固体所占的体积,常用SVI_{30},单位为mL/g。SVI既是衡量污泥沉降性能的指标,也是衡量污泥吸附性能的一个指标。一般来说,SVI值越大,沉降性能越差,但吸附性能越好;反之,SVI越小,沉降性能越好,而吸附性能越差。在传统活性污泥工艺中,一般认为,SVI值在100左右,综合效果最好,太大或太小都不利于出水质量的提高。

MLSS和MLVSS反映曝气池中生物固体浓度,用以计算F/M污泥负荷,需要每天测定并计算。

溶解氧量(DO):曝气池内DO是一个重要的操作参数,应每天进行监测,以了解曝气池内微生物的呼吸状况,而且可以避免设备的供氧量大于细菌的需要量而造成电能的浪费。

4.2.1.4 曝气池运行维护

(1)污泥负荷与污泥龄(SRT)的控制

为了培养沉降性能好的污泥,使得BOD成分有效地去除,活性污泥系统中的微生物量和进入污水处理厂的BOD量必须维持一个适当的平衡关系,一般通过控制F/M来维持平衡。

当采用F/M比值作为污水处理的控制参数时,应该认识到不可能过分控制比值中的F值,因为F与进水的BOD浓度相关。在市政排水系统中,操作者无法控制进水的有机负荷。只能控制F/M比值中的微生物部分。通常通过控制系统的剩余污泥排放率维持曝气池中的污泥浓度。如果(M)比值太高,为了增加系统中微生物的量(M),应当减小污泥的排放量,但此时由于食料的充足,活性污泥中的微生物增长速率较快,有机污染物被去除得也较快,活性污泥的沉降性能可能较差;如果F/M比值太低,为了减少系统中微生物量(M),应当增加排放量,但此时,由于食料不充足,微生物增长率较慢或基本不增长,甚至也可能减少,因此有机物去除得较慢,活性污泥沉降性能可能较好。简言之,操作者必须使系统中微生物量与可利用的"食料"量匹配。传统的活性污泥工艺的F/M值一般在$0.2 \sim 0.4 kgBOD_5/kg(MLSS \cdot d)$。

控制污泥龄长短是选择活性污泥系统中微生物种类的一种方法。不同的微生物有着不同的世代期。所谓世代期就是微生物繁殖一代所需的时间,如果某种微生物繁殖一代需要两天,那么,该种微生物的世代期就是2d。如果某种微生物的世代期比活性污泥的泥龄长,则该种微生物在繁殖出下一代微生物前,就被当做剩余污泥排走,该种微生物不易在系统中繁殖起来。反之,如果某种微生物的世代期比活性污泥的泥龄短,则该种微生物在剩余污泥排出前已繁殖出了下一代,因此,该种微生物在系统内就存活下来。分解有机物的绝大多数微生物的世代期都小于3d，因此，只要控制污泥龄大于3d，活性污泥就得以生存，并能进行污水处理。硝化杆菌的世代期一般为5d，因此在发生硝化反应时，应控制污泥龄大于5d。

当 SRT 较大时，污泥会老化，分解能力较差，但凝聚沉降性能好；当 SRT 较小时，泥龄短，污泥活性高，分解代谢有机物的能力强。

（2）MLSS 和溶解氧的控制

在进水浓度高时，应提高 MLSS，以提高曝气池中微生物量，有利于处理有机污染物质。一般在曝气池内控制 MLSS 为 2000~5000mg/L，不宜大于 6000mg/L，因为 MLSS 过高，妨碍充氧。好氧段的溶解氧应控制在 1.5~3mg/L 之间。

（3）常见故障及控制

1）污泥膨胀

在污水处理厂可能会产生不同性质的、但又常常被互相混淆的两种现象，即"污泥上浮"和"污泥膨胀"。重要的是要弄清两者之间的不同点，因为两者的起因是完全不同的，也要弄清必要的补救措施。

污泥膨胀是指污泥很松散，污泥在沉淀池底部不能形成紧密的污泥层；沉淀池上部不是清澈的上清液；除此之外，生物絮凝体仍然在沉淀池各处悬浮着，并溢出沉淀池。由于污泥自身的沉淀性能或密实性能已经有所变化，上述情况始终存在着。当污水处理厂的污泥发生膨胀时，应该调查全面影响污泥性质和沉淀池性能的操作情况。情况之一是进水生物系统有机负荷过量，造成 F/M 失衡。过量的有机负荷能够导致轻的绒毛状的污泥形成。这种污泥进入沉淀池中，显示出松散的状态。

在运行中应经常测定 SVI 值，当 SVI 值超过 150 时，预示着活性污泥即将膨胀，或已经膨胀。

导致污泥膨胀的原因有两大类：丝状菌膨胀和非丝状菌膨胀。

非丝状菌膨胀是由于菌胶团细菌生理活动异常，导致活性污泥沉降性能恶化。一是由于进水中含有大量溶解性有机物，使污泥负荷 F/M 太高，而进水中又缺乏足够的氮、磷等营养物质，或者是混合液内溶解氧不足。高 F/M 时，细菌会很快把大量的有机物吸入体内，而由于氮、磷不足，不能在体内进行正常的新陈代谢。此时，细菌会向体外分泌过量的多聚糖物质。这些物质由于分子式中含有很多羟基而具有较强的亲水性，使活性污泥的结合水达 400%（正常污泥的结合水达 100%），呈黏性的凝胶状，使活性污泥在二沉池内无法进行有效的泥水分离及浓缩，因此，我们称之为黏性膨胀。另一种非丝状菌膨胀是进水中含有较多的毒性物质，导致污泥中毒，使活性污泥不能正常地分解黏性物质，从而形不成絮体，也无法在二沉池内进行泥水分离。这种污泥膨胀称之为低黏性膨胀或污泥的离散增长。

对于非丝状菌引起的污泥膨胀可针对产生的原因，以调节工艺运行参数的方法来加以控制。由于 DO 太低导致的污泥膨胀,可以增加充氧来解决;氮、磷不足,可以投加营养;由于高负荷引起的,可增曝气池污泥浓度,减少排泥,增大回流等。

丝状菌引起的污泥膨胀前已述及,活性污泥中应含有一定量的丝状菌,它是活性污泥絮体的骨架材料。丝状菌太少,活性污泥形不成大的絮体,丝状菌太多,就造成污泥膨胀。

对于丝状菌引起的污泥膨胀,可采用工艺运行调节的手段加以控制,也可加入助凝剂,如聚合氯化铁、硫酸铁、硫酸铝等,以增大活性污泥相对密度,使其在二沉池易于分离;或采用灭菌法,主要是向污泥中加入化学药剂,以抑制丝状菌的生长,如加入生石灰、漂白粉等,从而达到控制丝状菌的目的,但这种方法在杀灭丝状菌的同时也将菌胶团细菌杀死。因此,在加药的过程当中,要随时观察活性污泥的生物相并测定其 SVI 值。

2)污泥上浮

污泥上浮的情况是生物固体在沉淀池内已经沉淀,污泥层密实如常,但是污泥层的离散部分突然重新浮起。

污泥上浮的现象通常认为由于沉淀池底部的污泥层中有气泡形成而引起,这些气泡给沉淀和密实的污泥增加了浮力,引起部分污泥层浮在沉淀池表面。这种情况多半发生在已经出现腐败现象而导致生成硫化氢气体的沉淀池中。反硝化状态(即硝酸盐分解形成氮气)也能在沉淀池的污泥层中发生,引起污泥上浮。在沉降试验中,上浮的污泥用玻璃棒搅拌之后,如果又沉下去,则说明是反硝化引起的污泥上浮,如果搅拌之后,污泥不下沉或下沉太慢,则说明是厌氧污泥腐败引起的污泥上浮。

污泥上浮的控制主要是保证及时排泥,使得污泥不能在二沉池内长时间停留,或是在曝气池末端增设曝气设备,增加供氧量,使得进入二沉池的混合液内有足够的溶解氧,保持污泥不处于厌氧状态。对于反硝化引起的污泥上浮,还可以增大剩余污泥的排放量,降低停留时间,以控制反硝化在二沉池内出现。

3)污泥解体

污泥解体现象指大块稠密的沉降性能良好的絮凝体分解成沉降性能差的细微的上浮颗料,其结果通常表现为出水浑浊。污泥解体的典型原因有:有毒废物进入处理系统;氮、磷等营养元素不足;有机负荷冲击;出现厌氧情况;有时由于曝气叶轮的混合速度和水泵的流速过快而将絮凝体切碎也会引起解体现象。通常采集进水及污泥样品,分析其中的重金属成分或其他被怀疑进入处理系统的有机毒物,从而证实有毒物质的存在。

(4)曝气池的日常维护

1)要经常检查与调整曝气池配水系统和回流污泥的分配系统,确保进入各系列或各池之间的污水和污泥均匀。

2) 曝气池的边角处一般仍会飘浮部分浮渣,应及时清除。

3) 定期观测曝气池的泡沫发生情况以及扩散器堵塞情况,以便及时处理。

4) 曝气池一般在地下较深,如果地下水位较高,当池子放空时,应注意先降水再放空,以免漂池。

5) 曝气池一般较深,应注意及时修复或更换损坏的栏杆,以免出现安全问题。

4.2.1.5 二沉池的运行维护

二次沉淀池的作用是使活性污泥与处理完的污水分离,并使污泥得到一定程度的浓缩。二沉池的结构形式同初沉池一样,可分为平流沉淀池、竖流沉淀池和辐流沉淀池,国内现有城市污水处理厂二沉池绝大多数都采用辐流式。

(1) 二沉池工艺参数控制

1) 水力表面负荷。二沉池的水力表面负荷是指单位二沉池面积在单位时间内所能沉降分离的混合液流量,单位一般为 $m^3/(m^2 \cdot h)$,它是衡量二沉池固液分离能力的一个指标。对于一定的活性污泥来说,二沉池的水力表面负荷越小,固液分离效果越好,二沉池出水越清澈。此外,水力表面负荷的数值在很大程度上取决于活性污泥自身的沉降性能,沉降性能良好的活性污泥即使水力表面负荷较大,也能得到较好的泥水分离效果。如果活性污泥沉降性能恶化,则必须降低水力表面负荷。传统活性污泥工艺中,水力表面负荷一般不超过 $1.2m^3/(m^2 \cdot h)$。

2) 固体表面负荷。二沉池的固体表面负荷是指单位二沉池面积在单位时间内所能浓缩的混合液悬浮固体,也称为固体通量,单位为 $kg/(m^2 \cdot h)$。它是衡量二沉池污泥浓缩能力和进行二沉池浓缩计算的一个重要指标。对于一定数量的活性污泥来说,二沉池的固体表面负荷越小,污泥在二沉池的浓缩效果越好,即二沉池排泥浓度越高。同样,二沉池的污泥浓缩效果也取决于污泥自身的浓缩性能,对于浓缩性能良好的活性污泥,即使二沉池的固体表面负荷较大,也能得到较高的排泥浓度。反之,如果活性污泥浓缩性能较差,则必须降低二沉池的固体表面负荷。传统活性污泥工艺的固体表面负荷最大不宜超过 $150kgMLss/(m^2 \cdot d)$。

3) 出水堰溢流负荷。出水堰溢流负荷是指单位长度的出水堰板单位时间内溢流的污水量,单位为 $m^3/(m \cdot h)$。出水堰溢流负荷不能太大,否则可导致出流不均匀,二沉池内发生短流,影响沉淀效果。另外,溢流负荷太大,还导致溢流流速太大,出水中易挟带污泥絮体。传统活性工艺二沉池出水堰溢流负荷一般控制在 $5 \sim 8m^3/(m \cdot h)$。

4) 二沉池泥位控制。二沉池的泥位是指泥水界面以下的深度,如果泥位太高,便增大了出水漂泥的可能性,运行管理中应控制恒定的泥位,可以采用光电的或超声波泥位计来显示泥位或以此对二沉池的工作进行调控。

（2）二沉池日常维护

1）应经常检查与调整二沉池的配水系统，使进入各池的混合液均匀。

2）应经常检查与调整出水堰板的平整度，保持堰板平整，防止短流。应保持堰板与池壁之间密合，不漏水。

3）及时排除浮渣并经常用水冲洗浮渣斗。挂在堰板上的浮渣也应及时人工清除。

4）出水槽上的生物膜应及时清除。没有除磷功能的处理厂，在阳光充足的季节生物膜生长会异常旺盛。国外有的处理厂在出水渠上部设遮阳棚，防止生物膜繁殖。

5）地下水位较高时，如果放空二沉池，应注意先降水后排空，防止漂池。

6）一般每年应将二沉池放空一次，彻底检查水下状况，如刮泥机部件是否脱落，混凝土抹面是否脱落，管线是否堵塞，回转式刮泥机的中心集电装置是否密封良好等。

（3）回流污泥系统的运行维护

回流污泥系统把二沉池中沉淀下来的绝大部分活性污泥再回流到曝气池，以保证曝气池有足够的微生物浓度。回流污泥系统包括回流污泥泵和回流污泥管道或渠道。回流污泥泵的形式有多种，有一般的离心泵、潜水泵，也有螺旋泵。螺旋泵的优点是转速较低，不易打碎活性污泥絮体，但效率较低。回流污泥泵的选择应充分考虑大流量、低扬程的特点，同时转速不能太快，以免破坏絮体。近年来出现的潜水式螺旋桨泵是较好的一种选择。回流污泥渠道上一般应设置回流量的计量及调节装置，以准确控制及调节污泥回流量。

随着有机污染物质被分解，曝气池每天都净增一部分活性污泥，这部分活性污泥称之为剩余活性污泥，应通过剩余污泥排放系统排出。有的污水处理厂用泵排放剩余污泥，有的则可直接用阀门排放。可以从回流污泥中排放剩余污泥，也可以从曝气池直接排放。从曝气池直接排放可减轻二沉池的部分负荷，但增大了浓缩池的负荷。在剩余污泥管线上应设置计量及调节装置，以便准确控制排泥。

4.2.2 具有脱氮除磷功能的生物处理法

水环境污染和水体富营养化问题的尖锐化，迫使越来越多的国家和地区制定严格的污水排放标准，要求提高污水处理中氮、磷的去除效率。现行的以传统活性污泥法为代表的好氧生物处理法，其传统功能是去除污水中呈溶解性的有机物，至于氮、磷只能去除细菌细胞由于生理上的需要而摄取的数量。因此氮、磷的去除效率不高，氮的去除率仅为20%~40%，而磷的去除率仅为5%~20%。

新的形势要求污水处理在传统的去除有机物的同时，增加脱氮除磷功能。

4.2.2.1 脱氮除磷机理

（1）生物脱氮原理

在自然界存在着氮循环的自然现象。在采取适当的运行条件后，是能够将这一自然作用运用在活性污泥反应系统的。

在未经处理的新鲜污水中，含氮化合物存在的主要形式有：① 有机氮，如蛋白质、氨基酸、尿素、胺类化合物、硝基化合物等；② 氨态氮（NH_3—N），一般以前者为主。

含氮化合物在微生物的作用下，相继产生下列各项反应：

1）氨化反应。有机氮化合物，在氨化菌的作用下，分解、转化为氨态氮，这一过程称之为"氨化反应"。

2）硝化反应。在硝化菌的作用下，氨态氮进一步分解氧化，就此分两个阶段进行，首先在亚硝化菌的作用下，使氨（NH_4^+）转化为亚硝酸盐氮，继之，亚硝酸盐氮在硝化菌的作用下，进一步转化为硝酸盐氮。

3）反硝化。反硝化反应是指硝酸盐氮（NO_3^-—N）和亚硝酸盐氮（NO_2^-—N）在反硝化菌的作用下，被还原为气态氮（N_2）的过程。

（2）生物除磷原理

生物除磷是依靠回流污泥中聚磷菌的活动进行的，聚磷菌是活性污泥在厌氧、好氧交替过程中大量繁殖的一类菌群，虽竞争能力很差，却能在细胞内贮存聚β羟基丁酸（PHB）和聚磷酸盐（Poly-P）。在厌氧-好氧过程中，聚磷菌在厌氧池中为优势菌种，构成了污泥絮体的主体，它吸收分子的有机物；同时，将贮存在细胞中聚磷酸盐（Poly-P）中的磷通过水解而释放出来，并提供必需的能量。而在随后的好氧池中，聚磷菌所吸收的有机物将被氧化分解并提供能量，同时，能从污水中摄取比厌氧条件所释放的更多的磷，在数量上远远超过其细胞合成所需磷量，将磷以聚磷酸盐的形式贮藏在菌体内而形成高磷污泥，通过剩余污泥系统排出，因而可获得相当好的除磷效果。

传统活性污泥工艺排放的剩余污泥中，平均仅含有2%左右的磷，而采用生物除磷工艺排放的剩余污泥中，平均含磷量在4%~6%，最高可达7%。

4.2.2.2 影响因素

（1）生物硝化的影响因素

1）F/M 和 SRT

生物硝化应采用低负荷工艺，F/M 一般都在 0.15kgBOD/(kgMLVSS·d) 以下。负荷越低，硝化进行得越充分，NH_3—N 向 NO_3^-—N 转化的效率就越高。有时为了降低出水 NH_3-N 含量，甚至采用 F/M 为 0.05kgBOD/(kgMLVSS·d) 的超低负荷。

与低负荷相对应，生物硝化系统的泥龄 SRT 一般较长，这主要是因为硝化细菌增殖速度较慢，世代期长，如果不保证足够长的 SRT，硝化细菌就培养不起来,也就得不到硝化效果。实际运行中,SRT 控制在多少,取决于温度等因素。但一般情况下,要得到理想的硝化效果,SRT 至少应在 8d 以上。

2)回流比 R 与水力停留时间 T

生物硝化系统的回流比一般较传统活性污泥工艺大。这主要是因为生物硝化系统的活性污泥混合液中已含有大量的硝酸盐,如果回流比太小,活性污泥在二沉池的停留时间就较长,容易产生反硝化,导致污泥上浮。

生物硝化系统曝气池的水力停留时间 T 一般也较传统活性污泥工艺长,至少应在 8h 之上。这主要是因为硝化速率较有机污染物的去除速率低得多,因而需要更长的反应时间。

3)溶解氧 DO

硝化工艺混合液的 DO 应控制在 2.0mg/L 以上,一般在 2.0~3.0mg/L 之间。当 DO 小于 2.0mg/L 时,硝化将受到抑制;当 DO 小于 1.0mg/L 时,硝化将受到完全抑制并趋于停止。生物硝化系统需维持高浓度 DO,其原因是多方面的。首先,硝化细菌为专性好氧菌,无氧时即停止生命活动,不像分解有机物的细菌那样,大多数为兼性菌。其次,硝化细菌的摄氧速率较分解有机物的细菌低得多,如果不保持充足的氧量,硝化细菌将"争夺"不到所需要的氧。另外,绝大多数硝化细菌包埋在污泥絮体内,只有保持混合液中较高的溶解氧浓度,才能便于硝化菌摄取。

4)BOD_5/TKN 对硝化的影响

TKN 系指水中有机氮与氨氮量之和。入流污水中 BOD_5 与 TKN 之比是影响硝化效果的一个重要因素。BOD_5/TKN 越大,活性污泥中硝化细菌所占的比例越小,硝化速率也就越小,在同样运行条件下硝化效率就越低;反之,BOD_5/TKN 越小,硝化效率越高。

因此 BOD_5/TKN 值太小时,虽硝化效率提高,但出水清澈度下降;而 BOD_5/TKN 太大时,硝化效率下降。因而,对某一生物硝化系统来说,存在一个最佳 BOD_5/TKN 值。很多处理厂的运行实践发现,BOD_5/TKN 值最佳范围为 2~3。

5)pH 和碱度对硝化的影响

硝化细菌对 pH 很敏感,在 pH 为 8~9 的范围内,其生物活性最强,当 pH < 6.0 或 > 9.6 时,硝化菌的生物活性将受到抑制并趋于停止。在生物硝化系统中,应尽量控制混合液的 pH 大于 7.0。当 pH < 7.0 时,硝化速率将明显下降。当 pH < 6.5 时,则必须向污水中加碱。

6)有毒物质对硝化的影响

某些重金属离子、络合阴离子、氰化物以及一些有机物质会干扰或破坏硝化细菌的正常生理活动。如这些物质在污水中的浓度较高,便会抑制生物硝化的正常进行。例如,当铅离子大于 0.5mg/L、酚大于 5.6mg/L、硫脲大于 0.076mg/L

时，硝化均会受到抑制。

7）温度对硝化的影响

硝化细菌对温度的变化也很敏感。在 5～35℃ 的范围内，硝化菌能进行生理代谢活动，并随温度的升高，生物活性增大。在 30℃ 左右，其生物活性增至最大，而在低于 5℃ 时，其生理活动会完全停止。在生物硝化系统的运行管理中，当污水温度低于 15℃ 时，硝化速率会明显下降，当温度低于 10℃ 时，已经启动的硝化系统可以勉强维持。但如果硝化系统被破坏，在 10℃ 以下再重新启动，培养硝化菌将是非常困难的。

在冬季，为保证一定的硝化效果，可以采用增大泥龄 SRT 的方法来应对低温对硝化的影响。一般来说，当污水温度在 16℃ 之上时，采用 8～10d 的泥龄即可；但当温度低于 10℃ 时，应将污泥龄 SRT 增至 12～20d。

（2）生物反硝化的影响因素

1）F/M 和 SRT

由于生物硝化是生物反硝化的前提，只有良好的硝化，才能获得高效而稳定的反硝化。因而，A-O 脱氮系统也必须采用低负荷或超低负荷，并采用高污泥龄。

2）内回流比 r

内回流比 r 系指混合液回流量与入流污水量之比。典型城市污水的脱氮工艺常采用 r 为 300%～500%。

3）污泥回流比 R

生物反硝化系统的污泥回流比 R 较单纯生物硝化系统要小些。这主要是二沉池入流污水中的氮绝大部分已被脱去，二沉池中 NO_3^-—N 浓度不高，相对来说，二沉池由于反硝化导致污泥上浮的危险性已很小。另一方面，在保证要求的回流污泥浓度的前提下，可以降低回流比，以便延长污水在曝气池内的停留时间。运行良好的处理厂，R 可控制在 50% 以下。

4）溶解氧

反硝化要求在缺氧条件下运行，在实际运行管理中，当 DO 低于 0.5mg/L 时，即可理解为"缺氧状态"。就细菌的微观生活环境而言，例如，在细胞体内，当游离的分子态溶解氧 DO 为零，而存在足量的 NO_3^- 时，反硝化细菌将只能利用 NO_3^- 中的化合态氧分解有机物，并将 NO_3^- 中的氮转化成 N_2。当存在一定量的 DO 时，反硝化细菌则将优先利用游离的 DO 分解有机物，只有将 DO 耗尽以后，才能利用 NO_3^- 中的化合态氧。因此，对反硝化来说，DO 应尽量低，最好是零，这样反硝化细菌可以"全力"进行反硝化，提高脱氮效率。综上所述，在 A-O 脱氮工艺的缺氧段中，应使混合液的 DO 尽量低，DO 越低，脱氮效率越高。但从另一方面看，实际运行中使 DO 过分降低是非常困难的，也不一定必要，大量混合液自好氧段末端回到缺氧段，必然会带回一定量的 DO。

大量处理厂的运行实践证明：缺氧段混合液的 DO 值控制在 0.5mg/L 以下，即可得到良好的脱氮效果，当 DO 高于 0.5mg/L 时，脱氮效率明显下降。

5) BOD_5/TKN 对反硝化的影响

因为反硝化细菌是在分解有机物的过程中进行反硝化脱氮的，所以进入缺氧段的污水中必须有充足的有机物，才能保证反硝化的顺利进行。从理论上讲，当污水的 $BOD_5/TKN > 2.86$ 时，有机物即可满足需要。但由于 BOD_5 中的一些有机物并不能被反硝化细菌利用或迅速利用，而且另外一部分细菌在好氧段不进行反硝化时也需要有机物，因此，实际运行中应控制 BOD_5/TKN 大于 4.0，最好在 5.7 之上。否则，应外加碳源，补充有机物的不足。常用的是工业用甲醇，因为甲醇是一种不含氮的有机物，正常浓度下对细菌也没有抑制作用。

6) pH 值和碱度对反硝化的影响

反硝化细菌对 pH 值的变化不如硝化细菌敏感，在 pH 为 6~9 的范围内，均能进行正常的生理代谢，但生物反硝化的最佳 pH 值范围为 6.5~8.0。当 pH > 7.3 时，反硝化的最终产物为 N_2，而当 pH < 7.3 时，反硝化最终产物为 N_2O。

7) 温度对生物反硝化的影响

反硝化细菌对温度变化虽不如硝化细菌那样敏感，但反硝化效果也会随温度变化而变化。温度越高，反硝化速率也越高，在 30~35℃ 时增至最大。当低于 15℃ 时，反硝化速率将明显降低；至 5℃ 时，反硝化将趋于停止。因此，在冬季要保证脱氮效果，就必须增大 SRT，提高污泥温度。

（3）生物除磷的影响因素

1) F/M 与 SRT

A-O 生物除磷工艺是一种高 F/M 低 SRT 系统。这是因为磷的去除是通过排放剩余污泥完成的。F/M 较高时，SRT 较小，剩余污泥排放量也就较多，因而在污泥含磷量一定的条件下，除磷量也就越多。但 SRT 不能太低，必须以保证 BOD_5 的有效去除为前提。另外，SRT 对污泥的含磷量也有影响，一般认为 SRT 在 7~10d 时，污泥中的含磷量最高，但并不意味着必须在这个范围内运行，因为总的还应着眼于除磷总量。有的处理厂发现，当 SRT 大于 15d 时，除磷效率在 50% 以下，而当 SRT 降至 6d 以下时，除磷效率升至 80% 以上。

2) 回流比 R

总起来看，A-O 除磷系统的 R 不宜太低，应保持足够的回流比，尽快将二沉池内的污泥排出，防止聚磷菌在二沉池内遇到厌氧环境发生磷的释放。在保证快速排泥的前提下，应尽量降低 R，以免缩短污泥在厌氧段的实际停留时间，影响磷的释放。已经证明，A-O 除磷系统的污泥沉降性能一般都良好，R 一般在 50%~70% 范围内。

3) 水力停留时间

污水在厌氧段的水力停留时间一般在 1.5~2.0h 的范围内。停留时间太短，一是不能保证磷的有效释放,二是污泥中的兼性酸化菌不能充分地将污水中的大分子有机物(如葡萄糖)分解成低级脂肪酸(如乙酸),以供聚磷菌摄取,从而也影响磷的释放。停留时间太长,不但没有必要,还可能产生一些副作用。污水在好氧段的停留时间一般在 4~6h,这样即可保证磷的充分吸收。

4)溶解氧 DO

厌氧段应尽量保持严格的厌氧状态,因为聚磷菌只有在严格厌氧状态下,才进行磷的释放,如果存在 DO,则聚磷菌将首先利用 DO 吸收磷或进行好氧代谢,这样就会大大影响其在好氧段对磷的吸收。大量实践证明,只有保证聚磷菌在厌氧段有效地释放磷,才能使之在好氧段充分地吸收磷,从而保证应有的除磷效果。放磷越多,则吸磷越多,放磷量与吸磷量成正比。厌氧状态下,聚磷菌每多释放 1mg 磷,进入好氧状态后就可多吸收 2.0~2.4mg 磷。

好氧段的 DO 应保持在 2.0mg/L 之上,一般控制在 2.0~3.0mg/L 之间。这是因为聚磷菌只有在绝对好氧的环境中才能大量吸收磷。另外,保持好氧段的高氧环境,还可以防止聚磷菌进入二沉池后,由于厌氧而产生磷的释放。

5)BOD_5/TP

一般认为,要保证除磷效果,应控制进入厌氧段的污水中 BOD_5/TP 大于 20,以保证聚磷菌对磷的有效释放。前已述及,聚磷菌大多为不动菌属,其生理活动较弱,只能摄取有机物中极易分解的部分,例如乙酸等挥发性脂肪酸。对于 BOD_5 中的大部分有机物,例如固态的 BOD_5 部分、胶态的 BOD_5 部分聚磷菌是不能吸收的。因而在运行控制中,如能测得 BOD_5 中极易分解的那部分有机物量,将是非常有用的,但实际中很难办得到。国外一些处理厂运行控制中,常将 $SBOD_5/TP$ 作为控制指标,$SBOD_5$ 即溶解性 BOD_5 或滤过性 BOD。根据以上分析,采用 $SBOD_5/TP$ 控制运行要比单纯采用 BOD_5/TP 准确得多。有些处理厂运行发现,要使出水 TP < 1mg/L,应控制 $SBOD_5/TP$ > 10,而要出水 TP < 0.5mg/L,应控制 $SBOD_5/TP$ > 20。

6)pH 值对除磷效果的影响

pH 值对磷的释放和吸收有不同的影响。在 pH = 4.0 时,磷的释放速率最快,当 pH > 4.0 时,释放速率降低,pH > 8.0 时,释放速率将非常缓慢。在厌氧段,其他兼性菌将部分有机物分解为脂肪酸,会使污水的 pH 值降低,从这一点来看,对磷释放也是有利的。当 pH 值在 6.5~8.5 的范围内,聚磷菌能在好氧状态下有效地吸收磷,且 pH = 7.3 左右吸收速率最快。

综上所述,低 pH 值有利于磷的释放,而高 pH 有利于磷的吸收,而除磷效果是磷释放和吸收的综合。所以在生物除磷系统中,宜将混合液的 pH 值控制在 6.5~8.0 的范围内。当 pH < 6.5 时,应向污水中投加石灰调节 pH 值。

7)温度对除磷效果的影响

一般认为,在 5~35℃ 的范围内,均能进行正常的除磷,因而一般城市污水温度的变化不会影响除磷工艺的正常运行。

4.2.2.3 监测指标

（1）流量：进水流量、出水流量、回流污泥量、剩余污泥量、混合液内回流量、供气量。

（2）COD：进水 COD 和出水 COD。取混合样，每天 1 次。

（3）BOD_5：进水 BOD_5 和出水 BOD_5。取混合样，每天 1 次。

（4）SS：进水和出水的 TSS，混合液的 MLSS 和 MLVSS，回流污泥的 SS 和 VSS。可取瞬时样，每天 1 次。

（5）DO：厌氧段、缺氧段和好氧段的 DO 值，每天数次测定。大型处理厂最好在线连续测定。

（6）温度：入流污水、混合液以及环境温度，每天 1 次。

（7）TKN：入流和出流污水的 TKN。取混合样，每天 1 次。

（8）NH_3-N：入流污水和二沉池出水的 NH_3-N。取混合样，每天 1 次。

（9）NO_3^--N：入流污水、二沉污水、厌氧段、缺氧段和回流污泥中的 NO_3^-—N。取混合样，每天 1 次。

（10）TP：入流污水和二沉出水的 TP。取混合样，每天 1 次。

（11）污泥含磷量：定期分析 MLVSS 中的磷含量，每周 1 次。

（12）耗氧速率（SOUR）：曝气池好氧段末端混合液的 SOUR，每周 1 次。

（13）生物相：每天观察混合液和回流污泥的生物相。

（14）氧化还原电位（ORP）：连续测定厌氧段、缺氧段和好氧段中混合液的 ORP。

（15）泥位：定期测定二沉池泥位。大型处理厂最好在线连续测定。

4.2.2.4 SBR 运行维护

（1）SBR 工艺特点

SBR 工艺也称作间歇曝气活性污泥法，近年来已经广泛应用于一些大中型污水处理厂。传统工艺的连续运行方式为空间上的变化，污水系自然流至每一处理单元，因而不需太多的运行操作。而 SBR 工艺按照时间程序，需定时进行开停操作，因而运行操作量较大。但这些操作均为时间程序控制，无控制回路，非常易于实现自控。SBR 的每一运行周期一般在 4～12h 范围内，运行中可根据进水情况及处理要求，进行灵活调节。由于其特殊的运行方式，SBR 具有以下特点：

工艺流程简单，运行维护量小。SBR 系统除预处理外，只有反应池一个处理单元，日常维护管理非常简便。如能实现自控，则操作量也非常少。

运行稳定，操作灵活。通过合理调节运行周期及运行程序，极易使运行稳定，并获得高质量的出水。另外，适当改变运行周期及运行程序，还可以随时实现脱氮除磷。

投资省，占地少。SBR 工艺中无二沉池及回流污泥系统，很多时候还可不设初沉池，因而基建费用低，占地也少。

（2）SBR系统的运行控制

1）运行程序与运行周期

以去除有机物为主：

当只要求去除有机物和SS时，可以直接采用典型运行程序，实际运行中，为缩短运行周期，提高处理效果，可将一些阶段合并或部分合并到另一阶段中。例如，进水可与曝气同步进行，即边进水边曝气，也可以先进水至一半时，再曝气。另外，排泥可与排水阶段合并，也可以与沉淀阶段合并，或者沉淀、排水和排泥三个阶段同步进行。运行周期是各阶段历时之和。

曝气时间越长，BOD_5降解越充分，出水BOD_5越低。曝气时间一般可在3.0～3.5h之间选取。沉淀时间越长，沉淀效果越好，出水SS越低。但SBR工艺中的沉淀为静沉，沉淀效率较高，采用1.0h一般即可满足出水要求，因而沉淀时间可在1～1.5h之间选取。进水时间一般不宜太长，否则浪费时间，一般取1.0～2.0h。排水时间仍不可太短，否则会扰动沉下的污泥。但在很大程度上取决于设置的排水装置的排水能力，一般在0.5～1.0h之间。排泥时间越短越好，以便节省时间，设计常采用0.5h，并常与排水合并。

综上所述，当只要求去除BOD_5和SS时，SBR系统的运行周期一般在4.5～8h的范围内。每个处理厂应结合本厂的实际情况，编制运行程序，并确定合理的运行周期。当入流污水含有较多的难降解有机物质时，应适当延长曝气时间，使曝气期处于较完全的硝化状态。如果由于某些原因，使污泥沉降性能不佳时，应适当延长沉淀时间，以保证较低的出水SS值。一般来说，SBR系统内污泥沉降性能良好，不存在污泥膨胀问题，因为这种间歇运行方式不利于丝状菌的大量繁殖。

具有生物除磷功能：

适当改变SBR系统的运行程序，可实现生物除磷。运行程序分为四个阶段。阶段Ⅰ为进水期，在该期内开启设置的搅拌设备进行搅拌，使入流污水与前一周期留在池内的污泥充分混合接触。该阶段工作状态为厌氧，聚磷菌在该阶段中进行磷的释放，为吸收磷作准备，因此该段混合液内的DO应保持在0.2mg/L以下。

阶段Ⅱ为曝气期，开启曝气系统为混合液曝气。该阶段工作状态为好氧，除进行BOD_5分解外，聚磷菌在该阶段将过量吸收磷，因而混合液DO值应保持在2.0mg/L以上，以便促进磷的充分吸收。另外，该阶段曝气时间不宜太长，以免发生硝化，因为硝化产生出的NO_3^--N会干扰阶段Ⅰ中磷的释放，降低除磷率。

阶段Ⅲ为沉淀排泥阶段，在该阶段中，沉淀与排泥同步进行，主要目的是防止磷的二次释放。这样即使存在二次释放的可能，则聚磷菌在释放磷之前已经被以剩余污泥的形式排出系统。

阶段Ⅳ为排水期，将上清液排出系统。按照以上程序运行，一般可获得90%以上的除磷效率，而总的运行周期则仍在8h以内。

具有生物脱氮功能：

同样，通过改变运行程序，可以实现生物脱氮。运行程序分为六个阶段。阶段Ⅰ仍为进水期。阶段Ⅱ为曝气阶段。该阶段除完成 BOD_5 的降解外，还要进行硝化，为反硝化脱氮做准备。因而该段混合液的DO值应控制在2.0mg/L之上，一般在 2.0~3.0mg/L 之间，曝气时间一般也应大于4h。阶段Ⅲ为停曝搅拌阶段，该阶段内停止曝气，保持搅拌混合，反硝化细菌进行反硝化脱氮。由于经曝气阶段之后营养已被耗尽，反硝化细菌只能进行内源反硝化，即利用细胞内贮存的有机物作为营养进行反硝化，因而反硝化效率并不是太高。但由于全部混合液均进行反硝化，总的脱氮效率也能维持在70%左右。阶段Ⅳ为沉淀阶段，进行泥水分离。阶段Ⅴ和Ⅵ分别为排水和排泥阶段。由于硝化阶段要求的曝气时间较长，相应运行周期也延长，一般在 8~12h 的范围内。

同时具有生物脱氮除磷功能：

通过改变运行程序，也可以同时实现脱氮除磷。运行程序分为五个阶段。阶段Ⅰ为进水搅拌，在该阶段内，聚磷菌进行厌氧放磷，DO应控制在0.2mg/L以下。阶段Ⅱ为曝气阶段，在该阶段内除完成 BOD_5 的分解外，还进行着硝化和聚磷菌的好氧吸磷，DO应控制在2.0mg/L之上，且该阶段曝气时间一般应大于4h。阶段Ⅲ为停曝搅拌阶段，停止曝气，只进行混合搅拌。在该阶段内将进行反硝化脱氮，由于该段中 NO_3^--N 浓度较高，因而一般不会导致磷的二次释放。该阶段历时应在2h之上，时间延长，一方面使脱氮效率增高，另一方面能降低阶段Ⅰ混合液中的 NO_3^--N 浓度，避免对释放磷的干扰。阶段Ⅳ为沉淀排泥阶段，该阶段内既进行泥水分离，又排放剩余污泥。阶段Ⅴ为排水阶段。以上运行程序，总的运行周期在 10~14h 范围内。

2) 排水控制

在排水阶段，控制合理的排水量是非常重要的。如果排水量太多，则将带走沉下的污泥，降低出水质量。反之，如果排水量太少，则将浪费池容。

最初SBR采用的排水方式是多层排水，或用潜水泵直排。多层排水系沿池不同深度设置排放口，随水位的下降，各排放口依次开启排水。多层排水方式控制较麻烦，需要很多自控阀门，潜水泵直排则不能保证排水质量。现在的SBR系统，一般都采用滗水器排水。滗水器排水过程中，排水点能随水位的下降而下降，使排出的上清液始终属于最上层。另外，实际排水点一般都淹没在水下一定深度，可以防止浮渣进入滗水器被排走。

3) 排泥控制

SBR系统的排泥一般应采用污泥龄SRT控制，排泥量通过计算得到。

4.2.2.5 氧化沟工艺的运行维护

氧化沟又名连续循环曝气池,是活性污泥法的一种变形,混合液在池中连续循环流动。氧化沟使用一种带方向控制的曝气搅动装置,向池中的混合液供氧的同时使被搅动的混合液在氧化沟内循环流动。

(1) 氧化沟曝气系统的运行控制

氧化沟的曝气通常采用机械曝气,主要装置为转刷和转盘。氧化沟供氧量的调节方法一般来说有三种。一种是通过改变转刷(转盘)的投运台数来调节供氧量;另一种是改变转刷(转盘)的转速来调节供氧量;最后一种是通过改变氧化沟的液位,进而改变转刷的浸水深度,来调节供氧量。目前,利用调节转刷(转盘)转速来调节供氧量的方式尚不多见。一些设有双速转刷的氧化沟,是在低速下只保持水力推动,产生缺氧段,本质上并不调节溶解氧。大多数氧化沟设置了出流可调堰,将转刷(转盘)调至最佳浸水深度,用来调节供氧量。例如,一般认为浸水深度为 0.3m 时,充氧效率最高,太深或太浅都将降低充氧效率。

转刷(转盘)曝气系统除完成充氧功能以外,还承担水力推动的作用,使混合液在沟内循环流动,并使污泥处于悬浮状态,与污水充分混合。一般来说,只要转刷满足了充氧的需要,也能使混合液流速保持在 0.3m/s 以上,满足污水循环的要求。

(2) 沟底沉泥检查

氧化沟运行过程中,应定期检查沟底,尤其是离转刷较远的地方是否有污泥沉积。将流速控制在 0.3m/s 之上,污泥一般不会沉积下来,但在沉砂池未去除的砂进入氧化沟之后,则会沉积下来。积泥或积砂太多,会影响氧化沟的有效容积。

4.2.2.6 A-A-O 工艺的运行维护

A-A-O 生物脱氮除磷工艺,可以通过运行控制,实现以除磷为重点。此时除磷效率可超过 90%,但脱氮效率会非常低。如果运行控制以脱氮为重点,则可获得 80% 以上的脱氮效率,而除磷往往在 50% 以下。在运行良好时,可以实现脱氮与除磷同时超过 60%,但要维持高效脱氮的同时,高效除磷是不可能的。运行中只能选择以二者之一为主;若二者兼顾,则效率都不高。国外很多采用 A-A-O 工艺的处理厂大多数以脱氮为主,兼顾除磷;如果出水中 TP 超标,则辅以化学除磷方法。

(1) 工艺运行控制

1) 曝气系统的控制。因生物除磷本身并不消耗氧,所以 A-A-O 脱氮除磷工艺曝气系统的控制与生物反硝化系统一致。

2) 回流污泥系统的控制。控制回流比 R 时,应首先保证不使污泥在二沉池内停留时间过长,导致反硝化或磷的二次释放,因此需要保证足够大的回流比;

其次，回流比不能太大，以防将过量的 NO_3^--N 带至厌氧段，影响脱磷效率。当以除磷为主时，如果厌氧段的 NO_3^--N 浓度大于 4mg/L，必须降低 R 值。单纯从 NO_3^--N 对除磷的影响来看，脱氮越完全，NO_3^--N 对除磷的影响越小。运行人员需综合以上情况，结合本厂具体特点，确定出最佳 R 值。

3）内回流混合液系统的控制。内回流比 r 与除磷关系不大，因而 r 的调节完全与反硝化工艺一致。

4）剩余污泥排放系统的控制。剩余污泥排放宜根据 SRT 进行控制，因为 SRT 的大小直接决定该系统是以脱氮为主还是除磷为主。当控制 SRT 在 8～15d 范围内，一般既有一定的除磷效果，也能保证一定的脱氮效果，但效率都不会太高。如果控制 SRT 在 8d，除非温度特别高，否则硝化效率非常低，自然也就谈不上脱氮，但此时的除磷效率则可能很高。如果控制 SRT = 15d，可能使硝化顺利进行，从而得到较高的脱氮效率，但由于排泥太少，排泥量仅是 A-O 除磷工艺的几分之一，即使污泥中含磷量很高，也不可能得到太高的除磷效率。

5）BOD_5/TKN 与 BOD_5/TP。运行中应定期核算入流污水水质是否满足 BOD_5/TKN > 4.0，BOD_5/TP > 20。如果其中之一不满足，则应投加有机物，以补充碳源不足。

6）ORP 的控制。A-A-O 生物脱氮除磷过程，本质上是一系列生物氧化还原反应的综合，因而工艺控制较复杂。近年来，国外一些处理厂采用氧化还原电位 ORP 作为 A-A-O 系统的一个工艺控制参数，收到了良好效果。国内也已有处理厂安装了 ORP 在线测定仪表。混合液中的 DO 浓度越高，ORP 值越高。当混合液中存在 NO_3^-—N 时，其浓度越高，ORP 值也越高；而当存在 PO_4^{3-}—P 时，ORP 则随 PO_4^{3-}—P 浓度升高而降低。

在运行管理中，如发现厌氧段 ORP 升高，则预示着除磷效果已经或将降低，应立即分析 ORP 升高的原因，并采取对策。如果回流污泥带入太多的 NO_3^-—N，或由于搅拌强度太大，产生空气复氧，都会使 ORP 升高。如发现缺氧段 ORP 升高，则预示内回流比太大，混合液自好氧段带入缺氧段的 DO 太多。另外，搅拌强度太大，产生空气复氧，同样也会使 ORP 升高。运行中，如发现好氧段 ORP 降低，则说明曝气不足，使好氧段 DO 下降。

7）pH 值控制及碱度核算。污泥混合液的 pH 一般应控制在 7.0 之上。如果 pH < 6.5，则应投加石灰，补充碱源不足。应定期进行碱度核算。

(2) 运行异常问题的分析与排除

传统活性污泥工艺的故障诊断及排除技术，一般均适用于 A-A-O 脱氮除磷系统。如果某处理厂获得并维持水质目标为：

$BOD_5 \leqslant 20mg/L$，$SS \leqslant 25mg/L$，NH_3—N $\leqslant 3mg/L$，NO_3^-—N $\leqslant 7mg/L$，TP $\leqslant 2mg/L$。

当实际水质偏离以上数值时,属异常情况,应分析其原因,并寻找解决对策。

现象一:$TP < 2mg/L$,$NH_3—N < 2mg/L$,$NO_3^-—N > 7mg/L$。其原因及解决对策如下:

内回流比太小。检查内回流比 r,如果太小,则增大。

缺氧段 DO 太高。检查缺氧段 DO 值,如果 $DO > 0.5mg/L$,则首先检查内回流比 r 是否太大。如果太大,则适当降低。另外,还应检查缺氧段搅拌强度是否太大,形成涡流,产生空气复氧。

现象二:$TP < 2mg/L$,$NH_3—N > 3mg/L$,$NO_3^-—N > 5mg/L$,$BOD_5 < 25mg/L$。其原因及解决对策如下:

好氧段 DO 不足。检查好氧段 DO,是否低于 $2mg/L$。如果 $1.5 < DO < 2.0mg/L$,则可能只满足 BOD_5 分解的需要,而不满足硝化的需要,应增大供气量,使 DO 处于 $2 \sim 3mg/L$。

存在硝化抑制物质。检查入流中工业废水的成分,加强上游污染源管理。

现象三:$TP > 2mg/L$,$NH_3—N < 3mg/L$,$NO_3^-—N > 5mg/L$,$BOD_5 < 25mg/L$。其原因及解决对策如下:

入流 BOD_5 不足。检查 BOD_5/TKN 是否大于 4,BOD_5/TP 是否大于 20,否则应采取增加入流 BOD_5 的措施,如跨越初沉池或外加碳源。

外回流比太大,缺氧段 DO 太高。检查缺氧段 DO 值,如果 $DO > 0.5mg/L$,则应采取措施,见"现象一"。外回流比太大,把过量的 $NO_3^-—N$ 带入了厌氧段,应适当降低回流比。

现象四:$TP > 2mg/L$,$NH_3—N < 3mg/L$,$NO_3^-—N < 5mg/L$,$BOD_5 < 25mg/L$。其原因及解决对策如下:

泥龄太长。检查 SRT 是否太长,影响除磷。可适当增大排泥,降低 SRT。

厌氧段 DO 太高。检查厌氧段 DO,如果 $DO > 0.2mg/L$,则应寻找 DO 升高的原因并予以排除。首先检查是否搅拌强度太大,造成空气复氧,否则检查回流污泥中是否有 DO 带入。

入流 BOD_5 不足。检查 BOD_5/TP 值,如果 $BOD_5/TP < 20$,则应外加碳源。

(3)分析测量项目

流量:进水流量、出水流量、回流污泥量,以及剩余污泥量和混合液回流量、实际供气量。

COD:进水 COD 和出水 COD。混合样或瞬时样,每天 1 次。

BOD_5:进水 BOD_5 和出水 BOD_5。混合样,每天 1 次。

SS:进水和出水的 TSS,混合液的 MLSS 和 MLVSS,回流污泥的 RSS 和 RVSS。可做瞬时样,每天 1 次。

DO:厌氧段、缺氧段和好氧段的 DO 值,每天数次。大型处理厂最好在线连续测定。

温度：入流污水、混合液以及环境温度，每天 1 次。

TKN：入流污水和出流的 TKN。取混合样，每天 1 次。

NH_3—N：入流污水和二沉池出水的 NH_3—N。取混合样，每天 1 次。

NO_3^-—N：入流污水、二沉污水、厌氧段、缺氧段和回流污泥中的 NO_3^-—N。取混合样，每天 1 次。

TP：入流污水和二沉出水的 TP。取混合样，每天 1 次。

污泥含磷量：定期分析 MLVSS 中的磷含量，每周 1 次。

SOUR：曝气池好氧段末端混合液的 SOUR，每周 1 次。

生物相：每天观察混合液和回流污泥的生物相。

ORP：连续测定厌氧段、缺氧段和好氧段中混合液的 ORP。

泥位：定期测定二沉池泥位。大型处理厂最好在线连续测定。

（4）计算指标

通过以上项目的直接测定，计算出以下指标：F/M, R, SRT, r。计算出 BOD_5 去除率以及脱氮除磷效率。

4.3 消毒与计量

城市污水经二级处理后，水质已经有了很大改善，水中细菌数量也大幅度减少，但污水中细菌的绝对数量仍然较大，并存在有病原菌的可能。因此在排放水体、农田灌溉、重复利用之前，应对污水进行消毒处理。尤其是对于污水回用工程，消毒处理已成为必须考虑的工艺步骤之一，具有非常重要的作用。

4.3.1 消毒方法的选择

消毒方法大体上可分为物理方法和化学方法。物理方法主要由加热、冷冻、辐射、紫外线和微波消毒等方法；化学方法是利用各种化学药剂进行消毒，常用的化学消毒剂由多种氧化剂（液氯、臭氧、次氯酸钠、二氧化氯），目前最常用的还是化学方法。

常用污水消毒的方法主要有液氯，液氯的价格比较便宜，消毒可靠又有成熟经验，是应用最广的消毒剂。但采用加氯消毒可引起一些不良的副作用，如废水中含酚一类有机物时，有可能会形成致癌化合物如氯代酚或氯仿等，水中病毒对氯化消毒也有较大的抗性。因此，其他废水消毒手段的研究与应用也越来越多，如臭氧、二氧化氯、紫外线消毒等。

消毒剂的优缺点与适用条件参见表 4-1。

常用消毒剂比较　　　　　　　　　　　表 4-1

名称	优点	缺点	适用条件
液氯	效果可靠，投配设备简单，投量准确，价格便宜	氯化形成的余氯及某些含氯化合物低浓度时对水生生物有毒害；当污水含工业废水比例大时，氯化可能生成致癌物质	适用于大、中型污水处理厂
臭氧	消毒效率高并能有效的降解污水中残留有机物、色度、味等，污水 pH 与温度对消毒效果影响较小，不产生难处理的或生物积累性残留物	投资大、成本高、设备管理较复杂	适用于出水水质较好，排入水体的卫生条件要求高的污水处理厂
二氧化氯	杀菌效果好，无气味，有定型产品	维修管理要求高	中水及小水量工程
次氯酸钠	用海水或浓盐水作为原料，产生次氯酸钠，可以在污水处理厂现场产生并直接投配，使用方便，投量容易控制	需要有次氯酸钠发生器与投配设备	适用于中小型处理厂
紫外线	是紫外线照射与氯化共同作用的物理化学方法，消毒效率高	紫外线照射灯具货源不足，电耗能量较多	适用于小型污水处理厂

4.3.2 加氯消毒系统的运行维护

4.3.2.1 加氯系统

加氯系统一般由加氯机、混合装置、接触池组成。液氯经加氯机计量投加后首先进入混合装置与污水充分混合，使投加的消毒药剂在污水中均匀分布；然后混合液进入消毒接触池，使消毒剂与污水充分接触，经过一定的接触时间，将水中的病原微生物彻底杀灭，达到污水消毒的目的。加氯机在给水处理中已经介绍。

4.3.2.2 加氯量的控制

城市污水经二级处理，排入受纳水体之前，进行加氯消毒；二级水加氯消毒之后，若要保持一定的余氯浓度，加氯量需在 $10\sim15\,\text{mg/L}$。

因为污水中的一些有机物与氯反应之后，可生成三氯甲烷和四氯化碳等致癌物质。因此应严格控制加氯量，在保证消毒效果的前提下，使致癌物的产生以及对水生生物的影响降至最低。二级出水的加氯消毒，可不需要在出水中保持余氯浓度，而以实际消毒耗氯量为加氯量控制指标。当不需要保持余氯浓度时，二级出水加氯量一般在 5~10mg/L。

在实际运行控制中，可以大肠菌群数作为消毒效果的指标来控制加氯量，具体可以通过现场实验确定。

必须重视用氯安全问题，已在第3章中详述。

4.3.3 常用污水计量设备

污水处理厂中常用的计量设备有巴氏计量槽、电磁流量计、超声波流量计、涡轮流量计等。污水测量装置的选择原则是精度高、操作简单，水头损失小，不宜沉积杂物，各种计量设备的比较见表4-2。

计量设备比较　　　　　　　　　　　　　　表4-2

名　称	优　点	缺　点	适用范围
巴氏计量槽	水头损失小，不易发生沉淀，操作简单	施工技术要求高，不能自动记录数据	大、中、小型污水处理厂
电磁流量计	水头损失小，不易堵塞，精度高，能自动记录数据	价格昂贵，维修困难	大、中型污水处理厂
超声波流量计	水头损失小，不易堵塞，精度高，能自动记录数据	价格昂贵，维修困难	大、中型污水处理厂
涡轮流量计	精度高，能自动记录数据	维修困难	中、小型污水处理厂

4.3.3.1 巴氏计量堰的运行管理

巴氏计量堰的精确度达95%~98%，其优点是水头损失小，底部冲刷力大，不易沉积杂物。但对施工技术要求高，施工质量不好会影响量测精度。为保证施工质量，国外有的预制好搪瓷衬里，而后在现场埋置于钢筋混凝土槽内即可，效果良好。计量槽颈部有一较大坡度的底（$i=0.375$），颈部后的扩大部分则具有较大的反坡。当水流至颈部时产生临界水深的急流，而当流至后面的扩大部分时，便产生水跃。因此，在所有其他条件相同时，水深仅随流量而变化。量得水深后，便可按有关公式求得其流量。

液位测量要准确。不准确的水深必然使计算出的流量不准确。应坚持从观测孔测量液位，因观测孔内液位较稳定，测得的数据较准确。观测孔与渠道的连接管较细，易堵塞，应经常疏通。由于计量槽尺寸的精度要求高，施工时一般都采用二次抹面的施工方法，运行人员应注意检查二次抹面是否空鼓或脱落；如果发现应及时修补，以免影响计量精度。有些处理厂的计量槽是采用玻璃钢等材质加工制作的，应注意观察是否变形。巴氏计量槽一般安装在初沉池配水渠道以前的明渠上。当初沉池运行控制不合理时，配水渠道液位升高将会破坏计量槽的自由流态，影响流量测量精度。

4.3.3.2 电磁流量计的运行维护

电磁流量计能够实现非接触测量，能够适应不同的水质，包括含有固体颗粒物的水质，能连续工作并具有自动控制功能，是一种应用非常广泛的流量计。

电磁流量计的测量原理就是发电机原理，当导体在磁场中作切割磁力线运动时，在导体内部产生感应电动势，感应电动势的大小取决于单位时间内切割磁力线的多少，在磁场强度一定的情况下，感应电动势与管道流量成正比。根据上述基本原理，电磁流量计主要由两部分组成：一是能够形成稳定的分布均匀的磁场，该磁场与管轴正交，方向一致；二是能够将感应电动势提取出来，并经过技术处理，直接显示出所需要的流速或流量。前者称为磁路系统，后者称为信号处理系统。

（1）电磁流量计安装

要求介质有稳定的流动状态，才能保证测量的准确性，相应措施有：保证流量计上游至少具有 $5D$（D 为管道内径）的直管段，下游至少有 $3D$ 的直管段，在这之间不宜安装阀门和压力仪表。

流量计不能测量负压管道流量，以防止衬里材料脱落，采用的相应措施有：在流量计和泵共存的系统中，流量计应安装在水泵的出口处；在流量计下游加装排气阀。

流量计必须保证满管流测量。流量计与管道的连接处加装密封垫，密封垫禁止伸入管道中。按要求正确做好接地。

（2）电磁流量计的正确使用

流量计正确的使用和维护是可靠运行的保证。使用过程中应做到以下几点：对流量计作周期性检查，检查仪表周围环境，扫除尘垢；检查接地是否良好，端子是否被腐蚀；检查传感器电极是否被介质污染，应做定期的清垢清洗处理；流量计停运时先关闭下游阀门，再关闭上游阀门。投运时应先开上游阀门，再开下游阀门。

4.3.3.3 超声波流量计的运行维护

超声波流量计可以安装在大口径的管道或渠道上，通过电脑测量系统实现液体流量的测量与积累。超声波流量计结构简单、性能稳定、安装使用维护方便，特别适合腐蚀性液体、高黏度液体和非导电液体的流量测量。

超声波流量计的工作原理在于超声波在流体中的传播速度，顺流方向和逆流方向是不一样的，其传播的时间差与流体的流速成正比，因此只要测量出超声波在两个方向上传播的时间差，可以知道流体的流速，再乘以管道的横截面积，就可以得到流体的流量。

（1）超声波流量计准确度的影响因素

1）上下游要有足够的直管段长度。为了要保证流体流场分布均匀，要有足够的直管段长度，以便使流体形成稳定的速度分布。如果直管段长度达不到要求，会造成测量准确度的下降。另外流量计安装时要尽量远离水泵和阀门。

2）安装的部位要保证使管道内充满流体，没有气泡或者气泡较少。管道中的气泡和杂质会反射或者衰减超声波信号，给测量带来很大的误差，因此在安装时一定要选择正确的安装方式。

3）温度变化、管道内结垢、电路工作点的漂移等因素影响测量的准确度。

（2）超声波流量计的运行维护

由于超声波流量计可能受到多种因素的影响，需要定期对超声波流量计进行检查和维护。

1）信号强度和信号良度的检查。信号强度用以表示上下游探头的信号强度；信号良度用以表示上下两个传输方向上的信号峰值，用以辅助判断接受信号的优良程度。这两个信号的检查结果不好时，就需要检查探头的安装是否已经松动，或者耦合剂硬化是否失效，一般需要重新安装探头，以保证这两个信号的数值在合适的范围内。

2）传输时间和传输时差的检查。传输时间用以表示超声波平均的传输时间；传输时差用以表示上下游传输时间差。这两个信号是超声波流量计计算流速的主要依据，传输时差更能反映流量计是否工作稳定。如果这两个信号不稳定，应检查安装点是否合适，设置数据是否正确。

3）定期标定和校正。经过一段时间的运行后，需要对超声波流量计进行实际的流量标定，以确保测量的准确性。

4）管道的清洁和除垢。探头部位管道内的结垢比较严重时，要进行管道内部的清洁和除垢，以确保超声波信号传输不受影响。实际工作中，应定期进行管道内的清洁，或者敲打管道壁，以震落结垢层。

4.4 污泥处理构筑物

污水处理系统产生的污泥，含水率很高，体积很大，输送、处理或处置都不方便。污水处理厂中的污泥处理构筑物主要是污泥浓缩池和污泥消化池。污泥浓缩池的作用是使污泥减量，缩小后续处理构筑物的容积或处理设备的容量；污泥消化池的作用是使污泥稳定，将污泥中易降解的有机物分解，减少污泥恶臭，方便运输及处置。

4.4.1 污泥浓缩池

污泥浓缩可使污泥初步减容，使其体积减小为原来的几分之一，从而为后续处理或处置带来方便。经浓缩之后，可使污泥管的管径减小，输送泵的容量减小。浓缩之后采用消化工艺时，可减小消化池容积，并降低加热量；浓缩之后直接脱水，可减少脱水机台数，并降低污泥调质所需的絮凝剂投加量。

污泥浓缩主要有重力浓缩，气浮浓缩和离心浓缩三种工艺形式。国内目前以重力浓缩为主，这种浓缩方法在国外早已有了非常成熟的运行实践经验。本文主要介绍重力浓缩池的运行维护。

重力浓缩本质上是一种沉淀工艺，属于压缩沉淀。浓缩前由于污泥浓度很高，颗粒之间彼此接触支撑。浓缩开始以后，在上层颗粒的重力作用下，下层颗粒间隙中的水被挤出界面，颗粒之间相互拥挤得更加紧密。通过这种拥挤和压缩过程，实现污泥浓缩。

4.4.1.1 污泥浓缩池的影响因素与监测指标

（1）污泥水力停留时间

对于某一确定的污泥浓缩池来说，停留时间过短，会导致上清液浓度太高，排泥浓度太低，起不到应有的浓缩效果；停留时间过长，首先发生水解酸化，使污泥颗粒粒径变小，相对密度减轻，导致浓缩困难，如停留时间继续延长，则可厌氧分解或反硝化，直接导致污泥上浮，从而使浓缩不能顺利进行。污泥浓缩池水力停留时间一般控制在 12~30h 范围内。

（2）固体表面负荷

固体表面负荷 q 是指浓缩池单位表面积在单位时间内所能浓缩的干固体量。q 的大小与污泥种类有关系，是综合反映浓缩池对某种污泥的浓缩能力的一个指标。初沉污泥的浓缩性能较好，其固体表面负荷 q 一般可控制在 90~150kg/($m^2 \cdot d$)的范围内。活性污泥的浓缩性能较差，则应控制在低负荷水平，q 一般在 10~30kg/($m^2 \cdot d$)之间。初沉污泥与活性污泥混合后进行重力浓缩时，其 q 取决于两种污泥的比例。一般 q 可控制在 25~80kg/($m^2 \cdot d$)之间。即使同一种类型的污泥，q 值的选择也因厂而异，运行人员在运行实践中，应摸索出本厂的 q 值的最佳控制范围。

（3）温度

温度对浓缩效果的影响体现在两个相反的方面：当温度升高时，一方面污水容易水解酸化（腐败），使浓缩效果降低；但另一方面，温度升高会使污泥的黏度降低，使颗粒中的空隙水易于分离出来，从而提高浓缩效果。一般来说，温度较低时，允许停留时间稍长一些，温度较高时，不应使停留时间太长，以防止污泥上浮。当温度在 15~20℃时，浓缩效果最佳。

（4）运行方式

浓缩池有连续和间歇两种运行方式。连续运行是指连续进泥、连续排泥，这在规模较大的污水处理厂比较容易实现。小型污水处理厂一般只能间歇进泥、间歇排泥，因为初沉池是间歇排泥。浓缩池连续运行可使污泥层保持稳定，对浓缩效果比较有利。无法连续运行的应"勤进勤排",使运行尽量趋于连续,当然这在很大程度上取决于初沉池的排泥操作。不能"勤进勤排"时,至少应保证及时排泥,每次排泥一定不能过量,否则排泥速度会超过浓缩速度,使排泥变稀,并破坏污泥层。

(5) 分析项目

含水率(含固量):浓缩池进泥和排泥,每天 3 次,取瞬时样。

BOD_5:浓缩池上清液,每天 1 次,取连续混合样。

SS:浓缩池上清液,每天 3 次,取瞬时样。

TP:浓缩池上清液,每天 1 次,取连续混合样。

(6) 测量项目

温度:进泥及池内污泥温度。

流量:进泥量与排泥量。

4.4.1.2 运行维护

(1) 浓缩池运行维护的内容

及时清除浮渣,无浮渣刮板时,可用水冲洗,将浮渣冲至池边,然后清除。

初沉污泥与活性污泥混合浓缩时,应保证两种污泥混合均匀,否则进入浓缩池会由于密度流扰动污泥层,降低浓缩效果。

当污水生化处理系统中产生污泥膨胀时,丝状菌会随活性污泥进入浓缩池,使污泥继续处于膨胀状态,致使无法进行浓缩。对于以上情况,可向浓缩池入流污泥中加入 Cl_2、$KMnO_4$、O_3、H_2O_2 等氧化剂,抑制微生物的活动,保证浓缩效果。同时,还应从污水处理系统中寻找膨胀原因,并予以排除。

在浓缩池入流污泥中加入部分二沉池出水,可以防止污泥厌氧上浮,提高浓缩效果,同时还能适当降低恶臭程度。

浓缩池较长时间没排泥时,应先排空清池,严禁直接开启污泥浓缩机。

由于浓缩池容积小,热容量小,在寒冷地区的冬季浓缩池液面会出现结冰现象。此时应先破冰并使之融化后,再开启污泥浓缩机。

应定期检查上清液溢流堰的平整度,如不平整应予以调节,否则导致池内流态不均匀,产生短路现象,降低浓缩效果。

浓缩池是恶臭很严重的一个处理单元,因而应对池壁、浮渣槽、出水堰等部位定期清刷,尽量使恶臭降低。

应定期(每隔半年)排空彻底检查是否积泥或积砂,并对水下部件予以防腐处理。

(2) 异常问题分析与排除

1) 污泥上浮,液面有小气泡逸出,且浮渣量增多。集泥不及时,可适当提高浓缩机的转速,从而加大污泥收集速度。排泥不及时,排泥量太小,或排泥历时太短。应加强运行调度,做到及时排泥。进泥量太小,污泥在池内停留时间太长，导致污泥厌氧上浮。解决措施是尽量减少投运池数，增加每池的进泥量，缩短停留时间。

由于初沉池排泥不及时，污泥在初沉池内已经腐败。此时应加强初沉池的排泥操作。

2) 排泥浓度太低，浓缩比太小。进泥量太大，使固体表面负荷增大，超过了浓缩池的浓缩能力。应降低入流污泥量。排泥太快。当排泥量太大或一次性排泥太多时，排泥速率会超过浓缩速率，导致排泥中含有一些未完成浓缩的污泥。应降低排泥速率。

浓缩池内发生短流。能造成短流的原因有很多，溢流堰板不平整使污泥从堰板较低处短流流失，不能经过浓缩，此时应对堰板予以调节。进泥口深度不合适，入流挡板或导流筒脱落，也可导致短流，此时可予以改造或修复。另外，温度的突变、入流污泥含固量的突变或冲击式进泥，均可导致短流，应根据不同的原因，予以处理。

4.4.2 污泥消化池

厌氧消化是利用兼性菌和厌氧菌进行厌氧生化反应，分解污泥中有机物质的一种污泥处理工艺。在大型污水处理厂中，厌氧消化池是污泥处理的重要组成部分。厌氧消化池的作用主要体现在：

(1) 污泥稳定化

有机物被厌氧消化分解，污泥中不稳定有机物被兼性菌和厌氧菌分解，使消化后污泥处于稳定状态，不易腐败。

(2) 污泥无害化

通过厌氧消化，污泥中大部分病原菌或蛔虫卵被杀灭或作为有机物被分解，使污泥无害化。

(3) 污泥资源化

在厌氧消化过程中，随着污泥被降解，将产生大量高热值的沼气，可以作为能源回收利用。另外，污泥经消化以后，其中的部分有机氮转化成了氨氮，提高了污泥的肥效，可以使处理后的污泥作为肥料加以利用。

(4) 污泥的减量

污泥消化过程中，一部分污泥被厌氧分解，转化成沼气，使消化后的污泥量降低，这本身也是一种污泥减量过程。

4.4.2.1 影响因素

(1) pH 值

产酸菌和产甲烷菌对 pH 值的敏感程度差别很大，产甲烷菌对 pH 的波动要比产酸菌敏感得多。为了保证厌氧消化的正常进行，控制 pH 值时，主要应满足产甲烷菌的需要，一般应将消化液的 pH 值控制在 6.8~7.4 的近于中性的范围内。

(2) 碱度

从理论上讲,由于进泥量的周期性变化及其他环境因素的变化,产酸速率和产甲烷速率会经常性地处于波动状态,而二者的步调又很难一致,因而消化液的 pH 值也很难稳定在 6.8~7.4 的近中性范围内。但实践证明,绝大部分处理厂的消化系统,在正常运行时并不需要经常性地人工调整 pH 值,消化液 pH 值能自动地保持在 6.5~7.5 的范围内。其主要原因是消化液中存在大量的碱度,这些碱度主要以碳酸氢盐(HCO_3^-)的形式存在,在消化液中起着酸碱缓冲的作用,从而使 pH 值维持在近中性的范围内。

(3) 温度

除 pH 值和碱度以外,影响消化的另一个重要因素是污泥的温度。由于产甲烷菌繁殖代谢速度较慢,内部整个消化过程的速率由产甲烷阶段控制。甲烷细菌正常生存的温度范围较一般细菌宽,一般在 10~60℃ 之间。甲烷细菌从活性总体上看,存在两个高效区间,在 55℃ 左右,消化效率最高,消化时间仅需 15d;35℃ 左右,消化效率也较高,消化时间约需 20d。

按照消化温度的不同,消化常分为三类:高温消化、中温消化和常温消化。中温消化的温度可在 30~38℃,常采用 35℃;高温消化温度可在 50~56℃ 之间,常采用 55℃;常温消化一般不加热,不控制消化温度,因而消化温度处于波动状态,常在 15~25℃ 之间。常温消化要达到一定的消化效果需要很长的停留时间,池容将很大,因此实际中很少采用。高温消化的有机物分解率和沼气产量会略高于中温消化,但需要增加很多加热量。一般认为得不偿失,因而采用的不多。

(4) 消化时间与负荷

对于一套特定的消化系统来说,其消化能力也是一定的。常用最短允许消化时间和最大允许有机负荷两个指标来衡量消化能力。最短允许消化时间是指达到要求的消化效果时,污泥在消化池内的最短允许水力停留时间,常用 t 表示。最大允许有机负荷是指达到要求的消化效果时,单位消化池容积在单位时间内所能消化的最大有机物量,常用 Fv 表示。t 越小,Fv 越大,系统的消化能力也越大。处理厂在运行实践中应摸索出本厂消化池的 t 和 Fv 的范围。

(5) 混合搅拌

消化池内需保持良好的混合搅拌。搅拌的作用在于:使污泥颗粒与厌氧微生物均匀地混合接触;使消化池各处的污泥浓度、pH 值、微生物种群等保持均匀一致;及时将热量传递至池内各部位,使加热均匀;在出现有机物冲击负荷或有毒物质进入时,均匀地搅拌混合可使其冲击或毒性降至最低。通过以上几个方面的作用,提高容积利用率,使消化池有效容积增至最大。有效的搅拌混合,可大大降低池底泥砂的沉积及液面浮渣的形成。常用的混合搅拌方式一般有三大类:

机械搅拌、水力循环搅拌和沼气搅拌。

（6）毒性

甲烷菌是一类很脆弱的细菌，很多物质都能使其中毒，降低其代谢活性。重金属普遍对甲烷菌具有很强的毒害作用。一些轻金属在一定浓度下对甲烷菌也有抑制作用。

氨在1000mg/L（以N计）之下时，对甲烷菌有利，因它能与CO_2生成NH_4HCO_3，起缓冲作用；NH_3浓度在1500~3000mg/L（以N计）之间时，能抑制甲烷菌的活性，降低甲烷产量；NH_3浓度在3000mg/L之上时，则直接导致甲烷菌中毒，停止甲烷的产生。

当pH值在中性附近时，S^{2-}的浓度超过200mg/L，也将导致甲烷菌中毒。以上各种毒物的两种或数种当共存于同一消化液时，有时会相互将部分毒性抵消。例如，S^{2-}与重金属共存时，可生成不溶性的重金属硫化物，使其毒性抵消；当钠、钾离子共存时，两者的毒性都会有所降低。

4.4.2.2 监测指标

（1）消化系统正常运行的分析测量项目

流量：包括投泥量、排泥量和上清液排放量，应测量并记录每一运行周期内的以上各值。

pH值：包括进泥、消化液排泥和上清液的pH值，每天至少测两次。

含固量：包括进泥、排泥和上清液的含固量，每天至少分析一次。

有机分：包括进泥、排泥和上清液中干固体中的有机分，每天至少分析一次。

碱度：包括测定进泥、排泥、消化液和上清液中的碱度，每天至少一次，小型处理厂可只测消化液中的碱度。

挥发性脂肪酸（VFA）：测定进泥、排泥、消化液和上清液中的VFA值，每天至少一次，小型处理厂只测消化液中的VFA。

BOD_5：测上清液中的BOD_5值，每两天一次。

SS：测上清液中的SS值，每两天一次。

NH_3—N：包括进泥、排泥、消化液和上清液中的NH_3—N值，每天一次。

TKN：包括进泥、排泥、消化液和上清液中的TKN值，每天一次。

TP：测上清液中的TP，每天一次。

大肠菌群：测进泥和排泥的大肠菌群，每周一次。

蛔虫卵：测进泥和排泥的蛔虫卵数，每周一次。

沼气成分分析：应分析沼气中的CH_4、CO_2、H_2S三种气体的含量，每天一次。

沼气流量：应尽量连续测量并记录沼气产量。

（2）计算并记录的指标

有机物分解率即污泥的稳定化程度；分解单位重量有机物的产气量；有机物投配负荷；消化时间；消化温度。另外，还应记录每个工作周期的操作顺序及每一操作的历时。

4.4.2.3 消化池的运行维护

（1）pH值及碱度控制

在正常运行时，产酸菌和甲烷菌会自动保持平衡，并将消化液的pH自动维持在6.5~7.5的近中性范围内。此时，碱度一般在1000~5000mg/L（以$CaCO_3$计）之间，典型值在2500~3500mg/L之间。正常运行时，VFA浓度随碱度而变化，一般在50~500mg/L范围内，当碱度超过4000mg/L时，VFA超过1200mg/L也能正常运行。

1）pH值下降的原因

正常运行时，消化液的氧化还原电位ORP一般在-490~-550mV之间。由于以下原因，会使产酸阶段和产甲烷阶段失去平衡，导致pH值降至6.5以下，并导致VFA和ORP升高。

温度波动太大：由于甲烷菌对温度波动极其敏感，温度波动较大时，可降低甲烷菌的活性，使其分解挥发脂肪酸的速率下降。而产酸菌受温度影响较小，此时产酸菌仍会源源不断地将有机物分解成挥发性脂肪酸。这样，在消化液内便会造成挥发性脂肪酸积累，pH值下降。

投入的有机物超负荷：投泥量突然增多或进泥中含固量升高时，可导致有机物超负荷。由于消化液中有机物增多，产酸菌的活性将增大，会产生出较多的VFA。而甲烷菌增殖速率很慢，不能立即将增多的VFA分解掉，因此会造成VFA积累，使pH值降至6.5以下。

水力超负荷：水力超负荷系指投泥的体积量突然增多，使消化时间缩短，并低于t值。由于甲烷菌世代期长，消化时间缩短会将部分甲烷菌冲刷掉，并且得不到恢复，这样必然也会造成VFA积累，导致pH值降至6.5以下。

甲烷菌中毒：进泥中含有有毒物质时，会使甲烷菌中毒而受到抑制或完全失去活性。此时往往产酸菌并没中毒，而仍在产生VFA，因此必然导致VFA积累，使pH降至6.5以下。

2）采取措施

对于以上情况，应及时采取pH值控制措施，否则将使污泥消化系统彻底破坏，不得不重新培养消化污泥，而消化污泥培养期一般要2~3个月。控制措施：立即外加碱源，增加消化液中的碱度，将积累的VFA中和掉，使pH值回升到6.5~7.5的范围内；寻找pH值下降的原因，并针对原因采取相应的控制措施，待恢复正常运行以后，再停止加碱。

3）预测pH值下降的措施

在实际运行中，不能直接控制pH值，因为当发现pH值低于6.5时，消化系统已经处于严重的酸化状态，甲烷菌已经受到了抑制，产气量已经大大降低。可用以下几个措施间接预测 pH 值：

VFA 浓度：VFA 升高时，预示着运行可能出现了异常，造成 VFA 积累，可能要使 pH 下降。

碱度（ALK）：ALK 降低时，也预示着运行可能出现了异常，可能使 pH 值下降。

VFA/ALK：正常运行时，VFA/ALK 一般小于 0.3。VFA/ALK 大于 0.3 并继续升高时，预示着运行出现异常，肯定造成了 VFA 积累，并将导致 pH<6.5。VFA/ALK 比单纯采用 VFA 或 ALK 更具有合理性。因为当 VFA 升高时，如果 ALK 也升高，则不会导致 pH 值降低；当 ALK 降低时，如果 VFA 也随之降低，也不会导致 pH 值降低。该指标的缺点是必须同时测定 VFA 和 ALK 两个指标。

沼气中 CH_4 的含量：根据沼气的产量以及其中甲烷 CH_4 含量的变化，也可以预测是否造成了 VFA 积累，并可初步判明其原因。CH_4 产量突然下降时，说明进泥中存在有毒物质，并使甲烷菌中毒，造成了 VFA 的积累；如果 CH_4 产量逐渐下降，则是由于水力超负荷，导致 VFA 积累，如果 CH_4 产量先上升，后逐渐下降，则说明由于进泥有机物超负荷，导致了 VFA 积累。

4）pH 值控制程序

注意观察 VFA、ALK、VFA/ALK、CH_4 含量等指标的变化，如发现异常，则应开始 pH 值控制，判断是否需加碱控制 pH。如果需加碱，则确定加药种类，并计算出投加量。寻找出现异常的原因，如果由于温度波动导致的异常，应加强加热系统的控制，使温度保持稳定；如果由于有机物超负荷所致，则应降低进泥量；如果由甲烷菌中毒引起异常，则应控制毒物的进入。

采取措施以后，各项指标会逐渐恢复正常。待完全恢复以后，可停止加碱。

（2）毒物控制

污水处理厂进水中工业废水成分较高时，其污泥消化系统经常会出现中毒问题。中毒问题常常不易及时察觉，因为一般处理厂并不经常分析污泥中的毒物浓度。当出现重金属类型的中毒问题时，根本的解决方法是控制上游有毒物质的排放，加强污染源管理。在处理厂内，常可采用一些临时性的控制方法。常用的方法是向消化池内投加 Na_2S。绝大部分有毒重金属离子能与 S^{2-} 反应形成不溶性的沉淀物，从而使之失去毒性。Na_2S 的投加量可根据重金属离子的种类及污泥中的浓度计算确定。

（3）加热系统的控制

甲烷菌对温度的波动非常敏感，一般应将消化液的温度波动控制在 ±0.5～1.0℃范围之内。要使消化液温度严格保持稳定，就应严格控制加热量。

消化系统的加热量由两部分组成：一部分是将投入的生泥加热至要求的温度所需的热量；另一部分是补充热损失，维持温度恒定所需要的热量。

温度是否稳定，与投泥次数和每次投泥量及其历时的关系很大。投泥次数较少，每次投泥量必然较大。一次投泥太多，往往能导致加热系统超负荷，由于供热不足，温度降低，从而影响甲烷菌的活性。因此，为便于加热系统的控制，投泥控制应尽量接近均匀连续。

蒸汽直接池内加热，效率较高；但存在一些缺点。一是会消耗掉锅炉的部分软化水，使污泥的含水率略有升高；二是能导致消化池局部过热现象，影响甲烷菌的活性。一般来说搅拌应与蒸汽直接加热同时进行，以便将蒸汽带入的热量尽快均匀分散到消化池各处。

当采用泥水热交换器进行加热时，污泥在热交换器内的流速应控制在1.2m/s以上。因为流速较低时，污泥进入热交换器会由于突然遇热结饼，在热交换面上形成一个烘烤层，起隔热作用，从而使加热效率降低。

（4）搅拌系统的控制

良好的搅拌可提供一个均匀的消化环境，是消化效果高效的保证。完全混合搅拌可使池容100%得到有效利用，但实际上消化池有效容积一般仅为池容的70%左右。对于搅拌系统设计不合理或控制不当的消化池，其有效池容会降至实际池容的50%以下。

对于搅拌系统的运行方式，一种方法采用连续搅拌；另一种采用间歇搅拌，每天搅拌数次，总搅拌时间保持6h之上。目前运行的消化系统绝大部分都采用间歇搅拌运行，但应注意：在投泥过程中，应同时进行搅拌，以便投入的生污泥尽快与池内原消化污泥均匀混合；在蒸汽直接加热过程中，应同时进行搅拌，以便将蒸汽热量尽快散至池内各处，防止局部过热，影响甲烷菌活性；在排泥过程中，如果底部排泥，则尽量不搅拌，如果上部排泥，则宜同时搅拌。

（5）消化池的日常维护

定期取样分析检测，并根据情况随时进行工艺控制。与活性污泥系统相比，消化系统对工艺条件及环境因素的变化反映更敏感。因此对消化系统的运行控制就需要更细心。

运行一段时间后，一般应将消化池停用并泄空，进行清砂和清渣。池底积砂太多，一方面会造成排泥困难，另一方面还会缩小有效池容，影响消化效果。池顶部液面如积累浮渣太多，则会阻碍沼气自液相向气相的转移。一般来说，连续运行5年以后应进行清砂。如果运行时间不长，积砂积渣就很多，则应检查沉砂池和格栅除污的效果，加强对预处理的工艺控制和维护管理。日本一些处理厂在消化池底部设有专门的排砂管，用泵定期强制排砂，一般每周排砂一次，从而避免了消化池积砂。实际上，用消化池的放空管定期排砂，也能有效防止砂在消化池的积累。

搅拌系统应予以定期维护。沼气搅拌立管常有被污泥及污物堵塞的现象，可以将其他立管关闭，大气量冲洗被堵塞的立管。机械搅拌桨有污物缠绕时，一些处理厂的机械搅拌可以反转，定期反转可甩掉缠绕的污物。另外，应定期检查搅拌轴穿顶板处的气密性。

加热系统亦应定期检查维护。蒸汽加热立管常有被污泥和污物堵塞现象，可用大气量冲吹。当采用池外热水循环加热时，泥水热交换器常发生堵塞的现象，可用大水量冲洗或拆开清洗。套管式和管壳式热交换器易堵塞，螺旋板式一般不发生堵塞，可在热交换器前后设置压力表，观测堵塞程度。如压差增大，则说明被堵塞，如果堵塞特别频繁，则应从污水的预处理寻找原因，加强预处理系统的运行控制与维护管理。

消化过程的特点，使系统内极易结垢。管道内结垢将增大管道阻力，如果热交换器结垢，则降低热交换效率。在管路上设置活动清洗口，经常用高压水清洗管道，可有效防止垢的增厚。当结垢严重时，最基本的方法是用酸清洗。

消化池使用一段时间后，应停止运行，进行全面的防腐防渗检查与处理。消化池内的腐蚀现象很严重，既有电化学腐蚀，也有生物腐蚀。电化学腐蚀主要是消化过程产生的 H_2S 在液相内形成氢硫酸导致的腐蚀。生物腐蚀常不被引起重视，而实际腐蚀程度很严重，用于提高气密性和水密性的一些有机防渗防水涂料，经一段时间常被微生物分解掉，而失去防水防渗效果。消化池停运放空之后，应根据腐蚀程度，对所有金属部件进行重新防腐处理，对池壁应进行防渗处理。另外，放空消化池以后，应检查池体结构变化，是否有裂缝，是否为通缝，并进行专门处理。重新投运时宜进行满水试验和气密性试验。

一些消化池有时会产生大量泡沫，呈半液半固状，严重时可充满气相空间并带入沼气管路系统，导致沼气利用系统的运行困难。当产生泡沫时，一般说明消化系统运行不稳定，因为泡沫主要是由于 CO_2 产量太大形成的，当温度波动太大，或进泥量发生突变等，均可导致消化系统运行不稳定，CO_2 产量增加，导致泡沫的产生。如果将运行不稳定因素排除，则泡沫也一般会随之消失。在培养消化污泥过程中的某个阶段，由于 CO_2 产量大，甲烷产量少，因此也会存在大量泡沫。随着甲烷菌的培养成熟，CO_2 产量降低，泡沫也会逐渐消失。消化池的泡沫有时是由污水处理系统产生的诺卡氏菌引起的，此时曝气池也必然存在大量生物泡沫，对于这种泡沫控制措施之一是暂不向消化池投放剩余活性污泥，但根本性的措施是控制污水处理系统内的生物泡沫。

消化系统内的许多管路和阀门为间隙运行，因而冬季应注意防冻，应定期检查消化池及加热管路系统的保温效果；如果不佳，应更换保温材料。因为如果不能有效保温，冬季加热的耗热量会增至很大。很多处理厂由于保温效果不好，热损失很大，导致需热量超过了加热系统的负荷，不能保证要求的消化温度，最终造成消化效果的大大降低。

安全运行尤为重要。沼气中的甲烷系易燃易爆气体，因而在消化系统运行中，应注意防爆问题。所有电气设备均应采用防爆型，严禁人为制造明火，例如吸烟、带钉鞋与混凝土地面的摩擦、铁器工具相互撞击，电、气焊均可产生明火，导致爆炸危险。经常对系统进行有效的维护，使沼气不泄露是防止爆炸的根本措施。另外，沼气中含有的 H_2S 能导致中毒，沼气含量大的空间含氧必然少，容易导致窒息。因此在一些值班或操作位置应设置甲烷浓度超标及氧亏报警装置。

第5章 城市污水再生利用技术与管理

早在20世纪80年代中期，我国有关部门就开始倡导和推动城市污水的再生利用。"六五"期间，建设部立项在青岛进行了城市污水回用中试研究，在大连开展了小试研究。"七五"期间，国家科委将"水污染防治及城市污水资源化"研究项目列入国家科技攻关计划，在天津等地开展了各种污水处理工艺与回用途径的研究与探索。"八五"期间，国家继续将"城市污水回用"研究课题列入国家科技攻关计划，并在大连、天津、泰安、太原、北京等城市开展了城市污水回用技术研究和初步工程实践。

进入21世纪之后，我国的城市污水再生利用工作开始出现突破性的进展。2000年建设部、国家环保总局、科技部联合发布了《城市污水处理及污染防治技术政策》，提倡各类规模的污水处理设施按照经济合理和卫生安全的原则，实行污水再生利用。2002年修订的《中华人民共和国水法》明确了地表水与地下水统一调度开发、开源与节流相结合、节流优先和污水处理再利用的水资源开发利用原则。国家计委等部门启动了一批再生水示范工程项目的建设，天津、北京、青岛、西安、合肥、大连等地的再生水工程项目陆续形成规模化生产能力。建设部组织实施了"十五"国家科技攻关"城市污水再生利用政策、标准和技术研究与示范"课题，并出台了城市污水再生利用技术政策及一批再生水标准。

城市污水再生利用已经成为一种共识和必然趋势，相应地，城市污水处理的战略目标也开始由传统意义上的"污水处理、达标排放"逐步转变为以水质再生处理为核心的"水的循环利用"。以往以达标排放为目的、针对某些污染物去除而开发的工艺技术，开始调整到以水的综合利用与再生处理为目标，对各种先进、经济、适用的技术进行技术综合与集成应用，例如：二级强化处理技术、现代过滤技术、消毒技术，以及微滤、超滤、反渗透、膜生物反应器等高新技术设备。

5.1 城市再生水系统的构成与类型

城市污水再生处理是指城市污水按照一定的水质要求、采取相应的技术方法进行净化处理，并使其恢复特定使用功能及具有安全性的过程，包含水量的回收、有害和影响使用功能物质的去除以及病原体的有效控制。经过城市或其他污水再生处理系统有效处理，能满足特定用水目的的水质要求与安全性要求，使特定的用水单位获益或控制利用的消毒净化水，即为再生水。

城市再生水系统一般由水源工程、再生处理工程、输配管网和用水场所组成，表 5-1 列出了城市再生水系统的基本构成与功能要求。

城市再生水系统的基本构成与功能要求 表 5-1

序号	构成要素	主要功能及基本要求
1	再生水水源及收集输送系统	① 有毒有害及其他影响性成分得到有效控制； ② 排入水符合排入城市下水道水质标准； ③ 污水流量及流量特征满足再生水稳定可靠生产的要求
2	二级或二级强化生物处理	① 有机物、悬浮物、氮磷营养物、病原体得到去除； ② 满足城镇污水处理厂污染物排放标准； ③ 符合再生水或进一步生产再生水的功能与质量要求
3	三级处理及高级处理	① 悬浮物、有机物和病原体得到去除； ② 特定无机物与有机物得到去除； ③ 满足再生水生产的功能与质量要求
4	消毒处理	① 病原体的有效灭活及后续再度污染得到控制； ② 满足再生水的卫生学标准
5	再生水输配管网	① 设有从再生水厂到用水场所的再生水输送干管与配水管网； ② 管网系统中再生水水质得到维持与二次污染受到控制； ③ 输配水与供水过程的水质水量安全性和可靠性有保障
6	再生水用水场所	① 具有不同类型的再生水利用场所； ② 用水过程及其排放得到有效管理与监测

再生水水源工程为收集、输送和抽取城市污水的管道系统或子系统，再生水水源可以是符合排入城市下水道水质要求的污水，也可以是污水处理厂的出水。

再生处理工程通常是二级（或二级强化）处理设施、三级处理及高级处理设施的组合。二级或二级强化生物处理作为再生水生产的基础性工艺过程，一般在城市污水处理厂中完成；三级处理及高级处理作为再生水生产的主体工艺过程，一般设置在城市污水处理厂内，也可以在城市污水处理厂之外；消毒处理为再生水生产的必备工序。

再生水输配管网及其实施方式取决于再生水厂到用水场所的距离及用水性质，为保障再生水输配的持续性和可靠性，储水设施的建设应得到高度重视。再生水用水场所为再生水的最终用户端，主要着重于再生水的获益性有效利用、用水场所的优化管理和排放水的有效控制。

根据再生水水源、再生处理设施布局、用水需求和输配水方式的差异，城市污水再生利用系统的典型构建模式可以分成三种，即分区集中型城市污水再生利用系统、独立型城市污水再生利用系统、就近型城市污水再生利用系统。这三种模式特点各异，应根据具体情况，通过综合性技术经济比较以决定其选取，在一个城市中可以多种模式并存，构成优化组合的城市污水再生利用设施体系。

分区集中型城市污水再生利用系统如图5-1所示，是在功能完整的分区集中型城市污水处理厂内或邻近区域设置三级（深度）处理设施，利用部分二级生物处理出水生产再生水。再生水生产设施本身一般为城市污水处理厂的一个组成部分，所生产的再生水通过输配系统配送到用水场所。这是当前城市污水再生利用的主要实施模式，一般用于再生水的较大规模生产和配送，单位投资和生产成本较低，但由于一般位于城市下游或排水区下游，与再生水用水区域之间往往有一定的距离，输配水距离和范围往往较大，配套管网投资较高。

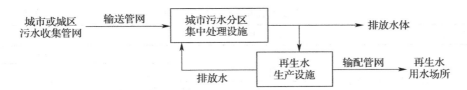

图 5-1　分区集中型城市污水再生利用系统
（城市污水集中处理厂或分区集中处理厂的部分出水进行再生利用）

独立型城市污水再生利用系统如图5-2所示，是在相对独立或较为分散的居住区或城区组团设置，就近建立具有完整城市污水处理功能与再生水生产功能的处理厂，净化处理水水质满足再生水和排放水体的要求，污泥得到有效处理与处置，再生水以就近利用为主，输配水距离较短，建设规模一般不大。

图 5-2　独立型城市污水再生利用系统
（全部污水就近收集输送并集中再生处理，就近利用）

就近型城市污水再生利用系统如图5-3所示，是在下游具有集中型污水处理厂的居住区或城区组团中建立城市污水再生处理设施，就近从城市污水干管中截取部分原污水，进行污水净化处理和再生水的生产，再生水全部就近利用，输配水距离短，管网投资较低。再生处理过程中产生的污泥、浮渣和排放水，可以全部重新排入城市污水干管，输送到下游集中型污水处理厂处理。这类再生水厂的规模一般较小，以满足临近区域的再生水用水需求为目的，实施方式较为灵活。

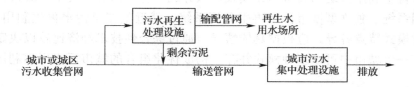

图 5-3 就近型城市污水再生利用系统
（从城市污水输送主干网中抽取污水并就近再生利用）

5.2 再生水的用水途径与类别

依据国家标准《城市污水再生利用类别划分》（GB/T 18919—2002），城市污水再生利用的途径分类列于表 5-2。

城市污水再生利用类别划分 表 5-2

序号	分类	范围	示例
1	农、林、牧、渔业用水	农田灌溉	种子与育种、粮食与饲料作物、经济作物
		造林育苗	种子、苗木、苗圃、观赏植物
		畜牧养殖	畜牧、家畜、家禽
		水产养殖	淡水养殖
2	城市杂用水	城市绿化	公共绿地、住宅小区绿化
		冲厕	厕所便器冲洗
		道路清扫	城市道路的冲洗及喷洒
		车辆冲洗	各种车辆冲洗
		建筑施工	施工场地清扫、浇洒、灰尘抑制、混凝土制备与养护、施工中的混凝土构件和建筑物冲洗
		消防	消火栓、消防水炮
3	工业用水	冷却用水	直流式、循环式
		洗涤用水	冲渣、冲灰、消烟除尘、清洗
		锅炉用水	中压、低压锅炉
		工艺用水	溶料、水浴、蒸煮、漂洗、水力开采、水力输送、增湿、稀释、搅拌、选矿、油田回注
		产品用水	浆料、化工制剂、涂料
4	环境用水	娱乐性景观环境用水	娱乐性景观河道、景观湖泊及水景
		观赏性景观环境用水	观赏性景观河道、景观湖泊及水景
		湿地环境用水	恢复自然湿地、营造人工湿地
5	补充水源水	补充地表水	河流、湖泊
		补充地下水	水源补给、防止海水入侵、防止地面沉降

对于再生水的净化处理要求及相应的水质目标，在很大程度上取决于再生水的水源特征、用水途径及用水方式。就卫生健康与安全风险来说，接触风险越高，则处理要求也越高，这反映了特定用水途径及其用水方式所存在的潜在风险。除了达到规定的再生水处理要求外，用水场所的良好管理也是保障公共卫生健康、环境质量和相关产品质量的重要环节。

5.3 再生水净化处理的基本要求

再生水净化处理的基本要求主要以再生水用途为依据。在城市污水作为水源的再生水生产系统中，二级或二级强化生物处理通常是再生水生产的基础性组成部分。二级或二级强化生物处理系统应同时满足两方面的功能要求，其一是《城镇污水处理厂污染物排放标准》（GB 18918—2002）规定的质量要求（见表5-3），其二是再生水生产对水质净化程度和水量变化特征的要求。两者要求不一致时，应进行综合优化，形成具有高度运行灵活性和可靠性特征的综合方案，必要时全部以标准高的要求为设计和运行管理目标。

GB 18918—2002 基本控制项目最高允许排放浓度（日均值[①]）   表5-3

序 号	基本控制项目		一级标准		二级标准
			A 标准	B 标准	
1	化学需氧量（COD）(mg/L)		50	60	100
2	生化需氧量（BOD_5）(mg/L)		10	20	30
3	悬浮物（SS）(mg/L)		10	20	30
4	动植物油（mg/L）		1	3	5
5	石油类（mg/L）		1	3	5
6	阴离子表面活性剂（mg/L）		0.5	1	2
7	总氮（以N计）(mg/L)		15	20	—
8	氨氮（以N计）[②]（mg/L）		5（8）	8（15）	25（30）
9	总磷（以P计）(mg/L)	2005年12月31日前	1	1.5	3
		2006年1月1日起	0.5	1	3
10	色度（稀释倍数）		30	30	40
11	pH		6-9		
12	粪大肠菌群数（个/L）		10^3	10^4	10^4

① 取样频率为至少每2h一次，取24h混合样，以日均值计；
② 括号外数值为水温>12℃时的控制指标，括号内数值为水温≤12℃时的控制指标。

根据再生水的基本水质目标、基本处理工艺和基本用水途径，以卫生健康与安全为重点，结合相关国家标准及国外经验，国家城市给水排水工程技术研究中心在相关研究中，提出了再生水的基本类别及划分方法（表5-4）。划分的主要依据为：再生处理的基本工艺流程及其净化处理能力，尤其是病原体去除效果；净化处理工艺运行性能的水质参数（如浊度、BOD、SS、pH、粪大肠菌群）和工艺性能的监测与控制；再生水的主要用水途径。

再生水基本类别建议及相应的基本处理要求　　　　　表 5-4

	基本处理要求与病原体控制	基本类别				
		A 级	B 级	C 级	D 级	E 级
水质指标	粪大肠菌群①（个/L）	<1	≤3	≤100	≤1000	≤10000
	浊度（NTU）	≤0.2	≤1.0	≤3	—	—
	SS（mg/L）			≤5	≤10	≤20/30
	BOD_5（mg/L）	≤3	≤8	≤10	≤10	≤20/30
	pH	6.0~9.0				
	感官指标	无飘浮物，无令人不愉快的臭和味				
	其他特定水质指标	需要控制的水质参数及标准值应依据具体用水途径确定				
再生处理	生物处理②	二级或二级强化生物处理				
	物化处理③	（混凝沉淀）	（混凝沉淀）	混凝（沉淀）		
	过滤处理④	膜滤	膜滤	介质过滤	介质过滤	—
	深度处理	反渗透	根据实际需要			
	消毒⑤	紫外线、加氯、臭氧				加氯
用水	余氯控制⑥	非现场再用：0.5mg/L（建议）				
	主要用水途径⑦	水源补充 非饮用水	生活杂用 工业生产	市政杂用 工业冷却	工业冷却 景观环境	农林灌溉 生态环境
	与有关标准的对应关系				GB 18918—2002 一级 A	GB 18918—2002 一级 B/二级

① A 级再生水要求 1L 水样中粪大肠菌未检出，其他等级再生水为 24h 平均值，MPN 法；
② 作为再生处理的必备单元，应根据排放要求和再生水水质要求，确定处理工艺及设计参数；
③ 混凝及沉淀通常作为前处理，强化过滤处理效果，括号表示设置与否根据具体情况选定；
④ 过滤是再生处理的关键单元，通过去除悬浮固体和胶体，降低浊度，消除污染物和病原体；
⑤ 消毒是再生水生产的必备单元，确保病原体的灭活与控制；非现场利用时宜采用加氯消毒；
⑥ 对于需要通过管道输送再生水的非现场利用，存在二次污染可能性时，宜保持一定余氯量；
⑦ 等级高的再生水可用于等级低的用水途径，但等级低的再生水不可用于等级高的用水途径。

5.3.1 病原体控制

未处理和经过二级处理的污水中均可能含有对人体和动物健康有害的病原微生物。世界卫生组织（WHO）根据病原体在污水中的潜在浓度以及对净化处理和消毒剂剂量的抵抗能力，对涉及病原体的风险等级进行了分类：

高风险：寄生虫（例如肠道线虫、蛔虫、绦虫）；

中风险：细菌（例如能引起霍乱、伤寒和志贺氏细菌性痢疾的细菌），原生动物（例如贾第鞭毛虫、隐孢子虫）；

低风险：病毒（例如肠道病毒）。

病毒是一类体积微小、结构简单、严格细胞内寄生的非细胞型微生物，只含有一种核酸，RNA 或 DNA，只能在一定种类的细胞中增殖，对抗生素不敏感，对干扰素敏感。

肠道病毒是污水中常见的病毒类群，人类是肠道病毒的天然宿主，儿童是最敏感的人群，传染源为病人及隐性感染者。

尽管肠道病毒抗消毒的能力比细菌高，但 WHO 的专家却认为肠道病毒的致病危险是最低的病原体。因为肠道病毒在家庭中的传播为人们提供了及早的接触，而且与细菌的短期到中期免疫性以及寄生虫的短暂免疫性相比，对肠道病毒的免疫性时间要长得多。然而，这个观点并未被广泛采纳，美国环保局对再生水的控制主要集中在对病毒风险的管理上。

典型的城市污水三级处理工艺流程为化学混凝（沉淀）过滤，一般能进一步去除约 40% 的 BOD 和 70% 的 SS，以及部分重金属、磷和痕量物质。城市污水再生利用中，三级处理的最主要目的是增强病原体的去除能力，附带去除其他有机的或无机的组分，其中过滤是核心工艺，包括介质过滤与膜过滤两类，必要时投加混凝剂和聚合物进行前处理以增强过滤的功效。

实验研究表明，通过化学混凝（沉淀）过滤等单元处理工艺，能去除 2 个数量级（99%）的脊髓灰质炎病毒。Noss 等人的研究说明，如不加混凝剂，二级出水通过砂滤池或双层滤池过滤，不能显著降低肠道病毒含量。石灰作为混凝剂，pH 值达到 11~12 时会使病毒和其他病原体灭活。隐孢子虫、贾第鞭毛虫和其他寄生虫可在混凝、沉淀和过滤过程中，随着浊度和颗粒数的降低能得到较高程度的去除；用膜法过滤也可获得很高的去除率。反渗透能有效去除大多数病毒和所有的其他微生物。

污水中的病毒和寄生虫病原体对消毒处理的敏感性低于细菌性病原体，并且一般附着在悬浮物和胶体物质上或被它们所包围，对消毒过程会产生明显的屏蔽（抵抗）作用。因此，最现实可行的办法是降低处理水的浊度。这就意味着，过滤处理的主要目的不仅仅是去除附着这些病原体的悬浮物和胶体，还在于强化后续消毒工艺的处理效果。基于这一考虑，美国、澳大利亚等国家的再生水生产中，为了确保消毒效果，基本上都提出了较严格的浊度降低要求，而且要求对每个滤池的过滤全过程进行有效监测与控制，例如，要求处理水进入消毒工艺之前的浊度小于2NTU，二级出水浊度高于10NTU时要求投加混凝剂以强化过滤效果。

5.3.2 净化处理方法

在《城镇污水处理厂污染物排放标准》（GB 18918—2002）中，根据城镇污水处理厂排入地表水域环境功能和保护目标，以及污水处理厂的处理工艺，将基本控制项目的常规污染物标准值分为一级标准、二级标准、三级标准；一级标准分为A标准和B标准。其要点为：

（1）对于非重点控制流域和非水源保护区的建制镇污水处理厂，根据当地经济条件和水污染控制要求，可采用一级强化处理工艺时，执行三级标准；但必须预留二级处理设施的位置，分期达到二级标准。

（2）城镇污水处理厂出水排入地表水IV、V类功能水域（GB 3838—2002）或海水三、四类功能海域（GB 3097—1997）时，执行二级标准。

（3）城镇污水处理厂出水排入地表水III类功能水域（GB 3838—2002）（划定的饮用水水源保护区和游泳区除外）、海水二类功能水域（GB 3097—1997）和湖、库等封闭或半封闭水域时，执行一级标准的B标准。

（4）一级标准的A标准是城镇污水处理厂出水作为城市再生水的基本要求。当污水处理厂出水引入稀释能力较小的河湖作为城镇景观用水和城镇一般再用水等用途时，执行一级标准的A标准。

2006年国家环境保护总局第21号公告发布的《城镇污水处理厂污染物排放标准》（GB 18918—2002），要求"城镇污水处理厂出水排入国家和省确定的重点流域及湖泊、水库等封闭、半封闭水域时，执行一级标准的A标准"。

三级标准实际上是过渡性标准，主要针对经济欠发达地区非重点流域和非水源保护区的建制镇的污水处理。达到三级标准的处理出水，由于氧化不彻底，仍然残留较高浓度的有机污染物和无机污染物，通常达不到再生水或进一步生产再生水的功能要求，在再生水生产中一般不予考虑。

达到一级标准或二级标准的净化处理水，得到了很好的生物处理，污染物得到较彻底的氧化及去除，根据不同用水途径，可以直接作为再生水或进一步净化处理之后作为再生水。二级标准对总氮没有要求，对总磷和氨氮的处理要求也较低，因此，一般不用于氮磷去除要求较高的再生水的生产。一级B标准对污水的氮磷去除有明确的规定和较高的要求，适合氮磷去除要求较高的再生水的生产。一级A标准则达到了再生水的基本要求。

二级生物处理能够经济高效地去除污水中的悬浮固体和有机污染物，二级强化生物处理能够经济有效地去除污水中的氮磷营养物，过滤技术为核心的三级处理对残余悬浮固体、胶体物质和病原体有较好的进一步去除功效，但去除氮磷营养物的能力有限或缺乏经济性。因此，在城市污水再生处理工程中应充分发挥城市污水二级处理的有机物氧化功能与二级强化处理的氮磷营养物去除作用，尽量避免在后续的三级处理中设置去除氮、磷和有机物的处理设施。

城市污水二级处理和三级处理工艺对无机盐及某些特殊污染物的去除能力很低，如果某种用途的再生水对无机盐或某些成分有较高的处理要求，或原污水中这些物质的含量偏高，则需要额外增加特定的高级处理措施，如反渗透、活性炭吸附、离子交换、臭氧氧化等。

下面将结合几种典型用水途径，对再生水处理的功能性要求加以讨论。

5.3.3 农业灌溉用水

再生水作为灌溉用水，可能导致的农业产品污染机理为：蒸发作用和反复使用再生水可能导致某些污染物在农作物上积累；植物通过根部从水或土壤中吸收某些有害物质；通过叶面吸收有害物质。一些物质会在某些特定的植物上积累，对食草动物和人体的健康会产生潜在的危害。经过二级或更高级处理的再生水，尽管其化学组成差别很大，但一般都能达到现有的灌溉用水标准。

在农业灌溉用水水质中，需要重点考虑的成分包括盐分、钠离子、微量元素、余氯、营养物质和病原体等，执行国家标准《农田灌溉水质标准》（GB 5084—92）。相应的再生水水质标准为《城市污水再生利用农田灌溉用水水质》（GB 20922—2007）。

盐分是决定再生水是否适用于灌溉的最重要参数。不同类型植物对盐分的忍耐范围有相当大的差异。盐分的不利影响主要表现在土壤渗透性改变、特定离子的毒性、土壤物理条件的降低等方面，这些改变可能会导致植物生长速率的降低、产量的减少以及直接造成伤害。含盐量高的水浇灌植物叶面时，会导致钠离子或氯离子的直接吸收，直接伤害植物叶子。灌溉水中的盐分应当控制在植物能够忍受的水平，同时土壤应具有滤水特性及足够的渗滤量，以防止盐分的积累。污水中的盐分含量通常高于供水，主要来源于工业排放、日常用品，但通常低于1000mg/L的水平，能符合灌溉用水要求。沿海及盐碱地区的污水管网中容易出现盐分的入渗，会导致盐分的明显升高，需要采取相应的脱盐处理措施。

微量元素对植物和动物的生长都是必需的，但在浓度较高或剂量较大的情况下有可能成为毒性物质。就毒性来说，最受人们关注的金属元素是镉、铜、钼、镍和锌。污水中微量元素及潜在有毒化合物主要来源于工业污水以及一部分日常生活用品。符合再生水水源水质要求的污水经过二级生物处理之后，再生水中的微量元素及潜在有毒化合物的浓度均较低，一般不会超出规定的标准，不会造成危害。

余氯浓度高于5mg/L时，对多数植物有毒害作用；余氯浓度为1mg/L时，通常不会对植物造成不利影响。但有些敏感性植物，即使余氯量低于 0.05mg/L 也会受到影响。一些木质性的植物可以在自身组织内积累氯，直到达到毒性浓度水平。当直接喷灌植物时，与钠离子和氯化物的作用类似，多余的氯会烧灼植物的叶子。

营养物质是植物生长所必需的，主要包括氮、磷、钾、锌、硼和硫。再生水中通常含有足够的这些物质以满足植物的大部分需要。最有益的营养物质是氮、磷，但过量的氮负荷会刺激作物的过度生长，导致成熟期推迟以及产量与品质的降低。因此，再生水中的氮含量要依据作物的不同生长阶段加以合理控制。

含有病原体的污水通过灌溉可直接污染农作物，或者通过土壤间接污染农作物。风吹扬尘或劳动人员、鸟类、昆虫的活动都可以将灌溉水或土壤中的微生物转移到农作物的可食用部位。但通过控制再生水水质、灌溉作物种类和接触程度，对卫生健康的影响可以消除，从而允许使用等级较低的再生水，例如，二级处理和消毒后粪大肠杆菌数不超过 10000 个/L 的出水。

在使用再生水灌溉粮食作物的情况下，为了使疾病传播的风险降到最低，有三种可供选择的方法：(1) 在灌溉前消灭再生水中的病原菌；(2) 作物在出售前进行加工以消灭病原菌；(3) 防止再生水与作物的可食用部位直接接触。

对地面上生长的粮食作物，喷灌比漫灌对再生水的要求要严格，因为这时再生水和作物会发生直接接触。除非微生物无法抵抗干燥、日晒、食物不足或其他微生物和化学药剂的作用，否则它们在作物的表面还可以生长繁殖，所以病原菌完全失活的这些机理仍然受到人们的质疑。因此，喷灌那些可食用或直接出售原作物时，要求所用再生水中不可测出病原菌。对于胡萝卜、甜菜、洋葱等根块作物，漫灌也会导致作物与再生水直接接触，因此也应有同样的要求。

如果用再生水灌溉的粮食作物在出售前进行了充分的物理或化学加工，消灭了病原菌，那么对再生水水质的要求可以不那么严格。由于在加工作物的过程中有传染性的微生物还有机会传播，应控制加工前出售或配送作物，以保证切断其传播途径，防止受到污染的作物进入食品制备环节。

5.3.4 景观环境用水

再生水作为景观环境用水，是根据缺水城市对于娱乐性水环境的需要而发展起来的一种再生水利用的方式，再生水既可作为景观水体用水，也可以作为水景用水，执行国家标准《城市污水再生利用 景观环境用水水质》(GB/T 18921—2002)。作为景观水体包括人工湖泊、景观池塘、人工小溪、河流等，或全部由再生水组成，或大部分由其组成，这就意味着它不同于天然景观水体那样只接受少量的污水，污染物本底值很低，水体具有较强的稀释自净能力。

当再生水用于景观环境时，应当考虑景观环境的表观特征。营养物质的去除是控制藻类生长的最主要方式，如果营养物质得不到有效的控制，将导致藻类过量繁殖，那么水池将产生臭味、表观性差。控制磷的浓度通常是控制淡水水体藻类生长的关键方式。根据"八五"课题成果，磷是淡水水体富营养化的关键性控制因素，当 TP < 0.5mg/L 时，即使在夏季藻华爆发期也能保证叶绿素 α（Chla）< 15μg/m³，透明度 > 2m 的视觉效果，即不明显影响娱乐性水环境的美学价值。因此将流动性较好的河道类与流动性相对较差的湖泊类、水景类的 TP 分别设定在 1.0 和 0.5mg/L。如要保持更好的水质，则应进一步降低 TP 的目标值，比如 0.2mg/L，甚至 0.1mg/L 以下。

再生水景观水体比较容易在城镇发展计划中运行。例如，居民区的湖面、水面、蓄水池、城市河道等绿地计划通常是将这些水池连成一个整体。同再生水的其他用途一样，景观环境用水的处理程度随其用水目的而不同。由于人们同水的潜在接触性的提高，因而所需的处理水平也需相应提高。

供人们划船、钓鱼和游泳的蓄水设施，或人类不会直接接触到的景观蓄水设施，要求的处理程度与水的用途有关。人类接触的可能性越大，需要的处理程度就越高。如果蓄水采用再生水，再生水的外观就很重要，还需要除去水中的营养物，否则藻类可能过量繁殖，使水体处于富营养状态，产生臭气，影响美观。再生水用于钓鱼和划船等娱乐蓄水设施时，不允许其中含有高浓度的病原微生物和那些能在鱼体内积累的重金属，避免对人体的健康产生危害。允许人体全身接触的娱乐蓄水必须在微生物学上安全、无色，并且对眼睛和皮肤无刺激性。

增加河流流量与地表水体排放不同，前者是一种有益于河流的方法，而后者则是水的另一种处置方法。前者对水质的要求以河流的设计用途和需要保持的水质标准为基础，另外还强调要提高现有河流的水质，以维持或加强水生生物的活动。为了达到美观的目的，通常还需要去除营养物并进行高级消毒。再生水采用加氯消毒时，为了保护水生生物，还可能要求脱氯。

尽管湿地有时完全是为了保护环境而开辟的，但多数情况下在湿地中使用再生水的首要目的还是在出水排放前对其进行附加处理。

5.3.5 城市杂用水

城市杂用水主要包括园林绿化、冲厕、街道清洗、车辆清洗、建筑施工、消防等用途用水，执行国家标准《城市污水再生利用 城市杂用水水质》(GB/T 18920—2002)。再生水用于城市杂用水时，除了必须达到所要求的再生水等级要求外，还需要考虑其他物理化学水质参数的影响，包括总溶解固体（TDS）、阴离子表面活性剂（LAS）、氨氮、臭味和色度等。氨氮、臭味和色度会导致感官方面的问题。LAS 含量过高时，冲厕与冲洗过程中，会发泡。使用铁、锰含量过高的再生水进行冲厕或冲洗时，残留在洁具或车辆表面的铁、锰会形成不同颜色的金属氧化物污垢，影响美观。LAS 含量过高的再生水作为建筑施工用途时，可能对于建材的配制和使用性能造成很大的影响，再生水中 SS 含量过高也可能对建筑材料的性能产生影响，进而影响到建筑施工过程中再生水的需求量。

园林绿化（景观灌溉）包括灌溉公共绿地、公园、球场、学校广场、高速公路隔离带、居民区草坪及其他类似地区，对再生水的卫生健康要求比较严格。由于灌溉区域的面积、与居民区的相对位置、公众进入该地区的程度或土地利用的程度互不相同，因此系统对水质的要求和对灌溉的控制也有所不同。

随着城市中不断增加的再生水使用，一些大规模的双水道系统，即向同一个服务区分配饮用水和再生水的系统也逐渐发展起来。为了降低误用的可能性，在再生水配水系统中，的设置要加以严格控制和标识。而在接收饮用水和再生水的服务区，为了降低两个系统偶然交叉连接而污染饮用水系统的可能性，一般需要在饮用水供水管线上的每个站点都设置防止回流的设备。

针对再生水用于城市公用设施，有必要建立相应的详细管理准则或指南，要求再生水经过高程度处理和消毒。如果人可能接触到再生水，那么一般都要求再生水经过三级处理，基本上消灭病原菌。

再生水用于建筑物内的厕所冲洗或消防时，都要考虑两个系统的交叉连接问题。尽管这些使用方式不会使人经常接触到再生水，但为了降低两系统偶然交叉连接对健康的危害，一般规定，此时再生水应基本上消灭病原菌。

在双水道系统上，为了防止再生水分配系统中的臭味、黏垢及其他细菌的再次繁殖，需要保持一定的余氯，再生水配水管网末端总余氯不应小于 0.2mg/L。

5.3.6 工业冷却水

由于工业生产中的用水情况和当地的具体条件各异，因此一般针对具体情况制定水再用的要求。对于普遍应用的冷却用水可以制定通用的要求。如果冷却塔使用再生水，其中的病原微生物由于气溶胶的传播和风的吹散，会对工作人员和冷却塔附近的公众造成潜在的危害。实际工程中，为了防止黏垢并抑制微生物的活动，在现场就向冷却水中加入生物杀灭剂，从而消除或大大减少这种危害。在密闭式循环冷却系统中使用再生水对健康的影响最小。目前的标准为《城市污水再生利用工业用水水质》（GB/T 19923—2005）。

冷却水水质标准中通常包括的水质参数为：Cl^-、TDS、硬度、碱度、pH、COD、SS、浊度、BOD、NH_4^+-N、PO_4^{3-}、SiO_2、Al、Fe、Mn、Ca、Mg、HCO_3^-、SO_4^{2-} 等。冷却水系统中最常出现的水质问题是结垢、腐蚀、生物生长、淤塞和起泡。再生水用于冷却水时，其循环水稳定性处理尤为重要。

冷却水系统要避免水垢形成即硬度沉积——钙离子（如碳酸盐、硫酸盐、磷酸盐中的钙离子）和镁离子（如碳酸盐、磷酸盐中的镁离子）的沉积，水垢将减少热交换效率。通过化学方法和物理沉淀作用能够对水垢进行成功处理，其中酸化方法或加入阻垢剂能控制结垢；酸性物质（硫酸、盐酸、柠檬酸和一些酸性气体如二氧化碳和二氧化硫）和一些化学物质（螯合物如 EDTA 和无机磷酸盐聚合物）经常被加入到冷却水中来提高能形成结垢的钙镁等成分的溶解性。石灰软化经常作为再生水冷却系统的处理方法，以提高循环比。石灰用于去除碳酸盐硬度，苏打用于去除非碳酸盐硬度。控制结垢的方法还有离子交换法，但是因为费用较高而不常用。

冷却水系统中不允许循环水对金属的腐蚀。如果 TDS 含量高就会提高水的导电性，造成高腐蚀性。再生水中 TDS 浓度通常是饮用水中的 2~5 倍，因而再生水的电导率和腐蚀性较高。溶解的气体和高价态的金属离子也能造成腐蚀。冷却水处于酸性状态下容易形成腐蚀。缓蚀剂如铬酸盐、聚磷酸盐、锌离子和聚硅酸盐能够减少冷却水的潜在腐蚀性。

用于冷却系统的再生水中如果有营养物质或有机物就会造成能够形成污垢的生物生长。另外，冷却塔中的潮湿环境有益于微生物的增长。微生物生长将会降低热交换速率、减少产水量。在有些情形下，会生成腐蚀性副产品。处理过程中通过减少 BOD 和营养物质的量，能够降低再生水中微生物持续生长的可能性。氯是最常用的控制微生物生长的杀菌剂，其优点是货源足、价廉和易操作。

通过阻止颗粒性物质的形成和沉降以控制淤塞也非常重要。化学絮凝和过滤作用用于磷的去除，可以减少导致淤塞的污染物质的量。另外，也可使用化学分散剂。

5.3.7 回灌地下水

再生水回灌地下水的主要方法有表灌和灌注，其目的是：为沿海地区的含水层建立阻止盐水入侵的屏障，为将来的再用提供土壤——含水层处理条件，提供再生水储备，控制或防止地面下沉，以及增加饮用水或非饮用水含水层的蓄水量。用再生水表灌以增加地下饮用水的蓄水量时，再生水需要进行三级处理，也就是在二级处理之后再进行过滤和消毒，有些情况下还要求采用高级的污水处理工艺，以确保回灌水中不含病原菌或对健康影响严重的化学成分。

5.4 再生水处理工艺

城市污水中存在的污染物主要包括：①天然有机物，如糖类、蛋白质、脂类；②人工合成有机物，如农药、染料、添加剂；③无机物，如氮、磷、硫化物、重金属、无机盐；④病原体，如细菌、病毒、原生动物、真菌、寄生虫；⑤干扰物，如激素、内分泌干扰物、药物等。

在城市污水再生处理系统中，最为关键的是有效去除污水中的各种污染物，使再生水的水质能够满足特定用水途径的功能要求和卫生安全保障要求，保护用水设施安全和公众的卫生健康。城市污水处理工程设施的设计中，处理出水需要满足的典型水质目标是 BOD、SS、粪大肠菌群、营养盐、余氯等。再生水根据用水用途不同，其水质指标各异。可以认为再生水处理工艺是污水处理和给水处理的工艺优化集成。

5.4.1 工艺流程

污水水质成分复杂，用水水质要求又较高，城市污水的再生处理需要综合应用物理、化学和生物等工艺过程，以去除固体物质、有机物质、病原体、金属、营养物质以及某些特殊污染物。消毒工序通常作为处理工艺流程的最后一步工序，达到控制病原体的目的。

城市污水再生处理的典型工艺流程包括一级处理、二级处理、三级处理、消毒处理等工序，必要时增加高级处理。一级处理为物理方法（机械处理），二级处理以生物处理方法（必要时增加化学药剂的投加）为核心，三级处理为物理化学方法，高级处理为特殊物理、化学和生物方法的应用，消毒处理通常采用物理和化学方法。

由机械处理和生物处理构成的系统属于二级处理系统，主要去除有机物和悬浮固体。增加除磷脱氮功能的二级生物处理系统通常称为二级强化处理。在二级处理之后，为了进一步去除悬浮固体及胶体物质而设置的以过滤为核心、混凝为强化手段的后续处理为三级处理（混凝过滤）。为更完全的去除某些特定的成分而设置的特殊处理，如通过离子交换去除氨、硝酸盐，通过反渗透去除无机盐，通过活性炭吸附和臭氧氧化去除难生物降解有机物，属于高级处理。基于技术可行性及经济合理性方面的考虑，对病毒和寄生虫的控制，目前建立其确定性定量水质要求的时机尚不成熟，因此，主要通过工艺措施（例如不同程度的过滤处理）与消毒技术的密切配合来保障。

城市污水再生处理过程中会产生一定数量的污泥，仍然含有大量的污染物和病原体，必须得到妥善处理与处置。

下面就再生水处理流程中部分工艺单元进行讨论。

5.4.2 化学混凝

化学混凝的主要作用为增强固体的去除效果，促进沉淀或过滤过程对污水中一些化学成分的去除，如磷酸盐和有毒金属，并确保后续消毒处理的功效。

再生水水源中构成浊度的物质大多为生物处理过程中参加反应的微生物（活性污泥碎片、生物膜残屑）及其分泌物和代谢产物，是带负电荷亲水胶体，其表面存在的极性基团吸收了大量的极性分子，即包覆了一层水层。这种亲水胶体物质的去除关键在于压缩和去除其周围的结合水壳，使颗粒脱稳并凝聚成大的絮体颗粒。

构成色度的物质大多是不易生物降解的大分子有机物和具有一定色度的无机金属离子，这些物质在二级处理过程中较难去除，但经化学混凝后，更容易与混凝剂上配位空间发生配位反应，从而达到去除的目的。

无机金属离子与水形成了较为稳定的单相分散系，在 pH 值适当的情况下，金属离子与水中过多的氢氧根离子形成沉淀，通过沉淀网捕作用形成较大的絮凝体，同时少量离子可能吸附在絮凝体上，达到共同去除的目的。

常用的混凝剂类型为金属盐（铁盐、铝盐）、石灰和有机聚合物。有机高分子聚合物和无机絮凝剂配合使用能提高效果，水的臭氧化也能提高絮凝效果。

如果化学混凝之后，直接进行过滤，则称之为"混凝过滤"。如果化学混凝之后，经过沉淀再过滤，则称之为"混凝沉淀过滤"。

5.4.3 滤料过滤

过滤是保证再生水水质的关键工艺过程，它可以作为再生工艺流程中的一个工艺单元，也可以作为整个再生工艺流程的最后净化处理单元。进行过滤处理的水可以是二级处理出水、化学混凝出水、化学混凝沉淀出水。为了延长过滤周期和避免水头损失快速增长，进水悬浮物浓度宜低于 20mg/L。

过滤如作为预处理设施，过滤可以保证后续处理设施的处理效能，如消毒、活性炭吸附、离子交换和膜处理工艺的安全性和处理效率，提高整体效果。

根据进水水质不同，过滤形式可以分为二级处理出水单纯过滤、直接过滤以及絮凝沉淀过滤三种过滤方式。

5.4.4 膜法过滤

膜法过滤包括微滤（MF）、超滤（UF）和纳滤（NF）。成功的膜过滤要依靠有效的前处理，关键是防止微生物生长造成的膜结垢，另外使用强氧化剂会破坏膜的完整性。化学絮凝前处理可以降低膜的过滤负荷，提高过滤效果和膜装置的性能。

连续微滤膜过滤（CMF）是一种膜过滤系统，采用紧凑的模块化设计，膜柱中的子模块和附属子模块可以进行更换、隔离、修补。膜的工作状况可进行完整性测试，即使膜有损坏也可及时修补，不影响整个系统的正常运行。CMF 系统由微滤膜柱、压缩空气系统和反冲洗系统以及 PLC 自控系统等组成。微滤膜柱内装有中空纤维，膜壁孔径一般采用 $0.2\mu m$。CMF 系统的操作由 PLC 自动控制，水从膜外向膜内渗透，正常工作压力很低（30~100kPa）。一般用压缩空气反冲，反冲时压缩空气由中空纤维膜内吹向膜外，反冲压力为 600kPa，时间 1~2min。当进水浓度不稳定时，膜污染加重并超过膜前后设定的压差指标时，会自动进行强制冲洗，以保护膜的使用寿命。反冲洗水量为进水量的 8%~10%。对于经二级处理后的污水处理厂出水作为 CMF 系统进水时，CMF 系统一般工作 14~30d，需化学清洗一次。

5.4.5 反渗透

反渗透（RO）在污水再生处理工艺中，主要是降低水中溶解性盐类的浓度，降低水的硬度，使得出水的电导率和碱度大大降低。当再生水用于水源补充水或者其他特殊用途，可使用反渗透工艺。反渗透的膜材料必须是亲水性的，并具备以下条件：脱盐率和水通量高；抗物理、化学和微生物侵蚀能力强；柔韧性好，具有足够的机械强度；使用寿命长，适用 pH 范围广；制作成本合理，制造方便，便于工业化生产。

为了保证 RO 膜元件的使用年限，进水必须满足预处理要求水质指标。如果预处理不当，膜组件可能在几天内就会损坏。预处理要达到的目的包括：①防止悬浮物质、微生物、胶体物质在膜表面上附着或者堵塞膜组件中的水流通道；②防止一些难溶盐类在膜表面上结垢；③确保膜免受机械和化学损伤，保证膜具有良好的性能和使用寿命；④悬浮物质和胶体的去除。

二级出水中的悬浮物或胶体浓度变化较大，可根据二级出水的水质指标，选择不同的预处理工艺，预处理工艺包括混凝、沉淀、过滤和膜法过滤等。

二级出水含有大量的微生物，残留在膜表面上的微生物，能造成过膜压差的增长，导致膜通量的下降，有时会在过滤水一侧繁殖，污染产品水。另一方面，微生物繁殖形成的生物膜保护微生物免受水力剪切和消毒剂的作用。一般可在进水管道中投加氯等消毒剂，或以采用臭氧和 UV 作为微生物的抑制手段。

5.4.6 消毒处理

城市污水二级处理出水中的微生物一般黏附在悬浮固体上，经过一定的深度处理后，病原体含量大幅度减少，但仍然存在病原菌的可能。为了确保再生水的卫生安全，必须进行消毒处理，以满足再生水的卫生学指标要求。

在污水再生处理系统中消毒是最后一个处理工序。消毒方法大体可分为物理法和化学法两类。物理法是利用热、光波、电子流等来实现消毒作用的方法。化学法主要通过向水中投加氧化性化学物如氯气、臭氧、过氧化氢和溴来实现消毒目的。目前采用或正在研究的物理法、物化法有加热、冷冻、辐射、紫外线、微电解消毒、氯消毒和臭氧消毒等。

氯消毒应用最广。剂量 5~20mg/L，30~60min 接触时间。由于氯对灌溉作物存在不利影响，污水中的余氯需要控制，脱氯药剂包括二氧化硫和其他还原剂，活性炭吸附也很有效。臭氧消毒的同时还能有效地减少气味和色度，提高有机物质的可生物降解性。

紫外（UV）光是化学消毒工艺的替代，消毒效果受水的浊度、悬浮物和紫外灯强度影响；灯龄和污水的结垢性质能影响紫外光的强度和效果；污水中存在的微粒为病原体提供了保护屏障，从而干扰紫外消毒的效果。其他减少水中微生物的办法有石灰处理和膜过滤。

城市污水处理厂二级或三级出水的许多水质参数将影响后续消毒性能。目前已知的能影响消毒性能的污水特征主要包括颗粒物质和溶解性物质的类型和浓度，以及目标微生物的存在方式（表5-5）。

污水水质对 UV 消毒、氯消毒和臭氧消毒的影响　　　表 5-5

污水水质	UV 消毒	氯 消 毒	臭 氧 消 毒
氨	无影响或很小	形成氯胺，降低消毒效果	无影响或极小，高 pH 下反应
有机物	无影响或很小	有机物会增大氯的消耗量，其干扰程度主要取决于有机物的官能团和化学结构	有机物的存在会增大臭氧的消耗量，其干扰程度主要取决于有机物的官能团和化学结构
硬度	影响能吸收 UV 射线的金属的溶解性，能导致碳酸盐在石英套管上沉积	无影响或很小	无影响或很小
腐殖质	UV 射线的强吸收体	降低氯的效率	影响臭氧分解速率和需求量
铁	UV 射线的强吸收体	无影响或很小	无影响或很小
亚硝酸盐	无影响或很小	被氯氧化	被臭氧氧化
硝酸盐	无影响或很小	无影响或很小	降低臭氧效率
pH	影响金属和碳酸盐的溶解性	影响次氯酸和次氯酸根的比例	影响臭氧分解速率
SS	UV 吸收体，屏蔽病原体	屏蔽病原体	增大臭氧需求量，屏蔽病原体

只有化学消毒剂透过细胞壁，或 UV 射线直接照射到细菌上时，才能有效地破坏细菌，而水中的浊度（或悬浮固体）能对细菌产生屏蔽作用，因此水的浊度（或悬浮固体浓度）应该尽量低。

当浊度（悬浮物）较高时，所需达到某一特定消毒指标的消毒剂用量也要提高；而对于固定的浊度（悬浮物），存在一个相应的消毒极限，当趋于消毒极限时，即使消毒剂量大幅度增加，也很难进一步降低水体中微生物的含量。因此，对较高浊度的水进行消毒是不合理和不经济的。

污水的成分复杂，其中的部分有机物、无机物和微生物，尤其是一些工业废水成分可能对紫外线具有一定的吸收作用，从而降低水体中紫外线的透射率；另外，许多杂质会使石英套管表面结垢，这样就会降低紫外线透过灯管传输到水体中的能力,从而影响系统的消毒性能。

污水中的部分物质能与所投加的化学物质发生反应,使消毒剂失去消毒能力,这在一定程度上降低了整体消毒能力。

5.5 再生水生产运行的技术要求

在再生水生产过程中,再生水处理系统的可靠性是至关重要的,是实现其预定功能的关键。

通常情况下,特别是再生水用于绿化和环境目的时(用水量随气候因素变动很大),除了充分考虑工艺流程的优化选择,确保具备所需的处理功能与能力外,还需要考虑运行调节的高度灵活性。再生水厂内工艺管线、设备布置和单元构筑物结构的设计必须考虑操作维护的有效与方便,必须为运行操作和工艺调整提供最大的灵活性,使之易于运行控制和维护维修,以便在任何情况下都能获得最高可能程度的处理效果及经济效益。

采用多个处理工艺单元并联的方式是通行的做法,必要时还应具备隔离和超越这些处理单元的能力。系统必须能够在最大处理单元不能运行的情况下能够处理峰值流量并达到水质目标。系统还必须具有足够的备用部件,这样才能及时维修,也才能使系统在最短的时间内重新投入运行,或者为系统提供紧急的储备。对于没有替代处置方案的设施,关键处理单元要有多个系列。除了提供多个处理单元外,对于流量变化大的系统,需要具备流量的均衡能力。

下面结合不同等级再生水的生产,对工艺组成和运行要求展开讨论。

5.5.1 E 级再生水

E 级再生水生产的基本要求相当于二级(或强化二级)生物处理 + 消毒,也就是达到《城市污水处理厂污染物排放标准》(GB 18918—2002)二级标准或一级 B 标准的污水处理厂出水。采用二级生物处理还是强化二级处理主要取决于处理水的接纳水体类别,按照《城市污水处理厂污染物排放标准》(GB 18918—2002)规定的要求执行。

一般情况下,E 级再生水有必要经过消毒处理,建议采用氯化消毒:

(1)消毒后出水样品中的粪大肠菌群数小于 10000MPN/L。

(2)除非得到有关管理部门的特许,再生水从再生水处理厂输送到用水场所时,余氯量至少保持在 0.5mg/L 以上;但再生水蓄水水体和贮水塘中不一定要求保持余氯量。

(3)如生物处理之后存在后续的生态净化处理或滞留水塘,在具有同等消毒效果的情况下,可以不考虑加氯消毒或其他非天然方法消毒处理,但必须得到有关部门的许可。

5.5.2 D级再生水

D级再生水生产的基本要求相当于二级（或强化二级）生物处理+非膜法直接过滤+消毒，也就是经过非膜法直接过滤（如砂滤）处理的《城市污水处理厂污染物排放标准》(GB 18918—2002) 二级标准排放水或一级B标准排放水。采用二级生物处理还是强化二级处理主要取决于处理水的接纳水体类别，有必要按照《城市污水处理厂污染物排放标准》(GB 18918—2002) 规定的要求执行。

D级再生水必须经过消毒处理，建议采用氯化消毒或紫外线消毒：

（1）消毒后出水样品中的粪大肠菌群数小于1000MPN/L。

（2）建议加氯消毒工序中接触时间不低于15min，CT值（在同一采样点测得的总余氯和接触时间的乘积）在任何时候都不低于30mg·min/L。

（3）除非得到有关管理部门的特许，再生水从再生水处理厂输送到用水场所时，出水余氯量宜保持在0.5mg/L以上；但再生水蓄水水体和贮水塘中不一定要求保持余氯量。

（4）如二级处理或强化二级处理之后，存在后续的生态净化处理或滞留水塘，在具有同等过滤与消毒效果的情况下，可以不考虑过滤处理以及加氯消毒等非天然方法消毒处理，但必须得到有关管理部门的许可。

5.5.3 C级再生水

C级再生水生产的基本要求相当于二级（或强化二级）生物处理+化学混凝（沉淀）过滤+消毒。

可采用的化学混凝（沉淀）和过滤包括以下三种主要流程：

（1）沉淀过滤：快速混合+絮凝+沉淀+过滤

在生物处理出水水质不稳定或需要化学除磷处理的情况下，应尽量采用该流程，以确保稳定可靠的处理效果。

（2）絮凝过滤：快速混合+絮凝+过滤

在快速混合池或进水管道内快速混合，经絮凝后直接进入滤池过滤处理。

（3）接触过滤：管道混合+过滤

投加药剂快速混合后，絮凝过程在上向流滤池的底部或下向流滤池的顶部完成，随之经滤层过滤。

如果再生处理系统在不投加化学药剂的情况下就能稳定达到3NTU的浊度要求，则可以停止混凝剂投加系统的运行，但药剂投加系统必须每月至少保持运行两次，以保证需要时整个加药系统能够投入正常运行。

过滤是再生水生产的重要组成部分，是去除原生动物病原体和寄生虫的重要屏障。在采用粒状滤料滤池时，按给水处理过滤要求进行。

采有微絮凝过滤方式生产再生水时，建议快速混合单元的停留时间≤30s，絮凝单元的停留时间在 3~8min 左右。

浊度作为混凝—沉淀—过滤工艺处理效果的主要度量参数，其本身不能用于度量病原体的去除程度，然而，浊度的控制却是出水消毒质量的重要保障措施。

对于净化处理水的消毒，其卫生学与环境性能目标包括：将微生物病原体的浓度降低到再生水水质标准规定的最低浓度标准值以下，并达到国家规定的排入受纳水体的水质要求；不会因处理水的排放而增加用水过程与环境中有毒物质的浓度；消毒效果稳定可靠且经济有效；消毒剂或副产物的运输、储存或处置过程不会对公众健康或环境造成额外风险。

C 级再生水的加氯消毒，对于浊度符合要求的滤池出水在设有挡板的接触池中或管道中加氯，接触时间不低于 15min，要求消毒后出水中的粪大肠菌群数小于 100MPN/L。

5.5.4 B 级再生水的生产

B 级再生水生产的基本要求相当于二级（或强化二级）生物处理 + 膜过滤（微滤）+ 消毒，必要时微滤之前增加化学混凝沉淀预处理。微滤前根据需要可设置预处理设施，有化学除磷要求或者生物处理出水悬浮物浓度偏高并波动时，应采取化学混凝沉淀预处理。其技术要求为：

（1）预处理

作为进水悬浮物控制措施时，如果进水浊度低于 10NTU，可以不投加化学药剂，可以停止混凝剂投加系统的运行，但化学药剂投加系统必须每月至少保持运行两次，以保证需要时整个加药系统能够投入正常运行。

设化学除磷控制措施时，投加铁盐或铝盐化学除磷的摩尔比一般为 2~3，宜通过试验确定；建议磷的去除，包括化学除磷和生物除磷，均设置在生物处理工序过程内完成，以降低处理成本和药剂消耗量。

再生处理设施的每个处理工艺单元（快速混合、絮凝和沉淀等）应至少设置两套，以确保某一套设备停机维修、保养或反冲洗时，能连续进行再生处理。

（2）膜过滤

膜过滤包括微滤、纳滤等方式，采用微滤膜过滤时，技术要求为：

1）微滤膜孔径宜选择 0.2μm 或 0.1~0.2μm。

2）二级处理出水进入微滤装置前，应投加抑菌剂；如果没有混凝沉淀预处理，应进行粗过滤处理（500μm）。

3）微滤系统宜设有在线监测微滤膜完整性的自动测试装置和自动反冲洗系统；可以采用气水反冲系统，也可根据膜材料的性能采用其他冲洗措施。

4）微滤系统宜采用自动控制系统，在线监测过膜压力，控制反冲洗过程和化学清洗周期。

5）要求微滤或其他等效膜过滤的出水浊度不超过 0.5NTU。

膜滤出水需要进一步消毒处理，可以采用氯化或紫外线消毒，或其他等效方法。出水要求：消毒出水的粪大肠菌群数小于 3MPN/L；再生水从再生水厂输送到用水场所时，余氯量保持在 0.5mg/L 以上；但再生水蓄水水体和贮水塘中不一定要求保持余氯量。

5.5.5 A 级再生水

A 级再生水生产的基本要求相当于二级（或强化二级）生物处理 + 微滤膜过滤 + 反渗透，在确保预处理效果的情况下可以采用化学混凝（沉淀）过滤替代微滤处理工艺。工艺选择取决于排放水的接纳水体类别及再生水特定用水途径的水质要求，两者应同时得到满足，即同时达到《城市污水处理厂污染物排放标准》（GB 18918—2002）规定的直接排放水体的水质要求和可供进一步净化处理以达到特定再生水水质的要求。

在 A 级再生水的生产中，采用化学混凝（沉淀）过滤法预处理的技术要求参见 B 级及 B 级再生水的生产。微滤膜法预处理的技术要求参见 B 级再生水的生产。

5.6 再生水的输配与存储

再生水输水系统指的是从再生水厂输送再生水到用户配水管网的再生水供水干管系统及储水池。根据用水途径和水质要求的不同，可以选择管道输送方式，也可以选择渠道（明渠或暗渠）输送方式。对于后续用水水质要求较高的或需要长距离输水的系统，为确保水质安全，一般不宜使用渠道输水。但用于景观灌溉、景观水体、湿地修复等开放性用水时，如果条件许可，可以考虑使用渠道（或临近的景观河道）进行输水与储存。

再生水的输配系统主要是指各再生水用水区将再生水配送到各用水点的分配系统，包括输配水管道、渠道、河道、水塘，用户使用的各种滴灌、喷灌和漫灌设施，以及向各个楼宇供水的配水设备与入户管道。市政园林灌溉、建筑施工等使用的罐式输水车也作为再生水的输配系统考虑。

5.6.1 输配系统的布局

再生水输配系统设计中需要考虑的因素与饮用水输配系统设计中的因素基本相同，其最大的区别在于再生水供水系统对保护公众卫生健康方面的安全性要求更加严格，而对于供水可靠性要求则不如饮用水系统那么严格。

在完成市场分析和经济效益分析，确定再生水利用系统建设计划后，需要对系统的设计进行全面规划，其中包括以下因素：

（1）再生水的用户分布和供水顺序。用户分布越集中、到处理厂的距离越近，再生水输水系统方面的投资越低。因此第一阶段一般考虑向距离处理厂较近的用水大户供水，尤其是工业冷却用水大户，而后在已有管网的基础上，进一步向周围延伸，向中小用水量用户供水。通常情况下，最初的再生水用户都是一些工业企业、公共企业机构或公共服务设施（例如景观河道、水体、城市绿地、学校、球场以及商业机构等）。

（2）后期潜在的用户。应根据城市当前用户和后期潜在用户的分布情况，合理设计再生水供水系统的管网布局和管径。再生水输水干管的设计必须确保未来潜在用户提出再生水使用要求时，只需要很少的资金投入，就可以将潜在用户连接到再生水输水管网上。

（3）再生水管网设计过程中需要考虑的一个重要因素，就是管网和泵站的输水规模问题。从经济角度考虑，包括管网和提升泵站在内的所有再生水输水系统都宜按远期设计。

（4）为确保再生水供水系统的连续性，在高可靠性要求的用水途径中，设计时应考虑使用饮用水作为再生水供水系统的补充水。否则再生水供应出现问题时，许多用户就会产生严重的经济损失，尤其是工业与商业用户。

（5）再生水的用水时间变化性非常明显，例如，灌溉尤其是景观性绿地的喷洒灌溉，一般选在某一时段进行，因此需要考虑用水高峰期的泵送能力。

（6）考虑到用水量的时间变化性和季节变化性，一般需要设置运行性蓄水池和季节性蓄水池。如果能合理安排灌溉或景观水体补充等用水大户的用水时间，就可以在很大程度上降低蓄水要求，而且有助于降低运行成本。

（7）在再生水系统更新或将饮用水供水系统改为再生水供水系统时，必须确保没有出现交叉连接问题。所有管网建成后，选择合适的检测方式确定管网中没有交叉连接现象。

（8）所有再生水输配管网以及附属设施的规格应与附近区域的供水管网及其附属设施有所区别，以防错误安装或错误连接。同时需要考虑管网敷设完毕后的各种标识措施。

（9）为保护公众健康，防止再生水泄漏时污染饮用水水体或供水系统，一般要求所有再生水供水系统与饮用水供水系统以及公众活动区域之间保留一定的保护距离。

5.6.2　输配水管线要求

所有新敷设的再生水输水系统，包括输水管线、阀门以及其他附属设施的地上部分都应涂成绿色，并印上"再生水—不可饮用"字样。埋于地下的部分应按市政要求进行标识，或在地面相应位置设施标识。

再生水处理厂外管线上所有阀门盖的形状不能与饮用水或其他公用企业设施阀门盖相同，避免互相更换，并且需要在其顶部容易辨认的位置铸上"再生水"

字样。所有再生水管线的阀门和出水口都应贴上适当的标记或加以修饰，以警告公众和员工该水不能饮用。

再生水管道与污水管道和饮用水管道之间最好不要出现交叉连接的情况。万一再生水管道需要与生活饮用水或污水管道连接时，应设置严格防止低水质的水流入高水质水管道的可靠措施。为保护再生水输水或用水现场附近的饮用水水源或公众服务设施，避免对公众健康造成危险，再生水供应到这些区域时，必须确保两者之间有一定的保护距离。

再生水输配系统，尤其是市政杂用等用水水质要求较高的系统中的许多设计要求与市政供水系统的类似，而且建议使用与供水系统类似的建筑材料。

输水管线上正确安装排气阀是系统正常运行的关键。排气阀的设置有三个作用：（1）管道敷设完毕或断水维修后充水时，迅速排出管道内的空气，确保正常充水；（2）管道停水维修时，通过排气阀调节管道空气压力，避免形成负压破坏管道和接口；（3）管道运行过程中，水中的空气会分离出来，在管道高点形成气囊，产生气阻，影响输水能力和输水的稳定性，这部分气体可以通过排气阀排出，从而确保管道的正常运行。安装排气阀的同时必须配备检修用的闸阀。在寒冷地区安装排气阀时，为了防止冻裂，阀门井中必须考虑防冻措施。

再生水输水管网，尤其是流速较慢的管道中应设置清泥、排泥和排空管道，方便管道内沉积污泥的清洗，以及施工完成后管道清理。尤其是类似于为灌溉系统或消火栓供水的再生水利用系统，由于用水量波动大，水流速度一般都比较缓慢，当再生水中存在一定量的污染物质时，容易在内部形成一定的黏泥；同时，经过一定的停留时间后，系统内的灭菌剂耗尽，容易造成微生物的再次繁殖，因而易于堵塞后续灌溉系统。

根据系统设计和实际经验，参照饮用水供水规范，确定管道压力和流速。在任何情况下，应确保用水高峰期间用户水表处的最低水压。

再生水长距离输送的过程中，管网系统中不可避免地会出现渗漏或其他事故引起的污染问题，同时，管网死角也是一个很难避免的问题，因此再生水长距离运输时，就需要考虑管网的后消毒问题。

5.6.3 再生水系统的蓄水要求

再生水的蓄水包括运行性蓄水、季节性蓄水和紧急蓄水。

（1）运行性蓄水

运行性蓄水有三个目的：①确保再生水厂故障停机时也能提供高质量的再生水；②满足用水的日变化需要；③确保再生水厂在最佳条件下运行。蓄水设施的规模主要取决于用水量的波动情况以及补充供水源的可供水量。如果具有另外的补充水源，那么就可以适当降低运行性蓄水设施的规模。

运行性蓄水池一般可选用封闭池体或开放性池体。如果感观指标是市政再利用时的重点控制对象，那么可以选择封闭池体或压力罐蓄水。通常情况下，使用池塘蓄水所需的投资较低，但同时也需要较大的土地面积，而且开放性池体可能因微生物再次繁殖而导致水质下降，同时余氯量的维持也是一个很难解决的问题。

根据再生水日需求和供应曲线确定再生水运行性蓄水所需容积。日需水量不同，所需的运行性蓄水容积也有所不同。一般情况下，如果没有其他水源作为补充时，则运行性蓄水容积应等于日最大用水阶段的需水量与供水量的差值。

（2）季节性蓄水

一般情况下，城市污水处理厂出水的季节性变化不大，因此再生水厂日产水量也可以是一个恒定值。但是，再生水的需水量，尤其是灌溉用水和景观用水的需水量，却随着气候和季节的变化而变化，夏季时的用水量一般高于可供应水量，而冬季时的供水量则可能超过了实际的需水量。

为满足再生水的季节性蓄水要求，一般需要建造较大的蓄水库或拦水坝。对于用水水质较低的再利用项目，如灌溉用水，则开放型水库是最为经济的季节性蓄水设施。但是，在发达地区，很难建造如此大的蓄水设施，而且与其相关的泵、管道以及土地购买所需的费用也是非常昂贵的，因此即使已经有效地抑制了水库相关的环境影响，蓄水库的建设也是一大难题。

根据需水量和供水量差的累加值，并结合供、需水系数计算季节性蓄水规模。季节性蓄水池的规模应能确保用水高峰季节的供水可靠性。通常情况下，如果再生水系统的年均需水量与年均供水量一致，季节性蓄水规模应等于月需水量与供水量的差，减去可提供的补充水的量。

与给水系统不同，一般需要根据不同的用户确定再生水的季节性蓄水规模。每个用户对再生水的季节性蓄水要求不同，这在一定程度上影响了蓄水的规模。

（3）紧急蓄水和处置系统

在以再生水的短期储存或处置为目的的项目中，需要提供的蓄水设施必须能储存或处置至少24h内的未处理或部分处理的污水。这些设施包括：所有必要的输水工程、恶臭控制设施、管道、泵送以及泵回设备。

在以再生水的长期储存或处置为目的的项目中，需要有池塘、水库、渗滤地带或其他一些下向流管道，使未处理或部分处理的污水引入到处理、处置设施或紧急储存、处置设施。这些设施必须保证提供足够的处置或储存能力，且需要包括所有的输水工程、恶臭控制设施、管道、泵送及泵回设备。

有时也可以考虑将季节性蓄水库作为短期或长期的紧急蓄水和处置系统的一部分，但是不能将运行性蓄水池作为紧急蓄水和处置设施使用。

在部分处理的再生水能达到其他再利用标准要求的情况下，将其以其他的形式进行再利用是一种可以接受的紧急处置措施。

第6章 水处理厂电气与机械设备的运行与管理

在国民经济各行业中,生产机械的电力拖动和电气设备,主要以各类电动机或其他执行电器为控制对象。无论是在工农业生产还是其他行业,甚至家用电器都大量使用着各种电机,可见,电机是电能应用的主要形式。电气控制就是实现对电动机或其他执行电器的启停、正反转、调速、调节、制动等运行方式的控制,以实现生产过程的自动化,满足生产工艺的要求。因此,电机及其控制系统起着重要作用。

6.1 水处理厂供配电方式及其运行要求

取水泵房(一级泵房)的水泵从江、河、湖泊或井中抽取原水并送入水厂,经沉淀、过滤、消毒等工艺处理生产出来的生活饮用水,再经二级泵房的水泵增压送入城市管网。水泵由电机驱动,需消耗大量电能。水厂工艺设备主要由电气设备驱动,因此,水厂是用电大户,电费是制水的主要可变成本。水厂供配电系统的正常运行是安全供水的前提。

6.1.1 水厂供配电方式

电力是供水企业的主要能源,每个水厂都有与其生产相适应的电力系统。在一般水厂中,电力系统主要分为三个部分,即变电、配电和用电。变电是将来自某种电压层次的电源电压转变为生产上电气设备所适用的电压;配电是将转变后的电能分配到生产现场以供使用;用电是将电能可以控制地送给用电设备。每个水厂电力系统的复杂程度不同。

大、中型水厂一般设有 35kV/6kV 变电所,泵房变、配电站。变电所是水厂的动力中心,负责向全厂设备供电。变电所一般设两路 35kV 进线,两台 35kV/6kV 主变压器。变电所所用电源由两台 35kV/0.4kV 所用变压器提供。某水厂变电所系统见图 6-1。

6.1.2 运行要求

运行要求包括变、配电站的值班工作,电气设备的巡视,电气安全用具的使用,电气试验等。

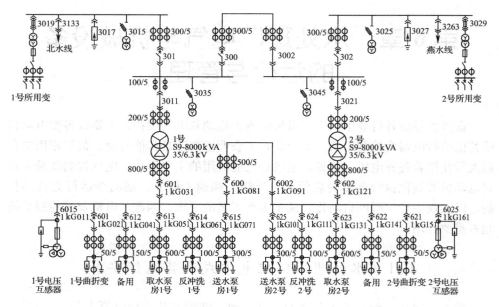

图 6-1 某水厂变电所电气系统图

6.1.2.1 变、配电站的值班工作

用户变、配电站是供用电之间的重要枢纽，是保证供用电系统安全运行的重要一环。除应做好各种变、配电设备的维护、检修、试验等工作外，还应做好设备运行中的值班、巡视以及倒闸操作等工作。在变电站的运行过程中，还必须严格执行各种电气安全工作制度。

对规模和容量较大的用户变、配电站，按规程要求应设有专人值班，经常对电气设备进行巡视、检查、操作和维护等工作。

单人值班的变、配电站，其中的电气设备应符合一定的安全要求，如高压配电设备的间隔小室要装设 1.7m 以上的固定遮栏、遮栏门并应加锁。室内装置的高压断路器，它的操作机构应有墙或金属板与之隔离，或采用远方操作。对于室外的配电装置的布置也要符合有关规程的要求。变、配电站由单人值班时，不论高压设备带电与否，值班员不得移开或跨过遮栏进行工作，只允许在遮栏外边进行巡视。

6.1.2.2 对电气设备的巡视

在电气设备运行过程中，为了监视其运行状况，及时发现各种缺陷，应对电气设备进行定期的和特殊的巡视。

定期巡视 一般每隔 4h 巡视一次，可安排在交接班时和夜间关灯时进行巡视，以便在黑暗中易发现放电、发热、电晕等不正常情况。对无人值班的变、配电站的电气设备，每周至少应进行一次巡视。

特殊巡视 当遇有大风、大雾、大雨、大雪、雷击等恶劣天气，或线路中出现接地或短路故障、设备存在缺陷、新设备或检修设备投入运行以后、改变运行方式和采用新技术，以及节日期间或有其他重要任务时，均应对电气设备进行特殊巡视。

根据季节特点，应着重巡视和检查的项目如下：

1）雷雨季：应巡视检查电气设备的绝缘子、套管表面污秽情况、有无闪络放电痕迹；检查房屋漏水和场地的积水情况；检查接地装置外露部分是否完整以及接地线连接是否牢固；检查避雷器的放电记录器动作情况；并做好记录。

2）雾季：除检查绝缘子、套管的放电情况外，雾季来临以前要特别检查户外设备的清洁状况和环境的污秽程度。

3）台风季节：检查避雷针架构是否牢固、户外配电设备附近有无不牢固的烟囱或其他的建筑物等。

4）夏季：应注意检查通风设备及冷却装置的运行情况、设备发热和连接点发热程度。特别是应检查变压器室、电容器室的通风情况及变压器、电容器等电气设备的温升情况。

5）冬季：应注意检查变、配电站的通风口和门窗有无孔洞，防止小动物钻入配电装置室内。

6.1.2.3 安全用具

安全用具包括绝缘安全用具和一般防护用具。

（1）绝缘安全用具

绝缘安全用具主要有基本绝缘安全用具和辅助绝缘安全用具。

（2）防护用具

防护眼镜适用于更换熔丝，操作室外设备，浇灌电缆绝缘胶和更换蓄电池液等工作。帆布手套适用于操作可熔金属方面的工作及浇灌电缆绝缘胶等。安全帽适用于高空作业，以防碰、砸伤人员头部。安全腰带适用于高空作业，防止高空跌落。临时接地线能防止停电设备和线路因误送电而造成工作人员触电。临时安全遮拦能防止工作人员误触带电设备。标示牌是防止工作人员或其他人员误触及带电设备和误将停电设备及线路送电的措施。

6.1.2.4 电气试验

电气设备种类繁杂，规格多样，但从结构上看，它们由导电体、导磁体、绝缘体及机械零件等部分组成。检验绝缘部位性能的试验称为绝缘试验，例如测绝缘电阻、交流耐压试验等；检验导电、导磁部位性能的试验称为电气特性试验，例如测直流电阻、空载损耗等。检查机械部位特性的试验，例如测开关跳闸速度等。

高低压电气装置在安装竣工投运前应作交接试验；运行中定期作预防性试

验；检修后作验收试验；出现异常现象、故障和事故后，则要按情况作分析研究试验。

6.1.3 电气设备的保护与控制原理

电气控制技术是以各类电动机为动力的传动装置及其系统为对象，以电气控制系统为主干部分，用以实现生产过程自动化控制的重要技术手段。

从电气控制技术的基本理论来看，电气控制的基本思路是一种逻辑思维，只要符合逻辑控制规律、保证电气安全、满足生产工艺的要求，就可认为是一种好的设计。电气控制线路，可以是继电器——接触器逻辑控制方法、可编程逻辑控制方法与计算机控制（单片机、可编程控制器等）方法等。而现代电气控制技术已将这些方法融为一体，难以区分。尽管如此，继电器——接触器逻辑控制方法还是基本的方法，是各种控制方法的基础。不同的生产机械或自动控制装置的控制要求是不同的，所要求的控制线路也是千变万化、多种多样的，但是它们都是一些由基本单元、基本控制环节按一定的逻辑规律和控制原则组合而成的。因此，熟悉基本控制环节是掌握电气控制技术的基础。

电气控制技术是随着科学技术、生产工艺的提高和发展不断提出新的要求而迅速发展的。在方法上，由手动控制到自动控制；在功能上，从简单控制到智能化控制；在操作上，由笨重的手动方式到信息化处理；从控制原理上，由单一的有触头硬接线继电器逻辑控制系统转向以计算机为中心的网络化自动控制系统。

6.1.3.1 常用的低压电气设备

常用的低压电气设备有：

（1）低压刀开关

低压刀开关又称低压隔离刀闸。它广泛使用在 500V 以下的低压配电装置的电路中。普通刀闸不能带负荷操作，它只是在负荷开关切断电路后，起隔离电压的作用，以保证检修、操作人员的安全。

（2）低压断路器

在 500V 及以下的低压用电系统中，广泛采用低压空气断路器，用以线路或单台用电设备的控制和过载、短路及失压保护。它有灭弧装置和作用，可以安全地带负荷分、合电路，但由于它的操作传动机构比较复杂，因此不宜做频繁性的操作。

（3）交流接触器

交流接触器适合于频繁性操作的控制电器，应用广泛。在 500V 以下的低压电路中，可以用按钮开关操作，作远距离分、合电动机或电容器等负荷的控制电器，还可作电动机的正、反转控制。它具备灭弧罩，可以带负荷分、合电路，动作迅速、安全可靠。交流接触器本身不能起保护作用，但可配以热元件（或熔断器等附件）而构成控制和保护组合装置，如磁力启动器就属于这个类型的电器。

（4）热继电器

热继电器是一种广泛应用在低压交流 500V、额定电流 150A 及以下的电气线路中，作为交流电动机或其他设备的过负荷保护。它常和交流接触器组合构成磁力启动器。

热继电器主要由热元件（由两种膨胀系数不同的金属，如镍铁合金与康铜压轧在一起组成）和辅助触点等部件组成。

继电器中除热继电器外，还有比较典型的继电器有电磁式继电器、通用直流电磁继电器、小型电磁继电器、时间继电器、温度继电器、固态继电器以及可编程通用逻辑控制继电器等。

（5）熔断器

熔断器是一种最简单的保护电器。常用的典型熔断器包括插入式熔断器、螺旋式熔断器、有填料高分断能力熔断器、半导体器件保护熔断器以及自复熔断器等。主要用作电气设备和电路的短路保护，也可起一定的过载保护作用。

6.1.3.2　电气控制的基本原理

电气控制线路是由开关电器等按照一定的逻辑控制规律构成的。

（1）电气控制逻辑函数定义

由继电器、接触器组成的控制电路中，电器元件只有两种状态，线圈通电或断电、触头闭合或断开。这两种的状态，可以用逻辑值表示，也就是说，可以用逻辑代数来描述这些电器元件在电路中所处的状态和连接方法。元件线圈通电时，其本身的常开触头（动合触头）闭合、常闭触头（动断触头）断开。对于开关电器，规定正逻辑为：线圈通电为"1"状态，失电为"0"状态；元件的常开触头，规定闭合状态为"1"状态，断开状态为"0"状态，线圈未通电的触头状态称为原始状态。

（2）三相异步电动机的基本控制环节

启停、自锁环节和点动控制；可逆控制与自锁环节；连锁控制与互锁控制；多地点控制；反接制动控制、能耗制动控制；变压调速、转子串电阻调速、电磁转差离合器调速、变极调速、串级调速、变频调速。

（3）保护环节

为了提高电气控制系统运行的可靠性，在电气控制系统的设计与运行中，都必须考虑到系统有发生故障和不正常工作情况的可能性。因为发生这些情况时，会引起电流增大，电压和频率降低或升高，致使电气设备和电能用户的正常工作遭到破坏。

在三相交流电力系统中，最常见和最危险的故障是各种形式的短路，其中包括三相短路、两相短路、单相对地短路以及电机和变压器一相绕组上的匝间短路等。除此之外，配电线路、电机和变压器还可能发生单相或两相断线，以及上述几种故障同时发生的复杂故障。

电气系统发生短路和过电流等故障时,电气量将发生如下变化:

1)电流增大,在短路点与电源间直接联系的电气设备上的电流会增大;

2)电压降低,系统故障相的相电压或相间电压会下降,而且离故障点越近,电压下降越多,甚至降为零;

3)电流电压间的相位角会发生变化。例如,正常运行时,同相的电流与电压间的相位角为负荷功率因数角,约20°左右;三相短路时电流与电压间的相位角为线路阻抗角,对于架空线路电流与电压的相位角约是60°~85°等。

利用短路时的这些电气量的变化,可以构成各种作用原理的电气保护。例如,利用电流增大的特点可以构成过电流保护;利用电压降低的特点可以构成低电压保护;利用电流电压间的相位角的变化特点可以构成断相保护、漏电保护等。常用的保护环节有过电流、短路、过载、过压、失压、断相保护等。有时还设有合闸、分闸、正常工作、事故等指示信号。

常用的保护方法有如下几种:

1)电流型保护

电流型保护包括短路保护、过电流保护、过载保护、断相保护等。

2)电压型保护

电压型保护包括失压保护、欠电压保护以及过电压保护。

3)位置控制与保护

4)温度、压力、流量、转速等物理量的控制与保护

6.1.3.3 电气控制线路的故障检修

(1)低压电气设备的检修

低压电气设备的种类很多,带有共性的一般性指南:

1)机构各部分必须定期涂以润滑油,机构动作应灵活,各部螺栓紧固,动作正确。

2)小修和断开短路电流后,应检查触头及消弧系统。触头表面必须清洁光滑,对金属小颗粒应加以清除。触头厚度小于原厚度的1/3时必须更换。灭弧罩内不应有烟痕和熏黑,可用酒精抹净。更换损坏的灭弧罩。

3)定期检查,测定脱扣器整定值和延时及动作情况。

4)检查各传动部件,如有磨损应更换。

5)二次回路绝缘电阻应在10MΩ以上,回路端子、接点等接触良好。

6)各触头的压力要均衡,三相应同期合闸及分闸。

7)说明拉合闸试验良好,并按说明书调整超行程。

8)定期清除灰尘和油污,保证绝缘良好。

(2)故障及处理

低压电气设备的故障和检修一样,随种类不同有异,见表6-1、表6-2和表6-3。

自动开关常见故障分析及处理办法　　　　　　　表 6-1

序号	故　障	原　因　分　析	处　理　方　法
1	手动操作，触头不能闭合	1. 失压脱扣器无电压或线圈烧毁 2. 机构不能复位再扣 3. 贮能弹簧变形，引起闭合力减小 4. 反作用弹簧力过大	1. 给上电压或更换好线圈 2. 调整脱扣面至规定值 3. 更换贮能弹簧 4. 调整到适宜程度
2	电动操作，触头不能闭合	1. 操作电源电压不符 2. 电磁铁拉杆行程不够 3. 电动机操作定位开关失灵 4. 控制器中整流管或电容器损坏 5. 电源容量不够	1. 更换电源电压 2. 重新调整拉杆行程或更换 3. 重新调整 4. 更换 5. 更换操作电源
3	有一相触头不能闭合	1. 一相连杆断裂 2. 限流自动开关斥开机构的可折连杆之间角度过大	1. 更换 2. 调整至规定值
4	分励脱扣器不能使自动开关分断	1. 线圈短路 2. 电源电压过低 3. 脱扣面太大 4. 螺栓松脱	1. 更换线圈 2. 更换电源电压 3. 重新调整脱扣面 4. 拧紧螺栓
5	失压脱扣器不能使自动开关分断	1. 反力弹簧反力过小 2. 如果是储能释放，则储能弹簧压力变小 3. 机构卡住	1. 调整弹簧 2. 调整储能弹簧 3. 检查卡住原因，排除故障
6	启动电动机时自动开关立即分断	1. 过电流脱扣器瞬动整定电流太小 2. 空气式脱扣器可能阀门失灵或橡皮膜破裂	1. 调整过电流脱扣器瞬时整定弹簧 2. 修复或更换
7	自动开关合闸后，工作一段时间又分断	1. 过电流脱扣器长延时整定值不对 2. 热元件或半导体延时电路元件变质	1. 重新调整 2. 更换新的元件

续表

序号	故障	原因分析	处理方法
8	失压脱扣噪声大	1. 反力弹簧力太大 2. 铁芯工作表面有油污 3. 短路环断裂	1. 重新调整 2. 清除极面油污 3. 更换铁芯（或衔铁）或短路环
9	自动开关温度过高	1. 触头压力太低 2. 触头磨损严重或接触不良 3. 导电零件连接处螺栓松动	1. 调整触头压力，或更换不合格弹簧 2. 更换触头或调整接触面，若不能更换的应整台更换 3. 拧紧螺栓
10	辅助触头不通电	1. 辅助开关的动触桥卡死或脱落 2. 辅助开关传动杆断裂或滚轮脱落	1. 拨正或重新装好触桥 2. 更换传动杆和滚轮或更换整个辅助触头
11	带半导体过电流脱扣器误动作使自动开关断开	1. 半导体电路本身故障 2. 其他强电磁场引起半导体脱扣器误动作	1. 检查故障所在并排除之 2. 找出误动作起因，进行隔离屏蔽或改变线路

热继电器的故障和处理　　　　　表 6-2

故障	原因	处理
热继电器误动作	1. 额定值偏小 2. 电动机启动时间过长 3. 操作频率过高 4. 强烈冲击振动 5. 可逆运转及密接通断 6. 环境温度变化大	1. 调整整定值 2. 选择合适的可返回时间级数的热继电器 3. 限定操作频率 4. 防震或用防震热继电器 5. 不宜用双金属片热继电器、改用其他保护方式 6. 改善环境，使温度在要求的范围内
热继电器不动作	1. 整定值偏大 2. 触头接触不良 3. 热元件烧断或开焊 4. 动作机构被卡 5. 导板脱出	1. 调整整定值 2. 消除触头表面灰尘，氧化物等 3. 更换或补焊 4. 修理或重新调整 5. 重新放入，并进行试验
热元件烧断	1. 负载侧短路或电流过大 2. 反复短时工作操作频率过高	1. 排除短路故障，如热继电器选型不合适应更换 2. 合理选用并限定操作频率

接触器常见故障及处理方法表

表 6-3

故障现象	可能原因	处理方法
吸不上或吸不足（即触头点已闭合而铁芯尚未完全闭合）	1. 电源电压过低或波动过大 2. 操作回路电源容量不足或发生断线、配线错误及控制触头接触不良 3. 线圈技术参数与使用条件不符 4. 产品本身受损 5. 触头弹簧压力与超程过大	1. 调高电源电压 2. 增加电源容量，更换线路，修理控制触头 3. 更换线圈 4. 更换线圈，排除卡住故障，修理受损零件 5. 按要求调整触头参数
不释放或释放缓慢	1. 触头弹簧压力过小 2. 触头熔焊 3. 机械可动部分被卡住，转轴生锈或歪斜 4. 反力弹簧损坏 5. 铁芯极面有油污或尘埃黏着 6. E形铁芯，当寿命终了时，因去磁气隙消失，剩磁过大，使铁芯不释放	1. 调整触头参数 2. 排除熔焊故障，修理或更换触头 3. 排除卡住现象，修理受损零件 4. 更换反力弹簧 5. 清理铁芯表面 6. 更换铁芯
线圈过热或烧损	1. 电源电压过高或过低 2. 线圈技术参数与实际使用条件不符 3. 操作频率过高 4. 线圈制造不良或由于机械损伤、绝缘损坏等 5. 使用环境条件特殊：如空气潮湿、含腐蚀性气体等 6. 运动部分卡住 7. 交流铁芯极面不平或中肢气隙过大 8. 交流接触器派生直流操作的双线圈，因常合连锁触头熔焊不释放，而使线圈过热	1. 调整线圈电压 2. 调换线圈或接触器 3. 选择其他合适的接触器 4. 更换线圈，排除引起线圈机械损伤的故障 5. 采用特殊设计的线圈 6. 排除卡住现象 7. 清理极面或调换铁芯 8. 调整连锁触头参数及更换烧坏线圈
电磁铁噪声过大	1. 电源电压过低 2. 触头弹簧压力过大 3. 磁系统歪斜或机械上卡住，使铁芯不能吸平 4. 极面生锈或因异物侵入铁芯极面 5. 短路环断裂 6. 铁芯极面磨损过度而不平	1. 提高操作回路电压 2. 调整触头弹簧压力 3. 排除机械卡住现象 4. 清理铁芯表面 5. 调换铁芯或短路环 6. 更换铁芯
触头熔焊	1. 操作频率过高或产品过负载使用 2. 负载侧短路 3. 触头弹簧压力过小 4. 触头表面有金属颗粒突起或异物 5. 操作回路电压过低或机械上卡住	1. 调换合适的接触器 2. 排除短路故障，更换触头 3. 调整触头弹簧压力 4. 清理触头表面 5. 提高操作电源电压，排除机械卡住现象

续表

故障现象	可 能 原 因	处 理 方 法
触头过热或灼伤	1. 触头弹簧压力过小 2. 触头上有油污，或表面高低不平，有金属颗粒突起 3. 环境温度过高或使用在密闭的控制箱中 4. 铜触头用于长期工作制 5. 操作频率过高，或工作电流过大，触头断开容量不够 6. 触头的超程太小	1. 调高触头弹簧压力 2. 清理触头表面 3. 接触器降容使用 4. 接触器降容使用 5. 调换容量较大的接触器 6. 调整触头超程或更换触头
触头过度磨损	1. 接触器选用欠妥，在以下场合时，容量不足： （1）反接制动 （2）有较多密接操作 （3）操作频率过高 2. 三相触头动作不同步 3. 负载侧短路	1. 接触器降容使用或改用适于繁重任务的接触器 2. 调整至同步 3. 排除短路故障，更换触头
相间短路	1. 可逆转换的接触器连锁不可靠，由于误动作，致使两台接触器同时投入运行而造成相间短路，或因接触器动作过快，转换时间短，在转换过程中产生电弧短路 2. 尘埃堆积或黏有水气、油污，绝缘变坏 3. 产品部件零部件损坏	1. 检查电气连锁与机械连锁；在控制线路上加中间环节或调换动作时间长的接触器，延长可逆转换时间 2. 经常清理，保持清洁 3. 更换损坏零部件

6.2 常用电气设备运行维护

6.2.1 配电设备使用和维护

配电装置在运行过程中，由于过负荷、气候变化或制造、检修质量不良，可能使设备产生缺陷、甚至发生故障。例如，由于油断路器渗漏油后使油位下降，起不到灭弧作用，从而使油断路器在切除负荷或短路电流时发生事故；仪表、指示灯信号不明或错误指示时，可能引起运行人员的误操作；保护装置接触松动或机构故障造成保护拒动或误动。因此必须按照规定的周期定期地对配电装置进行巡视和检查。

运行经验证明，认真进行配电装置的巡视检查工作，能及时发现设备运行中的缺陷和不正常现象，采取措施后，能减少事故的发生，提高供电的可靠性。

6.2.1.1 固定式高压开关柜

在固定式高压开关柜安装、检修后或投入运行前应进行各项检查和试验，试验项目应根据有关试验规程规定进行，检查项目如下：

（1）绝缘子、绝缘套管、穿墙套管等部件是否清洁，有无破损裂纹及放电痕迹。

（2）母线连接处接触是否良好，支架是否坚固。

（3）断路器和隔离开关的机械锁是否灵活可靠。

（4）检查断路器和隔离开关的各部分是否符合规定。

在运行中巡视检查的项目如下：

（1）母线和各连接点有无过热现象，示温蜡片是否熔化；

（2）注油设备的油位是否正常，油色是否变深，有无渗、漏油现象；

（3）开关柜中各电气元件在运行中有无异常气味和声响；

（4）仪表、信号、指示灯等指示是否正确，继电保护压板位置是否正确；

（5）继电器及直流设备运行是否良好；

（6）接地和接零装置的连接线有无松脱和断线；

（7）高低压配电室的通风、照明及安全防火装置是否正常。

6.2.1.2 手车式高压开关柜

手车式高压开关柜运行一段时间后，应进行定期的清扫和检查，清扫后的检查项目如下：

（1）小车在柜外时，用手将二次触点来回推动，触点的动作应灵活。

（2）将推进机构上的锁扣解除闭锁，提起操作杆，即可把小车推入柜内，固定在工作位置。

6.2.1.3 固定式低压开关柜

（1）安装在柜内的电器设备，应能方便地拆装更换不影响其他回路的电器元件正常使用；

（2）开关操作机构动作应灵活，辅助触点分合应正确可靠；

（3）所有电器元件及各附件均应固定在骨架或支持件上；

（4）不同金属母线或母线与接线端子连接时，在结构上应采取防电化腐蚀措施，并应使母线受压后不致变形；

（5）固定式低压开关柜一次回路及其电器元件的绝缘应能承受1min 2kV的试验电压，二次回路接线及全部电器元件的绝缘应能承受1min 1kV的工频试验电压，而均无击穿或闪络现象。

6.2.1.4 抽屉式低压开关柜

抽屉式开关柜除应满足上述对低压开关柜使用中的要求外，还应满足以下几点：

（1）应保证同类低压配电柜的抽屉能够互换；

（2）抽屉的推进与抽出应灵活轻便，无卡阻碰撞现象；

（3）可动触点与固定触点的中心线应一致，触点的接触应紧密，并保证有足够的接触压力；

（4）抽屉与柜体间应有良好的接地触点装置，并且其接触电阻应不大于 $1000\mu\Omega$。

6.2.2 变压器的故障分析与运行

变压器利用电磁感应原理，把交流输入电压升高或降低为同频率的交流输出电压。以满足高压送电、低压配电以及其他用途的需要。

变压器的种类很多，按照用途通常可分为电力变压器和特种变压器两大类。

6.2.2.1 变压器的故障分析

（1）绝缘降低　绝缘降低的特点是绝缘电阻下降，造成运行时泄漏电流增加，发热严重，温升增高，促进绝缘老化。绝缘下降的原因是：绝缘老化，绝缘受损，油质劣化，绝缘性变差。

（2）温升过高　温升过高最明显的征象是变压器发热，油面上升，严重时保护装置动作，切断电路。温升过高的原因有：

1）电流过大，负荷过重，超过变压器容量允许限值；

2）通风不良；

3）变压器内部损坏。如线圈损坏、短路、油质不良等。

（3）油面不正常　油面在正常情况下，指示计指在零位上下 25 度的范围内，若超过此限度，即为不正常运行。

（4）声响异常　变压器发出"吱吱"声时，说明表面有闪络，应检查套管，套管太脏、有裂纹也会出现这种现象。

变压器如发出"哗剥"声，表明有击穿现象，可能发生在线圈间或铁芯与夹件间。

（5）自动装置跳闸　检查外部有无短路、过负荷和二次线路等故障。如故障原因不在外部，则检查绝缘电阻。

（6）用试验方法检查故障，许多故障不能全靠外部直观检查得出正确判断，如匝间短路、内外线圈间的绝缘被击穿等。而需进行试验测量，才能迅速而准确地判断故障性质和部位。

6.2.2.2 变压器运行规程

（1）变压器正常运行时的维护和检查。

1）运行中的变压器的上层油温不应超过 85℃；

2）变压器油面高度应符合油面监视线，油色应明亮清晰；

3）变压器各部应清洁，无渗漏现象，套管无破损及放电痕迹。干燥剂吸潮变色时应及时更换；

4）变压器运行应无异常响声，冷却装置应保持良好运行状态。

（2）变压器有下列情况之一者，应立即停止运行。

1）变压器大量漏油无法堵塞，导致油面迅速下降到最低监视线以下；

2）油面急剧上升，向外冒油喷烟或变压器着火时；

3）变压器发出强烈不均匀噪声或内部有放电声，套管炸裂或有放电闪络现象。

（3）变压器有下列情况之一者，应加强监视。

1）有异常响声，在负荷、冷却条件、环境温度不变的情况下，上层油温持续上升；

2）变压器漏油，油面逐步下降，油色变黑，套管有裂纹渗漏油；

3）引线桩头发热发红，冷却装置故障无法运行。

6.2.3 电动机日常维护保养

电动机是应用电能来做功的机器。按使用的电源种类分为直流电动机和交流电动机两大类。交流电动机又可以分为同步电动机和异步电动机两大类。异步电动机按转子形式又分为鼠笼型和绕线转子两种。其中鼠笼型转子异步电动机具有构造简单、坚固耐用、工作可靠、价格便宜、使用和维护方便等优点，它是所有电动机中应用最广的一种。

电动机在负载过重、出线头接错、绕组受潮或长时间在高温下运行时会烧毁线圈，有时也会因安装不当使转轴扭曲或卡死。日常维护工作应注意以下几方面：

电动机投入运行前，进行如下几项检查：①用 500~1000V 的绝缘测试器测试定子线包与金属外壳间绝缘电阻，绝缘电阻应不低于 $500k\Omega$，否则需要进行烘干处理。②用万用表测量绕组接线是否正确。③用手推转电动机轴，检查运转是否灵活，有无卡死或异常响声。④直流电机的刷架是否固定在规定的标记位置，电刷之压力是否正常均匀，刷握的固定是否可靠，电刷在刷握内是否太紧或太松及其与换向器的接触面是否良好。检查换向器表面清洁度，如有油污，则可用柔软的布或棉花蘸酒精或汽油擦除。

电动机投入运行后，要定时测试外壳温度，尤其是大容量电动机，更要注意工作时的温度变化情况。

定期（如半年）清洁机身，并打开罩盖，认真清洗轴承上的油泥，然后加注适量润滑油。电动机运行中注意观察电流表，避免长时间超负载工作，防止降低绝缘程度。电动机底座要有良好的接地线。

6.2.4 变频设备日常维护与检查

变频器是改变交流电频率的装置。变频器可调节电机的转速，安装在水泵电机上的变频器可平滑低调节水泵的流量与压力。变频器是一种精密的电子设备，虽然在制造过程中，厂家进行了可靠性设计，但如使用不当，仍可能发生故障或出现运行不佳等情况，因此日常维护与检查是必不可少的。

（1）检查变频器时的注意事项

1）操作者必须熟悉变频器的基本原理、功能特点、指标等，具有变频器的运行经验。

2）操作前必须切断电源。还要注意主电路电容器充分放电，确认电容放电完后再行作业。

3）测量仪表的选择必须符合厂家的规定。

（2）日常检查项目

基本上是检查变频器运行时是否有异常现象。

1）安装地点的环境是否有异常。

2）冷却系统是否正常。

3）变频器、电动机、电抗器等是否过热、变色或有异味。

4）变频器和电动机是否有异常振动、异常声音。

5）主电路电压和控制电路电压是否正常。

6）滤波电容器是否有异味、小凸肩（安全阀）是否胀出。

7）各种显示是否正常。

（3）定期检查项目

定期检查的重点放在变频器运行时无法检查的部位。

1）清扫空气过滤器，同时检查冷却系统是否正常。

2）检查螺钉、螺栓等紧固件是否松动，进行必要的紧固。

3）导体绝缘物是否有腐蚀过热的痕迹、变色或破损。

4）检查绝缘电阻是否在正常范围内。

5）检查及更换冷却风扇、滤波电容器、接触器等。

6）检查端子排是否有损伤，触点是否粗糙。

7）确认控制电压的正确性，进行顺序保护动作实验，确认保护、显示回路有无异常。

8）确认变频器的单体运行时输出电压的平衡度。

6.3 给水处理厂常用机械设备维护

给水处理厂使用的机械设备种类较多，保持设备完好是实现水厂正常连续运行的根本保证。水厂常用的主要设备包括泵类、各种阀门、鼓风机、混凝搅拌设备、刮泥设备等。

6.3.1 水泵的运行维护与故障诊断

水泵是输送和提升液体的机器，水泵及其机组的运作直接影响到城市水系作用的正常发挥。如果水泵的安装、运行和维护不当，会引起机器及电动机等各方面故障及事故发生，降低设备效能，缩减设备使用寿命，造成不必要的浪费，甚至造成水处理厂停产，更严重的是使整个供水系统瘫痪等。因此，水泵的运行维护与管理特别重要。

水泵润滑是水泵维护保养的重点项目。为了减少轴承的摩擦延长轴承的使用寿命，确保水泵在运行时达到良好的润滑非常重要，过多或过少的润滑油都会影响轴承的摩擦。

出厂时泵内涂抹上润滑油是为了减少轴承的摩擦同时又能在短时期内防止生锈。

在启动水泵之前，必须在泵轴上适当加注润滑油。在泵运行的第一个小时进行必要的检查或确保水泵在启动后达到其特定的参数值。

一般情况下，轴承润滑油更换的间隔时间是运行 4000h，如果轴承保持正常湿度且观测不到油被污损，则可以适当延长间隔。如果轴承温度升高，应立即加油润滑，并判断轴承是否有故障或 V 形环位置是否正常。水泵轴承的时间——温升曲线如图 6-2 所示。

在大修期间要对轴承进行清洁处理用轻质润滑油冲洗轴承，冲洗出轴承内的矿物质废油及杂质后，重新加入润滑油。注意清洗时不能使用废弃的油。

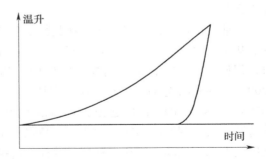

图 6-2 水泵轴承的时间——温升曲线

历史上设备维修制度经历了"事后维修"、"预防维修"、"计划预防检修"等多种方式，最具代表性的是失效后修理和制定定期的大、中、小修计划。这些方式的共同点在于不是以设备实际存在的隐患为依据，因而不可避免存在盲目拆卸，维修不足和人力、财力的浪费或机器停运造成经济损失等缺点，维修缺乏科学性。随着科学技术的不断提高，设备（或零部件）的状态检测仪器和手段得到了很大发展，人们发现，通过检测仪器对设备的运行情况进行诊断，确定设备存在的早期故障及原因，有针对地制定维修计划是行之有效的。这种维修方式为预知性维修。在机械行业中，对旋转机械的状态检测，使用最多的故障诊断仪器是测振仪。本文将结合预知性维修简介测振仪的使用。

预知性维修是指依据设备的实际状况，通过科学合理的安排检修工作，以最少的资源消耗保持机组（设备）的安全、经济、可靠的运行能力。预知性维修依据是设备（或零部件）在不同工况下有着不同的磨损特性，通过设备诊断手段发现其磨损规律，在故障出现之前时及时维修。

振动是水泵等机械设备损坏的重要原因之一，设备在运行中不可避免会产生振动，振动将加剧设备的磨损。因此，水泵的预知性维修重点是检测水泵轴承的振动。

造成振动的起因又有许多种。常见的有：

1）不平衡。在使用过程中，由于摩擦、积尘、缠绕附着物、（叶轮）气蚀等引起的转子质心改变，出现不平衡现象。

2）不对中和轴弯曲。这引起轴及联轴器系统产生振动，旋转机械70%~75%的振动是由此引起的。

3）机械松动。常见的有轴承磨损、轴颈磨损、螺母松动、螺栓断裂等。

6.3.2 阀门维护与故障预防

阀门是流体管路的控制装置，其基本功能是接通或切断管路介质的流通，改变介质的流通，改变介质的流动方向，调节介质的压力和流量，保护管路设备的正常运行。

工业用的阀门的大量应用是在瓦特发明蒸汽机之后，近二三十年来，由于石油、化工、电站、冶金、船舶、核能、宇航等方面的需要，对阀门提出更高的要求，促使人们研究和生产高参数的阀门，其工作温度从超低温 -269℃ 到高温 1200℃，甚至高达 3430℃；工作压力从超真空 1.33×10^{-8}MPa（1×10^{-1}mmHg）到超高压 1460MPa；阀门通径从 1mm 到 600mm，甚至达到 9750mm；阀门的材料从铸铁、碳素钢发展到钛及钛合金、高强度耐腐蚀钢等；阀门的驱动方式从手动发展到电动、气动、液动、程控、数控、遥控等。

随着现代工业的不断发展，阀门需求量不断增长，一个城市供水系统就需要大量各式各样的阀门。阀门开闭频繁，但往往由于生产制造、使用选型、维修不当，发生跑、冒、滴、漏现象，能耗与物耗提高，严重时造成停产或大面积水淹道路等。因此人们希望获得高质量的阀门，同时也要求提高阀门的使用和维修水平。这对从事阀门操作人员、维修人员以及工程技术人员，提出新的要求，除了要精心设计、合理选用、正确操作阀门之外，还要及时维护、修理阀门，使阀门的"跑、冒、滴、漏"及各类事故降到最低限度。

6.3.2.1 阀门维护

对阀门的维护，可分两种情况：一种是保管维护，另一种是使用维护。

（1）保管维护

保管维护的目的，是不让阀门在保管中损坏或降低质量。而实际上，保管不当是阀门损坏的重要原因之一。阀门保管，应该井井有条，小阀门放在货架上，大阀门可在库房地面上整齐排列，不能乱堆乱垛，不要让法兰连接面接触地面。这不仅为了美观，主要是保护阀门不致碰坏。由于保管和搬运不当，造成手轮打碎、阀杆碰歪、手轮与阀杆的固定螺母松脱丢失等等，这些不必要的损失，应该避免。

对短期内暂不使用的阀门，应取出石棉填料，以免产生电化学腐蚀，损坏阀杆。对刚进库的阀门，要进行检查，如在运输过程中进了雨水或污物，要擦拭干净，再予存放。阀门进出口要用蜡纸或塑料片封住，以防进去脏东西。对能在大气中生锈的阀门加工面要涂防锈油，加以保护。放置室外的阀门，必须盖上油毡或苦布之类防雨、防尘物品。存放阀门的仓库要保持清洁干燥。

（2）使用维护

使用维护的目的，在于延长阀门寿命和保证启闭可靠。

阀杆螺纹，经常与阀杆螺母摩擦，要涂一点黄油、二硫化钼或石墨粉，起润滑作用。

不经常启闭的阀门，也要定期转动手轮，对阀杆螺纹添加润滑剂，以防咬住。

室外阀门，要对阀杆加保护套，以防雨、雪、尘土锈污。

如阀门系机械驱动，要按时对变速箱添加润滑油。

要经常保持阀门的清洁。

要经常检查并保持阀门零部件的完整性。如手轮的固定螺母脱落，要配齐、不能凑合使用，否则会磨圆阀杆上部的四方，逐渐失去配合可靠性，乃至不能开动。

不要依靠阀门支持其他重物，不要在阀门上站立。

阀杆，特别是螺纹部分，要经常擦拭，对已经被尘土弄脏的润滑剂要换成新的，因为尘土中含有硬杂物，容易磨损螺纹和阀杆表面，影响使用寿命。

6.3.2.2 常见故障及预防

（1）一般阀门

1）填料函泄漏　填料函泄漏的主要原因有：填料与工作介质的腐蚀性、温度、压力不相适应；装填方法不对，易产生泄漏；阀杆加工精度或表面光洁度不够，或有椭圆度，或有刻痕；阀杆已发生点蚀，或因露天缺乏保护而生锈；阀杆弯曲；填料使用太久已经老化；操作太猛。

2）关闭件泄漏　通常将填料函泄漏叫外漏，把关闭件泄漏叫做内漏，关闭件泄漏，在阀门里面，不易发现。关闭件泄漏，可分两类：一类是密封面泄漏，另一类是密封件根部泄漏。引起泄漏的原因有：密封面研磨得不好；密封圈与阀座、阀瓣配合不严紧；阀瓣与阀杆连接不牢靠；阀杆弯扭，使上下关闭件不对中；关闭太快，密封面接触不好或早已损坏；材料选择不当，经受不住介质的腐蚀；将截止阀、闸阀作调节使用，密封面经受不住高速流动介质的冲击而磨损；某些介质，在阀门关闭后逐渐冷却，使密封面出现细缝，也会产生冲蚀现象；某些密封圈与阀座、阀瓣之间采用螺纹连接，容易产生氧浓差电池，腐蚀松脱；因焊渣、铁锈、尘土等杂质嵌入，或生产系统中有机械零件脱落堵住阀芯，使阀门不能关严。

3）阀杆升降失灵原因　操作过猛使螺纹损伤；缺乏润滑剂或润滑剂失效；阀杆弯扭；表面光洁度不够；配合公差不准、咬得过紧；阀杆螺母倾斜；材料选择不当，例如阀杆与阀杆螺母为同一材质，容易咬住；螺纹波介质腐蚀（指暗杆阀门或阀杆在下部的阀门）；露天阀门缺少保护，阀杆螺纹黏满尘砂，或者被雨露霜雪等锈蚀。

4）其他

① 阀体开裂：一般是冰冻造成的。天冷时，阀门要有保温伴热措施，否则停产后应将阀门及连接管路中的水排净（如有阀底丝堵，可打开丝堵排水）。

② 手轮损坏：撞击或长杠杆猛力操作所致。只要操作注意，便可避免。

③ 填料压盖断裂：压紧填料时用力不均匀，或压盖有缺陷。压紧填料，要对称地旋转螺栓，不可偏歪。制造时不仅要注意大件和关键件，也要注意压盖之类次要件，否则影响使用。

④ 阀杆与闸板连接失灵：闸阀采用阀杆长方头与闸板T形槽连接形式较多，T形槽内有时不加工，因此使阀杆长方头磨损较快。主要从制造方面来解决，即加工时应有一定光洁度。

⑤ 双闸板阀门的闸板不能压紧密封面：双闸板的张力是靠顶楔产生的，有些闸阀，顶楔材质不佳（低牌号铸铁），使用不久便磨损或折断。需注意更换顶楔。

（2）自动阀门

1）弹簧式安全阀　密封面渗漏：原因是密封面之间夹有杂物或密封面损坏。要靠定期检修来预防。灵敏度不高：原因是弹簧疲劳或弹簧使用不当。弹簧疲劳应及时更换。弹簧式安全阀有几个压力段，每一个压力段有一对应的弹簧。如公称压力为 $16kg/cm^2$ 的安全阀，使用压力是 $2.5 \sim 46kg/cm^2$ 的压力段。若安装 $10 \sim 166kg/cm^2$ 的弹簧，虽能开启，但很不灵敏。

2）止回阀　常见故障是阀瓣打碎或介质倒流。引起阀瓣打碎的原因：止回阀前后介质压力处于接近平衡而又互相"拉锯"的状态，阀瓣经常与阀座拍打，某些脆性材料（如铸铁、黄铜等）做成的阀瓣就被打碎。预防的办法是采用阀瓣为韧性材料的止回阀。介质倒流的原因是密封面破坏或夹入杂质。修复密封面和清除杂质，就能防止倒流。

实际使用中，还会遇到其他故障，要做到主动灵活地预防阀门故障的发生，最根本的一条是熟悉它的结构、材质和动作原理。

6.3.3　鼓风机维护与管理

罗茨鼓风机是容积式气体压缩机中的一种。其特点：在最高设计压力范围内，管网阻力变化时，流量变化很小，工作适应性较强，故在流量要求稳定而阻力变动幅度较大的工作场合，可以自动调节，且叶轮与机体之间具有一定间隙而不直接接触，结构简单，制造维护方便。

离心式鼓风机是一种叶片式气体压缩机，与定容式鼓风机相比，具有空气动力性能稳定、振动小、噪声低的特点。离心式鼓风机分为低速多级、高速多级和高速单级等形式。在结构上，多级高速和多级低速离心式鼓风机采用电动机直接驱动下，通过多级叶轮串联的方法逐级增压，单级高速和多级高速离心式鼓风机需通过增速机构传动的方式提高风压。

鼓风机的维护与管理重点：

1）鼓风机控制油位 鼓风机的球轴及齿轮需要润滑，因此维护鼓风机要注意控制油位。要注意油箱中油的消耗一般情况下是无法正确估计的，油位必须每天检查，尤其是油箱中油位指示。不要超过允许的最高油位，这将导致机器运行过热，特别需要小心发生漏油的情况。

2）更换润滑油 将油放空或填充油时必须关闭机器，使机器内部压力释放。在首次运行鼓风机（150~175h）后更换润滑油。在正常工作情况下，每运行1800/2100h更换一次油，除特别的需要，更换油必须周期性地进行。每次换油时清洁油箱内部。为这个目的，在油箱中填入低黏度、洁净的油，然后转动鼓风机，转动5min后停止发动机，放出清洁油更换新油，并将油注到油位标记线。

3）鼓风机内部清洁 断开吸入及释放管道；启动鼓风机；通过入口装入煤油或其他对橡皮连接件无伤害的溶剂；保持鼓风机空转直到所用溶剂消耗。

6.4 污水处理厂常用设备维护

污水处理厂使用的机械设备种类较多，保持设备完好是实现污水处理厂正常连续运行的根本保证。污水处理厂常用的主要设备包括泵类、鼓风机、格栅除污机、刮吸泥机、曝气设备、污泥脱水设备等几大类。泵类、鼓风机和曝气设备在此不予讨论。

6.4.1 格栅除污机及运行控制

污水中有各种各样的垃圾及漂浮物。去除水中这些漂浮的垃圾，是污水处理的第一道工序。为保护其他机械设备和后续工艺的顺利进行，在污水处理流程中必须设置格栅及格栅除污设备。

格栅除污机，是用机械的方法将拦截到格栅上的栅渣耙捞出水面的设备。此类设备的形式种类繁多，属于非标准系列产品。格栅除污机的分类见表6-4。

表 6-4 格栅除污机分类表

分类方式	格栅除污机	
按安装的形式分	固定式格栅除污机 移动式格栅除污机	
按格栅有效间距分	粗、中、细格栅除污机 筛网除污机	
按格栅角度分	倾斜安装格栅除污机 垂直安装格栅除污机 弧形格栅除污机	
按运动部件分	臂式格栅除污机 针齿条式格栅除污机 旋转格栅除污机 台阶式格栅除污机 螺旋输送式格栅除污机	链式格栅除污机 液压式格栅除污机 钢索牵引式格栅除污机 背耙式格栅除污机 耙齿链式格栅除污机

无论哪一种形式的格栅除污机均要具备两大功能：一是将污水中的漂浮垃圾按规定要求成功地拦截；二是将拦截到的垃圾提升出水面，实现固液分离，然后输送到易于人工或机械清运的位置。因此，我们常见的格栅除污机都分为两大部分，即格栅和除污机，这两者缺一不可。但目前一些新型格栅除污机又将两者有机地结合在一起，形成不可分割的整体，如耙齿链回转式格栅除污机。

一般来讲，格栅除污机没有必要昼夜不停地运转，长时间运转会加速设备的磨损和浪费电能。因此，在积累一定数量的栅渣后间歇开机较为经济。控制格栅除污机间歇运行的方式有以下几种：

（1）人工控制

有定时控制与视渣情控制两种。定时控制是制定一个开机时间表，操作人员按规定的时间去开机与停机，也可以由操作人员每天定时观察拦截的栅渣状况，按需要开机。

（2）自动定时控制

自动定时装置按预先定好的时间开机与停机。

人工与自动定时控制，都需有人时刻监视渣情，如发现有大量垃圾突然涌入，应及时手动开机。

（3）水位差控制

这是一种较为先进、合理的控制方式。污水通过格栅时都会有一定的水头损失，拦截的栅渣增多时，水头损失增大，即栅前与栅后的水位差增大。利用传感器测量水位差，当水位差达到一定的数值时，说明积累的栅渣已较多，除污机应立即开动除渣。

6.4.2 排泥机械

沉淀排泥直接影响处理效果，目前绝大多数污水处理厂采用机械排泥的方式,减轻劳动强度,提高排泥效果。

沉淀池的平面形状有矩形和圆形两种,根据水流方向可分为平流式、竖流式、辐流式、斜管斜板等多种形式。排泥机械的形式随沉淀工艺和池形构造而有所不同,目前常用的排泥机械通常可分为平流式(矩形)沉淀池排泥机和辐流式(圆形)排泥机两大类,选型时应按照适用条件决定。表6-5为常用排泥机械分类表。

常用排泥机械分类   表 6-5

平流式	行车式	吸泥机	泵吸式
			虹吸式
		刮泥机	翻板式
			提板式
	链条刮板式		单列链牵引式
			双列链牵引式
	螺旋输送式		水平式
			倾斜式
辐流式	回转式刮泥机 (中心传动或周边传动)		单刮臂式
			双刮臂式
	回转式吸泥机 (中心传动或周边传动)		水位差自吸式
			虹吸式
			空气提升式

目前平流沉淀池排泥设备主要为链条刮板式和行车式刮泥机,辐流沉淀池主要为回转式刮泥机、吸泥机。

6.4.2.1　链条刮板式刮泥机运行维护

如图6-3所示,链条式刮泥机是在两根主链上,每隔一定间距装有刮板。二条节数相等的链条连成封闭的环状,由驱动装置带动主动链轮转动,链条在导向链轮及导轨的支承下缓慢转动,并带动刮泥板移动,刮板在池底将沉淀的污泥刮入池端的污泥斗,在水面回程的刮板则将浮渣导入渣槽。

链条刮板式刮泥机的运行维护特点是:

1)刮板移动的速度可调至很低,以防扰动沉下的污泥;常用速度为0.6~0.9m/min。

2)由于刮板的数量多,工作连续,每个刮板的实际负荷较小,故刮板的高度只有150~200mm,它不会使池底污水形成紊流。

3)由于利用回程的刮板刮浮渣,故浮渣槽必须设置在出水堰一端。

4)整个设备大部分在水中运转,可以在池面加盖,防止臭气污染。

5)水中运转部件较多,维护困难;大修设备时若更换所有主链条,成本较高。

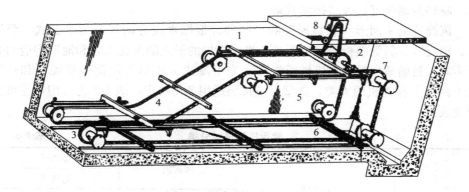

图 6-3 链条刮板式刮泥机
1—刮板；2、7—主动链轮；3、5—导向链轮；4—链条；6—链条导轨；8—驱动装置

6）电气及控制装置：链条刮板式刮泥机的电控装置比较简单，包括一套开关及过载保护系统，以及可以调节的定时开关系统。操作时可根据实际需要，控制每天的间歇运行时间，间歇运行有利于污泥沉淀，并可以延长刮泥机的使用寿命。

6.4.2.2 行车式刮泥机运行维护

行车式刮泥机的机构较为复杂（图6-4），规格型号多，控制方式及提升方式各异，各污水处理厂应按照各自的实际情况制定管理条例。以下仅介绍一些共性的运行问题。

1）巡视 绝大多数刮泥机都是自动往返的，有的还有远程监控，但现场巡视仍是必不可少的。建议白天每2h一次，夜间每4h一次。在巡视中如发现问题可及时停机处理解决。在巡视中应注意各油位是否正常，各部分声响是否正

图 6-4 行车式刮泥机

常，刮泥机及浮渣板升降是否到位等等。如果停机多日，对重新启动的机组还应增加巡视时间。

2）加油 刮泥机的润滑油的加油部位是驱动减速机、电缆鼓减速机、卷扬机减速机等；液压油加油部位是有液压提升系统的油箱；润滑脂部位主要是行走轮轴承、驱动链条、电缆鼓轴承、钢丝绳等。冬季和夏季加油的种类不同。冬季润滑油凝固会损坏驱动装置或液压装置。雨季应尽量避免雨水进入润滑油及液压油中，如发现油中有水（乳化），应及时更换。

3）故障及其处理 行车式刮泥机的故障很多是由程序失控、失调引起的。造成停车、错误报警、刮泥板及浮渣刮板不能提升和下降或提升下降不

能准确到位，有时会出现刮泥板与出水堰或池壁相撞的事故。电气控制系统及液压系统的损坏或失调是造成这些故障的主要原因。如程序开关损坏可能会发生错误的指令，时间继电器损坏可能造成定时不准，提前动作或者拒绝动作等。

液压装置长年暴露在外界，由于雨水及池中有害气体的侵蚀，很容易生锈，会使一些暴露在外的手柄等锈死，甚至无法正常工作。应经常将液压站各零件表面的污垢除去，使手柄恢复灵活，然后表面涂以干净的油脂。

驱动电机、油泵电机或者卷扬机电机、电缆鼓扭矩电机等电机虽然都是防雨电机或者采取了防水措施，但仍有可能流进雨水而将电机烧坏。雨季来临之前应着重检查防雨封环及接线盒的情况，以防雨水漏入。

电缆鼓的保护开关应随时保持其完好，因为电缆万一绕乱，如无保护就会拉断电缆造成事故。

胶轮式刮泥机有时会出现"蛇行"现象。机桥在行走时发生扭动，可能是由于导向轮磨损间隙过大造成，应及时调整。

行走在钢轨上的刮泥机，应时常检查钢轨的螺栓是否紧固，钢轨的轨距是否正确。

冬季大雪时，应及清除刮泥机行走道路上的冰雪，以防打滑。

用钢丝绳提升刮板的行车式刮泥机，如发现钢绳断股、磨损、严重锈蚀，应及时更换。

4）大修及中修　大修应每10000h（累计运行时间）进行一次。

6.4.3　污泥脱水设备

机械脱水的种类很多，按脱水原理可分为真空过滤脱水、压滤脱水和离心脱水三大类。目前国内常用的脱水机械主要是带式压滤脱水机和离心脱水机。前者在新建的污水处理厂应用较多，该脱水机具有出泥含水率较低且稳定、能耗低、控制不复杂等特点。近年来离心脱水机处理能力大大提高，加之全封闭无恶臭的特点，离心脱水机采用的越来越多。鉴于以上发展趋势，本节将主要介绍带式压滤脱水机和离心式脱水机的运行控制和维护管理。

6.4.3.1　带式压滤脱水机维护管理

各种形式的带式压滤机一般都由滤带、辊压筒、滤带张紧系统、滤带调偏系统、滤带冲洗系统和滤带驱动系统组成（图6-5）。

滤带一般用单丝聚酯纤维材质编织而成，具有抗拉强度大、耐曲折、耐酸碱、耐温度变化等特点。滤带编织成多种纹理结构，不同的纹理结构，其透气性能和对污泥颗粒的拦截性能不同，应根据污泥性质选择合适的滤带。活性污泥脱水时，应选择透气性能和拦截性能较好的滤带；而初沉污泥脱水时，对滤带的性能要求可低一些。

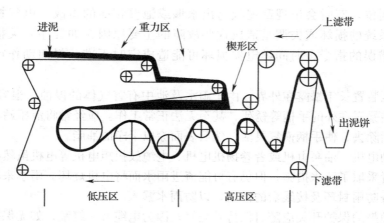

图 6-5 带式压滤脱水机工作原理

(1) 日常维护管理

带式压滤脱水机的日常维护主要包括以下内容:

1) 注意时常观察滤带的损坏情况,并及时更换新滤带。滤带的使用寿命一般在 3000~10000h 之间,如果滤带过早被损坏,应分析原因。滤带的损坏常表现为撕裂、腐蚀或老化。

2) 每日应保证足够的滤布冲洗时间。脱水机停止工作后,必须立即冲洗滤带,不能过后冲洗。一般来说,处理 1000kg 的干污泥约需冲洗水 15~20m^3。在冲洗期间,每米滤带冲洗水量需 10m^3/h 左右,每天应保证 6h 以上的冲洗时间,冲洗水压力一般应不低于 586kPa。另外,还应定期对脱水机周身及内部进行彻底清洗,以保证清洁,降低恶臭。

3) 按照脱水机的要求,定期进行机械检修维护,例如按时加润滑油、及时更换易损件等等。

4) 脱水机房内的恶臭气体,除影响身体健康外,还腐蚀设备,因此脱水机易腐蚀部分应定期进行防腐处理。加强室内通风,增大换气次数,也能有效地降低腐蚀程度,如有条件,应对恶臭气体封闭收集,并进行处理。

5) 应定期分析滤液的水质。有时通过滤液水质的变化,能判断出脱水效果是否降低。正常情况下,滤液水质应在 SS 为 200~1000mg/L 和 BOD_5 为 200~800mg/L 的范围。如果水质恶化,则说明脱水效果降低,应分析原因。当脱水效果不佳时,滤液 SS 会达到数千毫克每升。冲洗后水的水质一般在 SS 为 1000~2000mg/L 和 BOD_5 为 100~500mg/L 的范围。如果水质太脏,说明冲洗次数和冲洗历时不够;如果水质指标值小于上述范围,则说明冲洗水量过大,冲洗过频。

(2) 异常问题的分析及排除

1) 泥饼含固量下降

调质效果不好。一般是由于加药量不足。当进泥泥质发生变化，脱水性能下降时，应重新试验，确定出合适的干污泥投药量。有时是由于配药浓度不合适，配药浓度过高，絮凝剂不易充分溶解，虽然药量足够，但调质效果不好。也有时是由于加药点位置不合理，导致絮凝时间太长或太短。以上情况均应进行试验并予以调整。

带速太大。泥饼变薄，导致含固量下降，应及时地降低带速。一般应保证泥饼厚度为 5~10mm。

滤带张力太小。此时不能保证足够的压榨力和剪切力，使含固量降低。应适当增大张力。

滤带堵塞。滤带堵塞后，不能将水分滤出，使含固量降低，应停止运行，冲洗滤带。

2）固体回收率降低

带速太大，会导致挤压区跑料，应适当降低带速。

张力太大，也会导致挤压区跑料，并使部分污泥压过滤带，随滤液流失，应减小张力。

3）滤带打滑

进泥超负荷，应降低进泥量。

滤带张力太小，应增加张力。

辊压筒损坏，应及时修复或更换。

4）滤带时常跑偏

进泥不均匀，在滤带上摊布不均匀，应调整进泥口或更换平泥装置。

辊压筒局部损坏或过度磨损，应予以检查更换。

辊压筒之间相对位置不平衡，应检查调整。

纠偏装置不灵敏，应检查修复。

5）滤带堵塞严重

每次冲洗不彻底，应增加冲洗时间或冲洗水压力。

滤带张力太大，应适当减小张力。

加药过量。PAM 加药过量，黏度增加，常堵塞滤布，另外，未充分溶解的 PAM，也易堵塞滤带。

进泥中含砂量太大，也易堵塞滤布，应加强污水预处理系统的运行控制。

6.4.3.2 离心脱水机运行维护

离心机用于污泥浓缩及脱水已有几十年的历史，经过几次更新换代，目前普遍采用的是卧式离心螺旋脱水机，也称转筒式离心机、涡转式离心机、螺旋输送式离心机等。本书统一简称为离心脱水机。

离心脱水机主要由转鼓和带空心转轴的螺旋输送器组成。顺流式离心脱水机的进泥方向与污泥固体的输送方向一致，即进泥口和出泥口分别在转鼓的两端，如图 6-6 所示；逆流式离心脱水机的进泥方向与污泥固体的输送方向相反，即进泥口和排泥口在转鼓的同一端，如图 6-7 所示。

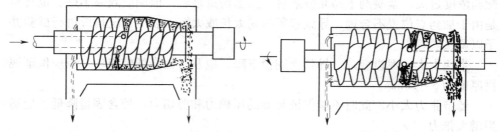

图 6-6　顺流式螺卧离心脱水机　　　　图 6-7　逆流式螺卧离心脱水机

（1）离心脱水机的运行维护

1）运行中经常检查和观测的项目有油箱的油位、轴承的油流量、冷却水及油的温度、设备的振动情况、电流读数等，如有异常，立即停车检查。

2）离心机正常停车时，先停止进泥，继而注入热水或一些溶剂，继续运行 10min 以后再停车，并在转轴停转后再停止热水的注入，并关闭润滑油系统和冷却系统。当离心机再次启动时，应确保机内冲刷干净彻底。

3）离心机进泥中，一般不允许大于 0.5cm 的浮渣进入，不允许 65 目以上的砂粒进入，因此应加强前级预处理系统对渣砂的去除。

4）应定期检查离心机的磨损情况，及时更换磨损件。

5）离心脱水效果受温度影响很大。北方地区冬季泥饼含固量一般可比夏季低 2%～3%。因此冬季应注意增加污泥投药量。

（2）异常问题的原因分析与排除

1）分离液混浊，固体回收率降低。液环层厚度太薄，应增大厚度；进泥量太大，应降低进泥量；转速差太大，应降低转速差；入流固体超负荷，应降低进泥量；螺旋输送器磨损严重，应更换；转鼓转速太低，应增大转速。

2）泥饼含固量降低。转速差太大，应减小转速差；液环层厚度太大，应低其厚度；转鼓转速太低，应增大转速；进泥量太大，应减小进泥量；调质加药过量，应降低干污泥投药量。

3）转轴扭矩太大。进泥量太大，应降低进泥量；入流固体量太大，应降低进泥量。转速差太小，应增大转速差；浮渣或砂进入离心机，造成缠绕或堵塞，应停车检修，予以清除；齿轮箱出故障，应及时加油保养。

4）离心机过度振动。润滑系统出故障，应检修并排除；有浮渣进入机内，缠绕在螺旋上，造成转动失衡，应停车清理；机座松动，应及时修复。

5）能耗增加电流增大。如果能耗突然增加，则离心机出泥口被堵塞，主要是转速差太小，导致固体在机内大量积累；可增大转速差，如仍增加，则停车修理并清除；如果能耗逐渐增加，则说明螺旋输送器被严重磨损，应予以更换；转鼓转速太低，应增大转速。

6.5 机械设备管理制度

水处理厂欲取得良好的处理效果，必须使各类设备经常处于良好的工作状况和保持应有的技术性能，正确操作、保养和维修设备是水处理厂正常运转的先决条件。随着水处理企业的发展，水厂的机械化、自动化程度也不断提高，水厂使用的设备越来越多，越来越复杂。水厂不仅使用许多水处理所特有的设备，而且使用许多通用设备，所有这些设备的使用、保养、修理和管理都应该处于良好状态。

6.5.1 机械设备的规范使用

机械设备的正确使用，对于设备的寿命、水厂的生产运行都至关重要，也是设备技术管理人员管理必须解决的问题。要达到规范、正确使用设备的水平，应做到以下几个方面：

（1）设备技术管理人员要仔细阅读产品说明书

技术管理人员通过产品说明书熟悉产品结构和性能、操作要领、注意事项、安全规程及加油的部位、所加油的品种、每次换油的间隔等。

（2）编制规程

在设备主管人员的带领下，再根据本单位的具体情况和设备操作、保养的通用标准，编制设备"安全操作规程"、"维护保养规程"和"润滑规程"及"润滑图册"。

（3）人员岗前技术培训

设备技术人员根据厂内编制的各项规程和设备结构性能，对操作人员进行严格的培训，让操作人员清楚地了解和掌握所使用设备的结构性能、操作程序、维护要求。操作人员经考核合格后，方可进入操作岗位。

（4）按规程操作

操作人员必须按照操作规程进行操作，严禁违规操作。设备技术人员应定期了解操作人员使用和维护设备的情况，及时纠正不正确操作。

（5）合理使用设备

充分、高效地使用设备，减少设备的无效或低效运转。

6.5.2 检查制度

（1）执行巡视制度和交接班制度

水处理厂的工艺设备分布分散，且多处于露天位置，因此建立并严格地执行巡视和交接班制度十分重要。

大中型污水处理厂里一般都有中心控制室，它可以对这些设备实现远距离监控。这些监控必须在24h内不间断地进行，一旦设备发生故障，可及时远控停机并马上到现场处理。远程监控的缺点是对带"病"运转的设备，难以监控。如设备的异常振动和噪声，远程监控无法起作用，所以水厂现场巡视工作必不可少。为了及早发现设备故障前兆，防止故障扩大，巡视制度应严格遵守，白天每2h巡视一次，夜晚每4h巡视一次，每次巡视均应在"设备运行状况表"上记录，对于有异常情况的设备，实行停机和上报值班负责人。

为了保障巡视的连续性和巡视记录准确性，须制定交接班制度。交班和接班人员必须将当班巡视情况说明清楚，双方签字确认后才完成交接班工作。接班人员对交班人员的不实巡视记录有权利提出批评，同时上报部门负责人或值班干部。

（2）建立完善的设备档案

设备档案分三个部分：

1）设备的说明书、图纸资料、出厂合格证明、安装记录、安装及试运行阶段的修改洽商记录、验收记录等。运行及维护人员应了解设备的第一手资料。资料应由厂技术档案室整理成册，并妥为保管。

2）对设备每日运行状况的记录，由运行操作人员填写。如每台设备的每月运行时间、运行状况、累计运行时间，每次加油（换油）的时间，加油部位、品种、数量，故障发生的时间及详细情况，易损件的更换情况等。每月做一次总结，并上报到运行管理部门。

3）设备维修档案，由维修人员及设备管理技术人员填写，包括大、中修理的时间，维修中发现的问题、处理方法等等。

根据以上三部分档案，设备管理技术人员可对设备运行状况和事故进行综合分析，据此对下一步维护保养提出要求，并以此为依据制定出设备维修（包括大、中修）计划或设备更新计划。如果与生产厂家或安装单位发生技术争执或法律纠纷，完整的技术档案与运行记录将使处理厂处于有利的地位。

6.5.3 定期检修制度

（1）加强设备的日常维护和保养

设备运行中由于受振动、温度和湿度的影响，总会产生这样或那样的问题，或许当时并不影响运行，但随着问题的扩大，则会引发大的设备故障，甚至会酿成事故。如因渗漏，减速箱内润滑油位下降，严重时内部齿轮干磨，将会导致齿轮急剧磨损，轴承干磨会烧坏，一旦轴承损坏，齿轮轴失去定位，将会导致整个减速箱报废。还有设备上的紧固件，在振动较大的部位，常出现松动现象，如转刷轴与联轴器连接处紧固件，就易出现松动，如果不及时检查紧固，则易导致转刷轴掉入水中。因此，在设备投入运行后，必须加强维护和保养工作。

(2) 设备的完好标准

水处理厂设备的完好程度是衡量污水处理厂管理水平的重要方面。设备完好程度可用设备完好率来衡量，即水厂拥有生产设备中的完好台数，占全部生产设备台数的百分比。

设备的完好程度可按下列标准掌握：

设备性能良好，各主要技术性能达到原设计或最低限度应满足污水处理生产工艺要求；操作控制的安全系统装置齐全、动作灵敏可靠；运转稳定，无异常振动和噪音；电器设备的绝缘程度和安全防护装置应符合电器安全规程；设备的通风、散热和冷却、隔声系统齐全完整，效果良好，温升在额定范围内；设备内外整洁，润滑良好，无泄漏（漏油、漏气、漏风、漏水）；运转记录、技术资料齐全。

(3) 设备检修周期

设备使用了一段时间以后，必须进行小修、中修或大修。有些设备，制造厂明确规定了它的小修、大修期限；有的设备没有明确规定，那就必须根据设备的复杂性、易损零部件的耐用度以及本厂的保养条件确定修理周期。修理周期是指设备的两次修理之间的工作时间，水处理厂若干设备大修理周期见表6-6（仅供参考）。

机械设备大修理周期　　　　　　　　　表6-6

序 号	设 备 名 称	保修间隔期（h）	
		大 修	定检保养
1	离心式水泵（<600r/min）	40000	500
2	离心式水泵（<800r/min）	30000	500
3	离心式水泵（<1000r/min）	20000	500
4	离心式水泵（>1000r/min）	10000	500
5	污泥泵（>1000r/min）	8000	500
6	污泥泵（<1000r/min）	10000	500
7	气提泵（空气提升泵）	8年	1年
8	螺旋泵	20000	500
9	离心风机	15000	500
10	刮砂机	10000	500
11	罗茨鼓风机	15000	500
12	格栅除污机	10000	250
13	单向阀	6年	500
14	手动截止阀	4年	500
15	电动截止阀（蝶阀）	2年	500
16	阀门启闭机	3年	500

6.5.4 常用设备维修保养

6.5.4.1 运行检查

每两小时按照巡回路线检查所属的设备一次，并按巡检表做好记录，检查内容包括：①上下水池水位是否正常，各水池自动注水装置是否正常；②各阀门开关位置是否正常，各消防阀门是否处于正常位置；③各阀门管道有无漏水现象，压力表读数是否正常。

每班对水泵运行进行实地检查，了解其工作状况：①压力表读数是否正常；②轴承温度是否正常；③电机接线盒有无发热现象；④水泵机组有无振动及异常响声；⑤联轴节填料松紧情况，排除不正常的漏水现象。

6.5.4.2 按月保养

备用系统应急试验：①水泵房备用供水泵及各消防水泵试运转；②地下室各潜水排污泵试运转；③排放死水管的水。

全面检查供排水及消防水管道各主要阀门是否在正常位置，转动平时不动的阀门。清洁泵房，清除水泵及电机表面灰尘。

6.5.4.3 季度保养

各主要阀门丝杆清理加油。清除地下污水、井内杂物，使排水泵工作畅通。各水泵电机接线端子坚固、检测电机。测试各水泵控制箱工作状态，更换坏指示灯及不正常配件。

6.5.4.4 年度保养

生活水泵与消防水泵：①检查密封环磨损情况，测量记录运动间隙，必要时更换或修理；②更换密封填料；③检查所有轴承的腐蚀情况，更换轴承油；④校对曲线，做好记录；⑤检查联轴节铰与轴的磨损情况；⑥检查泵叶泵壳的腐蚀情况，泵壳及机座除锈油漆；⑦检查压力表是否正常；⑧对电机做年度检修保养；⑨检查泵的工作性能。

排污潜水泵：①拆泵盖测检端面间隙并做好记录，必要时修理；②检查轴向密封装置的完好情况及密封性能；③检查泵叶泵壳的腐蚀情况，泵壳除锈油漆；④检查胶管的完好情况；⑤对电机做年度检修保养；⑥检查泵的工作性能。

管道系统：①对整个管道系统做一次全面的检查，判断其继续运行的可靠性；②检查所有管道阀门的防锈保护是否完好，必要时做油漆大保养；③更换已腐蚀及老化的密封件和不能继续使用的管道。

6.5.5 水处理厂进口设备维护管理中主要问题分析

近年来，随着技术的进步，一些产业先后实现了生产自动化，获得良好的经济效益和社会效益。但是在自动化水处理厂运行维护过程中，不可避免地出现了一些问题，如维护人员少、监控存在盲区、对进口设备维修缺乏认识以及缺乏合适的维修方法等。这里仅作初步探讨，以供借鉴。

(1) 设备润滑维护

设备的维护保养离不开润滑。一般存在主要问题是，采用进口设备的原配润滑油不适合本地区使用，曾造成多起因温度过高轴承烧毁的故障。水处理厂中需做润滑处理的设备很多，如各类电机、水泵、增压泵、计量泵、空压机、鼓风机、各类阀门等。设备润滑维护首先是润滑材料的选择，如油的黏度、酸值、凝点、闪点等理化性能要进行一一识别；对空压机油更要注意残炭值，必要时还要做测试。其次是很多进口设备在不同季节需采用不同号数的润滑油，在更换不同型号的润滑油还必须彻底做好油腔清洗；在手工换油时，容易造成设备的损伤。如 ABB 电机，所用的润滑剂为 ASSO、N2 或 N3 润滑脂，由于油脂在高温下易老化需更换，需拆离电机，工作量大，难度大。在我国，很多水处理厂在设备管理时，并没有考虑到存在的技术瓶颈，更没有考虑到设备润滑维护的工作量问题。国外一些资料反映出，国外不少低速设备已改用油润滑代替脂润滑，如韩国现代机电机、日本 EBARA 水泵等，并且采用的一种自动补油的油杯装置。这种油杯装置简单实用，其润滑方式对设备润滑的自动化管理很有帮助，但是目前我国没有生产。很多设备的润滑既可以是脂润滑，也可以采用油润滑，只是后一种润滑方式在进口以后被"节省"了。

另外，在润滑管理上，应建立设备润滑管理网络，建立设备的润滑图表，图表应明确润滑点以及各点所需要加的油（脂）牌号；建立润滑台账；做到台台设备有人负责润滑。

(2) 进口设备的维修

水处理厂引进进口设备比例相当大。国外设备虽先进，但拆卸难，遇到故障，无法找到备品备件。有些设备发生故障后，由于缺乏备品备件而一时无法修复。如果由原产品供应商修理，则时间长、费用高，特别是有的产品已更新换代而根本无法得到备品备件，造成了这些设备的检修十分困难，从而导致这些设备长时间处于瘫痪状态，影响了自动化系统的正常运行。

对于部分进口设备如网络设备，由于外商对通信协议和通信软件的公开性不够，很多进口通信设备较难与国内设备互联，不仅增加了这些设备的维护和检修难度，也影响了系统的正常更新和改造工作。在现有的控制网络中，难以建立一个新的在线监测系统，外方人员勘察的结果是，只能在办公网络系统中建立一个分支用于设备监测，却无法与中控机服务器相连。再如机械设备方面，很多设备已是国外的换代产品，缺少备品备件，又没有相应的零件图，这给机器修理拆卸及再安装造成极大不便。还有的设备甚至是一次性安装产品，在国外适用于一定的工况，而在中国当工况发生改变后，设备出现故障，却无法维修。很多设备安装容易拆卸难，如轴承的拆卸，缺少工具的插入点，很多检修人员用铁锤敲击，造成轴承损坏等。

(3) 变频器的散热

使用变频技术调节水泵的转速以改变出水量,这种方式避免了频繁切换水泵的繁琐工作,实现了水量调节的自动控制。变频器的散热是关键,散热不好将导致软启损坏、自控失灵。如一个1060kW的ABB变频器其最大负荷时的散热量为其输出功率的3%,即32kW。为了抵消这部分热量,必须降温或散热。采用空调设备降温时,所用输入功率应在13kW以上,但由于变频器的连续散热,空调器压缩机将处于不间断工作状态,故损坏率很高。如采用通风散热方式,防尘又成为主要矛盾。大量的尘埃会造成变频器故障,对于炎热的南方城市,降温效果差。对于空间狭小的变频器室来说,上述问题非常明显。对此,某水厂既装空调,又装通风系统,按季节交换使用不同的方式。实践证明,变频器故障率降低了80%以上。

(4) 维修机制落后

目前,水处理企业设备维修大多数采用的仍然是以计划预防性为主的维修制度,大修理周期的确定一般有两种:按运行台时(日)累计进行维修或定期维修。多数水处理厂是依据设备运行台时,即当累计运行至一定时数时,定为一个大修理周期,对设备机组进行大修理。而有一些水处理厂不考核运行台时,只对机器做年修理,即以一年为一个大修理周期。如供水厂每年高峰供水前,对所有的机泵进行例行检修。这种维修制度带来了很大的问题,既有过修之嫌,又存有估计不到的维修不足,造成事故停机的可能。如广州市自来水公司拥有供水泵组二百余组。在检修过程中,发现有故障的泵组只占10%左右,90%左右的检修是过剩维修,造成人力、物力严重浪费。另外经常拆装水泵,也会降低设备的正常性能。要解决这个问题,采用预知性维修是可行的,即对设备进行状态监测,根据设备状态进行故障诊断,确定故障的类型、性质、部位和劣化程度,制定正确的维修方案。这样在维修上才能做到对症下药,有的放矢,既能保证设备的可靠性和安全性,又能节约大量人力、物力。

(5) 引进技术是关键

水处理厂自动化是发展趋势,但目前在设备上的投入很大,而在人才投资上却远远不够。引进进口设备的关键应该是引进技术,必须对专业技术人员进行大投入的严格培训,甚至到国外对关键技术进行培训。既比请外国专家上门修理要节省,又能培养一支高素质、高水平的人才队伍。

设备维护中存在的问题还很多。解决问题的思路应围绕"提高生产的可靠性和安全性,实现优质、低耗和高效供水,提高劳动生产率,获得良好的经济效益和社会效益"这个根本目的,尤其要发挥人的主观能动性、因地制宜,摒弃生搬硬套。有一支高素质的管理人员队伍才是现代化水厂维护管理的根本。

第7章 水处理厂自动化控制

近几十年来，自动化技术的应用范围越来越广泛，应用程度也更加深入。自动化技术的普遍应用，极大地把人类从繁杂的体力劳动和不安全的工作环境中解放出来，显著地改善了人类的工作环境和提高了人类的生活质量。不仅如此，自动化技术的应用，还明显地增强了企业的竞争能力，使企业在激烈的市场竞争中立于不败之地。

随着计算机技术的快速发展和在各个领域的渗透，使基于计算机软硬件技术的自动化技术发展到了一个新的水平，并展示出了强劲的生命力和应用前景。特别是信息时代的到来、计算机网络技术的成熟和迅速普及，给自动化技术提出了新的要求和展示了新的应用前景。

中国的自动化技术与西方国家相比，起步较晚，水平相对落后，但发展较快。自动化技术在我国的应用，已经产生了巨大的经济效益和社会效益。为了进一步增强国家的实力和国家竞争力，还必须进一步加强自动化技术的基础研究和深化应用程度。

随着中国市场经济的深入发展和加入WTO的行动，中国水业与其他行业一样，为了增强市场竞争能力，将越来越多地采用自动化和信息技术。

7.1 给水厂的自动化控制

我国自20世纪80年代中后期起，陆续有一些较大型的水厂利用外资建设，同时引进了成套的水厂现代化监控仪表与设备。我国在水厂关键环节——混凝投药控制技术与设备方面实现了国产化，并在水厂获得推广应用，取得显著效果，已居于国际先进水平。水工业的一些专用检测仪表与设备，如在线检测浊度仪、计量泵等，也有一些厂家开始生产，但是质量水平与国外产品相比距离较大，难以满足国内市场需要。一些水厂（包括有些引进设备的水厂）的自动监控基本照搬西方的模式，虽然采用了庞大的自动化系统、投资很大，然而在一些关键环节上的调控功能并不强。如混凝投药不能跟踪响应原水水质等因素变化对药耗的需求；沉淀池排泥是定时、定量自动排泥，仅是节省了人力，并不能保证排泥效果及节约排泥用水；传统的处理效果以浊度为指标，存在检测可靠性等问题等。这种模式并不适应我国相当多的水厂原水水质变化大而快的情况，更谈不上保证水处理系统运行优化，结果水质保证率低，运行费用高。这些自动监控系统并不完全符合提高水厂技术经济效益这一根本目的。

针对我国的技术经济条件，不同规模水厂迫切需要解决的问题有所不同。近年建设的较大型的、自动监控水平较高的水厂需要认真总结应用经验，并向优化运行方面发展，为这类水厂自动监控技术的进步提供借鉴与指导。对于众多的中小水厂，经济条件有限，应在坚持国产化、实用化的原则下，着重发展对供水质量、运行费用有重要影响的工艺环节的自动监控技术与设备，建立规模适宜的集散型监控系统。

7.1.1 给水厂的自动控制

可编程序控制器和计算机的应用，是水厂自动化的特征。PLC是由早期继电器逻辑控制系统与微型计算机技术相结合而发展起来的，它是以微处理器为主的一种工业控制仪表，它融计算机技术、控制技术和通信技术于一体，集顺序控制、过程控制和数据处理于一身，可靠性高、功能强大、控制灵活、操作维护简单。近几年来，可编程序控制器及组成系统在我国水处理行业得到了广泛的应用，并取得了一定的经济效益。

由于水工业生产过程是一个分散系统，因此过程控制的方式最好是分散进行，而监视、操作和最佳化管理应以集中为好。随着水工业生产规模不断扩大，控制管理的要求不断提高，过程参数日益增加，控制回路越加复杂。在20世纪70年代中期产生了集散控制系统（DCS），他一经出现就受到工业控制界的青睐。DCS是集计算机技术、控制技术、网络通信技术和图形显示技术于一体的系统。与常规的集中式控制系统相比有如下特点：

（1）实现了分散控制。它使得系统控制危险性分散、可靠性高、投资减小、维护方便。

（2）实现集中监视、操作和管理。使得管理与现场分离，管理更能综合化和系统化。

（3）采用网络通信技术。这是DCS的关键技术，它使得控制与管理都具实时性，并解决系统的扩充与升级问题。

目前，由于PLC把专用的数据高速公路（HIG HWAY）改成通用的网络，并逐步将PLC之间的通信规约靠拢，使得PLC有条件和其他各种计算机系统和设备实现集成，以组成大型的控制系统。这使得PLC系统既具备了DCS的形态，又具有配置灵活、价格低廉、可靠性高等优点。因而，基于PLC的DCS系统目前在国内外都得到了广泛的应用。

计算机自动化SCADA（Supervisory Control and Data Acquisition）技术又称计算机四遥（遥测、遥控、遥信、遥调）技术，是一个含义较广的术语，应用于可对安装在远距离场地的设备进行中央控制和监视的系统。SCADA系统可以设计满足各种应用（水、电、气、报警、通信、保安等等），并满足顾客要求的设计指标和操作概念。它在给水排水行业得到广泛的应用，取得了良好的经济效益与社会效益,已形成了造福社会的产业规模。

水厂的集散控制是对生产全过程主要设备的电压、电流、功率因数、水位、流量和压力等的检测,以及各类水泵的开启、滤池水位和出厂水压的自动控制和事故报警等。保证各类设备在规定状态下运行,不间断可靠供水与生产过程优化运行,减少水电、气和各种药剂的浪费,实现低耗高效。图 7-1 为典型水厂 PLC + PC 控制网络。

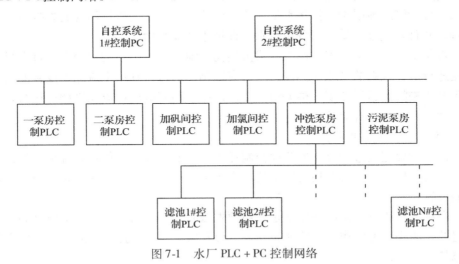

图 7-1 水厂 PLC + PC 控制网络

7.1.1.1 给水厂自控系统控制模式

(1) 中控室监控计算机

对于大中型水厂主站设置 2 台生产监控计算机,1 台作为操作站,另一台作为工程师站。生产监控电脑应配置故障报警打印功能,实时打印报警项目。主站应设置报警铃,加强报警功能。根据需要,还可以在管理部门办公室设置监控电脑,以便管理者及时了解生产情况。

在设计时要充分考虑网络通信线的干扰问题。通讯缆不要有驳口,虽然通信缆有屏蔽层,但是还应在通信缆外再加金属管加强屏蔽为妥。通信缆包括仪表信号通信线走线应该避开强电设备,例如变压器、高压电缆,避免产生电磁干扰。

(2) 加矾、加氯控制站

由于投加站设备以投加自动化设备、仪表为主,所以该站 PLC 主要负责完成投加站设备启停及数据采集控制工作。投加站包括两大部分:投加自动化生产设备、在线水质水量检测仪表。

一般配置的生产设备有:投氯、投氨设备,投净水剂设备,漏氯、漏氨报警器,氯、氨瓶磅秤等。有的水厂还配置了净水剂搅拌设备、烧碱投加设备。对于生产数据,主要采集加氯机、加氨机的投加量,投药计量泵冲程、频率、磅秤数值等,以及设备高、低限等开关量报警点的采集等,这些开关量报警信号能够为设备维修提供明确的指导，有利于生产者管理维护设备。

加矾间的控制站可以设置一个原水仪表室，布置原水浊度计、流量计，有的水厂还设置了氨氮计。在实际运行中，投加站仪表传感器按使用周期编制成相应的报警程序，及时提醒生产人员清洗维护。

沉淀池控制设备包括水池排泥阀、排泥机两部分。对于水池排泥阀，可实现自动周期排泥、手动排泥两种工作方式。设置排泥程序要考虑一个具体问题：由于水厂排污管或池限制了排污水量，要将滤池排污、排泥机排污与此处排污分开进行，并且要把该处排污阀分组排水，保证生产安全性。

近年来建设的水厂多采用平流式沉淀池，池底沉泥不是均匀分布，排泥机必须变速行走。现在的平流池排泥机多为有级调速运行，利用平流池上设置的几个行程开关来控制运行速度。根据池底沉泥规律，最好能设计成无级调速运行，可以节省生产水耗、排泥更彻底。

（3）滤池及反冲洗站

该站主要完成过滤及反冲两项控制任务，一般将滤池工作状态分为3种：停水、过滤、反冲。主要采集滤池水位、水头损失信号、处理反冲排队、最大工作周期设置等工作。

在过滤状态下，控制程序都是利用预先编制的控制功能实现恒水位过滤，设置遥控、滤阀开度操作。在停池状态下，设置所有阀门遥控操作的程序，以方便检修等生产工作。

滤池反冲洗依靠周期及水头损失两个参数来启动，但水头损失启动反冲洗的机会很少，而且水头损失压力计经过长期运行生产零漂，如果不及时校准，其数据往往不可靠。气水混合反冲洗分为5个阶段：滤池排水、气冲洗、气水混合冲洗、水冲洗、滤池进水。利用罗茨风机冲洗滤池，启动风机时噪声大，利用变频器进行软启动能够较好地降低噪声污染。在水冲洗、气冲洗、气水混合冲洗过程中，所需气、水量不同。

反冲设备可以采用国产设备，为了克服国产电机启动柜内设备的故障问题可以在相关的器件上采集监控数据，利用软件及时发现启动柜在启动或运行时产生的故障，防止事故进一步扩大。

（4）一级泵站和二级泵站

两座泵站分别是水厂两座小型变电站，泵站自动化首先要采集足够的生产电量数据。另外两个任务是：监控水泵电机运行、采集出厂水质数据。

水泵电机主要采集电机温度、水泵前后轴承温度、水泵出口压力等数据。以往的泵站自动化有较多例子采用变频控制二泵站恒压供水，由于城市管网布局原因使这项技术经济效益不明显。

出厂水仪表主要包括：低浊度计、出厂水流量计、余氯计、出厂水压力计、pH计等。在水厂自动化设计中，原水及出厂水仪表的采样点直接影响到仪表检测的实时性、准确性，从而影响到自动化控制。后氯点在清水池前，余氯采样点在二泵出厂水管上，产生了后氯投加与余氯检测滞后，造成后加氯量变化十分明显。可在二泵站清水池增加辅助投氯点，缩短余氯检测滞后，改善加氯情况。在自动化设计工作中，自动化设计要和工艺设计紧密联系，才能保证整个设计成功。

自动化水厂的防雷问题也应该在设计时做统一考虑。早期运行的自动化水厂由于缺乏防雷措施，其仪表及控制系统因雷击损失严重。由于仪表串入雷电，造成 AD 转换模块损坏的事故常有发生。近两年来，防雷器产品大量出现，自动化水厂防雷投资很低，但其保护效果十分明显。

在自动化设计中，可以增加闭路电视监视系统，对一些关键生产场所进行直接监视。现在的闭路监视系统还具备了简单的报警功能，对水位异常等简单问题能够及时报警。闭路监视器成为水厂自动化系统的一部分。

7.1.1.2 给水厂对控制系统的要求

（1）分散性。水厂最大的特点是地域极为分散。通常水源地、补压井、测压点距离厂区几公里甚至几十公里，这样就造成控制系统 I/O 点的分散，因此需要分布式的具有 SCADA 功能的控制系统。此外，控制功能也具有分散性，如各配水泵、水源井能分别地、互不影响地进行启动或停止控制。

（2）集中监控。为了节省人力，降低制水成本，机房应允许无人值守，操作人员可在中控室对整个水厂进行集中监控。

（3）逻辑控制为主。水厂的控制大部分是对输水泵和配水泵的逻辑控制，调节回路控制通常只应用在对加药加氯量及出水压力的控制。而逻辑控制是可编程序控制器的传统应用领域，因此这也是目前水厂控制系统广泛采用 PLC 的原因。

（4）可靠性、安全性。水厂的安全、稳定运行直接关系到千家万户，所以从控制系统的结构设计、软硬件产品质量到控制程序编制等各个环节都必须是高可靠性的。

（5）可维护性。系统在系统软件、应用软件和硬件方面具有强大的报警和故障自诊断功能，方便工程师对系统故障进行分析和维护。

（6）可扩展性。系统应用具有一定标准及应用较为广泛的软件硬件产品，并考虑留有一定的余量，为将来水厂的扩建及系统的更新打下基础。

（7）开放性。开放性是用户对控制系统的普遍需求。随着计算机技术和网络技术的发展和应用普及，人们越来越需要过程控制系统与管理信息系统交互信息，从而实现管控一体化。尽管各控制系统生产厂家在现场控制器模块级还不可能完全开放或通用，但必须要求上位机监控系统具有开放性，例如：监控系统应基于微软公司的 WindowsNT、2000 或 WinXP 平台，支持各种规范的协议如 OPC、ODBC、ActiveX、DDE 等。

（8）易于使用。即使操作人员以前对计算机不熟悉，也能在很短的时间内掌握该系统的操作。该系统还具有多媒体在线自学软件,操作人员可随时利用它解决在操作中碰到的问题。

7.1.2 给水厂自动控制系统的管理与维护

具有相当现代化规模的水厂,已经引入了大量的自控设备,如 PLC 及其监控系统、自动投加设备、各类连续在线式水质仪表、计算机调度、管理网络等。一旦这些自控设备出现故障,就会出现数据混乱,水质下降,甚至会造成停水事故。所以,必须根据这些自控设备的特性,拟定一套相应的管理、维护制度。

7.1.2.1 建立完善严格的维修制度

针对不同部件在自控系统中的重要性,结合其可靠程度,制订相应的班检、日检、周检、月检、年检措施,并以严格的管理手段确立为制度,保证实施。以保证消灭日常缺陷,将事故阻止于萌芽阶段。从可靠性角度来说,就是通过形成制度的层层检查,尽早发现和防止设备的可靠性退化,防患未然,保证设备始终处在低故障率下运行。

根据系统中各种部件、元件的失效周期,制订出切实可行的定期维修制度。通过各种以预防为目的的大、中、小修,替换那些已达可靠性失效期的元件、部件及整机,延长设备的耗损故障期,从而延长整个系统的寿命。

要特别注意以下一些问题:水质仪表的定期检定,探头的定期清洗;投加系统的易疲劳及易损件的定期更换,对部件使用寿命的正确估价;PLC 及其控制部件、设备状态信号如行程开关信号的定期调校,变送仪表的零点漂移,现场显示设备、控制部件老化,电源质量等,甚至进行一些必要的故障模拟,检验后备及紧急状态的处理能力;计算机系统的病毒防治;网络绝缘的下降等。

7.1.2.2 加强自控系统的操作、维护、管理人员的管理

高度自动化的现代化水厂中,工作人员越来越少,设备管理、操作、维护等工作的技术含量越来越高,对人的要求也不断提高。加强人员管理、提高人的素质,是进行安全质量管理的重要方法。

(1) 对操作人员的要求

1) 要对自控系统及仪表的当班运行情况、故障趋势或现象、各重要部门的当班运行检查情况做好记录,作好对下班人员的交接,使每个操作员知道自己当班中应注意的事项,可能发生的风险,质量及安全运行中具体要求及对策。要求他们责任心强,工作细致,对各种设备状态认真观察,判断准确。

2) 有相当的文化水平,工作认真细致,经过较为严格的培训。操作人员要懂得产品原理和构成,尤其是操作原理。必须对工艺对象有一定的认识。

3) 有比较丰富的工作经验,以判断解决系统及仪表运行中出现的问题。

4) 操作人员对自控系统的操作性能有较深刻的理解,处理一些操作中遇到的问题应慎重严谨,能从保证设备经济效益、高可用度和高寿命、高可靠性角度

出发考虑解决问题。

5）操作人员学习系统的基本原理与性能，操作方法及操作规程，设备原理及其作用、工艺过程。

（2）对维修人员的要求

维修工作包括计算机、PLC等硬件、软件，加上常规的配套仪表、水质仪表等，项目新而多，工作过程包括故障的检测、故障现象的分析与定位、维修具体操作等，维修人员的技术水平对系统可靠性影响很大。仪表如果恢复不到原来的可靠性水平，则维修工作将日益频繁，系统及仪表可用度将明显下降，年维修时间将增加，效益下降。

维修人员的培训内容：

故障定位与诊断，仪表及系统的正常及失常判断能力。系统仪表的操作方法和拆卸熟练程度。系统及仪表的故障排除与修理能力和修理速度、计量测试技术训练。熟悉系统及仪表的调试方法、投运经验。系统及仪表的可靠性知识。

（3）对技术管理人员的要求

熟悉系统及仪表的可靠性及管理工作，制定各种管理职责制度。对操作、维护、维修人员进行工作责任心的培训，可靠性、安全性、经济性思想意识的培养和技术业务的培训。自控系统及仪表的操作运行、维护保养、维修策略的制订、执行检查与修改，并不断完善，逐步选用先进的管理技术与方法以及系统扩展方案的制订。熟悉公司及兄弟厂使用自控系统及仪表的可靠性，可用性，效益情况及水平。熟悉国内外水厂自控系统及仪表的新技术、发展动态、可靠性、维修技术及管理的新经验。

7.2 污水处理厂的自动化控制

污水处理厂自动监控系统的总体建设原则同给水处理厂，即：

实用性、先进性、可扩展性、经济性、易用性、可靠性、可管理性、开放性等。

7.2.1 污水处理厂设备自控

污水处理厂设备的运行控制也可分为手动控制和自动控制两大类，手动控制是根据运行操作人员的判断用手动方式进行的，而自动控制是指操作人员不介入的状态下自动完成的。手动运行控制又可分为就地控制和远距离控制两种不同方式。一般来说，控制权限应为就地控制优先。

7.2.1.1 污水泵房自控

泵的控制设备在有关的机械设备与装置中占有重要的地位，如果它的某一部分出现故障会导致某一台泵或整个泵房运行的瘫痪。因此，有关管理与操作人员不仅要熟悉与掌握所有控制设备的构造与特性，而且平时要定期地进行检查与维修，以确保进水泵房的连续与可靠运行。

为了保证污水泵房的安全可靠运行。无论是手动控制还是自动控制，都应当有完善的控制设备。就地控制时，由人在现场来决定泵的运行和停止，用开关按一定的顺序，对包括辅助设备在内的有关泵的设备进行启动或停止的连动操作；通过闸阀调节压水管上闸阀的开启度，此外，还应设置各种保护与报警装置对泵站的运行监视。这种控制方式一般用于进水泵房与污水处理厂设在同一地点的情况下，当不在同一地点时，应当应用远距离自动控制。

污水泵房的自动控制是指以污水泵站集水池的水位和流量为控制指标，并根据由此发出的信号，自动运转污水泵。其控制装置是水位与流量传感器、可编程控制器和操作设备等组成。由于水位计和流量计等是污水泵站自动控制系统的"眼睛"，因此，在对它们的维护管理中，最重要的是保持它们的精度并能无故障地长期连续使用。因此不仅应当做到定期检修，而且在认为测定值不可靠时，应当及时修理与调试。

7.2.1.2 格栅机自控

格栅是污水处理工艺中不可缺少的装置。格栅由一组平行的金属栅条或筛网制成，安装在污水渠道、泵房集水井的进口处或污水处理厂的端部，用以截流较大的悬浮物或漂浮物，如纤维、碎皮、毛发、木屑、果皮、蔬菜、塑料制品等，以便减轻后续处理构筑物的工作负荷，并使之正常运行。很多污水处理工艺采用的都是人工或机械清渣的方式，为减轻劳动强度和运行费用，也可采用自动清渣的方法。

格栅除污机主要由传动装置、除污耙、滑板、卸渣装置、翻转机构等组成。工作时，由减速机带动卷筒正反向转动，从而使钢丝绳带动除污耙上升和下降。当除污耙下降到下限位时，翻转机构将除污耙闭合，使耙齿紧贴滑板把污水中较大的污物捞起，然后齿耙提渣上升。在上升过程中，在适当位置给予暂停（延时），以提供充足的沥水时间。除污耙上升到上限位后，翻转机构把除污耙开启，卸渣装置将除污耙所捞污物放下。即除污机的工作循环为：渣耙下降——渣耙闭合——渣耙上升（适当位置暂停）——排渣——渣耙开启。具体工作时，首先启动升降电机拖动除污耙下降到下极限位；然后启动翻转电机使除污耙闭合；闭合到位后给予0.1秒延迟，升降电机拖动除污耙上升；耙上升到距离底部1.5米处时，使除污耙暂停15秒；沥干污水后，除污耙继续上升到上极限位排渣；渣耙下降到初始位置，一个循环结束。

7.2.1.3 刮泥机自控

刮泥机的运行方式取决于沉淀池的形状和刮泥机的种类。由于在圆形或方形沉淀池中的刮泥周期长，因而刮泥机连续运行。而长方形沉淀池的链带式刮泥机的刮泥能力很大，没有必要连续运行，可采用间歇运行的自动控制。间歇运行时，链条和制动部件的磨损减小，可延长机械设备的使用寿命，可是如果间歇运行的间隔时间太长，刮泥机的启动负荷过大，也会损坏刮泥设备。因此，在自动控制时应当确定合理的运行周期时间。

7.2.1.4 曝气设备自控

曝气池是活性污泥法污水处理厂的核心处理构筑物。污水中污染物的去除主要在曝气池中完成，因此曝气池的运行状况在某种程度上决定了整个处理系统的处理效果。除此之外，向曝气池供氧所需的运行费用也占总运行费用的很大比重。还有，影响曝气池运行的因素很多，如污泥龄，溶解氧（DO）浓度，混合液悬浮固体（MLSS）浓度，污泥回流比和 BOD 污泥负荷等。合理地控制这些影响因素能有效地提高曝气池的处理效率，所以，曝气池的自动控制对整个处理系统来说是至关重要的。

曝气池的控制参数有供气量、回流污泥量和排泥量（控制污泥龄）等，由于排放污泥通过控制二次沉淀池来实现，故本节着重介绍供气量和回流污泥量的控制。

（1）供气量的控制

在向曝气池供气的控制中，曝气池控制和鼓风机控制是密切相关的。控制鼓风机时可分为定供气量控制、与流入污水量成比例控制、DO 控制等。在实施这些控制时，通过曝气池不同位置的空气量调节阀，进行供气量分配的控制。反之，通过控制曝气池来实现上述控制时，则必须控制鼓风机供气管道出口压力一定。

（2）回流污泥量控制

普通活性污泥法与阶段曝气法等的回流污泥量一般占进水流量的 30% 左右为宜，但是为了提高处理效率，保证处理效果，往往根据进水有机负荷变化采用定回流污泥量控制、与进水量成比例控制、定 MLSS 浓度控制、定 F/M 控制等方法调节回流污泥量。

7.2.2 自动化检测仪表

在污水处理厂中，为了能使处理系统的运行安全可靠，或者运行中出现故障处理水质恶化时，能采取有效的措施，管理人员必须始终掌握流经各处理设施的污水与污泥的质与量等信息。无论污水处理厂是否实现自动控制，把握上述信息都是必要的。显然，各种测定与检测是提供这些信息的重要手段。在对检测的意义充分理解的基础上，还应当考虑检测哪些项目，何时、何地检测与检测频度、得到数据具有什么意义，以及怎样利用这些数据等问题。

7.2.2.1 仪表构成与选择

（1）仪表的安装位置与检测对象

为了使检测数据能准确地反映处理设施的运行状态，将检测信息传递给控制设备，提高操作的准确性，应根据处理设施的处理方法、特性和规模，以及自动控制系统的水平等情况，来决定检测设备的安装场所。表 7-1 和表 7-2 中给出了活性污泥法污水处理厂中需要安装检测设备的各处理设施与检测项目。

检测仪表设备的安装位置与检测项目　　　　　　　　　表 7-1

设施名称	检 测 项 目
沉砂池	进水管渠的水位、闸门的开启度、格栅前后的水位差、沉砂池斗的贮砂量、pH
雨水泵房、污水泵房	水泵集水井水位、泵的流量、出水后的水位、出水管闸阀的开启度、泵的出水压力、泵的转速（调速控制的数据）、水泵与电机的轴承温度、各机械与电机部分的温度、冷却水量
污水调节池	进水流量、出水流量、水位、闸门开启度
预曝气池	空气量、污泥调节阀的开启度
初次沉淀池	进水流量、排泥量、排泥浓度、污泥界面位置
曝气池	进水流量、回流污泥量、供气量、污泥调节阀开启度、活动堰的开启度、DO、MLSS、pH、温度
鼓风机房	进气阀开启度、空气量、空气出口压力、鼓风机与电机轴承温度、鼓风机转速
二次沉淀池	处理水量、剩余污泥量、污泥井的液位、泵的转速（用来控制调节转速的数据）、污泥调节阀开启度、回流污泥浓度、污泥界面位置
消毒设备	氯瓶重量、氯瓶室的温度、氯的泄漏浓度、氯或次氯酸钠投加量、稀释水的用量、次氯酸钠的液位或生成量、紫外线辐射强度、灯光的强度
臭气检测仪	硫化氢臭气浓度、氨类臭气浓度
排放管渠	排放水量、排放口的水位、浊度、COD、pH、UV
污泥输送	送泥量、污泥贮存池的液位
污泥浓缩池	进泥量、池中液位、排泥量、加压水量、加压罐的压力、排泥浓度、污泥界面位置
污泥消化池	污泥投配量、池中液位、排放污泥量、排除上清液量、产生消化气量、消化气体压力、搅拌用气量、阀开启度、池内温度、pH
储气柜	贮存气体量、气体压力（球形）
锅炉设备	给水量、重油量、燃料气体量、剩余气体量、加热蒸汽的压力、加温锅炉中的水位、锅炉内压
消化污泥贮存池	液位
污泥脱水设备	供给污泥量、溶解（稀释）池的液位、储药池液位、药品投加量、凝聚混合池液位、真空过滤机液位、油压、水压、空气压、脱水泥饼量、供给污泥浓度
变配电设备等	电压、电流、电功率、电量、功率因数、频率、变压器温度
发电设备	电压、电流、电功率、电量、功率因数、频率、燃料贮存量、发电机、电机各部分温度、冷却水量
其他	降雨量、风向、风速、气压、气温

运行时检测项目与对象 表 7-2

设 施 名 称	检 测 对 象	设 施 名 称	检 测 对 象
沉砂池	除砂设备、机械格栅	污泥浓缩池与污泥洗涤池	排泥泵
水泵设备	污水泵、雨水泵	污泥消化池	排泥泵、污泥搅拌机
自备发电设备	发电机	锅炉设备	锅炉
初次沉淀池	排泥泵	污泥脱水设备	污泥输送泵、过滤机或脱水机
鼓风机设备	鼓风机	污泥焚烧设备	送风机、排风机
二次沉淀池	回流污泥泵、剩余污泥泵		

（2）检测仪表的选择

检测仪表在污水处理厂的运行管理中起着重要作用，对其自动控制而言更是必不可少。因此，在设计与安装检测仪表时，应当选用仪表的规格、说明书与操作方法明确的、易于维护管理的产品。

检测的目的：随着仪器仪表工业的不断发展，其产品也日趋多样化。即使是同类产品，也因其各自的原理、结构、测定范围、信号、特性、形式、形状大小等而有多种类型或型号，并且各具优缺点与特色，因此，首先应当根据其检测目的进行选择。

检测的环境条件：在污水与污泥处理系统中，检测对象往往处于温度变化、潮湿、腐蚀性气体、强烈振动与噪声等环境条件恶劣的场所，即使在通常情况下工作正常的仪表设备，在这样的条件也可能得不到同样的效果。因此应当注意使用可靠又耐久的仪表，更应当结合检测对象所处的环境条件，选择与之相适应的仪表设备。

检测精度、重显性与响应性：为了满足运行管理或自动控制的需要，选择仪表设备时首先应当考虑其检测精度、重显性与响应性满足要求。但也并不是选择上述性能越好的仪表才越好。近年来，国产的计量表的检测精度与响应性能也不断提高，多数能满足要求。对于检测对象物的变化很缓慢或均匀性较差的情况，不必选用响应性很高的仪表；当检测对象物仅作为大致标准或只要求知道其大致的变化范围时，可选用精度不十分高的仪表。

维护管理的条件和要求：从维护管理方面来看，希望仪表型号尽可能统一，具有互换性，维护、检修与调试校正都相对容易。此外，追求较低的运行费与维护费用也是必要的。

检测对象的特殊性：还应注意检测对象的某些特殊情况，例如，悬浮物造成的堵塞、附着物附着在传感器上，其他混入物造成的摩擦损耗与破损等，都会造成计量仪表不能正常工作或产生较大误差，因此，在选用仪表设备时也考虑检测对象的某些特殊性。

各种信号的特征：信号是传递检测与控制信息的手段。信号可根据其构造原理与安装方式分为电气式、油压式或气压式等几种类型。在电气式中，又可分为交流和直流的电压、电流与脉冲信号等。应尽可能选用信号水平高，不受外部噪声影响的仪表。

7.2.2.2 工艺参数在线测量

（1）检测对象

在污水处理厂的运行初期阶段，污水流量与有机负荷都很低，以后才逐渐增高。这时若按最终设计量确定检测范围，则可能发生仪表设备不动作或误差大等问题。在处理系统的负荷变化幅度大时，可分为两个阶段，使之在低负荷运行也不降低检测精度。

表7-3 和表7-4 中列出了污水处理厂各处理设施中主要的检测设备。但是，这些仪表设备不一定都是必要的，可以根据前面所介绍的仪表设备的设计与安装的基本原则与注意事项，来选用最合适的检测方法必要的最小限度的仪表设备，使之既能满足工艺设计与自动控制提出的检测要求，又尽可能降低建设与运行费用。

量的主要检测仪表　　　　　表7-3

检测对象	仪表种类		适用条件
流量	堰式流量计		处理水
	截流装置	文丘里管	污水、处理水、空气
		喷嘴	清水、空气
		孔板	气体、空气
	计量槽	巴氏计量槽	污水、处理水
		P-B 计量槽	污水
	电磁流量计		污水、污泥、药液
	超声波流量计		污水、处理水
液位	浮子式液位计		污水、处理水、油池
	排气式液位计		污泥消化池、污泥贮存池、污水、污泥、三氯化铁
	压力式液位计	浸没式	污水、处理水
		压差式	污水、处理水、药液、油池
	电容式液位计		几乎所有液体都可使用
	超声波液位计		几乎所有液体都可使用
	电极式液位计		小型水槽，主要作控制用
	倒转式液位计		污水、处理水、污泥
物料面等	机械式物位计		
	超声波式物位计		各种料斗
	电容式物位计		

续表

检测对象	仪表种类	适用条件
压力	弹簧管式压力计	锅炉蒸汽压、泵压（清水、处理水等）
	膜片式压力计	气压、泵压（清水、污水、污泥）、鼓风机压力
	环状天平式压力计	较低压力、气压
	波纹管式压力计	较低压力
转速	电机式转速计	泵（污水、雨水、回流污泥）
开启度	电位式开度计	进水闸门、泵的出水阀（污水、雨水）、曝气池进水闸门、简单处理水排放阀门、鼓风机吸气阀、二次沉淀池排泥阀、加氯机阀
重量	张力重量计（力传感器）	储药池、泥饼储斗

质的主要检测仪表　　　　　　　　　　　　　　　表 7-4

检测对象	仪表种类	适用条件
温度	电阻温度计	曝气池、污泥消化池、催化燃烧式脱臭装置
	热电偶温度计	锅炉、直接燃烧式脱臭装置、内燃机的排气、污泥焚烧炉
pH	玻璃电极式 pH 计	污水、处理水、药液
DO	极谱仪式 DO 计	控制曝气池鼓风量
	电极式 DO 计	
浊度	表面散射光式浊度计	污水、处理水
	透射光散射光比较式浊度计	
污泥浓度	光学式浓度计	污水的 SS 浓度、排泥及回流污泥浓度
	超声波式浓度计	
MLSS	透光式 MLSS 计	活性污泥的浓度
	散射光式 MLSS 计	
污泥界面	光学式污泥界面计	初次沉淀池、二次沉淀池、污泥浓缩池
	超声波式污泥界面计	
COD	COD 计	污水、处理水
UV	UV 计	处理水

（2）量的检测

在污水处理厂的检测项目中，可以分为量与质的两大类检测。从某种意义上来说，正确地检测处理设施中的量，不断地掌握它的数值变化比其质的检测更为重要。因为各种量的检测与控制往往决定其质的变化。污水处理厂中流量与其他有关量的主要检测项目有：各处理设施的进水流量，沉砂池水位、沉砂量、筛渣量，初次沉淀池的排泥量，供气量、气水比、单位曝气池容积的供气量，回流污泥量，回流比，剩余污泥量，浓缩污泥量，消化气产量、循环气量，投药量（混凝剂等）、投药率，滤饼或脱水污泥重量，其他杂用水量，各种设施与设备的耗电量，燃料用量（重油、消化气等），焚烧的灰分量。

活性污泥法的新工艺，如 CAST、MSBR、IDEA 工艺等，还应增加一些检测项目。为了实现处理系统的自动控制，应当通过仪表设备自动连续地测定某些项目。通常在处理厂中心监视控制室的流量管理图上，能观察到检测量的变化情况。

（3）污水与污泥的质

表 7-5 和表 7-6 分别给出了污水处理厂中各个单元工艺需要检测的项目。

与水质有关的检测项目与取样位置　　　　　　　表 7-5

项目 \ 取样口	沉砂池入口	初次沉淀池入口	初次沉淀池出口	二次沉淀池出口	排放口	曝气池中各处或出口
水温	ⓞ	—	—	—	—	ⓞ
外观	ⓞ	ⓞ	ⓞ	ⓞ	ⓞ	ⓞ
浊度	ⓞ	ⓞ	ⓞ	ⓞ	ⓞ	—
臭味	ⓞ	ⓞ	ⓞ	ⓞ	ⓞ	—
pH	ⓞ	ⓞ	ⓞ	ⓞ	ⓞ△	ⓞ
SS	ⓞ	ⓞ	ⓞ	ⓞ	ⓞ△	ⓞ
VSS	—	—	—	—	—	ⓞ
溶解性物质	○	—	—	—	—	—
DO	—	—	—	○	○	ⓞ
BOD	ⓞ	ⓞ	ⓞ	ⓞ	△	○※
COD	ⓞ	ⓞ	ⓞ	ⓞ	△	○※
NH_4^+—N	○	—	○	○	—	—
NO_2^-—N	○	—	—	—	—	—
NO_3^-—N	○	—	—	—	—	—
有机氮	○	—	—	—	—	—
总磷	○	—	○	—	—	—
Cl⁻	○	—	—	—	—	—
各种毒物	○	—	—	—	△	—
大肠杆菌	—	—	—	ⓞ	ⓞ△	—
30 分钟污泥沉降比	—	—	—	—	—	ⓞ
生物相	—	—	—	—	—	ⓞ

注：ⓞ通常检测，○适当检测，△法定检测，※过滤后检测

与污泥管理有关的检测项目与取样位置　　　　表 7-6

项目\位置	浓缩池	消化池	淘洗池	投药池	脱水池	焚烧	处置或回水
温度	◉	◉	—	—	—	◉	—
pH	◉	◉	—	◉	—	—	○
固形物	◉	◉	◉	◉	◉	—	◉△
有机物	◉	◉	◉	—	—	◉	◉△
有机酸	○	—	—	—	—	—	—
碱度	◉	◉	◉	◉	—	—	—
毒物类	—	○	—	—	—	—	○△
过滤性	—	—	—	—	○	—	—
沉降性	○	—	—	—	—	◉	—
发热量	—	—	—	—	—	—	—
总固体	○	—	—	—	◉	○	◉回
SS	◉	◉	◉	—	—	—	◉水
BOD	○	○	○	—	—	—	◉
COD	—	—	—	—	—	—	—
有机酸	○	—	—	—	—	—	—
气体类	—	◉	—	—	—	◉	—
营养盐	—	○	—	—	—	—	○

注：◉通常检测，○适当检测，△法定检测。

为了实现污水处理系统的自动控制，必须经常或连续地检测水温、pH 值、SS、VSS、DO、BOD、COD、有机氮、总磷、污泥沉降比等指标，用仪表设备进行连续在线检测某些指标是非常必要的。为了实现污泥处理系统的自动控制，必须经常或连续地检测温度、有机酸、碱度、pH 值等指标。

7.2.2.3　常用检测仪表

检测设备与检测方法是否得当，对检测精度、可靠性与经济性都有不可忽视的影响。检测方法应当与其检测目的、设备的使用条件以及安装位置的环境相适应，并便于维护管理。首先，检测方法应因其检测对象不同而异，因检测仪表的传感器大都安装在现场，所以要对其腐蚀、温度、天气、悬浮物的附差与沉积，以及其他因素等外部条件予以充分注意。在校正仪表设备时，应尽可能对实际使用的信号接收端进行实际的联合测试，即使这样做有困难时，也希望利用其他可靠方法进行验证，以确保检测方法可靠。

与给水处理厂相比，污水处理厂的处理方法、工艺流程、污水和污泥的指标等都有很大不同，其检测项目与方法也有很多特殊性。本节主要介绍一些活性污泥法污水处理厂中最常用的检测方法及其仪表设备。

(1) 流量的检测方法与设备

流量检测仪表设备主要有：堰板、文丘里管、喷嘴、孔板流量计、转子流量计、靶式流量计、容积式流量计、涡轮式流量计、冲量式流量计、管式流量计、巴氏计量槽、P-B 计量槽、电磁流量计、超声波流量计等。为了减小检测误差，各种流量计都有其最合适的安装位置、安装方式和方法。表 7-7 给出了污水处理厂中常用的流量计安装所需要的最小限度的直线长度。

安装各种流量计所需的直线段长度　　　　　　　　　　　表 7-7

流量计种类	直线段长度
堰板式	上游 (4~5B)
文丘里管	上游 (5~10D)，下游 (3~5D)
喷嘴	上游 (10D)，下游 (5D)
孔板	上游 (10D)，下游 (5D)
巴氏计量槽	上游节流宽度的 10~15 倍
P-B 计量槽	10D
电磁流量计	上游 (5D)，下游 (2D)
超声波流量计	上游 (10D)，下游 (5D)

注：B 为堰宽，D 为管内径。

(2) 污泥浓度的检测方法与仪表

由于污水处理过程中污泥产量大、成分复杂，污泥处理与处置是污水处理系统中重要的组成部分，所以污泥的检测也占有重要的地位。污泥浓度的检测方式有光学式、超声波式和放射线式等，一般对低浓度污泥的检测多采用光学式，对高浊度则多采用超声波式。

MLSS 浓度的检测：MLSS 即曝气池中混合液悬浮固体 (Mixed Liquor suspended solids)，其浓度一般在 1500~4000mg/L 之间，属于低浓度污泥，常采用光学式 MLSS 检测仪来检测。

光学式检测仪又分为透射光式、散射光式和透光散射光式三种。在使用 MLSS 检测仪时应注意：

为了避免由于检视窗口的污染引起的检测误差，应当定期清洗。

为了避免由于来自上方直射日光等强光的射入引起的误差，检测仪的传感器部分常放置在水面以下 30~50cm 处。

由于 MLSS 检测仪是根据光学原理测定 MLSS 浓度，当被检测的混合液颜色变化影响透光率变化时，宜使用受其影响较小的透光散射光式检测仪。

在对 MLSS 检测仪进行较正时，将 MLSS 的人工分析值和 MLSS 检测仪的测定值进行比较，并做成表示相关关系的曲线图，用来校正检测仪。人工分析某一被检测试样后，依次稀释该试样，并求出与 MLSS 检测仪测定值之间的相关关系，来校正 MLSS 检测仪。

污泥浓度检测：污泥浓度较高时常采用超波式浓度检测仪。将一对超声波发射器与接收器相对安装在测定管两侧，超声波在传播时被污泥中的固形物吸收和分散而发生衰减，其衰减量与污泥浓度成正比，通过测定超声波的衰减量来检测污泥浓度。试样中的气泡也会引起检测误差。它的优点是受污染的影响较小，缺点是间歇式检测。使用时应注意的事项如下。

试样中的气泡将异常地增大超声波的衰减量而引起检测误差。若气泡较多时，应当采用带有加压消泡装置的检测仪，消泡后再检测。可是，也要注意由于污泥的腐败或搅拌后空气卷入污泥中，使消泡困难，难于去除气泡对检测值影响的情况。

当有加压消泡装置时，应定期检查加压机构和空气压缩机，排出空气罐中的水。

当由于季节变化而引起污泥颗粒形状的变化，或者由于污泥混合后不均质的情况，应用正常的污泥检测结果来校正。

有加压消泡装置时，由于其检测是按更换污泥→加压→检测的程序进行，每检测一次约需要 5min 左右。因此，当泵是间歇运行时，如果随着泵的启动开始检测的话，能够顺利地更换需要检测的污泥。

（3）液位检测方法与仪表

液面高度的确定是工程中的常见测量项目。通过液位的测量可以知道容器里的原料、成品或半成品的数量，以便调节容器中流入流出物料的平衡，保证生产过程中各环节所需的物料或进行经济核算；另外，通过液位的测量，可以了解生产是否正常进行，以便及时监视或控制容器液位，保证安全生产以及产品的质量和数量。

液位检测仪表有浮力式、静压式、电容式、超声波式等多种。下面介绍几种常用的液位测量方法。

静压式液位计：静压式液位计在工业生产上获得了广泛的应用，因为对于不可压缩的液体，液位高度与液体的静压力成正比。所以，测出液体的静压力，即可知道液位高度，其关系式为：

$$H = \frac{P}{r} \quad (7\text{-}1)$$

式中　H——液位高度；

　　　r——液体重度；

　　　P——容器内取压平面上的静压力。

超声波液位计：超声波液位计是基于晶体的压电效应，用压电晶体作探头（即换能器）发射出声波，声波遇到两相界面被反射回来，又被探头所接收，根据声波往返所需要的时间而测出液位的高度。作为换能器的探头又可分为发射型、接收型和发射—接收型三种。

一般把频率高于 20kHz 的声波称为超声波。声频越高，则发射的声束越尖锐，方向性也越强。但是，它的可测距离也相应地降低。因此，超声波液位计所使用的声波频率并非一定要高于 20kHz，要根据具体工作条件来决定。

超声波液位计的特点是：没有可动部件，而探头的压电晶片振幅很小，所以不会造成对探头或对设备的损坏，寿命长。检测元件（探头）可以不与被测介质直接接触，即可以做到非接触测量。可以利用切换开关进行多点测量，便于集中控制。但是，超声波液位计的电路比较复杂，造价较高，要根据具体情况合理选用。

（4）温度检测方法与仪表

温度是表征物体冷热程度的物理量。温度只能通过物体随温度变化的某些特性来间接测量，而用来量度物体温度数值的标尺叫温标。它规定了温度的读数起点（零点）和测量温度的基本单位。目前国际上用得较多的温标有华氏温标、摄氏温标、热力学温标和国际实用温标。

温度测量仪表按测温方式可分为接触式和非接触式两大类。通常来说接触式测温仪表比较简单、可靠，测量精度较高；但因测温元件与被测介质需要进行充分的热交换，并需要一定的时间才能达到热平衡，所以存在测温的延迟现象，同时受耐高温材料的限制，不能应用于很高的温度测量。非接触式仪表测温是通过热辐射原理来测量温度的，测温元件不需与被测介质接触，测温范围广，不受测温上限的限制，也不会破坏被测物体的温度场，反应速度一般也比较快；但受到物体的发射率、测量距离、烟尘和水气等外界因素的影响，其测量误差较大。

（5）pH 检测方法与仪表

pH 测量仪表包括 pH 计和 pH 变送器（也称工业 pH 计）。pH 计和 pH 变送器在功能或结构上的差异在于是否具有信号隔离作用。

工业在线检测用的 pH 装置，必须使用具有信号隔离作用的 pH 测量仪表，否则可能造成外参比电位旁路，使外参比极化，造成显示不稳，使测量误差增大。工业在线用 pH 测量仪表有下列基本要求：计量特性：高输入阻抗，低输入电流，高稳定性，低漂移，低显示误差；调节特性：要求有零点（定位）调节，斜率（灵敏度）调节，温度补偿调节和等电位点调节；使用特性：要求有 pH 显示，信号隔离和电流或电压信号输出。

（6）溶解氧检测方法与仪表

溶解氧是一项重要的水质参数。在活性污泥法污水处理工艺中，溶解氧测定还是保证处理工艺正常进行的主要过程控制参数。溶解氧的在线测量可以采用电极测量法。

溶解氧测量仪表包括氧电极和溶氧放大器两部分。氧电极输出电流信号被送至溶氧放大器（或溶氧变送器），由后者把电极电流信号转换为一定的溶氧单位显示出来。除显示功能外，溶氧放大器还应具有以下功能：零点（残余电流）补偿；灵敏度（斜率）校正；温度补偿；信号隔离；信号输出（按规定格式）；量程切换和溶氧超限设置与报警功能；现场安装的溶氧仪应考虑防漏、防尘、防湿要求。

与 pH 变送器比较，溶氧放大器在技术上较容易实现，这是因为溶氧电极输出信号阻抗较低。由于不同型号的溶氧电极灵敏度可能相差很大，且溶氧电极还有极谱型和原电池型之分，故使用中不同型号电极的放大器不可互换。

7.2.3 污水处理厂自动控制系统与应用

当今城市污水处理厂正朝着大型化、现代化和精密化的方向发展，处理工艺过程也日趋复杂，对处理水质也提出了更高的要求，所有这些都对其运行管理与过程控制提出了越来越高的要求，传统的控制方式已不能满足现代化处理厂的控制要求。由于计算机具有运算速度快、精度高、存储量大、编程灵活以及有很强的通信能力等，近年来在污水处理厂的运行管理与过程控制中发挥越来越大的作用。污水处理厂中的计算机控制系统就是利用计算机高速运筹和信息存储量极大的优异功能，对处理过程进行数据记录、监视和自动控制等设备的总称。

7.2.3.1 污水处理厂自动控制设备与软件

（1）监视操作仪表设备

监视控制方式及其使用的监视操作盘都有各种类型。有以监视为主体的配电盘，以操作为主体的操作盘和兼具监视与操作功能的监视操作盘等三种类型。它们可组合使用，又能单独使用。为使监视操作方便，处理厂中监视盘的监视显示部分一般采用图解盘方式。

（2）控制设备

控制设备有从接点继电器式到应用计算机技术的程序控制器和微型控制器的各种类型见表 7-8。另外，对于进行复杂运算控制的情况，还有应用将工作站或微型计算机组合起来的信息处理系统。

控制设备类型　　　　　　　　表 7-8

控制方式	控制设备分类		备注
	大分类	小分类	
	有线逻辑	有接点继电器式	
	控制盘	无接点式（逻辑程序式）	
顺序控制	固定程序	插接式（也包括旋转鼓式）	定性控制
		顺序控制器	
		微型控制器	
反馈控制	模拟控制器	PID 调节器	定量控制
	数字控制器	单环路控制器 微型控制器	
前馈控制	数字控制器	单环路控制器 微型控制器	

（3）控制软件

作为控制用的计算机操作系统，当一边进行数据运算，一边还要进行输入输出处理等的情况下，应当具有快速响应的实时控制功能。

信息处理系统应当对污水处理厂工艺过程及其检测与控制等方面的业务变化有较强的适应能力。因而应用软件也应当符合结构化程序设计的原则，具有模块化和表格化的结构，以适应输入输出和计算方法等变化时需要修改程序的要求。另外，有时需要增加或改变上位图像和表格等，为了适应上述变化，也应当准备好有效的软件工具。

如果对于将来增加和更新系统而言，考虑到作为资源的软件的经济性，最好尽可能开发具有通用性和互换性的应用软件。

毫无疑问，控制系统外部设备应当为达到信息处理系统的目的服务，但也同时应当尽可能简化这些设备，以便充分利用它们，而且也应当注意有利于其维护管理。因此，在设计与安装这些设备时，应当考虑输入输出设备的使用目的和对整个控制系统的适应性。

7.2.3.2 污水处理厂工艺流程的自动控制

城市污水处理自动化过程控制系统研究与开发的目标就是将污水提升泵、格栅、沉砂池、初沉池、浓缩池、加氯消毒、污泥厌氧消化处理与污泥脱水等单元的工艺检测参数采集到自动化过程控制系统中，经过数据信息处理后提供给操作人员指导操作运行。对于需控制的参数则通过自动化过程控制系统完成自动控制任务，满足各生产工艺设备的正常运行，提供城市污水处理自动化程度，降低能源消耗，为科学管理城市污水处理打下坚实的基础。其污水处理控制内容为：

（1）污水预处理控制

进水闸门的控制。进入泵站的污水量随时间变化很大，特别是合流制排水管网在降雨时水量大增。污水量变化时，为维持沉砂池内污水流速在适当范围内，可通过控制进水闸门开闭来控制沉砂池的运行参数。这种控制主要根据监测进水渠水位来进行。此外，为防止污水量的突然增大或水泵的故障而引起泵房进水，可实现进水闸门的紧急关闭控制。

除渣机的控制。除渣机的控制主要根据监测隔栅前后水位差进行自动除渣控制的。对于雨水沉砂池前的除渣，一般与雨水泵的运行连动来自动除渣。此外，传送带等附属设备也可与除渣机实现连动运行。

除砂机的控制。除砂机的种类有链带铲斗式、抽砂泵式、螺旋铲斗式、行车铲式和旋臂起吊式等。除旋臂起吊式除砂机外，一般都用定时器进行自动控制。可是，雨水沉砂池的排砂多数是与雨水泵的运转相连动，在泵运转期间连续排砂。

（2）初次沉淀池控制

初次沉淀池的机械设备包括刮泥机、排泥泵、泡沫去除设备等，但作为自动控制对象主要指排泥泵。

刮泥机和除泡沫设备的控制。刮泥机运行方式取决于沉淀池的形状和刮泥机的种类。由于在圆形或方形沉淀池中刮泥周期长，因而刮泥机连续运行。而长方形沉淀池的链带式刮泥机的刮泥能力大，没有必要连续运行，可用定时器进行间歇运行的自动控制。间歇运行时，链条和制动部件的磨损减小，可延长机械设备的使用寿命。但如果间歇停运时间太长，刮泥机启动负荷过大，也会损坏刮泥设备。因此，在自动控制时确定了合理的运行周期时间。除泡沫设备常用管式集沫装置，目前又开始采用浮动式泵来清除泡沫。一般都采用定时间歇自动控制。

排泥泵的控制。排泥泵常用控制方法包括，只靠定时控制其开闭，或联用定时与流量法进行控制，用定时周期来决定泵的启动，用流量控制停泵，每日排放定量的污泥。按这种方法运行时，应当注意若排泥泵运转时间过长则排除污泥浓度将降低，若间歇时间太长则可能引起堵塞等故障，因此，采取了合理选择间歇自动控制的停泵与运行时间等方式。近年来，用定时周期控制排泥泵的启动，用污泥浓度测定仪或污泥界面仪的信号来控制停泵的自动控制方法得到越来越广泛的应用。此外，还有同时使用污泥界面计和污泥浓度测定仪进行自动控制，即用污泥界面计控制排泥泵的启动，用污泥浓度信号控制停泵。这种自动控制方式更先进，可靠性更好，既能避免污泥积累过多而引起的堵塞问题，又能防止排除污泥浓度过低而含水率高等问题；尤其对于污水量变化很大且难于选择排泥周期的初次沉淀池，更能显示其优越性。

（3）曝气池控制

曝气池是活性污泥法的核心处理构筑物。污水中污染物的去除主要在曝气池中完成，因此曝气池的运行状况在某种程度上决定了整个处理系统的处理效果。此外，向曝气池供氧所需运行费用也占总运行费用的很大比例。还有，影响曝气池运行的因素很多，如污泥龄、溶解氧（DO）浓度、混合液悬浮固体（MLSS）浓度、污泥回流比和BOD污泥负荷等。合理地控制这些影响因素能有效提高曝气池的处理效率，所以，曝气池的自动控制对整个处理系统来说至关重要。曝气池控制参数有供气量、回流污泥量和排泥量（控制污泥龄）等。

（4）二次沉淀池控制

二次沉淀池在活性污泥法处理系统的运行中具有重要作用，其运行情况直接关系到处理水质量。其实它的运行状态如何与曝气池的运行控制密切相关，例如曝气池的BOD-MLSS负荷、DO浓度、回流比、MLSS浓度以及进水水质等都直接或间接地影响二次沉淀池的泥水分离和污泥沉降性能。此外，如果发生了污泥膨胀（Sludge Bulking），其主要原因还在于曝气池的运行控制。当然，二次沉淀池的运行控制也影响曝气池的运行，如果回流污泥量控制属于曝气池控制的话，那么二次沉淀池的控制因素只有排放剩余污泥了。

应当看到，曝气池和二次沉淀池的控制是活性污泥水处理系统中最主要最复杂的组成部分。目前，无论在理论上还是实践中，这部分控制都存在许多没有解决的问题，其中包括某些传感器的开发应用。从发展趋势来看，根据最优控制或模糊控制理论进行在线控制，具有广阔的应用前景。

（5）加氯消毒混合池控制

加氯消毒混合池的控制主要是氯投加量的控制。二次沉淀池的出水经过加氯消毒处理后，再排入受纳水体，一般按与处理流量成一定比率投加氯，这个比率也是投氯量的设定值。由于原水水质水量的变化幅度很大，生物处理的出水水质也有很大变化，如果只按处理水量决定氯投加量，很容易产生有时投氯量不足或者消毒效果不好，有时投氯量过多浪费等问题。为解决这一问题，在加氯消毒混合池出水口处设置余氯检查仪，根据余氯浓度信号自动改变投氯量比率，这也是所谓的复合控制，其控制方法与采用 MLSS 浓度检测仪进行定 MLSS 浓度控制过程一样。

（6）污泥浓缩池控制

污泥浓缩池的控制包括进泥量控制和排放浓缩污泥量控制。一般情况下，在浓缩池前都不设污泥贮存池，这样，从污水处理系统中排放的污泥直接进入浓缩池，因此，浓缩池的控制主要指排放浓缩污泥的控制。

（7）厌氧消化池控制

就厌氧消化池影响因素来说，除了污泥本身的性质之外，主要有消化池内的温度、污泥的投配和搅拌，它们对污泥厌氧消化过程与质量都有重要影响。

（8）污泥脱水预处理设施控制

污泥脱水前均采用预处理，目的是改善污泥脱水性能，提高脱水设备的处理能力。向污泥中投加混凝剂与助凝剂的化学调节法是最常用的方法。根据脱水机的种类，常用的有熟石灰、铝盐、二价铁盐和高分子混凝剂等。污泥预处理设施包括药品贮存设备、药品溶解池、投药设备和混凝剂混合池等。

（9）脱水机

脱水机的种类有真空滤机、板框压滤机、离心脱水机、带式压滤机等，它们各自的控制方法也有所不同。不同种类的脱水机其脱水效率也有差异，可以通过自动控制来大幅度提高效率。为了使这些复杂的脱水装置稳定运行，尤其在多台脱水机同时工作时，进行适当的管理可提高其可靠性，因此，脱水机的自动控制一直受到高度重视。以前多采用继电器和计时器进行自动控制，近年来，更多地采用容易修改程序的 PLC 和微机来控制。单个脱水机的自动控制基本不存在难于解决的问题，但对于性质和浓度变化的污泥控制最优投药量，以便得到含水率更低的滤饼并尽可能节省运行费用的过程控制技术同样是该系统所需要研究与开发的重点内容。

7.2.3.3 自动控制系统的管理与维护

管理与维护是日常维护及检修时的安全考虑，主要包括日常维护检查、备品备件的储备、故障发生后的及时处理。

（1）日常维护

为保证自动控制系统正常运行，前提是系统有一个合乎要求的运行环境，这主要体现在机房内的环境温度范围和空气清洁程度。自控系统的最佳工作温度应保持在 23±2℃ 范围内。空气洁净可以避免产生通风不畅，带来散热设备特别是大容量电源和 CPU 卡件等设备表面温度超高而造成系统断电或宕机。为此，日常点检应重点检查空调设备、电源设备及风扇（包括电源内部风扇）的运行状况，定时清扫过滤网设备。通过眼看（看状态指示是否正常）、耳听（听电源和风扇运行有无异常声音）、手摸（触摸电源表面确认温度是否异常），提前发现设备可能存在的故障隐患并及时采取措施，避免事故的发生。

（2）系统组态修改

在系统运行过程中，尽量避免组态修改。由于某些原因必须进行系统组态修改并下装后，应及时进行系统备份，以避免在故障时出现的工作站实时数据库与工程师站备份数据库不匹配问题。

（3）备品备件的储备

根据相同控制系统的维护经验和常规情况，应该在系统订货时订购合适的备品备件种类和数量。但是，由于实际过程中，系统故障类型发生的不确定性有可能带来备件储备的不平衡问题。因此，在自控系统维护过程期间根据实际的备品备件消耗情况随时充实备品备件的储备非常必要。但一般说来，各类型的电源设备、专用风扇和后备电池、控制器 CPU 卡、I/O LINK 卡、外设卡、I/O 卡特别是控制卡、操作站 CPU 卡、专用显示器等应必须保证至少不少于一个备件。应特别关注的是专用系统硬盘，应该保证有系统启动硬盘备份，避免由于系统启动硬盘损害不能技术恢复而带来整个系统的瘫痪。

（4）故障的及时处理

这牵扯到日常点检的周期和时间问题。由于现在多数执行的是每个正常工作日一次点检的要求，这就存在法定休息日的 24 小时和 48 小时内的点检维护死区。因此，死区时间系统的安全监护必须通过操作人员的协助完成。像系统主要设备和卡件可以通过系统报警状态进行监视。对于空调设备的运行状况，可以通过温度计由操作人员间接完成监视；而对于电源、风扇设备将无法完成监视，因此，维护人员可以尝试将某些配备外接触点报警的设备通过数字 I/O 的形式引入自控系统，建立单独的监视画面由操作人员进行监视。

在维护人员发现或接到系统故障信息后，应及时进行处理。对于可能影响整个系统安全的故障处理应有两人以上协商处理，避免发生人为失误。同时，防静电手镯等类似器械的使用是必须的，以防止损坏带集成电路设备。

可以这样说，只要在以上三个环节重视并处理好自控系统的安全问题，避免人为造成的设备隐患，再加之自控系统本身的高可靠性，污水处理厂自控系统的安全必将有更可靠的保证。

7.2.3.4 应用实例

以唐山市西郊污水处理厂自控系统为例。唐山市西郊污水处理厂建于20世纪80年代中期，日处理能力3.6万吨。受历史条件局限，全部采用的国产设备，工艺设备为人工操作或简单的电器控制。运行中的工艺参数调整大多凭经验，这种低水平的运行管理状态在很大程度上影响了正常运行。

污水处理成套设备综合智能自动化系统开发研制目标是对污水处理运行过程的全面控制及全厂管理系统进行研究开发，实现污水处理全过程的自动化控制和现代化管理。

针对自动化系统的发展趋势及西郊污水处理厂的现状，将现场总线技术，智能控制，故障诊断及常规DCS和PLC技术作为开发的重点。

系统按纵向分层，横向分站的原则构造，纵向分为远程终端、计算机集成生产系统、控制网络和现场设备及各层面。横向则根据污水处理工艺划分为若干个控制站，用户可根据自己的实际情况，合理地选择系统的配置。

考虑到污水处理厂的改造与发展，系统可扩展性和兼容性比较强。

针对污水处理工艺过程，开发了智能化控制软件，实现污水处理工艺运行参数以及运行过程的自动控制。

开发了相对独立的车间单元级设备及控制系统，并按照污水处理工艺过程和Delta V系统的配置要求，将控制功能分配在2台Delta V控制器上，其中1号控制器主要监控预处理工序生产过程。包括三索格栅，污水泵等设备，由于沉砂池和初沉池的工艺设备属于开关量控制，且与1号控制器距离较远，因此选择1台PLC控制这些设备的运行。PLC和1号控制器通过RS-485总线连接，按相关协议进行数据通信。2号控制器监控二级处理工序生产过程，包括曝气池、二沉池、鼓风机和回流污泥泵等。在污泥脱水工序开发了一套PLC控制系统，通过RS-485总线和2号控制器连接，亦通过相关协议将运行数据上传到中央控制室。

全厂工艺运行的控制系统可划分为污水泵及三索格栅自动化控制、预处理工序自动控制、曝气池溶解氧与鼓风曝气自动控制、曝气池混合液浓度与污泥回流自动控制、二沉池泥水界面检测及排泥自动控制、污泥脱水工序自动控制等六个控制单元。

（1）污水泵及三索格栅自控系统

污水泵单元设有4台污水泵，其中2台通过变频器控制，2台自耦启动。正常情况下，2台污水泵同时工作，即：1台由变频器控制的泵和1台自耦启动的泵（恒转速），根据集水井液位和总流量要求，在1台恒速泵工作的同时对变频器控制的泵进行调节,以使之达到运行需要。中控室 Delta V 控制污水泵运行。

三索格栅是系统实施过程中新开发的设备,为满足系统控制的要求,在电气控制部分增加了远程控制功能,在远程控制状态时,Delta V 控制其运行。三索格栅的运行间隔根据进水量的大小确定。

（2）污水预处理工序自控系统

旋流沉砂池和砂水分离器控制系统。该系统在项目中新开发的设备设施包括：2 座旋流式沉砂池；3 台罗茨鼓风机,1 台无轴螺旋砂水分离器,11 个电磁阀。该系统电气控制元件多,动作复杂,为此采用 PLC 做主控制器,控制方式为自动、中控、手动三种,在这种控制方式下,可分为单独工作或同时工作。该系统输送给中控室 Delta V 系统的信号有：故障信号：电机出现故障时,中控室 Delta V 系统报警,当班人员可及时准确处理故障。中控信号：将现场控制旋钮旋到"中控"位置,中控室得到中控信号,即可合上中控触点进行中央控制,使电机运行信号、提砂信号和洗砂信号便于由中控室进行监控。本系统还设有 2 台闸板启闭机,1 台 pH 计,2 台阶梯格栅（新开发）和 1 台皮带输送机,其控制检测信号由 MODBUS 通讯传输到中控室的 Delta V 系统,分为中控/手控方式,分别依据污水处理工艺的数学模型进行控制（图 7-2）。

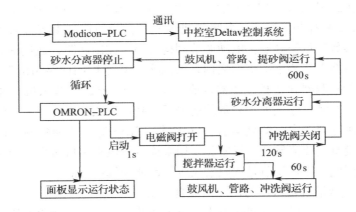

图 7-2 旋流沉砂控制系统简图

初沉池自控系统。该系统共有沉淀池 4 座,在每个沉淀池增设 4 台电动排泥阀和 1 台刮沫机。电动排泥阀具有现场手动和远程操作功能,反馈到上位机的信号分别为运行、停止、手动/自动、开阀到位、关阀到位、阀门故障等信号。刮沫机的控制信号也同样反馈到上位机的 PLC 中,主控制器按工艺要求分别对刮泥机、电动排泥阀门按时间函数进行控制,并将相关的反馈信号由 MODBUS 通讯传输到中控室的 Delta V 系统进行检测（图 7-3）。

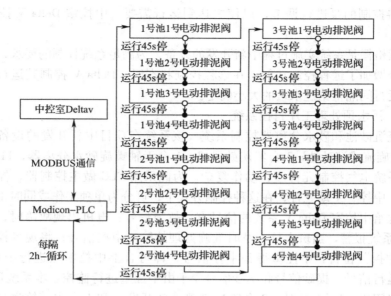

图 7-3 初沉池控制系统流程图

(3) 曝气池溶解氧与鼓风曝气自控系统

该系统由鼓风曝气装置（鼓风机，供风管，曝气管）电动调节阀，溶解氧传感器及 Delta V 控制器组成。各曝气池溶解氧含量的控制由溶解氧传感器，控制器，综合参数流量控制器，电动调节阀构成串级控制回路，通过调节阀门开度使溶解氧保持在工艺要求的范围之内，鼓风曝气总量控制回路由溶解氧传感器，综合参数流量控制器和变频调速器构成（图 7-4）。通过调节风机转速控制鼓风总量的大小，在满足曝气池供氧量的前提下，降低鼓风机电耗。对于鼓风总量控制回路，使用综合考虑溶解氧均值，进水量，MLSS 等工艺参数的控制算法。在鼓风机出口没有安装流量计，只安装了用来检测鼓风机出口压力的现场总线型压力变送器。因此，流量调节是按照鼓风机的性能曲线进行的。

(4) 曝气池混合液浓度与污泥回流自控系统

该系统有 4 个串级控制回路组成，每个回路中包括混合液浓度传感器和控制器，回流污泥流量传感器和控制器以及电动调节阀等（图 7-5）。在混合液浓度控制系统的内环，由于执行机构-电动调节阀和检测仪表-多普勒流量计均有一定的纯滞后时间，对于这种控制现象使用常规控制效果较差，所以采用了采样值 PI 控制作为串级控制系统的控制器。

活性污泥法污水处理过程是一种生化反应过程，它对控制系统的要求是使混合液浓度保持在一定的范围内，为使回流污泥调节阀的动作不至太频繁，混合液浓度控制系统的控制器采用"采样-保持式增量控制"方式，这种控制方式是模拟人工控制的方式进行的，控制器每隔一段时间采样检测一次混合液浓度,将该值与前一次监测值进行比较,得到在区间内的变化量,再根据当前混合液浓度与混合液浓度控制范围的中值的差,计算出主控制器对从控制器的给定流量。

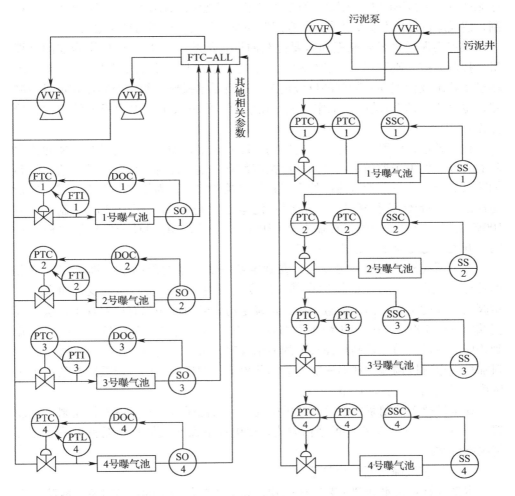

图 7-4　生物反应池溶解氧控制系统　　图 7-5　混合液浓度工艺流程图

（5）二沉池泥水及污泥浓缩池界面检测及排泥控制系统

由泥水界面计、无线数据传输装置和工业控制机组成。采集的泥水界面值通过无线发射模块送到无线接收模块,再通过 RS-485 总线传输到中控室的工业控制机,该机对泥水界面的数字信号纠错处理后,利用工厂控制网络将实时的泥水界面交给 Delta V 系统。排泥控制系统中的 Delta V 系统,污泥回流泵变频器,排泥电动阀等作为系统的控制和执行单元,完成对二沉池泥水界面值的控制。

（6）污泥脱水工序自控系统

作为一个相对独立的控制单元，开发本系统的目的在于，根据污泥量，污泥浓度调节絮凝剂的投入量，使污泥脱水过程在最佳絮凝状态下运行，改变污泥脱水工序无计量，无检测的人工经验式的工作状态，实现污泥脱水工序生产过程的自动控制，建成运行过程主要工艺参数的在线监测及参与实时控制的自动化系统。

根据污泥脱水工艺流程和需要控制的设备的数量，仍以 PLC 作为控制计算机。控制方式分别采用手动和自动。手动运行方式下，可按照工艺要求，根据现场设备状况及污泥和絮凝剂的反应情况，进行手动操作。阀门控制器和定量控制器，也设为手动/自动两种工作方式，在手动工作方式下，由面板上的按键直接操作。

在自动运行阶段，关键是控制阀门开度和定量泵加药量，定量泵转速和给泥阀的开度。但由于加药量和阀门开度控制都有一定的延时，所以，关于给泥阀和加药泵的控制是一个带有滞后的多因素的非线型控制，为使控制准确，需增加智能控制，选择专家系统对阀门开度和定量泵进行控制。阀门开度控制在 0～100% 之间，定量泵的流量控制在 0～300m^3/h 之间，由 PLC 的模拟量的输出对阀门开度和定量泵的转速进行控制。

专家系统模型的基本思想是：在确定某一加药量的前提下（即确定定量泵的转速）根据污泥浓度的检测在某一浓度范围内，确定阀门的开度。如果在一定阀门开度的基础上污泥流量偏小，可确定污泥管道或阀门有堵塞现象，这时可把阀门开到 100%，用中间罐的污泥进行冲洗，处理完堵塞问题后，再把阀门开到相应的度数。通过控制柜面板上的显示仪表，可以对阀门开度进行微调，同时对加药量也可以调整。在另一加药量的前提下，同样可利用专家系统在某一污泥浓度下对阀门开度自动调节。

在全厂整个控制系统中没有考虑中控室对污泥脱水单元工序进行控制，只设置了该单元与 Delta V 系统的通信方式，使中控室操作人员对污泥脱水单元运行情况能够掌握。

（7）工艺故障诊断与决策系统

本系统针对污水处理工艺这样的物理和生化变化为主的诊断对象、故障发生的特点，提出了面向工艺故障诊断的总体方案。

由于污水处理是一个较为缓慢的物理和生化变化为主的工艺控制过程，产生的故障绝大部分是参数性故障，而且污水处理工艺运行过程属于少品种大量连续生产类型，生产过程是连续的，物流和能量流持续不断进行，工序先后次序紧凑严格，工艺流程基本不变，缓冲余地小，生产均衡平稳，并伴随着一系列物理和生化变化，整个过程又存在着突变性和不确定性因素，对管理、控制的协调性、实时性和可靠性要求较高，设备运行的环境比较复杂，故障停车损失大，往往故障的发生是以连锁的形式出现的，这样故障停车造成的损失巨大，因此故障诊断是确保安全运行的必要手段。

根据污水处理工艺的故障诊断特点，提出了一个检测诊断和决策支持的系统。

故障诊断系统的数据采集是通过现场总线和网络来实现的，其体系结构分为工厂级、车间级、现场级。通过现场级与车间级自动化监控集成系统主要完成底层设备联机控制、通讯联网、在线设备状态监测及现场设备运行和生产数据的采集、存储统计等功能。在现场级网络，通过控制器与现场设备之间的I/O连线或现场总线的数字化通信网络，将传送到控制器的在线数据再通过预订的协议传送到上位机，并存储在数据库，这部分的功能是通过数据通信部分实现的。

诊断系统中，数据采集、数据检查和故障诊断之间的控制信息和在线数据的交互是通过相关部件和数据库的查询技术实现的。

（8）运转状况

工艺设备　通过项目开发了GGS型三索格栅，旋流沉砂池，无轴螺旋砂水分离器，JTS 1110型阶梯格栅，初沉池刮沫机，DQY 2000-C带式压滤机，电动阀门执行机构等新设备，新设施，提高了西郊污水处理厂的装备水平。

仪器仪表　引进一批国内外先进的计量检测仪器仪表，可完成对污水污泥的流量、液位、pH值和鼓风量的测定，并实现了曝气池溶解氧、混合液污泥浓度、二沉池泥水界面等关键工艺参数的在线监测与控制。

智能化控制系统　系统主控制器采用国外公司新近推出的Delta V控制系统，项目研制开发的智能化控制系统界面友好，操作方便。各工艺环节运行良好，并实现了曝气池、污水脱水系统的智能化控制，项目研制开发的管理软件、控制软件、故障诊断软件功能完善。

预期效益　在高电耗设备上采用了变频调速及系统控制等项技术，合理匹配机泵，节能降耗，全年可节约电费17万元。通过选用高效的DQY 2000-C带式压滤机和增设污泥脱水生产工序自动化控制，使污泥脱水过程在最佳絮凝状态下进行，不仅可大大减少脱水污泥量，而且可降低运行成本11万元。

总之"污水处理成套设备综合智能化自动化系统"项目工程的实施不仅提高了西郊污水处理厂生产运行的管理水平和科技含量，同时也对中小型污水处理厂的改造与建设提供了一些经验。

第 3 篇
管 道 系 统

第8章 给水管网的技术管理与维护

8.1 给水管道材料、附件与附属设施

8.1.1 给水管道材料及管件

给水管道系统是给水系统中造价最高并且是极为重要的组成部分。给水管道由众多水管与各种管件连接而成。水管为工厂现成产品，运到施工工地后进行埋管和接口。

按照水管工作条件，水管性能应满足下列要求：

（1）有足够的强度，可以承受各种内外荷载。

（2）水密性好。水密性是保证管网有效而经济地工作的重要条件。如因管线的水密性差以至经常漏水，无疑会增加管理费用和导致经济上的损失；同时，管网漏水严重时也会冲刷地层而引起严重事故。

（3）水管内壁面应光滑以减小水头损失。

（4）价格较低，使用年限较长，并且有较高的防止水和土壤侵蚀的能力。

此外，水管接口应施工简便，工作可靠。

水管可分金属管和非金属管。管材的选择，取决于承受的水压、外部荷载、埋管条件、供应情况等。

8.1.1.1 铸铁管

铸铁管是给水管道系统中使用最多的一种管材。铸铁管按材质可分为连续铸铁管和球墨铸铁管。

连续铸铁管即连续铸造的灰口铸铁管，耐腐蚀性比钢管强，以往使用最广。但由于连续铸管工艺的缺陷，质地较脆，抗冲击和抗振能力较差，重量较大，且经常发生接口漏水，水管断裂和爆管事故。可用在直径较小的管道上，同时采用柔性接口，必要时可选用较大一级的壁厚，以保证安全供水。

球墨铸铁管既具有连续铸铁管的许多优点，机械性能又有很大提高，其强度是连续铸铁管的多倍，抗腐蚀性能远高于钢管，价格高于连续铸铁管但低于钢管，因此是理想的管材。球墨铸铁管的重量比连续铸铁管轻，较少发生爆管、渗水和漏水现象，可以减少管网漏损率和管网维修费用。工业发达国家已普遍采用球墨铸铁管，我国也逐渐以球墨铸铁管替代灰口铸铁管。球墨铸铁管一般适用于大、中、小口径管道，我国目前生产的最大直径1600mm，使用的最大直径为2600mm，国外最大直径已达2900mm。

球墨铸铁管采用推入式楔形胶圈柔性接口，也可用法兰接口，施工安装方便，接口的水密性好，有适应地基变形的能力，抗振效果也好。

8.1.1.2 钢管

给水管道常用的钢管有焊接钢管和无缝钢管两种。前者适用于大、中口径管道；后者适用于中、小口径管道。在给水管道系统中，钢管一般用作大、中口径和高压力的输水管道，特别适用于地形复杂的地区，以及有地质、地形条件限制或需穿越铁路、河谷和地震地区时使用。采用钢管时，应特别注意防腐蚀，除了内壁衬里、外壁涂层外，必要时还应作阴极保护。近年来，小口径不锈钢管也用于特殊给水系统中，如分质供水系统作为直接饮用水管道。

钢管用焊接或法兰接口。所用配件如三通、四通、弯管和渐缩管等，由钢板卷焊而成，也可直接用标准铸铁配件连接。

8.1.1.3 钢筋混凝土管

在给水工程建设中，有条件时宜以非金属管代替金属管，对于加快工程建设和节约金属材料都有现实意义。钢筋混凝土管有3种：自应力钢筋混凝土管，预应力钢筋混凝土管和预应力钢筒混凝土管。自应力钢筋混凝土管一般仅用于农村及中、小城镇给水，口径较小。预应力钢筋混凝土管分普通预应力钢筋混凝土管和加钢套筒的预应力钢筋混凝土管两种，其特点是价格低，管壁光滑，水力条件好，耐腐蚀性能优于钢管，爆管率低，但重量大，不便于运输和安装，有条件时最好就地制造。预应力钢筋混凝土管用于大、中口径管道。

预应力钢筒混凝土管（Prestressed Concrete Cijlinder Pipe，简称PCCP）是在管芯中间夹一层厚约1.5mm左右薄壁钢管，然后在环向绕一层或二层预应力钢丝。它兼具钢管和预应力钢筋混凝土管的某些优点，如水密性优于钢筋混凝土管，耐腐蚀性优于钢管，价格比钢管低，但重量较大，运输、安装不便。预应力钢筒混凝土管已成为大口径管道中的首选管材。目前，世界上使用预应力钢筒混凝土管最多的国家是美国和加拿大，最大直径可达7600mm，一般管径范围在400~4000mm范围。接口为承插式，承口环和插口环均用扁钢压制成型，与钢筒焊成一体。

8.1.1.4 新型塑料管

给水系统常用的塑料管有多种，如聚丙烯腈-丁二烯-苯乙烯塑料管（ABS）、高密度聚乙烯塑料管（PE）和聚丙烯塑料管（PP）、硬聚氯乙烯塑料管（UPVC）、玻璃钢管（GRP）及玻璃钢夹砂管（RPM）等。

各种塑料管的共同优点是：强度高、表面光滑、不易结垢、水头损失小、耐腐蚀性能优良、重量轻、加工和接口方便。但不同的塑料管也存在各自不同的缺点。如UPVC管质地较脆，强度不如钢管；PE管刚度和强度均有限，且易老化。另外，塑料管膨胀系数较大，用做长距离管道时，需考虑温度补偿措施。

UPVC管的力学性能和阻燃性能好，价格较低，因此应用较广。UPVC管的工作压力宜低于2.0MPa，用户进水管的常用管径为DN25和DN50，小区内为DN100~DN200，管径一般不大于DN400。

据国际供水协会（IWSA）统计，目前塑料管在国际供水管道中的应用已占25%左右（按长度计），在新铺设的管道中约占70%左右（按长度计），其中用得最多的主要是管径小于200mm的管道。但是大、中口径管道中，GRP及RPM管道应用也日益广泛。

20世纪80年代以来，欧洲一些国家、日本、美国及中东一些国家，新敷设的大、中型口径的管道中，玻璃钢管（GRP）管所占比例日益增加。例如，日本在城市大口径给水管道中，GRP管占25%左右，已超过钢管用量，日本家用灌溉用管道的60%为玻璃钢夹砂管；英国所用GRP管已占供水管道总长25%以上。GRP管不仅重量轻，重量为钢材的1/4左右、预应力钢筋混凝土管的1/5~1/10；表面光滑、耐腐蚀性能优良，不结垢，能长期保持较高的输水能力；而且强度也高，粗糙系数小；唯目前价格高（几乎和钢管相接近），是影响其市场竞争力的主要因素，可考虑在强腐蚀性土壤处采用。此外，由于在玻璃钢结构层中的玻璃纤维有可能游离至水中，故一般适用于大、中口径的浑水输水管，而在配水管网中应用较少。塑料管已在我国的天津、沈阳、济南、青岛、成都、南通、苏州等30多个大中城市应用。

与铸铁管相比，塑料管的水力性能较好，由于管壁光滑，在相同流量和水头损失情况下，塑料管的管径可比铸铁管小；塑料管相对密度在1.40左右，比铸铁管轻，又可采用橡胶圈柔性承插接口，抗振和水密性较好，不易漏水，既提高了施工效率，又可降低施工费用。可以预见，塑料管将成为城市供水中、小口径管道的一种主要管材。

塑料管的接口有黏接、承插连接和法兰连接等多种。塑料管在运输和堆放过程中，应防止剧烈碰撞和阳光曝晒，以防止变形和加速老化。管道的具体连接形式有：单密封圈承插连接、双密封圈承插连接、承插黏接、对接、承插"O"密封尼龙棒"O"形键锁口、法兰连接等，如图8-1所示。

8.1.1.5 金属、塑料复合管材

为了利用金属的高强度和塑料的耐腐蚀性能，近年来金属和塑料复合管材日渐增多，主要有：PVC衬里钢管：由PVC管和钢管复合而成，内壁为PVC管，外壁为钢管。PE衬里钢管：由PE管和钢管复合而成，内壁为PE管，外壁为钢管。PE粉末树脂衬里管：由钢管内壁熔融一层PE粉末树脂而成。铝塑复合管：PE管壁中间夹一层薄铝以增加管道强度。铝合金衬塑管：由铝合金管和PE管复合而成，内壁为PE管，外壁为铝合金管。衬塑不锈钢复合管：不锈钢复合管为基材，外层不锈钢，中层碳素钢，内层PE塑料管。涂塑复合管：普通碳素钢管为基材，内涂或内、外均涂塑料粉末。依据用途不同，可分为两种，一种内壁涂敷PE，外镀锌镍合金，另一种内、外壁均涂敷PE。穿孔钢塑复合管：PE管

的管壁中间用薄的穿孔钢管增加强度。钢骨架增强塑料复合管：以钢丝网或钢板网骨架为增强体，以热塑性塑料 HDPE 或 PPR 为连续基材。

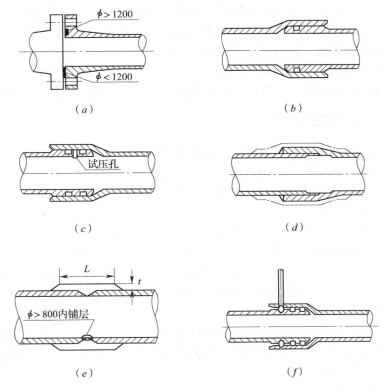

图 8-1　塑料管的连接形式
（a）法兰连接；（b）单密封圈承插连接；（c）双密封圈承插连接；
（d）承插黏接；（e）对接；（f）承插密封棒

上述复合管材基本上是小口径管道，大多用于室内给水管道，部分口径较大的可作为室外埋地给水管材。

随着材料科学技术的发展，新管材不断涌现。我国在管材方面起步晚，但发展较快。例如，我国许多原先生产灰口铸铁管厂家，已逐渐进行改造，通过引进、吸收、消化国外先进技术和设备，生产球墨铸铁管。新的球墨铸铁管生产厂家也不断出现，目前生产的球墨铸铁管最大管径为 1600mm，可望于近期内达到 2000mm。又如，自 20 世纪 80 年代开始，我国已从意大利、美国、日本、法国等引进玻璃钢管生产线。一些大、中型给水工程已采用 GRP 管或 RPM 管。如江苏常熟的长江引水工程采用 DN1200mmRPM 管，长 12km；江苏江宁长江引水工程采用 DN1400mmRPM 管，长 10km 左右。中、小口径塑料管生产厂家已有 150 多家。其中 UPVC 管最大直径已达 710mm，由于 UPVC 管与 PE 管、PP 管及 ABS

管相比，刚度较大、阻燃性能较好、强度也较高，故在塑料管生产中约占70%以上。例如，仅济南自来水公司所用UPVC管已达200km，最大直径560mm，可见UPVC管应用之广。为克服UPVC管质地较脆的弱点，目前国内外已研究开发了耐冲击性UPVC管材。金、塑复合管在我国生产和应用也日益增加。

总体来讲，目前，我国输水管道管材一般采用预应力钢筒混凝土管（PCCP）、钢管、球墨铸铁管、预应力钢筋混凝土管、玻璃钢夹砂管（RPM）等。配水管道管材一般采用球墨铸铁管、钢管、聚乙烯管（PE）、硬质聚氯乙烯管（UPVC）等。

8.1.2 给水管道附件

给水管道系统除了水管以外还应设置各种附件，以保证管网的正常工作。管网的附件主要有调节流量用的阀门、供应消防用水的消火栓，其他还有控制水流方向的单向阀，安装在管线高处的排气阀等。

8.1.2.1 阀门

阀门用来调节管线中的流量或水压。阀门的布置要数量少而调度灵活。

闸阀内的闸板有楔式和平行式两种。根据阀门使用时阀杆是否上下移动，可分为明杆和暗杆两种。明杆是阀门启闭时，阀杆随之升降，因此易于掌握阀门启闭程度，适宜于安装在泵站内。暗杆适用于安装和操作地位受到限制之处，否则当阀门开启时因阀杆上升而妨碍工作。

蝶阀结构简单，阀的长度较小，开启方便，旋转90°就可全开或全关。蝶阀宽度较一般阀门为小，但闸板全开时将占据上下游管道的位置，因此不能紧贴楔式和平行式阀门旁安装。

8.1.2.2 止回阀

止回阀是限制压力管道中的水流朝一个方向流动的阀门。微阻缓闭止回阀和液压式缓冲止回阀还有防止水锤的作用。

8.1.2.3 排气阀

排气阀安装在管线的隆起部分，使管线投产时或检修后通水时，管内空气可经此阀排出。平时用以排除从水中释出的气体，以免空气积在管中，以致减小过水断面积和增加管线的水头损失。长距离输水管一般随地形起伏敷设，在高处设排气阀。在管道的平缓段，一般宜间隔1000m左右设一处排气阀。

8.1.2.4 泄水阀（排水阀）

在管线的最低点须安装泄水阀，它和排水管连接，以排除水管中的沉淀物以及检修时放空水管内的存水。一般输水管（渠）、配水管网低洼处及两个阀门间管道的低处，应根据工程的需要设置泄水阀。在枝状管网的末端应设置泄水阀。泄水阀和排水管的直径，由所需放空时间决定。

8.1.2.5 消火栓

消火栓分地上式和地下式，后者适用于气温较低的地区。每个消火栓的流量为 10~15L/s。

地上式消火栓一般布置在道路旁消防车可以驶近的地方，在道路两侧或单侧安装。地下式消火栓安装在阀门井内，安装间距通常为 100~120m。

8.1.3 给水管道附属设施

8.1.3.1 阀门井

管网中的附件一般应安装在阀门井内。为了降低造价，配件和附件应布置紧凑。阀门井的平面尺寸，取决于水管直径以及附件的种类和数量。但应满足阀门操作和安装拆卸各种附件所需的最小尺寸。井的深度由水管埋设深度确定。但是，井底到水管承口或法兰盘底的距离至少为 0.1m，法兰盘和井壁的距离宜大于 0.15m，从承口外缘到井壁的距离，应在 0.3m 以上，以便于接口施工。阀门井一般用砖砌，也可用石砌或钢筋混凝土建造。

8.1.3.2 支墩

承插式接口的管线，在弯管处、三通处、水管尽端的盖板上以及缩管处，都会产生轴向拉力，接口可能因此松动脱节而使管道漏水，因此在这些部位需设置支墩以承受拉力和防止事故。但当管径小于 300mm 或转弯角度小于 10°，且所承受的水压力不超过 980kPa 时，因接口本身足以承受拉力，可不设支墩。

支墩的设计应根据管径、转弯角度、管道设计内水压力、接口摩擦力，以及管道埋设处的地基和周围土质的物理力学指标等，根据现行国家标准《给水排水工程管道结构设计规范》(GB 50332—2002)规定计算确定。

8.1.3.3 管线穿越障碍物

管线穿越铁路时，其穿越地点、方式和施工方法，应按照有关铁道部门穿越铁路的技术规范，根据铁路的重要性，采取如下措施：穿越临时铁路或一般公路，或非主要路线且水管埋设较深时，可不设套管，但应尽量将铸铁管接口放在铁路两股道之间，钢管则应有防腐措施；穿越较重要的铁路或交通频繁的公路时，水管须放在钢筋混凝土套管内，套管直径根据施工方法而定，大开挖施工时应比给水管直径大 300mm，顶管法施工时应比给水管的直径大 600mm。穿越铁路或公路时，水管管顶应在铁路路轨底或公路路面以下 1.2m 左右。管道穿越铁路时，两端应设检查井，井内设阀门或排水管等。

管线穿越河川山谷时，可利用现有桥梁架设水管，或敷设倒虹管，或建造水管桥。

给水管架设在现有桥梁下穿越河流最为经济，施工和检修比较方便，通常水管架在桥梁的人行道下。

倒虹管从河底穿越，其优点是隐蔽，不影响航运，但施工和检修不便。倒虹管一般用钢管，并须加强防腐措施。

大口径水管由于重量大，架设在桥下有困难时，或当地无现成桥梁可利用时，可建造专门的水管桥，架空跨越河道。钢管过河时，本身也可作为承重结构，称为拱管，施工简便，并可节省架设水管桥所需的支承材料。

8.1.3.4 节点详图

管网设计时，须先在管网图上，确定阀门、消火栓、排气阀等主要附件的位置，布置必须合理，然后选定节点上的管配件。

在施工图中应绘制节点详图。图中用标准符号绘出节点上的配件和附件，如消火栓、弯管、渐缩管、阀门等。特殊的配件也应在图中注明，便于加工。设在阀门井内的阀门和地下式消火栓应在图上表示。阀门的大小和形状应尽量统一，形式不宜过多。节点详图不按比例绘制，但管线方向和相对位置须与管网总图一致，图的大小根据节点构造的复杂程度而定。各节点详图上标明所需的阀门和配件。

8.2 给水管网技术管理

8.2.1 给水管网技术资料管理

8.2.1.1 管网建立档案的必要性

城市给水管网技术档案是在管网规划、设计、施工、运转、维修和改造等技术活动中形成的技术文献，它具有科学管理、科学研究、接续和借鉴、重复利用和技术转让、技术传递及历史利用等多项功能。它由设计、竣工、管网现状三部分内容组成，其日常管理工作包括建档、整理、鉴定、保管、统计、利用等六个环节。

建档是档案工作的起点，城市给水管网的运行可靠性已成为城市发展的一个制约因素，因此它的设计、施工及验收情况，必须要有完整的图纸档案。并且在历次变更后，档案应及时反映它的现状，使它能方便地为给水企业服务，为城市建设服务，这是给水管网技术档案的管理目的，也是城市给水管网实现安全运行和现代化管理的基础。

随着近年来我国经济的飞速发展，以及人民生活水平的不断提高，对给水系统的要求日趋严格，但仍然有很多普遍存在的一些问题，如设计、施工和管理质量差、重大事故较多、技术水平差、运行效率低、决策失误、大量资金浪费等等。出现这种情况的原因，就是因为没有充分发挥管网技术档案的作用，找不到管网出毛病的准确原因。管网安全运行所采取的技术措施针对性较差，也就不会收到好的效果。因此，要想利用有限的资金，解决旧系统的运行困难以及新系统的合理建设，兼顾近期和远期效益，迫切需要有完善的给水管网技术档案。

8.2.1.2 给水管网技术资料管理的主要内容

管网技术资料的内容包括以下几部分。

（1）设计资料

设计资料是施工标准又是验收的依据，竣工后则是查询的依据。内容有设计任务书、输配水总体规划、管道设计图、管网水力计算图、建筑物大样图等。

（2）施工前资料

在管网施工时，按照建设部颁布的《市政工程施工技术资料管理规定》及省市关于建设工程竣工资料归档的有关要求，市政给水管道资料应该按标准及时整理归档，包括以下内容：开工令，监理规划，监理实施细则，监理工程师通知，质量监督机构的质监计划书及质监机构的其他通知及文件，原材料、成品、半成品的出厂合格证证明书，工序检查记录，测量复核记录，回填土压实度试验报告，水压试验记录，工程竣工验收书，监理单位工作总结。

（3）竣工资料

竣工资料应包括管网的竣工报告，管道纵断面上标明管顶竣工高程，管道平面图上标明节点竣工坐标及大样，节点与附近其他设施的距离。竣工情况说明，包括：完工日期，施工单位及负责人，材料规格、型号、数量及来源，沟槽土质及地下水情况，同其他管沟、建筑物交叉时的局部处理情况，工程事故处理说明及存在隐患的说明。各管段水压试验记录，隐蔽工程验收记录，全部管线竣工验收记录。工程预、决算说明书以及设计图纸修改凭证等等。

（4）管网现状图

管网现状图是说明管网实际情况的图纸，反映了随时间推移，管道的减增变化，是竣工修改后的管网图。

1）管网现状图的内容

总图。包含输水管道的所有管线，管道材质、管径、位置，阀门、节点位置及主要用户接管位置。用总图来了解管网总的情况并据此运行和维修。其比例为 1：2000 ~ 1：10000。

方块现状图。应详细地标明支管与干管的管径、材质、坡度、方位、节点坐标、位置及控制尺寸，埋设时间、水表位置及口径。其比例是 1：500，它是现状资料的详图。

用户进水管卡片。卡片上应有附图，标明进水管位置、管径、水表现状、检修记录等。要有统一编号，专职统一管理，经常检查，及时增补。

阀门和消火栓卡片。要对所有的消火栓和阀门进行编号，分别建立卡片，卡片上应记录地理位置，安装时间、型号、口径及检修记录等。

竣工图和竣工记录。

管道越过河流、铁路等的结构详图。

2）管网现状图的整理

要完全掌握管网的现状，必须将随时间推移所发生的变化、增减及时标明到综合现状图上。现状图主要标明管道材质、直径、位置、安装日期和主要用水户支管的直径、位置，供管道规划设计用。也可供规划、行政主管部门作为参考的详图。

在建立符合现状的技术档案的同时，还要建立节点及用户进水管情况卡片，并附详图。资料专职人员每月要对用户卡片进行校对修改。对事故情况和分析记录，管道变化，阀门、消火栓的增减等，均应整理存档。

为适应快速发展的城市建设需要，现在逐步开始采用供水管网图形与信息的计算机存储归档管理，以代替传统的手工方式。

8.2.2 给水管网地理信息系统

8.2.2.1 地理信息系统

地理信息系统简称为 GIS（Geographical Information System）。GIS 是由计算机硬件、软件和不同的方法组成的系统，该系统设计用来支持空间数据的采集、管理、处理、分析、建模和显示，以便解决复杂的规划和管理问题。

（1）地理信息系统的含义

1）GIS 的物理外壳是计算机化的技术系统。该系统又由若干个相互关联的子系统构成，如数据采集子系统、数据管理子系统、数据处理和分析子系统、可视化表达与输出子系统等。

2）GIS 的对象是地理实体。

3）GIS 的技术优势在于它的混合数据结构和有效的数据集成、独特的地理空间分析能力、快速的空间定位搜索和复杂的查询功能、强大的图形创造和可视化表达手段，以及地理过程的演化模拟和空间决策支持功能等。

4）GIS 与地理学和测绘学有着密切的关系。地理学是一门研究人—地相互关系的科学，研究自然界面的生物、物理、化学过程，以及探求人类活动与资源环境间相互协调的规律，这为 GIS 提供了有关空间分析的基本观点与方法，成为 GIS 的基础理论依托。

（2）地理信息系统的组成

一个实用的 GIS 系统，要支持对空间数据的采集、管理、处理、分析、建模和显示等功能，其基本组成一般包括五个主要部分：系统硬件、系统软件、空间数据、应用人员和应用模型。

（3）地理信息系统的功能

由计算机技术与空间数据相结合而产生的 GIS 技术，包含了处理信息的各种高级功能，但是它的基本功能是数据的采集、管理、处理、分析和输出。GIS 依托这些基本功能，通过利用空间分析技术、模型分析技术、网络技术、数据库和数据集成技术、二次开发环境等，演绎出丰富多彩的系统应用功能，满足用户的广泛需求。

1）数据采集与编辑。数据采集编辑功能就是保证各层实体的地物要素按顺序转化为 x、y 坐标及对应的代码输入到计算机中，各类数据的转化和输入方法如图 8-2 所示。

第 8 章 给水管网的技术管理与维护　　233

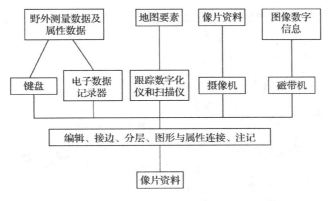

图 8-2　GIS 数据采集流程图

2）数据存储与管理。
3）数据处理和变换。
4）空间分析和统计。

8.2.2.2　给水管网的地理信息系统

（1）给水管网建立地理信息系统的必要性

城市给水管网信息系统是指利用地理信息系统（GIS）等计算机技术和给水以及其他专业技术进行采集、管理、更新、综合、分析与处理城市给水管线信息的技术系统。GIS 系统中图形与数据（如管线类型、长度、管材、埋设年代、权属单位、所在道路名等）之间可以双向访问，即通过图形可以查找其相应的数据，通过数据也可以查找其相应的图形，图形与数据可以显示于同一屏幕上，使查询、增列、删除、改动等操作直观、方便。

目前，许多专家在 GIS 技术应用于给水管网档案管理方面作了大量的研究，一些城市已建立了给水管网图形信息管理系统，并积累了不少实际操作经验。

如图 8-3 为某城市给水管网 GIS 系统截图。

（2）给水管网信息系统的功能

通过 GIS 技术建立的给水管网信息系统一般可实现以下功能：

1）电子地图维护管理。

2）管网基础资料维护管理。对包括供水管网的扩展延伸、截断废弃、维修保养等的工程竣工信息，通过查询、输入、合并、编辑等操作加入到已建立的城市供水管网信息系统中，对其资料进行动态管理。

3）管网的查询、统计、计算和分析。能进行水力计算、管网平差，并对计算结果以及泵房、高位水池工况等进行分析，生成如水源年、月、日、时供水量及曲线图，用水量及曲线图，管网漏损水量及曲线图等。

4）优化调度。对整个城市原水输、配水系统进行全面监测，合理地调配水资源、泵站的流量与压力、分配不同区域的供水量等。

图 8-3 某城市给水管网 GIS 系统界面截图

5) 管网的规划设计。

6) 管网故障分析与处理。提供地名、小区、建筑物等多种定位方法及各级关阀方案，准确显示停水区域图，给出停水预处理方案并发布信息。

7) 历史资料管理。提供修改前备份功能、将管网统计结果和分析结果作为历史资料保存，并能随时查阅。系统数据损坏时能从备份历史数据中完全恢复。

8) 系统维护管理。

9) 办公自动化管理。

(3) 给水管网地理信息系统的组成 (图 8-4)

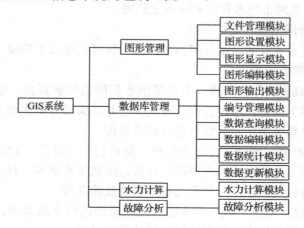

图 8-4 GIS 系统结构框图

1）图形管理子系统。

2）数据库管理子系统。

3）水力计算子系统。

4）管网故障分析子系统。

8.2.2.3 地理信息系统的应用实例

（1）系统建设目标及开发软件平台

上海市水务信息管理系统的建设目标是以基本地理信息和上海市水资源普查数据资料为基础，建立上海市区级水务信息管理系统。软件平台选择美国的Mapinfo，其优点是操作简便，界面美观，汉化程度高。系统中对不具有空间分布属性的数据的处理，采用VB编程，最后由MapBasic集成。由此开发的系统软硬件投资少，便于移植，用户操作使用方便。

（2）系统的组织结构

系统的组织结构分为数据组织结构和系统功能组织结构两个方面。系统功能由窗口来实现，窗口是由若干数据图层构成的。

1）数据组织结构。系统研究的主要对象是水资源普查数据。虽然数据种类繁多，但所有数据基本上都与空间分布对象相关联。

系统的数据可分成以下几大类：

基本地理信息。包括行政区界、街道行政边界、大河、小河。大河中心线，道路、大路中心线、铁路、桥梁、单位的空间分布、高程点、绿地分布，以及大河名称、道路名称，各单位和河流两岸建筑物的空间分布等。

水利工程类数据信息。其中水闸分布、泵站分布、水情遥测站网分布等以点的形式分别建成数据图层，给水管线、河道两侧防洪墙结构分布以线的形式建立图层，并以图标的方式标注出各种结构形式。普查数据均以属性数据形式挂入。

实测大断面。主要是河道实测大断面分布。

河道两岸排污口分布以及各种污染源以点的方式分别建立数据图层。

各种统计数据及分析结果，给水管网各节点的水压，各泵站的出水量，各泵运行状况，河道的水质、底泥的监测结果与评价结论、河道的纳污总量，实测大断面成果等是与河道相关联的。这些数据与结果以专题图表的形式给出。

2）窗口。在系统中，每一个窗口都有其对应的主题，系统的功能是由一系列窗口来实现的。如"地理信息"窗口由边框压界1∶2000分幅框、河网、管网、道路、铁路、绿地、单位、高程点等图层组成，河道和道路除有中心线图层外，还有边线图层，单位、高程点等需放大到一定的显示比例尺时才会显示，河名和路名等的字体大小和疏密等随着显示比例尺的不同而不同。

3）系统功能组织结构。

（3）系统的内容与功能

上海市区级水务信息管理系统由一块按钮板和11个菜单组成。"系统"和

"帮助"是针对整个系统的功能块,"基本信息"、"河网"、"道路"、"给水管网"、"水务工程"、"水文"、"水环境"和"普查表"是针对对象的功能块,按钮板和"窗口"作用于所有窗口。

1) 系统功能块。

2) 基本信息功能块。主要功能包括全区自然地理、社会、经济等情况介绍,水资源普查概况介绍,街道政区分布图,各街道人口总数和人口密度专题图,供水管网布置图等。

3) 河网功能块。显示全区的河道分布状况。

4) 道路功能块。道路模块包括道路分布、列表查询、路名查询、路长查询功能,其表现形式和操作方法与河网模块中对应的功能相同。

5) 给水管网块。包括给水管网的平面布置;管线埋深、地面高程;管段、管材;监测水量与压力;管段、道路名的查询等。

6) 水务工程功能块。

7) 水文功能块。本功能块在 VB 平台上以图表的形式给出了上海市若干测站的降雨、径流、蒸发等水文资料,以及各种时段长的暴雨频率曲线和暴雨径流频率曲线。

8) 水环境功能块。

9) 窗口功能块。

10) 帮助功能块。

8.3 给水管网的监测、检漏与维护

8.3.1 给水管网水压和流量测定

8.3.1.1 管道测压和测流的目的

管网测压、测流是加强管网管理的具体步骤。通过它系统地观察和了解输配水管道的工作状况,管网各节点自由压力的变化及管道内水的流向、流量的实际情况,有利于城市给水系统的日常调度工作。长期收集、分析管网测压、测流资料,进行管道粗糙系数 n 值的测定,可作为改善管网经营管理的依据。通过测压、测流及时发现和解决管网中的疑难问题。

通过对各段管道压力、流量的测定,核定输水管中的阻力变化,能查明管道中结垢严重的管段,从而有效地指导管网养护检修工作。必要时对某些管段进行刮管涂衬的大修工程,使管道恢复到较优的水力条件。当新敷的主要输、配水干管投入使用前后,对全管网或局部管网进行测压、测流,还可推测新管道对管网输配水的影响程度。管网的改建与扩建,也需要以积累的测压、测流数据为依据。

8.3.1.2 水压的测定

(1) 管道压力测点的布设和测量

在测定管网水压时首先应挑选有代表性的测压点，在同一时间测读水压值，以便对管网输、配水状况进行分析。测压点的选定既要能真实反映水压情况，又要均匀合理布局，使每一测压点能代表附近地区的水压情况。测压点以设在大中口径的干管线上为主，不宜设在进户支管上或有大量用水的用户附近。测压点一般设立在输配水干管的交叉点附近、大型用水户的分支点附近、水厂、加压站及管网末端等处。当测压、测流同时进行时，测压孔和测流孔可合并设立。

测压时可将压力表安装在消火栓或给水龙头上，定时记录水压，能有自动记录压力仪则更好，可以得出 24h 的水压变化曲线。测定水压，有助于了解管网的工作情况和薄弱环节。根据测定的水压资料，按 0.5~1.0m 的水压差，在管网平面图上绘出等水压线，由此反映各条管线的负荷。

由等水压线标高减去地面标高，得出各点的自由水压，即可绘出等自由水压线图，据此可了解管网内是否存在低水压区。在城市给水系统的调度中心，为了及时掌握管网控制节点的压力变化，往往采用远传指示的方式把管网各节点压力数据传递到调度中心来。

(2) 管道测压的仪表

管道压力测定的常用仪器是压力表。这种压力表只能指示瞬时的压力值，若是装配上计时器、纸盘、记录笔等装置，成为自动记录的压力仪，它就可以记测出 24 小时的水压变化关系曲线。

常用的压力测量仪表有单圈弹簧管压力表，电阻式、电感式、电容式、应变式、压阻式、压电式、振频式等远传压力表。单圈弹簧管压力表常用于压力的就地显示，远传式压力表可通过压力变送器将压力信号远传至显示控制端。

管网测压孔上的压力远传，首先可通过压力变送器将压力转换成电信息，用有线或无线的方式把信息传递到终端（调度中心）进行显示、记录、报警、自控或数据处理等。压力变送分电位器式（包括常见的滑变电阻式远传压力表）、电感式、应变式、电容式、振频式、差动变压器式、压阻式、压电式等多种方式。

电感式压力变送、有线远传压力仪是通过敏感元件（弹簧管或波纹管）将水压值变换成轴向位移，使电磁线圈中棒状铁芯变换位置，二次线圈中感应出变化的电流，经整流后通过电话线路传至调度端相对应的仪表上显示。

YTWR-150 型舌簧远传压力表、YSG 系列电感远传压力表、DBY 型电感式压力变送器和 BPR 型应变式压力变送器等，都是国内压力变送器的产品。根据远传方式将信息作适当处理后，则可传递至调度中心，通过自动电位差计记录仪记下被测压力值。

现在许多自来水公司都配有压力远传设备，采用分散目标，无线电通道的数据及通话两用装置，把数十公里范围内管网测压点的压力等参数，以 1 对 N 无线遥测系统（图 8-5）的方法，远传到调度中心，并在停止数传时可以通话。

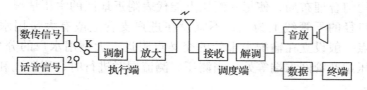

图 8-5　无线遥测系统示意图

8.3.1.3　管道流量测定

管道的测流就是指测定管段中水的流向、流速和流量。

（1）测流孔的布设原则

1）在输配水干管所形成的环状管网中，每一个管段上应设测孔，当该管段较长，引接分支管较多时，常在管段两端各设一个测孔；若管段较短而没引接支管时，可设一个测孔；若管段中有较大的分支输水管时，可适当增添测孔。测流的管段通常是管网中的主要管段，有时为了掌握某区域的配水情况，以便对配水管道进行改造，也可临时在支管上设立测流孔，测定配水流量等数据。

2）测流孔设在直线管段上，距离分支管、弯管、阀门应有一定间距，有些城市规定测流孔前后直线管段长度为 30～50 倍管径值。

3）测流孔应选择在交通不频繁便于施测的地段，并砌筑在井室内。

4）按照管材、口径的不同，测流孔的形成方法亦不同。对于铸铁管、水泥压力管的管道，可安装管鞍、旋塞，采取不停水的方式开孔；对于中、小口径的铸铁管也可钻孔攻丝的方式不停水开孔；对于钢管用焊接短管节后安装旋塞的方法解决。

（2）测定方法

1）毕托管。测定时将毕托管插入待测水管的测流孔内。毕托管有两个管嘴，一个对着水流，另一个背着水流，由此产生的压差 h 可在 U 形压差计中读出。

实测时，须先测定水管的实际内径，然后将该管径分成上下等距离的 10 个测点（包括圆心共 11 个测点），用毕托管测定各测点的流速。因圆管断面各测点的流速不均匀分布，可取各测点流速的平均值 V_a，乘以水管断面积即得流量。用毕托管测定流量的误差一般为 3%～5%。

2）电磁流量计。工作原理是法拉第电磁感应定律，导电液体在磁场中流动切割磁力线，产生感应电势。电磁流量计由变送器（传感器）和转换器及流量显示仪表三部分组成。变送器把流过的被测液体的流量转换为相应的感应电势，转换器的作用是将变送器输出的和流量成比例的电压信号放大并转换成为仪表可接收的信号输出。电磁流量计按用途可以分为通用型、防爆型、卫生型、防浸水型和潜水型，按连接方法可分为法兰连接和螺纹连接，按结构可分为短管型和插入型。

3）超声波流量计。原理可以分为传播速度差法和多普勒法。传播速度差法原理是测量超声波脉冲顺水流和逆水流时速度差来反映流体的流速，从而测出流量；多普勒法的原理是用声波中的多普勒效应测得顺水流和逆水流的频差来反映流体的流速从而得出流量。超声波流量计可以分为插入式、管段式、外夹式、便携式和手持式等。

8.3.1.4 阀门和水表的管理

（1）阀门的管理

1）阀门井的安全要求。阀门井是地下建筑物，处于长期封闭状态，空气不能流通，造成氧气不足。所以井盖打开后，维修人员不可立即下井工作，以免发生窒息或中毒事故。应首先使其通风半小时以上，待井内有害气体散发后再行下井。阀门井设施要保持清洁、完好。

2）阀门井的启闭。阀门应处于良好状态，为防止水锤的发生，起闭时要缓慢进行。管网中的一般阀门仅作启闭用，为减少损失，应全部打开，关要关严。

3）阀门故障的主要原因及处理。

阀杆端部和启闭钥匙间打滑。主要原因是规格不吻合或阀杆端部四边形棱边损坏，要立即修复。

阀杆折断，原因是操作时旋转方向有误，要更换杆件。

阀门关不严，造成的原因是在阀体底部有杂物沉积。可在来水方向装设沉渣槽，从法兰入孔处清除杂物。

因阀杆长期处于水中，造成严重锈蚀，以至无法转动。解决该问题的最佳办法是：阀杆用不锈钢，阀门丝母用铜合金制品。因钢制杆件易锈蚀，为避免锈蚀卡死，应经常活动阀门，每季度一次为宜。

4）阀门的技术管理。阀门现状图纸应长期保存，其位置和登记卡必须一致。每年要对图、物、卡检查一次。工作人员要在图、卡上标明阀门所在位置、控制范围、启闭转数、启闭所用的工具等。对阀门应按规定的巡视计划周期进行巡视，每次巡视时，对阀门的维护、部件的更换、油漆时间等均应做好记录。启闭阀门要由专人负责，其他人员不得启闭阀门。管网上的控制阀门的启闭，应在夜间进行，以防影响用户供水。对管道末端，水量较少的管段，要定期排水冲洗，以确保管道内水质良好。要经常检查通气阀的运行状况，以免产生负压和水锤现象。

5）阀门管理要求。阀门启闭完好率应为100%。每季度应巡回检查一次所有的阀门，主要的输水管道上阀门每季度应检修、启闭一次。配水干管上的阀门每年应检修、启闭一次。

（2）水表的管理

水表安装好后应在一段时间内观察其读数是否准确，水表应定期进行标定，对于走数不准确的应及时更换，水表表壳应经常保持清晰可读，不应在水表上方放置重物。水表不要与酸碱等溶液接触。

8.3.2 给水管网检漏

8.3.2.1 给水管网漏水的原因

城市给水管网的漏水损耗是相当严重的，其中大部分为地下管道的接口暗漏所致。

据多年的观察和研究，漏水有以下几个原因：

（1）管材质量不合格

（2）接口质量不合格

（3）施工质量问题

①管道基础不好。②接口填料问题。③支墩后座土壤松动。④水管借转角度偏大，使接头坏损或脱开。⑤埋设深度不够。

（4）水压过高

水压过高时水管受力相应增加，爆管漏水几率也相应增加。

（5）温度变化

（6）水锤破坏

（7）管道防腐不佳

（8）其他工程影响

（9）道路交通负载过大

如果管道埋设过浅或车辆过重，会增加对管道的动荷载，容易引起接头漏水或爆管。

8.3.2.2 国内外给水管网漏水控制的指标

国际上衡量管网漏损水平有三个指标：

$$漏损率 = \frac{年供水量 - 年售水量}{年供水量}，亦称漏耗率或损失率。$$

$$漏水率 = \frac{年漏水量}{年供水量}，这种方法在实际运用中不易计算，采用较少。$$

$$单位管长漏水率 = \frac{漏水量}{配水管长 \times 时间}，这种方法是目前国际上公认的比较合理$$

的衡量管网漏损水平指标。

供水损失量的定义是指供水总量和有效供水量之差。供水量具体划分见表

8-1，这种水量划分也是国际上通常采用的方法。

供水量的划分　　　　　　　　　　表 8-1

供水量	有效供水量	收费水量	售　水　量
		未收费水量	本公司用水而未付费用 消防用水 管道冲洗 管道施工排水 抢修排水 其他未收费水
	无效供水量	账面漏水量	水表偏差 非法用水
		物理漏损量	输水管漏水 配水管漏水 进户管至水表漏水

供水损失率的定义为：

$$供水损失率 = \frac{供水损失量}{供水量} \times 100\%$$

按照定义：

$$供水损失量 = 供水量 - 有效水量$$

目前在计算供水损失量时采用的是：供水损失量 = 供水量 - 售水量。

8.3.2.3　给水管检漏的传统方法

（1）音频检漏。当水管有漏水口时，压力水从小口喷出，水就会与孔口发生摩擦，相当能量会在孔口消失，孔口处就形成振动。

听音检漏法分为阀栓听音和地面听音两种，前者用于漏水点预定位，后者用于精确定位。

漏水点预定位法主要分阀栓听音法和噪声自动监测法。

阀栓听音法：阀栓听音法是用听漏棒或电子放大听漏仪直接在管道暴露点（如消火栓、阀门及暴露的管道等）听测由漏水点产生的漏水声，从而确定漏水管道，缩小漏水检测范围。

漏水声自动监测法：泄漏噪声自动记录仪是由多台数据记录仪和一台控制器组成的整体化声波接收系统。只要将记录仪放在管网的不同地点，如消火栓、阀门及其他管道暴露点等。按预设时间（如深夜 2：00～4：00）同时自动开/关记录仪，可记录管道各处的漏水声信号，该信号经数字化后自动存入记录仪中，并通过专用软件在计算机上进行处理，从而快速探测装有记录仪的管网区域内是否存在漏水。

漏水点精确定位：当通过预定位方法确定漏水管段后，用电子放大听漏仪在地面听测地下管道的漏水点，并进行精确定位。听测方式为沿着漏水管道走向以一定间距逐点听测比较，当地面拾音器越靠近漏水点时，听测到的漏水声越强，在漏水点上方达到最大。

相关检漏法：相关检漏法是当前最先进最有效的一种检漏方法，特别适用于环境干扰噪声大、管道埋设太深或不适宜用地面听漏法的区域。用相关仪可快速准确地测出地下管道漏水点的精确位置。一套完整的相关仪是由一台相关仪主机（无线电接收机和微处理器等组成）、两台无线电发射机（带前置放大器）和两个高灵敏度振动传感器组成。其工作原理为：当管道漏水时，在漏口处会产生漏水声波，该波沿管道向远方传播，当把传感器放在管道或连接件的不同位置时，相关仪主机可测出该漏水声波传播到不同传感器的时间差 T，只要给定两个传感器之间管道的实际长度 L 和声波在该管道的传播速度 V，漏水点的位置 L_x 就可按下式计算出来：

$$L_x = \frac{L - V \times T}{2}$$

式中 V 取决于管材、管径和管道中的介质，单位为 m/s，并全部存入相关仪主机中。

图 8-6 为相关仪进行管道检漏工作示意图。

（2）区域装表法

把整个给水管网分成小区，凡是和其他地区相通的阀门全部关闭，小区内暂停用水，然后开启装有水表的一条进水管上的阀门，使小区进水。如小区内的管网漏水，水表指针将会转动，由此可读出漏水量。

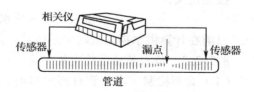

图 8-6 相关检漏仪工作示意图

1）干管漏水量的测定。关闭主干管两端阀门和此干管上的所有支管阀门，再在一个阀门的两端焊 $DN15$ 小管，装上水表，水表显示的流量就是此干管的漏水量。

2）区域漏水量测定。要求同时抄表。

3）利用用户检修、基本不用水的机会，将用户阀门关闭，利用水池在一定时间内的落差计算漏水量。关闭用水阀门，根据水位下降计算漏水量。

（3）质量平衡检漏法

质量平衡检漏法工作原理为：在一段时间 Δt 内，测量的流入质量可能不等于测得的流出质量。

（4）水力坡降线法

水力坡降线法的技术不太复杂。这种方法是根据上游站和下游站的流量等参数,计算出相应的水力坡降,然后分别按上游站出站压力和下游站进站压力作图,其交点就是理想的泄漏点。但是这种方法要求准确测出管道的流量、压力和温度值。

(5)统计检漏法

一种不带管道模型的检漏系统。该系统根据在管道的入口和出口测取的流体流量和压力,连续计算泄漏的统计概率。对于最佳的检测时间,使用序列概率比试验方法。当泄漏确定后,可通过测量流量和压力及统计平均值估算泄漏量,用最小二乘算法进行泄漏定位。

(6)基于神经网络的检漏方法

基于人工神经网络检测管道泄漏的方法,能够运用自适应能力学习管道的各种工况,对管道运行状况进行分类识别,是一种基于经验的类似人类的认知过程的方法。试验证明这种方法是十分灵敏和有效的。这种检漏方法能够迅速准确预报出管道运行情况,检测管道运行故障并且有较强的抗恶劣环境和抗噪声干扰的能力。

8.3.2.4 管网检漏应配备的仪器

我国城市供水公司生产规模、技术条件和经济条件等因素差异相当大,根据这些差异可分为四类:

第一类为最高日供水量超过 100 万 m^3,同时是直辖市、对外开放城市、重点旅游城市或国家一级企业的供水公司。

第二类为最高日供水量在 50~100 万 m^3 的省会城市或国家二级企业的供水公司。

第三类为最高日供水量在 10~50 万 m^3 的供水公司。

第四类为最高日供水量在 10 万 m^3 以下的供水公司。

根据供水量的差异,可按下列情况配置必要的仪器:一类供水公司配备一定数量电子放大听漏仪(数字式)、听音棒、管线定位仪、井盖定位仪及超级型相关仪、漏水声自动记录仪。二类供水公司配备一定数量电子放大听漏仪(数字式)、听音棒、管线定位仪、井盖定位仪及普通型相关仪。三类供水公司配备一定数量电子放大听漏仪(模拟式)、听音棒、管线定位仪及井盖定位仪。四类供水公司配备少量电子放大听漏仪(模拟式)、听音棒、管线定位仪及井盖定位仪。

8.3.2.5 管网漏水的处理

(1)管网漏水的处理方法

据以上方法测定的漏水量若超过允许值,则应进一步检测以确定准确漏水点再进行处理。根据现场不同的漏水情况,可以采取了不同的处理方法。

1)直管段漏水,处理方法是将表面清理干净停水补焊。

2)法兰盘处漏水,更换橡皮垫圈,按法兰孔数配齐螺栓,注意在上螺栓时要对称紧固。如果是因基础不良而导致的,则应对管道加设支墩。

3）承插口漏水，应将泄露处两侧宽 30mm、深 50mm 的封口填料剔除，注意不要动不漏水的部位。用水冲洗干净后，再重新打油麻，捣实后再用青铅或石棉水泥封口。

（2）管道渗漏的修补

渗漏的表现形式有：接口渗水、漏水、砂眼喷水、管壁破裂等。

可以使用快速抢修剂，快速抢修剂为稀土高科技产品，是应用在管道系统的紧急带压抢修的堵塞剂。其优点是：数分钟快速固化致硬，迅速止住漏水。抢修剂的堵塞处密封性好、防渗漏性能佳，抗水压强度高、胶黏度强。应用范围较广：如钢管、铸铁管、UPVC 管、混凝土管以及各类阀门的渗漏情况。

8.3.2.6 管网检漏的管理

（1）检漏队伍的管理

1）检漏人员素质与责任：检漏人员应具备如下条件：应有高中学历；在年龄结构上建议老、中、青相结合，并逐步向年轻化过渡。检漏人员熟悉本地区管道运行的情况；熟练掌握检漏仪器和管线定位仪器的使用方法；熟练掌握常规检漏方法；负责本区巡回检漏；负责仪器的维护和保养；做好检漏记录，填写报表，并编写检漏报告。

2）有效地选配检漏仪器：从地理情况分析，南方管线埋设较浅，用听漏仪可解决 70% 的漏水；而北方管线埋设较深，漏水声较难传到地面，最好选用相关仪器。但从经济技术条件分析，直辖市、省会城市及经济发达城市的供水公司可选先进的检漏仪器。

3）加强检漏人员的培训：检漏是一项综合性的工作，需要加强对检漏人员的培训，以便提高检漏技能，同时更要培养检漏人员吃苦耐劳的敬业精神。

4）选择有效的检漏方法。

5）要充分调动检漏人员的积极性：检漏是一项户外工作，有时还需夜晚工作，应采用经济杠杆创建有奖有罚的管理体制，来调动检漏人员的积极性。

（2）供水管道检漏过程中应注意的问题

1）如果遇到多年未开启的井盖要点明火验证，一定要证明井中无毒气以后，方可下井操作（应通风 20 分钟，有条件的可使用毒气检测仪检测）。

2）在市区检漏时一定要注意交通安全，应放置警示牌，穿上警示背心。

3）对某些漏点难定位需用打地钎法核实时，一定要查清此处是否有电缆等。

4）注意保持拾音器或传感器与测试点接触良好。

8.3.3 给水管道防腐

8.3.3.1 给水管道的外腐蚀

金属管材引起腐蚀的原因大体分为两种：化学腐蚀（包括细菌腐蚀）；电化

学腐蚀（包括杂散电流的腐蚀）。

（1）化学腐蚀

化学腐蚀是由于金属和四周介质直接相互作用发生置换反应而产生的腐蚀。

如铁的腐蚀作用，首先是由于空气中的二氧化碳溶解于水，生成碳酸，它们往往也存在于土壤中，使铁生成可溶性的酸式碳酸盐 $Fe(HCO_3)_2$，然后在氧的氧化作用下最终变成 $Fe(OH)_3$。

（2）电化学腐蚀

电化学腐蚀的特点在于金属溶解损失的同时，还产生腐蚀电池的作用。

形成腐蚀电池有两类，一类是微腐蚀电池，另一类是宏腐蚀电池。微腐蚀电池在金属组织不一致的管道和土壤接触时产生，这种组织不均匀的金属管材易形成腐蚀电池。宏腐蚀电池是指长距离（有时达几公里）金属管道沿线的土壤特性不同，因而在土壤和管道间发生电位差而形成腐蚀电池。

地下杂散电流对管道的腐蚀，是一种因外界因素引起的电化学腐蚀的特殊情况，其作用类似于电解过程。

由于杂散电流来源的电位往往很高，电流也大，故杂散电流所引起的腐蚀远比一般的电腐蚀严重。

8.3.3.2 给水管道的内腐蚀

（1）金属管道内壁侵蚀

这种侵蚀作用在前面已经述及了两大类—化学腐蚀与电化学腐蚀。对金属管道而言，输送的水就是一种电解液，所以管道的腐蚀多半带有电化学的性质。

（2）水中含铁量过高

作为给水的水源一般含有铁盐。生活饮用水的水质标准中规定铁的最大允许浓度不超过 0.3mg/L，当铁的含量过大时应予以处理，否则在给水管网中容易形成大量沉淀。水中的铁常以酸式碳酸铁、碳酸铁等形式存在。以酸式碳酸铁形式存在时最不稳定，分解出二氧化碳，而生成的碳酸铁经水解成氢氧化亚铁。这种氢氧化亚铁经水中溶解氧的作用，转为絮状沉淀的氢氧化铁。它主要沉淀在管内底部，当管内水流速度较大时，上述沉淀就难形成；反之，当管内水流速度较小时，就促进了管内沉淀物的形成。

（3）管道内的生物性腐蚀

城市给水管网内的水是经过处理和消毒的，在管网中一般没有产生有机物和繁殖生物的可能。但是铁细菌是一种特殊的自养菌类，它依靠铁盐的氧化，利用细菌本身生存过程中所产生的能量而生存。这样，铁细菌附着在管内壁上后，在生存过程中能吸收亚铁盐和排出氢氧化铁，因而形成凸起物。由于铁细菌在生长期间能排出超过其本身体积近 500 倍的氢氧化铁，所以有时能使水管过水截面发生严重的堵塞。

8.3.3.3 防止管道外腐蚀的措施

管道除使用耐腐蚀的管材外，管道外壁的防腐方法可分为：覆盖防腐蚀法、电化学防腐蚀法。

（1）覆盖防腐蚀法

1）金属表面的处理

金属表面的处理是做好覆盖防腐蚀的前提，清洁管道表面可采用机械和化学处理的方法。

2）覆盖式防腐处理

按照管材的不同，覆盖防腐处理的方法亦有不同。

对于小口径钢管及管件，通常是采用热浸镀锌的措施。明设钢管，在管表面除锈后用涂刷油漆的办法防止腐蚀，并起到装饰及标志作用。设在地沟内的钢管，可按上述油漆防腐措施处理，也可在除锈后刷 1~2 遍冷底子油，再刷两遍热沥青。

埋于土中的钢管，应根据管道周围土壤对管道的腐蚀情况，选择防腐层的种类。

3）铸铁管外壁的防腐处理

铸铁管外壁的防腐处理，通常是浸泡热沥青法或喷涂热沥青法。

（2）电化学防腐蚀法

电化学防腐蚀方法是防止电化学腐蚀的排流法和从外部得到防腐蚀电流的阴极保护法的总称。但是从理论上分析，排流法和阴极防蚀法是类似的，其中排流法是一种经济而有效的方法。

1）排流法

当金属管道遭受来自杂散电流的电化学腐蚀时，埋设的管道发生腐蚀处是阳极电位，如若在该处管道和电源之间，用低电阻导线（排流线）连接起来，使杂散电流不经过土壤而直接回到变电站去，就可以防止发生腐蚀，这就是排流法。

2）阴极保护法

阴极保护法是从外部给一部分直流电流，由于阴极电流的作用，将金属管道表面上下不均匀的电位消除，不能产生腐蚀电流，从而达到保护金属不受腐蚀的目的。从金属管道流入土壤的电流称为腐蚀电流。从外面流向金属管道的电流称为防腐蚀电流。阴极保护法又分为外加电流法和牺牲阳极法两种。

外加电流法是通过外部的直流电源装置，把必要的防腐蚀电流通过地下水或埋设在水中的电极，流入金属管道的一种方法，如图 8-7 所示。

牺牲阳极法是用比被保护金属管道电位更低的金属材料做阳极，和被保护金属连接在一起，利用两种金属之间固有的电位差，产生防腐蚀电流的一种防腐方法，如图 8-8 所示。

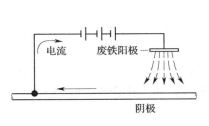 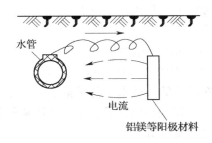

图 8-7　外加电流法　　　　图 8-8　牺牲阳极保护

8.3.3.4 防止管道内腐蚀的措施

（1）传统措施

管道内壁的防腐处理，通常采用涂料及内衬的措施解决。小口径钢管采用热浸镀锌法进行防腐处理是广泛使用的方法。铸铁管内涂浸沥青也是通常采用的方法。

沥青层的防腐作用在于使水和金属之间隔离开，但很薄的一层沥青并不能充分起到隔离作用，特别是腐蚀性强的水，使钢管或铸铁管用 3~5 年就开始腐蚀。环氧沥青、环氧煤焦油涂衬的方法，因毒性问题同沥青一样引起争议。

（2）其他措施

1）投加缓蚀剂

投加缓蚀剂可在金属管道内壁形成保护膜来控制腐蚀。由于缓蚀剂成本较高及对水质的影响，一般限于循环水系统中应用。

2）水质的稳定性处理

在水中投加碱性药剂，以提高 pH 值和水的稳定性，工程上一般以石灰为投加剂。投加石灰后可在管内壁形成保护膜，降低水中 H^+ 浓度和游离 CO_2 浓度，抑制微生物的生长，防止腐蚀的发生。

3）管道氯化法

投加氯来抑制铁、硫菌，杜绝"红水"、"黑水"事故出现，能有效地控制金属管道腐蚀。管网有腐蚀结瘤时，先进行氯消毒抑制结瘤细菌，然后连续投氯，使管网保持一定的余氯值，待取得相当的稳定效果后，可改为间歇投氯。

8.3.4 给水管道清垢和涂料

8.3.4.1 结垢的主要原因

（1）水中含铁量高

（2）生活污水、工业废水的污染

由于生活污水和工业废水未经处理大量泄入河流，河水渗透补给地下水，地下水的水质逐年变坏。一些地表和地下水源检出有机物金属超标率严重。这些水源处理后的出厂水已不符合生活饮用水水质标准,因此管网的腐蚀和结垢现象更为严重。

(3)水中悬浮物的沉淀

(4)水中碳酸钙(镁)沉淀

在所有的天然水中几乎都含有钙镁离子,同时水中的酸式碳酸根离子转化成二氧化碳和碳酸根离子,这些钙镁离子和碳酸根离子化合成碳酸钙(镁),它难溶于水而变为沉渣。

8.3.4.2 管线清垢的方式

结垢的管道输水阻力加大,输水能力减小,为了恢复管道应有的输水能力,需要刮管涂衬。

管道清洗也就是管内壁涂衬前的刮管工序。清洗管内壁的方式分水冲洗、机械清洗和化学清洗三种方式。

(1)水冲洗

1)水冲洗。管内结垢有软有硬,清除管内松软结垢的常见方法,是用压力水对管道进行周期性冲洗,冲洗的流速应大于正常运行流速的1.5~3倍。

能用压力水冲洗掉的管内松软结垢,一般是悬浮物或铁盐引起的沉积物,虽然它们沉积于管底,但同管壁间附着得不牢固,可以用水冲洗清除。

为了有利于管内结垢的清除,在需要冲洗的管段内放入冰球、橡皮球、塑料球等,利用这些球可以在管道变小了的断面上造成较大的局部流速。冰球放入管内后是不需要从管内取出的。对于局部结垢较硬的管道,可在管内放入木塞,木塞两端用钢丝绳连接,来回拖动木塞以加强清除作用。

2)气水冲洗(图8-9)

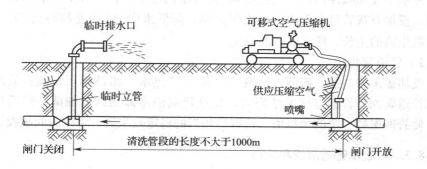

图8-9 气水冲洗工作图

3)高压射流冲洗。利用5~30MPa的高压水,靠向后射出水所产生向前的反作用力,推动运动,将管内结垢脱落、打碎、随水流排掉。此种方法适于中、小管道,一般采用的高压胶管长度为50~70m。

4）气压脉冲法清洗。该法的设备简单、操作方便、成本不高。进气和排水装置可安装在检查井中，因而无需断管或开挖路面。

（2）机械清洗

管内壁形成了坚硬结垢，仅仅用水冲洗的方法是难以解决的，这时就要采用机械刮除。

刮管器有多种形式，对于较小口径水管内的结垢刮除，是由切削环、刮管环和钢丝刷等组成，用钢丝绳在管内使其来回拖动，先由切削环在水管内壁结垢上刻划深痕，然后刮管环把管垢刮下，最后用钢丝刷刷净，刮管时的作业如图8-10所示。

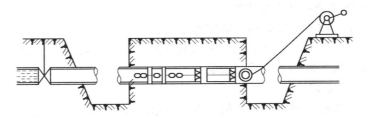

图 8-10　机械清洗示意图

刮管法的优点是工作条件较好，刮管速度快。缺点是刮管器和管壁的摩擦力很大，往返拖动相当费力，并且管线不易刮净。图8-11 为旋转法刮管器。

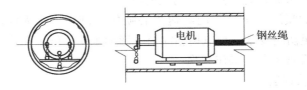

图 8-11　旋转法刮管器

口径 500~1200mm 的管道可用锤击式电动刮管机。它是用电动机带动链轮旋转，用链轮上的榔头锤击管壁来达到清除管道内壁结垢的一种机器，它通过地面自动控制台操纵，能在地下管道内自动行走，进行刮管。刮管工作速度为 1.3~1.5m/min，每次刮管长度 150m 左右。这种刮管机主要由注油密封电机、齿轮减速装置、刮盘、链条榔头及行走动力机构四个部分组成。

另外还有弹性清管器法，该技术是国外的成熟技术。其刮管的方法，主要是使用聚氨酯等材料制成的"炮弹形"的清管器，清管器外表装有钢刷或铁钉，在压力水的驱动下，使清管器在管道中运行。在移动过程中由于清管器和管壁的摩擦力，把锈垢刮擦下来，另外通过压力水从清管器和管壁之间的缝隙通过时产生的高速度，把刮擦下来的锈垢冲刷到清管器的前方，从出口流走。

（3）化学清洗

把一定浓度（10%～20%）的硫酸、盐酸或食用醋灌进管道内，经过足够的浸泡时间（约16h），使各种结垢溶解，然后把酸液排走，再用高压水流把管道冲洗干净。

8.3.4.3 清垢后涂料

（1）水泥砂浆

管壁积垢清除以后，应在管内衬涂保护涂料，以保持输水能力和延长水管寿命。一般是在水管内壁涂水泥砂浆或聚合物改性水泥砂浆。前者涂层厚度为3～5mm，后者约为1.5～2mm。

1）LM型螺旋式抹光喷浆机

这种喷浆机将水泥砂浆由贮浆筒送至喷头，再由喷头高速旋转，把砂浆离心散射至管壁上。作业时，喷浆机一面倒退行驶，一面喷浆，并且同时进行慢速抹光，使管壁形成光滑的水泥砂浆涂层。

2）活塞式喷浆机

活塞式喷浆机是利用针筒注射原理，将水泥砂浆用活塞皮碗在浆筒内均匀移动而推至出浆口，再由高速旋转的喷头，离心散射至管壁的一种涂料机器，它同螺旋式喷浆机一样，也是多次往返加料，进行长距离喷涂。

（2）环氧树脂涂衬法

环氧树脂具有耐磨性、柔软性、紧密性，使用环氧树脂和硬化剂混合后的反应型树脂，可以形成快速、强劲、耐久的涂膜。

环氧树脂的喷涂方法是采用高速离心喷射原理，一次喷涂的厚度为0.5～1mm，便可满足防腐要求。环氧树脂涂衬不影响水质，施工期短，当天即可恢复通水。但该法设备复杂，操作较难。

（3）内衬软管法

内衬软管法即在旧管内衬套管，有滑衬法、反转衬里法、"袜法"及用弹性清管器拖带聚氨酯薄膜等方法，该法改变了旧管的结构，形成了"管中有管"的防腐形式，防腐效果非常好，但造价比较高，材料需要进口，目前大量推广有一定的困难。

消除水管内积垢和加衬涂料的方法，对恢复输水能力的效果很明显，所需费用仅为新埋管线的1/10～1/12，还有利于保证管网的水质。但所需停水时间较长，影响供水，在使用上受到一定的限制。

（4）风送涂料法

国内不少部门已在输水管道上推广采用了风送涂衬的措施。利用压缩空气推进清扫器、涂管器，对管道进行清扫及内衬作业。用于管道内衬前的除锈和清扫，一般要反复清扫3～4遍，除去管内壁的铁锈，并把管段内杂物扫除。用压力水对管段冲洗，用压缩空气再把管内余水吹排掉。

压缩空气衬涂设备如图 8-12 所示，涂衬时，将两涂管器放好，按分层涂衬的材料需用量均匀地从各加料口装入管内。缓慢地送入压缩空气，推动涂管器完成第一遍内衬防腐，养护 5 小时后进行第二遍内衬防腐。

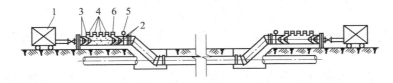

图 8-12 压缩空气衬涂设备
1—空气压缩机；2—前涂管器；3—后涂管器；4—装料口；5—挡棍；6—放空阀

8.3.5 管网水质维持

8.3.5.1 管网水质污染的原因

从水厂出来的水在管网内部可流动数小时乃至数天时间，有足够时间与管壁表面进行充分接触，管壁在与水接触时会渗漏出一些化学物质，污染饮用水；同时某些管材所释放的有机物能促进微生物在管内生长。曾对全国 30 余座大、中城市自来水公司某些年份的供水量及出厂水、管网水水质进行调研；收集到各自来水公司日平均供水量及水质监测值，并用加权平均值法计算出平均水质（表 8-2)。

出厂水质与管网水质比较　　　　表 8-2

序号	水质监测项目	单位	国家标准	年实测平均值			变化率(%)	
				① 地表水出厂水	② 地下水出厂水	③ 管网水	(③-①)/①	(③-②)/②
1	色度	度	≤15	6.02	2.96	6.76	12.3	128.4
2	浑浊度	度	≤3	1.31	1.19	1.63	24.4	37.0
3	铁	mg/L	0.3	0.093	0.069	0.1133	21.8	64.2
4	锰	mg/L	0.1	0.0462	0.0623	0.0542	17.3	-13.0
5	铜	mg/L	1.0	0.0434	0.0080	0.0580	33.6	625.0
6	锌	mg/L	1.0	0.0907	0.0298	0.1027	13.2	244.6
7	镉	mg/L	0.01	0.0037	0.0020	0.0050	35.1	150.0
8	铅	mg/L	0.05	0.0064	0.0134	0.0094	46.9	-29.9
9	细菌总数	/mL	100	8.0	2.6	29.2	265.0	1023
10	总 α 放射线	Bq/L	0.1	0.028	0.047	0.058	107.0	23.4
11	总 β 放射线	Bq/L	1	0.127	0.127	0.156	22.8	1.3

计算方法如下：

① 系数值 = $\dfrac{\text{某城市平均供水量}}{\text{所统计城市的平均供水量}}$

② 水质平均值 = $\dfrac{\sum(\text{各公司的监测值} \times \text{系数值})}{\sum \text{各公司的系数值}}$

这种综合统计分析，虽然准确性不够，但仍可参考性地反映出管网水质的变化趋势。

从表 8-2 中数据可以看出，地下水出厂水的平均色度增大了 128.4%，浊度增大了 37%。无论地表水还是地下水出厂水的铁、铜、锌、铅等浓度都大幅度增加。

（1）管材对供水水质的影响

就供水管材而言，不仅现有管道 90% 以上使用的是铸铁管、钢管，近几年来新建的给水管道仍有 85% 采用金属管道。

1）金属管材（铸铁管、球铁管和无缝钢管）

水是一种电解质，铁在水中的腐蚀大多是电化学腐蚀，生成锈垢。

由于管道内锈垢的存在，自来水不是沿着管壁流动而是沿着垢层在流动，它们的存在不仅降低了管道的有效过水面积，当管网中水的流速发生剧变或在其他因素的影响下，厚而不规则的锈垢将从管网中排出，对供水水质构成污染。

2）石棉水泥管和水泥管

石棉水泥管，其中水泥为高炉矿渣水泥和普通水泥，或者是火山灰水泥。水泥中有多于 100 种的化合物已被认识并检出。石棉是一系列纤维状硅酸盐矿物的总称，这些矿物有着不同的金属含量、纤维直径、柔软性、抗张强度和表面性质。石棉对人体健康有着严重影响，它可能是一种致癌物质。石棉水泥管中水泥基质的破裂，可能导致从石棉水泥管释放石棉纤维到自来水中。研究表明，当使用石棉水泥管时，从水源到管网，石棉纤维都有不同程度的增加。

水泥管是由水泥、沙子、砾石、水和钢筋所构成。水泥管小的裂缝能自发地与渗入的腐蚀产物形成碱性物质，并从水泥中浸出从而污染自来水。

3）塑料管

塑料在水中可能发生溶解反应，使化学物质从塑料中浸出，污染在塑料管中流动的水。

表 8-3 给出了 MDPE 管中化学物质的浸出情况。在塑料管中，聚合物及基质树脂分子也可能被分子链破裂、氧化及取代反应等因素所改变，从而使管的性质发生不可逆的变化，这也可能污染在管中流动的水。铅作为一种稳定剂被广泛地应用于塑料生产中。当含铅稳定剂的 PVC 管首次与水接触时，铅将从 PVC 管渗入水中，造成铅污染。因此，含有铅稳定剂的 PVC 管不宜用作给水管道。

实测结果（μg/L）　　　　　　　表 8-3

场　地	管道使用时间（天）	2，6-联-t-丁基-苯醌	氰基山梨酯
1	2	0.61	0.010
2	2	0.82	0.005
3	2	1.70	0.000
4	180	0.43	0.005
5	180	0.08	0.005
6	180	0.12	0.005

埋在土壤中的塑料管，土壤中所含的污染物（如甲醇、甲苯和除草剂）可通过其管壁而渗入管内，从而造成自来水的污染。质量浓度为千分之几克/升的芳香烃已经在饮用水中被发现。

（2）管壁的化学物质

资料表明，一些城市的铸铁管内壁仍使用沥青涂料，较大城市已推行管内壁衬水泥砂浆的措施。

1）沥青涂层，沥青主要为高分子脂肪烃物质，通常表现为惰性，在水中无溶解性，但沥青中所含痕量 PAH 对人体健康构成一定危害。实验表明，在涂有沥青涂料的管道中，水含有一定的 PAH，当管网中水的流动较缓时，水中的酚、苯含量剧增，会严重危害人体健康。

2）水泥砂浆衬里，水泥砂浆衬里是国内外最常见的给水管道内衬涂料。它可有效地防止管网内壁腐蚀，并阻止"红水"现象的产生。砂浆衬里会受到水中酸性物质的侵蚀，从而导致腐蚀，并发生脱钙现象，进而污染水质。

8.3.5.2　二次供水引起的水质问题

自来水二次污染是指自来水在输送到用户使用过程中受到的污染，自来水供配水系统是由输水管、管网、泵站和调节构筑物等组成。在供水环节中，可能引起水质污染的原因很多，找出主要原因有利于从根本上找到解决问题的对策。

（1）二次污染的主要原因

自来水的二次污染主要由以下 3 个方面引起：供水管道、供水调节设施和二次加压设施。

1）自来水在管道滞留时间对水质的影响

对用户配水龙头停用不同时间后进行水质采样，对最初出水进行检验，得出的结果见表 8-4。

从以上结果可以看出，随着自来水在用户管道滞留时间的增加，水质逐渐恶化，滞留时间超过 24 小时，水质严重恶化，且有异味，不宜饮用。

用户管道不同滞留时间水质变化情况　　　　表 8-4

项目	滞留时间（h）			
	0	12	24	48
色度（度）	0	15	40	70
浊度（NTU）	0.72	2.4	6.8	12.9
余氯（mg/L）	0.30	微	0	0
细菌总数（个/ml）	6	15	87	230
总大肠菌群（个/L）	<3	<3	7	16
总铁（mg/L）	0.095	0.28	0.47	1.35
锰（mg/L）	<0.05	0.08	0.11	0.17
锌（mg/L）	0.052	0.056	0.074	0.102
总有机碳（mg/L）	1.10	1.28	1.47	2.09

2）供水调节设施对水质的二次污染

通过对自来水在钢板、玻璃钢、钢筋混凝土水箱中，不同贮水时间的水质变化情况（表 8-5）的监测结果表明，除铁质水箱中铁锰含量略有增大外，一般理化指标和毒理指标无明显差异。但自来水在水箱中贮存 24 小时后，余氯为零，细菌总数增多，不宜直接饮用。

不同贮存时间高位水箱水质变化情况　　　　表 8-5

项目	贮存时间（h）				
	0	6	12	24	48
余氯（mg/L）	0.4	微	0	0	0
浊度（NTU）	1.1	1.1	1.2	1.6	2.4
细菌总数（个/mL）	4	3	6	46	147
总大肠菌群（个/L）	<3	<3	<3	5	18
总有机碳（mg/L）	1.08	1.09	1.09	1.17	1.23

3）二次加压设施对水质的二次污染

由于二次加压系统多为容器类的设施，易存死水，更易繁殖微生物，产生有害物质，污染水质。从设计上看，有的加压泵进水口和自来水管道直接连接，中间没有设置止回阀；有的甚至将溢流管同自来水管网连通，其结果是二次加压供水系统延伸到局部管网。

4）溢流管设置不合理，无卫生防护措施

5）水池池口无防护设施

大部分水池均为平底,加之出口水位显著高于池底,易造成淤泥聚积;有的水池口露天设置,与地面平行,甚至池口无盖、无锁,一旦下雨或冲洗地面,污水便流入池中。

6)蓄水池内衬材料和结构不符合卫生要求

7)缺乏合格的卫生管理人员

有的供水人员卫生知识缺乏,又没有经过卫生知识培训,管水人员及水池(箱)清洗人员不进行健康体检就上岗工作。个别单位没有取得卫生部门颁发的《卫生许可证》,私自使用二次供水设施。

8)卫生管理制度及卫生设施不健全

有的供水单位卫生管理制度不够完善,无必要的水质净化消毒设施及水质检验仪器、设备,没有经常性的卫生监督、监测、检查制度及水池清洁制度。

(2)对策

要消除供水二次污染,应当从产生污染的六个方面原因入手。

1)合理选择管材

2)采取有效防范措施

对供水调节构筑物,若是已建的,第一步应完善它的结构,如水池盖的密封、溢水放空管的防污措施等,避免外界的虫、鼠、尘等进入其内;第二步应添加过滤装置,对已有的不合格内壁涂衬材料加以改装,如采用不锈钢、玻璃钢、不含铅瓷片等措施;死水问题则可采用进水管插入池底的方法解决,特别是对于容积超过12h贮水时间的池水应采取补充加氯或其他消毒方法,以保证水质。对新建的调节构筑物,在设计时首先要考虑容积宜小不宜大,前提是供水贮存时间不超过12h。

3)加强管理,健全和完善操作规范

对二次加压设施,除了从设计和施工上做好有效防范措施,关键在于颁发有关的法律法规、办法及系统运行标准来加强管理,做到从设计到验收,直至清洗、消毒的全过程都有人负责。

4)加强宣传及培训工作

大力宣传并严格执行《生活饮用水卫生监督管理办法》是使生活饮用水卫生、安全、保障人体健康的可靠保证。《生活饮用水卫生监督管理办法》的颁布、实施,使二次供水卫生管理有了统一的法规,步入了正轨,使其有章可循,有法可依。要加大宣传力度,特别是要加强对建筑设计人员的宣传,使建筑设计符合卫生要求,为卫生管理打下基础。加强培训,提高管水人员的饮水卫生知识,控制水源性疾病的发生。

5)强化预防性卫生监督

对新建、扩建、改建的二次供水设计,当地卫生监督部门应把好关,认真审查、验收,以防止二次供水在设计和施工中不规范、不合理而出现使用中难以克服的问题。

6）建立健全卫生监督监测制度

二次供水系统的管理包括二次加压供水设施、供（用）水单位的责任人员的管理和卫生监督部门的监督三个环节，其中的任何一个失控，都可能造成水质污染事故的发生。加强对二次供水管理人员的培训及建立健全各项规章制度，使之形成有效的管理体制。同时，卫生监督部门也应加强对二次供水的管理，定期进行监督、监测，以防止水质污染事故的发生。

8.3.5.3　管网水质维持措施

为维持管网内的水质可采取以下具体措施：

（1）新建管道冲洗和消毒

管道试压合格后，应进行冲洗，用含氯 20~40mg/L 的氯水进行消毒，再用清水冲洗后，方可投入使用。

（2）运行管道定期冲洗和检测

在运行管道上利用排泥口和消火栓对管网进行冲洗，并定期进行水质化验。为了消除死角带来的污染，应该定期对管网进行排污，确保水质符合国家卫生规范。特别是在居民区管网末端，或者相对用水量较少的区域，应间隔设立排污阀，以便将某区段的水尽可能排除干净，避免死水、锈蚀、水垢、孳生细菌而污染水质。

（3）旧管道的更新改造

旧管道腐蚀和结垢严重，影响管网水质。再次更换管道时，尽可能地推广应用高分子塑料管材，以减少管道本身被腐蚀的可能性，杜绝如氧化、锈蚀等现象影响水质。

（4）消灭管网死端

管网死端，易造成通水不畅，细菌繁殖而导致水质污染，应尽早消灭管网死端。

（5）采取分质供水

应将优质水供给居民，将水质较低但符合工业用水水质要求的水供给工业企业。某些用水量大的工业企业，其用水量的 80% 为循环用水和冷却用水，对水质要求低于饮用水，通常都设有两套供水系统。

市政管网严格禁止与循环用水、锅炉回水等其他管道相连接。单位的自备井供水系统无论其水质状况如何，均不得与市政供水系统直接连通，以市政自来水为备用水源的单位其自备水源的供水管道也不得与市政管道相连，防止污染市政管道水质。

第 9 章 排水管网的技术管理与维护

9.1 排水管渠的材料

排水管渠有暗设和明设之分，暗设的管渠埋在地下，而明设的沟渠是沿地面修筑。在城市中，排水管渠以暗设的为主，有管道和沟渠之分。管道是指由预制管铺设而成，沟渠是指用土建材料在工程现场筑成或安装的尺寸较大的排水设施。城市排水多用暗设的管道，但在地形较平坦、埋深或出水口深度受限地区，采用明设的沟渠排除雨水，较为经济有效。

排水管渠的材料必须满足一定的要求，才能保证正常的排水功能。

排水管渠必须具有足够的结构强度，以承受外部的荷载和内部的水压。外部荷载包括土壤的重量——静荷载，以及由于车辆运行所造成的动荷载。压力管与倒虹管一般要考虑内部的水压，自流管道发生淤塞时或排水管渠系统的检查井内充水时，也可能引起内部水压。此外，为了保证排水管道在运输和施工中不致破裂，也必须使管道具有足够的强度。

排水管渠应具有抵抗污水中杂质的冲刷和磨损的作用，也应具有抗腐蚀的性能，特别对某些具有腐蚀性的工业废水，以避免在污水或地下水的侵蚀作用下很快损坏。

排水管渠必须不透水，以防止污水渗出或地下水渗入。因为污水从管渠渗出至土壤，将污染地下水或邻近水体，或者破坏管道及附近房屋的基础。地下水渗入管渠，不但降低管渠的排水能力，而且将增大污水泵站及处理构筑物的负荷。

排水管渠的内壁应光滑平整，尽可能地减小水流阻力。

排水管渠还应就地取材，有条件时可在当地甚至在使用现场制造，并考虑到预制管件及快速施工的可能，以便尽量降低管渠的造价及运输和施工的费用。

9.1.1 混凝土管和钢筋混凝土管

混凝土管适用于排除雨水、污水。管口通常有承插式、企口式、平口式三种，如图9-1所示。混凝土管的管径一般小于450mm，长度多为1m，用捣实法制造的管长仅0.6m。

混凝土管一般在专门的工厂预制，但也可以现场浇制。混凝土管的制造方法主要有三种：捣实法、压实法和振荡法。捣实法是用人工捣实管模中的混凝土；压实法是用机器压制管胚（适用于制造管径较小的管子）；振荡法是用振荡器振动管模中的混凝土，使其密实。

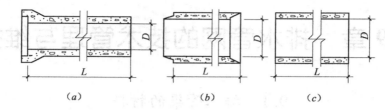

图 9-1 混凝土和钢筋混凝土排水管道的管口形式
（a）承插式；（b）企口式；（c）平口式

混凝土管的原料充足，制造工艺简单，因而被广泛采用。它的缺点是抗蚀性较差，既不耐酸也不耐碱；抗渗性能也较差；管节短、接头多。

钢筋混凝土管通常用于管径大于 500mm 的管道，管径在 700mm 以上的管道采用内外两层钢筋，钢筋的混凝土保护层为 25mm。钢筋混凝土管适用于排除雨水、污水等。当管道埋深较大或敷设在土质条件不良的地段，以及穿越铁路、河流、谷地时都可以采用钢筋混凝土管。管径从 500mm 至 1800mm，最大直径可达 2400mm，长度在 1~3m 之间。

钢筋混凝土管的管口有三种做法：承插口、企口和平口。采用顶管法施工时常用平口管，以便施工。

钢筋混凝土管制造方法有三种：捣实法、振荡法和离心法。前面两种方法和混凝土管的捣实、振荡制造方法基本相同。离心法制造的管子一般都是平口，长度在 2.5m 以上，最长可达 6.5m。

混凝土管、钢筋混凝土管（可分为轻型钢筋混凝土管、重型钢筋混凝土管）的技术条件及标准规格见表 9-1、表 9-2 和表 9-3。

混凝土排水管技术条件及标准规格（JG 130—67）　　　表 9-1

公称内径（mm）	管体尺寸		外压试验	
	最小管长（mm）	最小壁厚（mm）	安全荷载（kg/m）	破坏荷载（kg/m）
75	1000	25	2000	2400
100	1000	25	1600	1900
150	1000	25	1200	1400
200	1000	27	1000	1200
250	1000	33	1200	1500
300	1000	40	1500	1800
350	1000	50	1900	2200
400	1000	60	2300	2700
450	1000	67	2700	3200

轻型钢筋混凝土排水管技术条件及标准规格　　　表 9-2

公称内径 （mm）	管体尺寸		套　环			外　压　试　验		
	最小管长 （mm）	最小壁厚 （mm）	填缝宽度 （mm）	最小壁厚 （mm）	最小管长 （mm）	安全荷载 （kg/m）	裂缝荷载 （kg/m）	破坏荷载 （kg/m）
100	2000	25	15	25	150	1900	2300	2700
150	2000	25	15	25	150	1400	1700	2200
200	2000	27	15	27	150	1200	1500	2000
250	2000	28	15	28	150	1100	1300	1800
300	2000	30	15	30	150	1100	1400	1800
350	2000	33	15	33	150	1100	1500	2100
400	2000	35	15	35	150	1100	1800	2400
450	2000	40	15	40	200	1200	1900	2500
500	2000	42	15	42	200	1200	2000	2900
600	2000	50	15	50	200	1500	2100	3200
700	2000	55	15	55	200	1500	2300	3800
800	2000	65	15	65	200	1800	2700	4400
900	2000	70	15	70	200	1900	2900	4800
1000	2000	75	18	75	250	2000	3300	5900
1100	2000	85	18	85	250	2300	3500	6300
1200	2000	90	18	90	250	2400	3800	6900
1350	2000	100	18	100	250	2600	4400	8000
1500	2000	115	22	115	250	3100	4900	9000
1650	2000	125	22	125	250	3300	5400	9900
1800	2000	140	22	140	250	3800	6100	11100

重型钢筋混凝土排水管技术条件及标准规格（JG 130—67）　　　表 9-3

公称内径 （mm）	管体尺寸		套　环			外　压　试　验		
	最小管长 （mm）	最小壁厚 （mm）	填缝宽度 （mm）	最小壁厚 （mm）	最小管长 （mm）	安全荷载 （kg/m）	裂缝荷载 （kg/m）	破坏荷载 （kg/m）
300	2000	58	15	58	150	3400	3600	4000
350	2000	60	15	60	150	3400	3600	4400
400	2000	65	15	65	150	3400	3800	4900
450	2000	67	15	67	200	3400	4000	5200
550	2000	75	15	75	200	3400	4200	6100
650	2000	80	15	80	200	3400	4300	6300

续表

公称内径 （mm）	管体尺寸		套 环			外 压 试 验		
	最小管长 （mm）	最小壁厚 （mm）	填缝宽度 （mm）	最小壁厚 （mm）	最小管长 （mm）	安全荷载 （kg/m）	裂缝荷载 （kg/m）	破坏荷载 （kg/m）
750	2000	90	15	90	200	3600	5000	8200
850	2000	95	15	95	200	3600	5500	9100
950	2000	100	18	100	250	3600	6100	11200
1050	2000	110	18	110	250	4000	6600	12100
1300	2000	125	18	125	250	4100	8400	13200
1550	2000	175	18	175	250	6700	10400	18700

9.1.2 陶土管

陶土管是由塑性黏土制成的。为了防止在焙烧过程中产生裂缝，通常加入耐火黏土及石英砂（按一定比例），经过研细、调和、制坯、烘干、焙烧等过程制成。在焙烧过程中向窑中撒食盐，目的在于食盐和黏土的化学作用而在管子的内外表面形成一种酸性的釉，使管子表面光滑、耐磨、防蚀、不透水。

陶土管一般制成圆形断面，有承插口和平口两种形式。普通陶土管的最大公称直径可达300mm，有效长度800mm，适用于居民区室外排水管。耐酸陶土管最大公称直径国内可做到800mm，一般在400mm以内，管节长度有300、500、700、1000mm几种，适用于排除酸性废水。

带釉的陶土管内外壁光滑，水流阻力小，不透水性好，耐磨损，抗腐蚀。但陶土管质脆易碎，不宜远运，不能受内压。抗弯抗拉强度低，不宜敷设在松土中或埋深较大的地方。此外，陶土管的管节短、需要较多的接口，增加施工麻烦和费用。由于陶土管耐酸抗腐蚀性好，常用于排除酸性废水，或管外有浸蚀性地下水的污水管道。

9.1.3 塑料排水管

由于塑料管具有表面光滑、水力性能好、水头损失小、耐腐蚀、不易结垢、重量轻、加工和接口方便、漏水率低等优点，在排水管道建设中也正在逐步得到应用和普及。塑料排水管的制造材料主要是聚丙烯腈—丁二烯—苯乙烯（ABS）、聚乙烯（PE）、高密度聚乙烯（HDPE）、聚丙烯（PP）、硬聚氯乙烯（UPVC）等，其中PE、HDPE和UPVC管的应用较广。

在国内，已有许多企业通过技术创新和引进国外先进技术，采用不同材料和制造工艺，批量生产各种规格的塑料排水管道，管道内径从15mm到4000mm，可以满足室内外排水及工业废水排水管道建设的需要。在排水管道工程设计中，可以根据工程要求和技术经济比较进行选择和应用。

9.1.4 金属管

常用的金属管是铸铁管和钢管，由于价格比较昂贵，在重力流排水管道中一般较少采用，只有在外力荷载很大或对渗漏要求特别高的场合下才采用金属管。例如，在穿过铁路时或在靠近给水管道或房屋基础时，一般都采用金属管，在土崩或地震地区最好用钢管。此外，在压力管线（倒虹管和水泵出水管）上和施工特别困难的场合（例如地下水位高、流沙情况严重），亦常采用金属管。

在排水管道系统中采用的金属管主要是铸铁管，也可使用无缝钢管或焊接钢管。采用钢管时必须衬涂防腐涂料，并注意绝缘。

金属管质地坚固，抗压、抗震、抗渗性能好；内壁光滑，水流阻力小；管子每节长度大，接头少。但金属管的价格昂贵，抵抗酸碱腐蚀及地下水浸蚀的能力差。

9.1.5 浆砌砖、石或钢筋混凝土大型管渠

排水管道的预制管管径一般大于 2m，实际上当管道设计断面直径大于 1.5m 时，通常就在现场建造大型排水渠道。建造大型排水渠道常用的建筑材料有砖、石、陶土块、混凝土块、钢筋混凝土块和钢筋混凝土等。采用钢筋混凝土时，要在施工现场支模浇制，采用其他几种材料时，在施工现场主要是铺砌或安装。在多数情况下，建造大型排水渠道，常采用两种以上材料。

渠道的上部称作渠顶，下部称做渠底，常和基础做在一起，两壁称作渠身。图 9-2 为矩形大型排水渠道，由混凝土和砖两种材料建成。基础用 C15 混凝土浇筑，渠身用 M7.5 水泥砂浆砌 MU10 砖，渠顶采用钢筋混凝土盖板，内壁用 1∶3 水泥砂浆抹面 20mm 厚。这种渠道的跨度可达 3m，施工也较方便。

砖砌渠道在国内外排水工程中应用较早，目前在我国仍然采用。常用的断面形式有圆形、矩形、半椭圆形等。可用普通砖或特制的楔形砖砌筑。当砖的质地良好时，砖砌渠道能抵抗污水或地下水的腐蚀作用，很耐久。因此能用于排泄有腐蚀性的废水。

在石料丰富的地区，常采用条石、方石或毛石砌筑渠道。通常将渠顶砌成拱形，渠底和渠身光滑，以使水力性能良好。图 9-3 为某地用条石砌筑的合流制排水渠道。

图 9-4 和图 9-5 为沈阳、西安两市采用的预制混凝土装配式渠道。装配式渠道的预制块材料一般用混凝土或钢筋混凝土，也可用砖砌。为了增强渠道本身结构的整体性、减少渗漏的可能性以及加快施工进度，在设备条件许可的情况下应尽量加大预制块的尺寸。渠道的底部是在施工现场用混凝土浇制的。

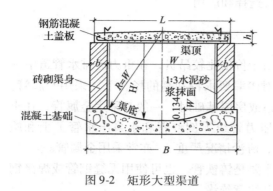
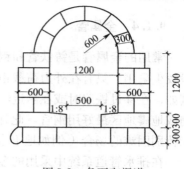

图 9-2　矩形大型渠道　　　　　图 9-3　条石砌渠道

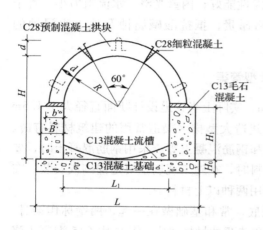
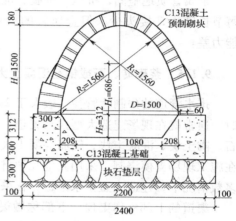

图 9-4　预制混凝土块拱形渠道（沈阳）　　图 9-5　预制混凝土块污水渠道（西安）

合理地选择管渠材料，对降低排水系统的造价影响很大。选择排水管渠材料时，应综合考虑技术、经济及其他方面的因素。

排水管道的材质应根据排除污水的性质合理选择。当排除生活污水及中性或弱碱性（$pH=8\sim10$）的工业废水时，上述各种管材都能使用；排除碱性（$pH>10$）的工业废水时可采用铸铁管或砖渠，也可在钢筋混凝土渠内作塑料衬砌；排除弱酸性（$pH=5\sim6$）的工业废水可用陶土管或砖渠；排除强酸性（$pH<5$）的工业废水时可用耐酸陶土管及耐酸水泥砌筑的砖渠或用塑料衬砌的钢筋混凝土渠。

根据管道受压、管道埋设地点及土质条件，管道材质也有所区别。压力管段（泵站压力管、倒虹管）一般都可采用金属管、钢筋混凝土管或预应力钢筋混凝土管；在地震区，施工条件较差的地区（地下水位高或有流沙等）以及穿越铁路等，亦可采用金属管；而在一般地区的重力流管道通常采用陶土管、混凝土管、钢筋混凝土管。

总之，选择管渠材料时，在满足技术要求的前提下，应尽可能就地取材，采用当地易于自制、便于供应和运输的材料，以使运输及施工总费用降至最低。

9.2 排水管渠的接口

排水管道的不透水性和耐久性，在很大程度上取决于敷设管道时接口的质量。管道接口应具有足够的强度、不透水、能抵抗污水或地下水的浸蚀并有一定的弹性。根据接口的弹性，一般分为柔性接口、刚性接口和半柔半刚性接口3种接口形式。

柔性接口允许管道纵向交错 3~5mm 或交错一个较小的角度，而不致引起渗漏。常用的柔性接口有沥青卷材及橡胶圈接口。沥青卷材接口用在无地下水，地基软硬不一，沿管道轴向沉陷不均匀的无压管道上。橡胶圈接口使用范围更加广泛，特别是在地震区，对管道抗震有显著作用。柔性接口施工复杂，造价较高。在地震区采用有它独特的优越性。

刚性接口不允许管道有轴向的交错，但比柔性接口施工简单，造价也较低，因此采用较广泛。常用的刚性接口有水泥砂浆抹带接口、钢丝网水泥砂浆抹带接口。刚性接口抗震性能差，用在地基比较良好，有带形基础的无压管道上。

半柔半刚性接口介于上述两种接口形式之间，使用条件与柔性接口类似。常用的是预制套环石棉水泥接口。

下面介绍几种常用的接口方法。

9.2.1 水泥砂浆抹带接口

水泥砂浆抹带接口如图 9-6 所示。

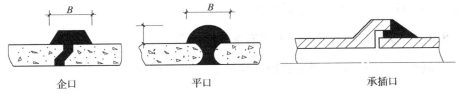

企口 平口 承插口
图 9-6 水泥砂浆抹带接口

在管子接口处用 1:2.5~3 水泥砂浆抹成半椭圆形或其他形状的砂浆带，带宽 120~150mm，属于刚性接口。该接口形式一般适用于地基土质较好的雨水管道，或用于地下水位以上的污水支线上。企口管、平口管、承插管均可采用此种接口。

9.2.2 钢丝网水泥砂浆抹带接口

钢丝网水泥砂浆抹带接口如图 9-7 所示。

此种接口形式属于刚性接口。将抹带范围的管外壁凿毛，抹 1：2.5 水泥砂浆一层厚 15mm，中间采用 20 号 10×10 钢丝网一层，两端插入基础混凝土中，上面再抹砂浆一层厚 10mm。适用于地基土质较好的具有带形基础的雨水、污水管道上。

9.2.3 石棉沥青卷材接口

石棉沥青卷材接口如图 9-8 所示。

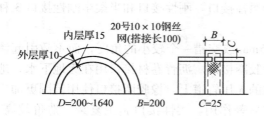

图 9-7　钢丝网水泥砂浆抹带接口　　图 9-8　石棉沥青卷材接口

石棉沥青卷材接口属于柔性接口。石棉沥青卷材为工厂加工，沥青玛䂥脂的重量配比为沥青∶石棉∶细砂＝7.5∶1∶1.5。先将接口处管壁刷净烤干，涂上冷底子油一层，再刷沥青玛䂥脂厚 3mm，再包上石棉沥青卷材，再涂 3mm 厚的沥青玛䂥脂，这叫"三层做法"。若再加卷材和沥青玛䂥脂各一层，便叫"五层做法"。一般适用于地基沿管道轴向沉陷不均匀地区。

9.2.4 橡胶圈接口

橡胶圈接口如图 9-9 所示。

橡胶圈接口属于柔性接口，接口结构简单，施工方便，适用于施工地段土质较差，地基硬度不均匀，或地震地区。

9.2.5 预制套环石棉水泥（或沥青砂）接口

预制套环石棉水泥（或沥青砂）接口如图 9-10 所示。

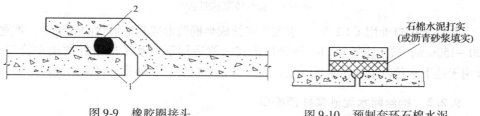

图 9-9　橡胶圈接头　　　　图 9-10　预制套环石棉水泥
1—橡胶圈；2—管壁　　　　　　　（沥青砂）接口

该接口属于半柔半刚性接口。石棉水泥重量比为水∶石棉∶水泥＝1∶3∶7（沥青砂配比为沥青∶石棉∶砂＝1∶0.67∶0.67），适用于地基不均匀地段，或地基经过处理后管道可能产生不均匀沉陷且位于地下水位以下，内压低于10m的管道上。对于顶管施工的管道，通常采用混凝土（或铸铁）内套环石棉水泥接口（图9-11）、沥青油毡石棉水泥接口（图9-12）、麻辫（或塑料圈）石棉水泥接口（图9-13）等。

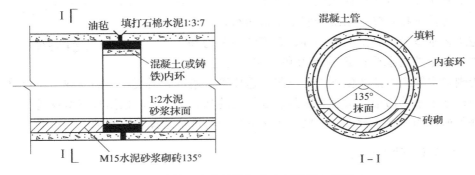

图9-11　混凝土（或铸铁）内套环石棉水泥接口

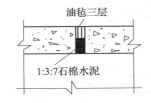

图9-12　沥青油毡石棉水泥接口

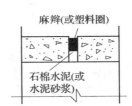

图9-13　麻辫（或塑料圈）石棉水泥接口

除上述的管道接口外，在化工、石油、冶金等工业的酸性废水管道上，需要采用耐酸的接口材料。目前有些单位研制了防腐蚀接口材料——环氧树脂浸石棉绳，使用效果良好。也有试用玻璃布和煤焦油、高分子材料配制的柔性接口材料等，这些接口材料尚未广泛采用。国外目前主要是采用承插口加橡皮圈及高分子材料的柔性接口。

9.3　排水管渠的基础

排水管道的基础一般由地基、基础和管座3个部分组成，如图9-14所示。地基是指沟槽底的土壤部分。它承受管子和基础的重量、管内水重、管上土压力和地面上的荷载。基础是指管子和地基间经人工处理过的或专门建造的设施，其作用是将管道较为集中的荷载均匀分布，以减少对地基单位面积的压力，或由于土的特殊性质的需要，为使管道安全稳定的运行而采取的一种技术措施，如原土夯实、混凝土基础等。管座是管子下侧与基础之间的部分，设置管座的目的在于它使管子与基础连成一个整体，以减少对地基的压力和对管子的反力。管座包角的中心角愈大，基础所受的单位面积的压力和地基对管子作用的单位面积的反力愈小。

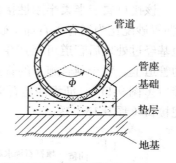

图 9-14　管道基础断面

为保证排水管道系统能安全正常运行，除管道工艺本身设计施工应正确外，管道的地基与基础要有足够的承受荷载的能力和可靠的稳定性。否则排水管道可能产生不均匀沉陷，造成管道错口、断裂、渗漏等现象，导致对附近地下水的污染，甚至影响附近建筑物的基础。一般应根据管道本身情况及其外部荷载的情况、覆土的厚度、土壤的性质合理地选择管道基础。

9.3.1　砂土基础

砂土基础包括弧形素土基础及砂垫层基础，如图 9-15（a）、（b）所示。

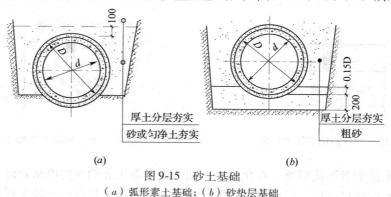

图 9-15　砂土基础
（a）弧形素土基础；（b）砂垫层基础

弧形素土基础是在原土上挖一弧形管槽（通常采用 90°弧形），管子落在弧形管槽里。这种基础适用于无地下水、原土能挖成弧形的干燥土壤；管道直径小于 600mm 的混凝土管、钢筋混凝土管、陶土管；管顶覆土厚度在 0.7~2.0m 之间的街坊污水管道，不在车行道下的次要管道及临时性管道。

砂垫层是在挖好的弧形管槽上，用带棱角的粗砂填 10~15cm 厚的砂垫层。这种基础适用于无地下水，岩石或多石土壤，管道直径小于 600mm 的混凝土管、钢筋混凝土管及陶土管，管顶覆土厚度 0.7~2.0m 的排水管道。

9.3.2　混凝土枕基

混凝土枕基是只在管道接口处才设置的管道局部基础，如图 9-16 所示。

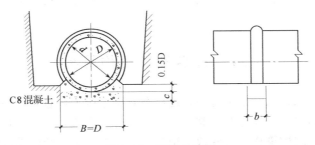

图 9-16　混凝土枕基

通常在管道接口下用 C8 混凝土做成枕状垫块，此种基础适用于干燥土壤中的雨水管道及不太重要的污水支管，常与素土基础或砂垫层基础同时使用。

9.3.3　混凝土带形基础

混凝土带形基础是沿管道全长铺设的基础。按管座的形式不同可分为 90°、135°、180°三种管座基础，如图 9-17 所示。

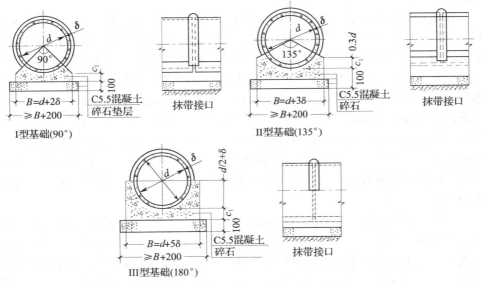

图 9-17　混凝土带形基础

这种基础适用于各种潮湿土壤，以及地基软硬不均匀的排水管道，管径为 200~2000mm，无地下水时在槽底老土上直接浇混凝土基础。有地下水时常在槽底铺 10~15cm 厚的卵石或碎石垫层，然后才在上面浇混凝土基础，一般采用强度等级为 C8 的混凝土。当管顶覆土厚度在 0.7~2.5m 时采用 90°管座基础；管顶覆土厚度为 2.6~4m 时采用 135°管座基础；覆土厚度在 4.1~6m 时采用 180°

管座基础。在地震区，土质特别松软，不均匀沉陷严重地段，最好采用钢筋混凝土带形基础。

9.4 排水管渠的构筑物

为了排除污水，除管渠本身外，还需在管渠系统上设置某些附属构筑物，这些构筑物包括雨水口、检查井、跌水井、水封井、倒虹管、出水口等。

管渠系统上的构筑物，有些数量很多，它们在管渠系统的总造价中占有相当的比例。例如，为便于管渠的维护管理，通常都应设置检查井，对于污水管道，一般每50m左右设置一个，这样每公里污水管道上的检查井就有20多个。因此，如何使这些构筑物建造得合理，并能充分发挥其最大作用，是排水管渠系统设计和施工中的重要课题之一。

9.4.1 雨水口

雨水口是在雨水管渠或合流管渠上收集雨水的构筑物。街道路面上的雨水首先经雨水口通过连接管流入排水管渠。

雨水口的设置位置，应能保证迅速有效地收集地面雨水。一般应在交叉路口、路侧边沟的一定距离处以及没有道路边石的低洼地方设置，以防止雨水漫过道路或造成道路及低洼地区积水而妨碍交通。雨水口的形式、数量和布置，应按汇水面积所产生的径流量、雨水口的泄水能力及道路形式确定。一般一个平箅雨水口可排泄15~20L/s的地面径流量。在路侧边沟上及路边低洼地点，雨水口的设置间距还要考虑道路的纵坡和路边石的高度。道路上雨水口的间距一般为25~50m。连接管串联雨水口个数不宜超过3人。雨水口连接管长度不宜超过25m。当道路纵坡大于0.02时，雨水口的间距可大于50m，其形式、数量和布置应根据具体情况和计算确定。坡段较短时可在最低点处集中收水，其雨水口的数量或面积应适当增加。

雨水口的进水箅可用铸铁或钢筋混凝土、石料制成。采用钢筋混凝土或石料进水箅可节约钢材，但其进水能力远不如铸铁进水箅，有些城市为加强钢筋混凝土或石料进水箅的进水能力，把雨水口处的边沟沟底下降数厘米，但给交通造成不便，甚至可能引起交通事故。进水箅条的方向与进水能力也有很大关系，箅条与水流方向平行比垂直的进水效果好，因此有些地方将进水箅设计成纵横交错的形式，以便排泄路面上从不同方向流来的雨水。雨水口按进水箅在街道上的设置位置可分为：（1）边沟雨水口，进水箅稍低于边沟底水平放置；（2）边石雨水口，进水箅嵌入边石垂直放置；（3）联合式雨水口，在边沟底和边石侧面都安放进水箅，如图9-18所示。为提高雨水口的进水能力，目前我国许多城市已采用双箅联合式或三箅联合式雨水口，由于扩大了进水箅的进水面积，进水效果良好。

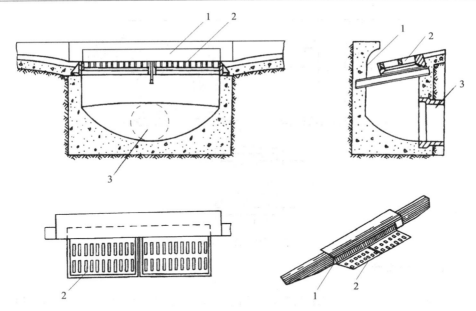

图 9-18 双箅联合式雨水口
1—边石进水箅；2—边沟进水箅；3—连接管

雨水口的井筒可用砖砌或用钢筋混凝土预制，也可采用预制的混凝土管。雨水口的深度一般不宜大于 1m，在有冻胀影响的地区，雨水口的深度可根据经验适当加大。雨水口的底部可根据需要做成有沉泥井（也称截留井）或无沉泥井的形式，图 9-19 所示为有沉泥井的雨水口，它可截留雨水所夹带的砂砾，避免它们进入管道造成淤塞。但是沉泥井往往积水，滋生蚊蝇，散发臭气，影响环境卫生。因此需要经常清除，增加了养护工作量。通常仅在路面较差、地面上积秽很多的街道或菜市场等地方，才考虑设置有沉泥井的雨水口。

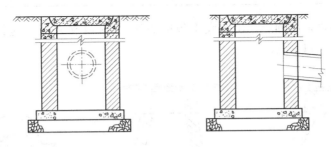

图 9-19 有沉泥井的雨水口

雨水口以连接管与街道排水管渠的检查井相连。当排水管直径大于 800mm 时，也可在连接管与排水管连接处不另设检查井，而设连接暗井，如图 9-20 所示。

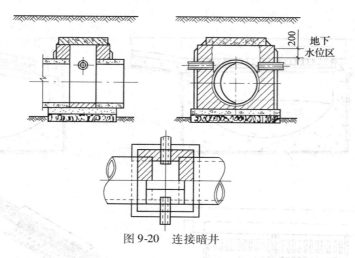

图 9-20 连接暗井

9.4.2 检查井

为了便于对管渠系统作定期检查和清通，必须设置检查井。检查井通常设在管渠交汇、转弯、管渠尺寸或坡度改变、跌水等处以及相隔一定距离的直线管渠段上。检查井在直线管渠段上的最大间距，一般可按表 9-4 采用。

检查井的最大间距　　　　　表 9-4

管径或暗渠净高（mm）	最大间距（m）	
	污水管道	雨水（合流）管道
200~400	40	50
500~700	60	70
800~1000	80	90
1100~1500	100	120
1600~2000	120	120

检查井一般采用圆形，由井底（包括基础）、井身和井盖（包括盖底）3 部分组成，如图 9-21 所示。

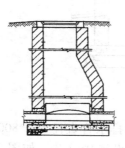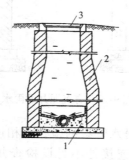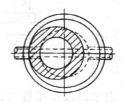

图 9-21 检查井
1—井底；2—井身；3—井盖

检查井井底材料一般采用低标号混凝土,基础采用碎石、卵石、碎砖夯实或低标号混凝土。为使水流流过检查井时阻力较小,井底宜设半圆形或弧形流槽,流槽直壁向上伸展。污水管道的检查井流槽顶与上、下游管道的管顶相平,或与0.85倍大管管径处相平,雨水管渠和合流管渠的检查井流槽顶可与0.5倍大管管径处相平。流槽两侧至检查井壁间的底板(称沟肩)应有一定宽度,一般应不小于20cm,以便养护人员下井时立足,并应有0.02~0.05的坡度坡向流槽,以防止检查井积水时淤泥沉积。在管渠转弯或几条管渠交汇处,为使水流通顺,流槽中心线的弯曲半径应按转角大小和管径大小确定,但不得小于大管的管径。检查井底各种流槽的平面形式如图9-22所示。规范要求:在排水管道每隔适当距离的检查井内和泵站前一检查井内,宜设置沉泥槽,深度宜为0.3~0.5m。

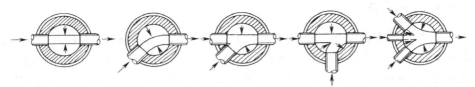

图9-22 检查井底各种流槽的平面形式

检查井井身的材料可采用砖、石、混凝土或钢筋混凝土。国外多采用钢筋混凝土预制,近年来,美国已开始采用聚合物混凝土预制检查井,我国目前则多采用砖砌,以水泥砂浆抹面。井身的平面形状一般为圆形,但在大直径管道的连接处或交汇处,可做成方形、矩形或其他各种不同的形状,图9-23为大管道上改向的扇形检查井平面图。

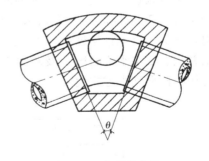

图9-23 扇形检查井

井身的构造与是否需要工人下井有密切关系。不需要下人的浅井,构造很简单,一般为直壁圆筒形;需要下人的井在构造上可分为工作室、渐缩部和井筒3部分。工作室是养护人员养护时下井进行临时操作的地方,不应过分狭小,其直径不能小于1m,其高度在埋深许可时一般采用1.8m。为降低检查井造价,缩小井盖尺寸,井筒直径一般比工作室小,但为了工人检修出入安全与方便,其直径不应小于0.7m。井筒与工作室之间可采用锥形渐缩部连接,渐缩部高度一般为0.6~0.8m,也可以在工作室顶偏向出水管渠一边加钢筋混凝土盖板梁,井筒则砌筑在盖板梁上。为便于上下,井身在偏向进水管渠的一边应保持一壁直立。

检查井井盖可采用铸铁或钢筋混凝土材料,在车行道上一般采用铸铁。为防止雨水流入,盖顶略高出地面。盖座采用铸铁、钢筋混凝土或混凝土材料制作。图9-24所示为铸铁井盖及盖座,图9-25为钢筋混凝土井盖及盖座。

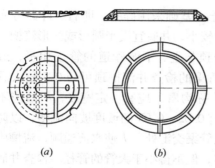
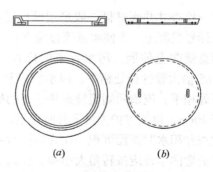

图 9-24　铸铁井盖及盖座
(a) 井盖；(b) 盖座

图 9-25　钢筋混凝土井盖及盖座
(a) 井盖；(b) 盖座

9.4.3　跌水井

跌水井是设有消能设施的检查井。目前常用的跌水井有两种形式：竖管式（或矩形竖槽式）和溢流堰式。前者适用于直径等于或小于 400mm 的管道，后者适用于 400mm 以上的管道。当上、下游管底标高落差小于 1m 时，一般只将检查井底部做成斜坡，不采取专门的跌水措施。

竖管式跌水井的构造如图 9-26 所示。这种跌水井一般不作水力计算。当管径不大于 200mm 时，一次跌水水头高度不得大于 6m；当管径为 300~600mm 时，一次落差不宜超过 4m。溢流堰式跌水井如图 9-27 所示。它的主要尺寸（包括井长、跌水水头高度）及跌水方式等均应通过水力计算求得。这种跌水井也可用阶梯形跌水方式代替。

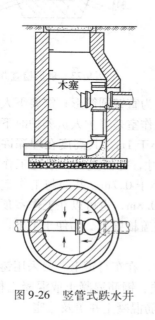

图 9-26　竖管式跌水井

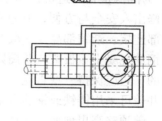

图 9-27　溢流堰式跌水井

9.4.4 水封井及换气井

当生产污水能产生引起爆炸或火灾的气体时，其废水管道系统中必须设水封井。水封井的位置应设在产生上述废水的生产装置、贮罐区、原料贮运场地、成品仓库、容器洗涤车间等的废水排出口处以及适当距离的干管上。水封井不宜设在车行道和行人众多的地段，并应适当远离产生明火的场地。水封深度不应小于 0.25m，井上宜设通风管，井底宜设沉泥槽，图 9-28 所示为水封井的构造。

污水中的有机物常在管渠中沉积而厌氧发酵，发酵分解产生的甲烷、硫化氢、二氧化碳等气体，如与一定体积的空气混合，在点火条件下将产生爆炸，甚至引起火灾。为防止此类偶然事故发生，同时也为保证在检修排水管渠时工作人员能较安全地进行操作，有时在街道排水管的检查井上设置通风管，使此类有害气体在住宅竖管的抽风作用下，随同空气沿庭院管道、出户管及竖管排入大气中。这种设有通风管的检查井称换气井。图 9-29 所示为换气井的形式之一。

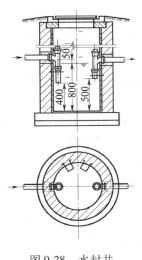

图 9-28　水封井

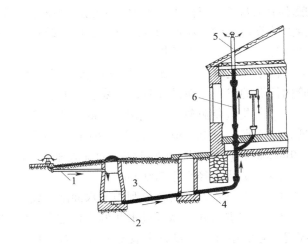

图 9-29　换气井
1—通风管；2—街道排水道；3—庭院管；
4—出户管；5—透气管；6—竖管

9.4.5 倒虹管

排水管渠遇到河流、山涧、洼地或地下构筑物等障碍物时，不能按原有的坡度埋设，而是按下凹的折线方式从障碍物下通过，这种管道称为倒虹管。倒虹管由进水井、下行管、平行管、上行管和出水井等组成，如图 9-30 所示。

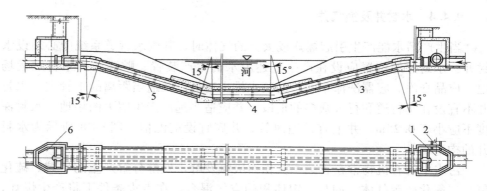

图 9-30 倒虹管
1—进水井；2—事故排出口；3—下行管；4—平行管；5—上行管；6—出水井

确定倒虹管的路线时，应尽可能与障碍物正交通过，以缩短倒虹管的长度，并应选择在河床和河岸较稳定，不易被水冲刷的地段及埋深较小的部位敷设。

穿过河道的倒虹管管顶与河床的垂直距离一般不小于 0.5m，其工作管线一般不少于两条。当排水量不大，不能达到设计流量时，其中一条可作为备用。如倒虹管穿穿过旱沟、小河和谷地时，也可单线敷设。通过构筑物的倒虹管，应符合与该构筑物相交的有关规定。

由于倒虹管的清通比一般管道困难得多，因此必须采取各种措施来防止倒虹管内污泥的淤积。在设计时，可采取以下措施：

（1）提高倒虹管内的流速，一般采用 1.2~1.5m/s，在条件困难时可适当降低，但不宜小于 0.9m/s，且不得小于上游管渠中的流速。当管内流速达不到 0.9m/s 时，应加定期冲洗措施，冲洗流速不得小于 1.2m/s。

（2）最小管径采用 200mm。

（3）在进水井中设置可利用河水冲洗的设施。

（4）在进水井或靠近进水井的上游管渠的检查井中，在取得当地卫生主管部门同意的条件下，设置事故排出口。当需要检修倒虹管时，可以让上游污水通过事故排出口直接泄入河道。

（5）在上游管渠靠近进水井的检查井底部做沉泥槽。

（6）倒虹管的上下行管与水平线夹角应不大于 30°。

（7）为了调节流量和便于检修，在进水井中应设置闸门或闸槽，有时也用溢流堰来代替，进、出水井应设置井口和井盖。

（8）在虹吸管内设置防沉装置。例如西德汉堡等市，试验了一种新式的所谓空气垫虹吸管。它是在虹吸管中借助于一个体积可以变化的空气垫，使之在流量小的条件下达到必要的流速，以避免在虹吸管内产生沉淀。

污水在倒虹管内的流动是依靠上下游管道中的水面高差（进、出水井的水面高差）H 进行的，该高差用以克服污水通过倒虹管时的阻力损失。倒虹管内的阻力损失值可按下式计算：

$$H_1 = iL + \sum \xi \frac{v^2}{2g} \qquad (9\text{-}1)$$

式中 i——倒虹管每米长度的阻力损失，m/m；

L——倒虹管的总长度，m；

ξ——局部阻力系数，包括进口、出口、转弯处；

v——倒虹管内污水流速，m/s；

g——重力加速度，m/s²。

进口、出口及转弯的局部阻力损失值应分项进行计算。初步估算时，一般可按沿程阻力损失值的 5%～10% 考虑，当倒虹管长度大于 60m 时，采用 5%；等于或小于 60m 时，采用 10%。

计算倒虹管时，必须计算倒虹管的管径和全部阻力损失值，要求进水井和出水井间的水位高差 H 稍大于全部阻力损失值 H_1，其差值一般可考虑采用 0.05～0.10m。

9.4.6 冲洗井

当污水管内的流速不能保证自清时，为防止淤塞，可设置冲洗井。冲洗井有两种做法：人工冲洗和自动冲洗。自动冲洗井一般采用虹吸式，其构造复杂，造价很高，目前已很少采用。

人工冲洗井的构造比较简单，是一个具有一定体积的普通检查井。冲洗井出流管道上设有闸门，井内设有溢流管，以防井中水深过大。冲洗水可利用上游来的污水或自来水。用自来水时，供水管的出口必须高于溢流管管顶，以免污染自来水。

冲洗井一般适用于小于 400mm 管径的较小管道上，冲洗管道的长度一般为 250m 左右。

9.4.7 防潮门

临海城市的排水管渠往往受潮汐的影响，为防止涨潮时潮水倒灌，在排水管渠出水口上游的适当位置上应设置装有防潮门（或平板闸门）的检查井，如图 9-31 所示。临河城市的排水管渠，为防止高水位时河水倒灌，有时也采用防潮门。

防潮门一般用铁制，其座子口部略带倾斜，倾斜度一般为 1:10～1:20。当排水管渠中无水时，防潮门靠自重密闭。当上游排水管渠来水时，水流顶开防潮门排入水体，使潮水不会倒灌入排水管渠。

设置了防潮门的检查井井口应高出最高潮水位或最高河水位，或者井口用螺栓和盖板密封，以免潮水或河水从井口倒灌至市区。为使防潮门工作可靠有效，必须加强维护管理，经常清除防潮门座口上的杂物。

9.4.8 出水口

排水管渠排入水体的出水口的位置和形式，应根据污水水质、上下游用水情况、水体的水位变化幅度、水流方向、波浪情况、地形变迁和主导风向等因素确定。出水口与水体岸边连接处应采取防冲、加固等措施，一般用浆砌块石做护墙和铺底，在受冻胀影响的地区，出水口应考虑用耐冻胀材料砌筑，其基础必须设置在冰冻线以下。

为使污水与水体水混合较好，排水管渠出水口一般采用淹没式，其位置除考虑上述因素外，还应取得当地卫生主管部门的同意。如果需要污水与水体水流充分混合，则出水口可长距离伸入水体分散出口，此时应设置标志，并取得航运管理部门的同意。雨水管渠出水口可以采用非淹没式，其底标高最好在水体最高水位以上，一般在常水位以上，以免水体水倒灌。当出口标高比水体水面高出太多时，应考虑设置单级或多级跌水。

图 9-32～图 9-35 分别为淹没式出水口、江心分散式出水口、一字式出水口和八字式出水口。应当说明，对于污水排海的出水口，必须根据实际情况进行研究，以满足污水排海的特定要求。图 9-36 系某市污水排海出水口示意图。

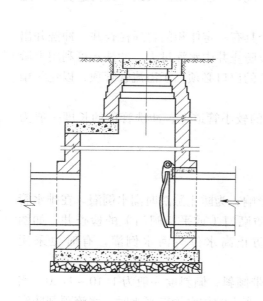

图 9-31　装有防潮门的检查井

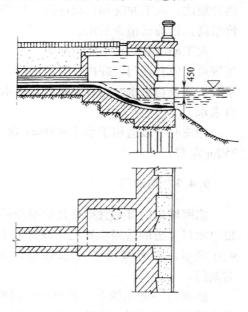

图 9-32　淹没式出水口

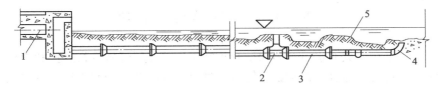

图 9-33 江心分散式出水口
1—进水管渠；2—T 形管；3—渐缩管；4—弯头；5—石堆

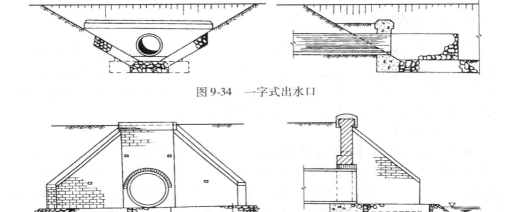

图 9-34 一字式出水口

图 9-35 八字式出水口

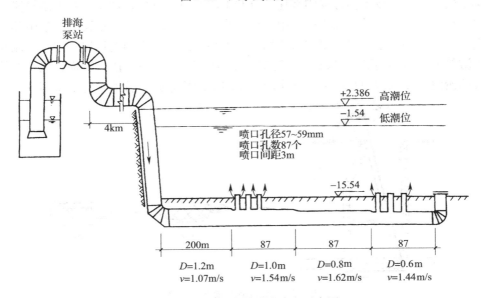

图 9-36 某市污水排海出水口示意图

9.5 排水管渠的运行管理

排水管渠在建成通水后，为保证其正常工作，必须经常进行养护和管理。排水管渠内常见的故障有：污物淤塞管道；过重的外荷载、地基不均匀沉陷或污水的侵蚀作用，使管渠损坏、裂缝或腐蚀等。排水管渠管理养护的主要任务是：验收排水管渠；监督排水管渠使用规则的执行；经常检查、冲洗或清通排水管渠，以维持其通水能力；修理管渠及其构筑物，并处理意外事故等。

9.5.1 排水管渠的清通

排水管渠系统管理养护经常性的和大量的工作是清通排水管渠。在排水管渠中，往往由于水量不足，坡度较小，污水中污物较多或施工质量不良等原因而发生沉淀、淤积，淤积过多将影响管渠的通水能力，甚至使管渠堵塞。因此，必须定期清通。清通的主要方法有水力方法和机械方法两种。

（1）水力清通

水力清通方式是用水对管道进行冲洗。可以利用管道内污水自冲，也可利用自来水或河水。用管道内污水自冲时，管道本身必须具有一定的流量，同时管内淤泥不宜过多（20%左右）。用自来水冲洗时，通常从消防龙头或街道集中给水栓取水，或用水车将水送到冲洗现场，一般在街坊内的污水支管，每冲洗一次需水约 $2\sim3m^3$。

图 9-37 所示为水力清通方法操作示意图。首先用一个一端由钢丝绳系在绞车上的橡皮气塞或木桶橡皮刷堵住检查井下游管段的进口，使检查井上游管段充水。待上游管中充满并在检查井中水位抬高1m左右以后，突然放走气塞中部分空气，使气塞缩小，气塞便在水流的推动下往下游浮动而刮走污泥，同时水流在上游较大水压作用下，以较大的流速从气塞底部冲向下游管段。这样，沉积在管底的淤泥便在气塞和水流的冲刷作用下排向下游检查井，管道本身则得到清洗。

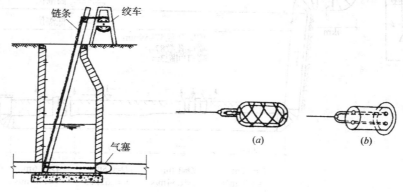

图 9-37　水力清通操作示意图
（a）橡皮气塞；（b）木桶橡皮刷

污泥排入下游检查井后,可用吸泥车抽吸运走,吸泥车的形式有:装有隔膜泵的鬻泥车、装有真空泵的真空吸泥车和装有射流泵的射流泵式吸泥车。图 9-38 和图 9-39 分别为鬻泥车和真空吸泥车的外形照片。由于污泥含水率非常高,它实际上是一种含泥水,为了回收其中的水用于下游管段的清通,同时减少污泥的运输量,我国一些城市已采用泥水分离吸泥车,如图 9-40 所示。采用泥水分离吸泥车时,污泥被安装在卡车上的真空泵从检查井吸上来后,以切线方向旋流进入储泥罐,储泥罐内装有由旁置筛板和工业滤布组成的脱水装置,污泥在这里连续真空吸滤脱水。脱水后的污泥储存在罐内,而吸滤出的水则经车上的储水箱排至下游检查井内,以备下游管段的清通之用。目前,生产中使用的泥水分离吸泥车的储泥罐容量为 $1.8m^3$,过滤面积为 $0.4m^2$,整个操作过程均由液压控制系统自动控制。

图 9-38 鬻泥车

图 9-39 真空吸泥车

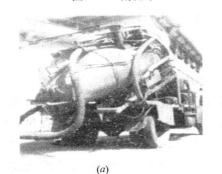

(a)

(b)

图 9-40 采用泥水分离吸泥车及其液压自控系统
(a)泥水分离吸泥车;(b)液压自控系统

近些年,有些城市采用水力清洗车(图 9-41)进行管道的清通。这种冲洗车由半拖挂式的大型水罐、机动卷管器、消防水泵、高压胶管、射水喷头和冲洗工具箱等部分组成。它的操作过程系由汽车引擎供给动力,驱动消防泵,将从水罐抽出的水加压到 1.1~1.2MPa(日本加压到 5~8MPa);高压水沿高压胶管流到放置在待清通管道管口的流线形喷头(图 9-42),喷头尾部设有 2~6 个射水喷嘴（有些喷头头部开有一小喷射孔，以备冲洗堵塞严重的管道时使用），水流从喷嘴强力喷出，推动喷嘴向反方向运动，同时带动胶管在排水管道内前进；强力喷出的水柱也冲动管道内的沉积物，使之成为泥浆并随水流流至下游检查井，当喷头到达下游检查井时，减小水的喷射压力，以便将残留在管内的污物全部冲刷到下游检查井，然后由吸泥车吸出。对于表面锈蚀严重的金属排水管道，可采用在喷射高压水中加入硅砂的喷枪冲洗，枪口与被冲物的有效距离为 0.3～0.5m，根据日本的经验，这样洗净效果更佳。

图 9-41 水力清洗车

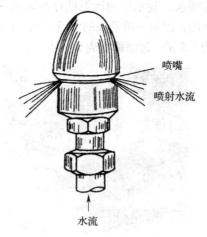

图 9-42 水力清洗车喷头外形图

目前，生产中使用的水力冲洗车的水罐容量为 1.2～8.0m^3；高压胶管直径为 25～32mm；喷头喷嘴有 1.5～8.0mm 等多种规格，射水方向与喷头前进方向相反，喷射角为 15°、30° 或 35°；消耗的喷射水量为 200～500L/min。

水力清通方法操作简便，工效较高，工作人员操作条件较好，目前已得到广泛采用。根据我国一些城市的经验，水力清通不仅能清除下游管道 250m 以内的淤泥，而且在 150m 左右上游管道中的淤泥也能得到相当程度的刷清。当检查井的水位升高到 1.20m 时，突然松塞放水，不仅可清除污泥，而且可冲刷出沉在管道中的碎砖石。但在管渠系统脉脉相通的地方，当一处用上了气塞后，虽然此处的管渠被堵塞了，由于上游的污水可以流向别的管段，无法在该管渠中积存，气塞也就无法向下游移动，此时只能采用水力冲洗车或从别的地方运水来冲洗，消耗的水量较大。

（2）机械清通

当管渠淤塞严重，淤泥已黏结密实，水力清通的效果不好时，需要采用机械清通方法。图 9-43 所示为机械清通的操作情况。它首先用竹片穿过需要清通的管渠段，竹片一端系上钢丝绳，绳上系住清通工具的一端。在清通管渠段两端检查井上各设一架绞车，当竹片穿过管渠后将钢丝绳系在一架绞车上，清通工具的另一端通过钢丝绳系在另一架绞车上。然后利用绞车往复绞动钢丝绳，带动清通工具将淤泥刮至下游检查井内，使管渠得以清通。绞车的动力可以是手动，也可以是机动，例如以汽车发动机作为动力。

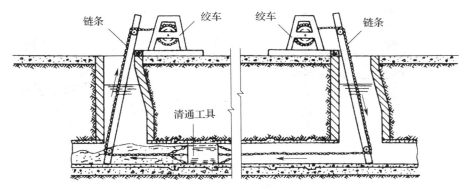

图 9-43 机械清通操作示意

机械清通工具的种类繁多，按其作用分为耙松淤泥的骨骼形松土器（如图9-44），清除树根及破布等沉淀物的弹簧刀及锚式清通工具（图 9-45）和用于刮泥的清通工具，如胶皮刷、铁畚箕（图9-46）、钢丝刷、铁牛（图9-47）等。清

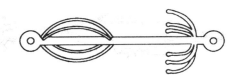

图 9-44 骨骼形松土器

通工具的大小应与管道管径相适应，当淤泥数量较多时，可先用小号清通工具，待淤泥清除到一定程度后再用与管径相适应的清通工具。清通大管道时，由于检查井井口尺寸的限制，清通工具可分成数块，在检查井内拼合后再使用。

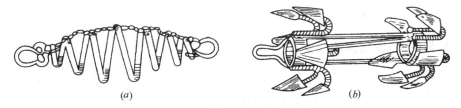

图 9-45 弹簧刀和锚式清通器
（a）弹簧刀；（b）锚式清通器

近年来，国外开始采用气动式通沟机与钻杆通沟机清通管渠。气动式通沟机借压缩空气把清泥器从一个检查井送到另一个检查井，然后用绞车通过该机尾部的钢丝绳向后拉，清泥器的翼片即行张开，把管内淤泥刮至检查井底部。钻杆通沟机是通过汽油机或汽车引擎带动一机头旋转，把带有钻头的钻杆通过机头中心由检查井通入管道内，机头带动钻杆转动，使钻头向前钻进，同时将管内的淤积物清扫到另一个检查井中。

淤泥被刮到下游检查井后，通常也可采用吸泥车吸出。如果淤泥含水率低，可采用如图 9-48 所示的抓泥车挖出，然后由汽车运走。

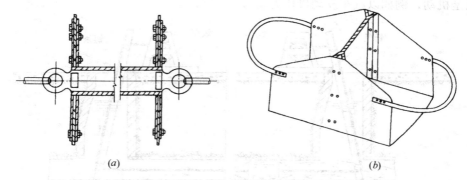

图 9-46 胶皮刷及铁畚箕
（a）胶皮刷；（b）铁畚箕

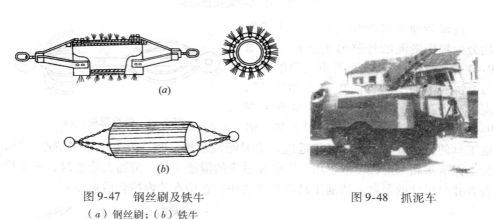

图 9-47 钢丝刷及铁牛
（a）钢丝刷；（b）铁牛

图 9-48 抓泥车

9.5.2 排水管渠的修复

系统地检查管渠的淤塞及损坏情况，有计划地安排管渠的修复，是养护工作的重要内容。当发现管渠系统有损坏时，应及时修复，以防损坏处扩大而造成事故。管渠的修复有大修与小修之分，应根据各地的技术和经济条件来划分。修理内容包括检查井、雨水口顶盖等的修理与更换；检查井内踏步的更换，砖块脱落后的修理；局部管渠段损坏后的修补；由于出户管的增加需要添建的检查井及管渠；或由于管渠本身损坏严重、淤塞严重，造成无法清通时所需的整段开挖翻修。

为减少地面开挖，20 世纪 80 年代初开始，国外采用了"热塑内衬法"技术和"胀破内衬法"技术进行排水管渠的修复。

"热塑内衬法"技术的主要设备是：一辆带吊车的大卡车、一辆加热锅炉挂车、一辆运输车、一只大水箱。其操作步骤是，在起点窨井处搭脚手架，将聚酯纤维软管管口翻转后固定于导管管口上，导管放入窨井，固定在管道口，通过导管将水灌入软管的翻转部分，在水的重力作用下，软管向旧管内不断翻转、滑入、前进，软管全部放完后，加65℃热水1小时，然后加80℃热水2小时，再注入冷水固化4小时，最后在水下电视帮助下，用专用工具，割开导管与固化管的连接，修补管渠的工作全部完成。图9-49为"热塑内衬法"技术示意图。

"胀破内衬法"是以硬塑管置换旧管道，如图9-50所示。其操作步骤是，在一段损坏的管道内放入一节硬质聚乙烯塑料管，前端套接一钢锥，在前方窨井设置一强力牵引车，将钢锥拉入旧管道，旧管胀破，以塑料管替代；一根接一根直达前方检查井。两节塑料管的连接用加热加压法。为保护塑料管免受损伤，塑料管外围可采用薄钢带缠绕。上述两种技术适用于各种管径的管道，且可以不开挖地面施工，但费用较高。

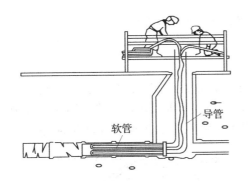

图9-49　热塑内衬法技术示意图

图9-50　胀破内衬法技术示意图

当进行检查井的改建、添建或整段管渠翻修时，常常需要断绝污水的流通，应采取措施，例如安装临时水泵将污水从上游检查井抽送到下游检查井，或者临时将污水引入雨水管渠中。修理项目应尽可能在短时间内完成，如能在夜间进行更好。在需时较长时，应与有关交通部门取得联系，设置路障，夜间应挂红灯。

9.5.3　排水管渠的渗漏检测

排水管渠的渗漏检测是一项重要的日常管理工作，但常常受到忽视。如果管道渗漏严重，将不能发挥应有的排水能力。为了保证新管道的施工质量和运行管道的完好状态，应进行新建管道的防渗漏检测和运行管道的日常检测。图9-51所示为一种低压空气检测方法，是将低压空气通入一段排水管道，记录管道中空气压力降低的速率，检测管道的渗漏情况。如果空气压力下降速率超过规定的标准，则表示管道施工质量不合格，或者需要进行修复。

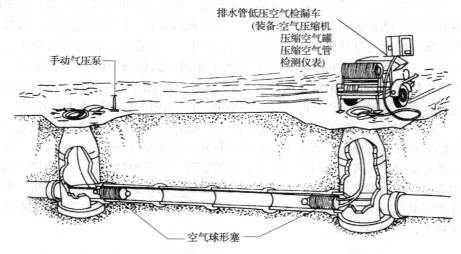

图 9-51 排水管渠渗漏的低压空气检测示意图

9.5.4 排水管渠养护时的操作安全

排水管渠的养护必须注意安全。管渠中的污水通常能析出硫化氢、甲烷、二氧化碳等气体，某些生产污水能析出石油、汽油或苯等气体，这些气体与空气中的氮混合能形成爆炸性气体，如图 9-52 所示。煤气管道失修、渗漏也能导致煤气逸入管渠中造成危险。如果养护人员要下井，除应有必要的劳保用具外，下井前必须先将安全灯放入井内，如有有害气体，由于缺氧，灯将熄灭。

如有爆炸性气体，灯在熄灭前会发出闪光。在发现管渠中存在有害气体时，必须采取有效措施排除，例如将相邻两检查井的井盖打开一段时间，或者用抽风机吸出气体，排气后要进行复查。

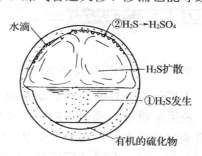

图 9-52 排水管道中有害气体和管壁腐蚀

即使确认有害气体已被排除，养护人员下井时仍应有适当的预防措施，例如在井内不得携带有明火的灯，不得点火或抽烟，必要时可戴上附有气带的防毒面具，穿上系有绳子的防护腰带，井上留人，以备随时给予井下的人员必要的援助。

9.6 GIS 在排水系统中的应用

随着社会经济的迅速发展，城市建设规模越来越大，排水系统作为城市一项重要的基础设施，也在迅速建立。城市排水管网作为一项地下隐蔽的网络工程，建设过程所涉及的时间久远，建设的年代和建设施工条件、施工方法以及所采用的管材等各不相同，其情况十分复杂。在我国，城市排水系统的管理工作大多是采用人工管理，由于经济条件和管理手段的限制，许多复杂地下管线仅有一些熟练操作的技术工人掌握，随着这样的一批工人相继退休离岗，同时由于大部分管网既无文字资料，地上部分又没有明显标记，许多的管网信息已经无处查询。

就目前的情况看，仍有许多城市的排水系统工程没有竣工图，还有一些利用施工图代替竣工图，甚至有些工程连施工图都找不到。由于资料不全，造成无法合理利用信息资源，不仅增加了城市管理的费用，而且给城市排水管网管理、城市规划建设等方面带来不利影响和麻烦。

目前大多数城市的排水系统的管理还是沿用以往的手工、档案室的管理方式，这与现代社会的数字化、信息化特点是格格不入的。由于地下管线定位不明确，无法提供准确的信息，造成各类地下管线被施工破坏的情况屡见不鲜，给社会造成了巨大的经济损失，同时影响了公民的正常生产和生活秩序。

采用手工翻阅、档案室管理的方式，存在着以下几点不足和缺陷：

（1）手工图纸易破损，保存精度不高。由于需要经常性翻阅，手工图纸由于其材质问题，迟早会发生不同程度的破损情况，不利于数据的完整性；同时由于介质原因，受到温度、湿度等环境因素的影响，会使图纸的精确度受到影响。

（2）由于城市排水系统工程是一项浩大的、复杂的系统工程，其图纸的数量相当巨大，由此带来了查找、翻阅的不便，同时也带来了存储空间大的问题。

（3）由于目前的图纸中，管网工程都是被详细的分解到每个管段，管理者需要查阅大量的图纸才能把管网的系统结构理顺清楚，所以分散的图纸不利于形成一个清晰的排水管网系统分布图，不利于管理者和利用者形成一个宏观的统一印象。

（4）由于图纸是大量的，这就给管理者带来了巨大的工作量，增加了日常管理的支出。

（5）由于地貌、地表建筑物、道路、绿化带等等的变化，在图纸管理中不能实现有效变更，给日后的管理和利用工作带来不便。

（6）无法及时对管网分布情况给出实时准确的信息，不能及时指导现场的操作。

（7）无法实现远程数据传输，不利于信息资源的共享及远程利用。

GIS 的出现和发展，为解决上述问题提供了一条有效的途径。

国外 GIS 的研究有 40 多年的历史，涉及环境、电力、城市规划、市政、军事等众多领域。在美国，人口大于 5 万的 400 多个城市都建立了计算机化的地理信息系统应用于政府部门；德国长期以来应用 GIS 进行地籍管理、市政管理和城市规划；澳大利亚是应用 GIS 较成熟的国家，其著名软件 GENAMAP 销售到美国、西班牙、意大利等 30 多个国家；另外，日本、新加坡等国家、地区在 GIS

应用方面已开展许多工作，已经着手建立了地下管线管理信息系统等城市基本功能子系统。

GIS 技术进入我国是在"七五"计划以后，我国投入了较大的人力物力研究开发地理信息系统，许多部门、城市建立了各具特色的综合或专业性 GIS。在城市排水系统方面，1992 年广州建立了"广州市规划信息系统"以服务于城市管线、用地、城市规划以及市政建设等一系列应用领域；青岛市城阳区建立了排水工程管理信息系统；大庆市东城区建立了排水管网信息管理系统；2002 年 10 月，上海市正式发布"上海城市地理信息系统（GIS）基础数据平台"，统计、市政、水务、交通、环保等政府职能部门将及时在系统内按规范添加相关最新数据信息；2002 年，北京市提出了"数字北京"的概念，数字北京工程将通过建设宽带多媒体信息网络、地理信息系统等基础设施平台，整合首都信息资源，逐步实现全市国民经济和社会信息化。

城市排水管网地理信息系统就是利用 GIS 技术和给排水专业技术相结合，利用高级编程语言对于地理信息系统组件进行的二次开发，集采集、管理、更新、综合分析与处理城市排水管网系统信息等功能于一身的一个应用系统。从功能上说，它应该能快速提供现势性强、真实准确的地下管线信息，并能实现快速查询、综合分析等操作，从而为城市的管理、发展预测、规划决策提供可靠的依据。

城市排水管网地理信息系统具有如下特征：

（1）需有效地实现对空间数据（几何数据）和非空间数据（属性数据）这两种不同性质数据的操作、处理和管理。空间数据表示所描述特征的几何位置，非空间数据是对此位置特征属性的描述，两者有效的结合才能使 GIS 功能得到发挥。

（2）需处理的数据量大，内容繁杂。城市排水管网地理信息系统以城市地下排水管网的空间信息为主要操作的对象，而任何城市的地下都有一张纵横交错的民用和工业管道网，这其中包括：电力、通信、燃气、给水、雨水、污水、工业及各种其他管道。它们隶属于不同的专业部门管理、建设和维修，但又是一个有机的整体。作为城市排水管网地理信息系统，不仅要明确给出排水管线的空间与属性信息，同时也要给出排水管线与其他城市地下管线之间的相互关系，因此数据量相当大，空间关系非常复杂。城市排水管网地理信息系统对这些空间特征的表示，甚至比常规地形特征描述更为复杂。

（3）数据现势性要求高。随着城市的飞速发展，城市排水管线不断的延伸、调整，城市规划和管理又要求数据具有较高的现势性，因此，城市排水管线对象的动态性，使得数据的不完整性是城市排水管网地理信息系统面临的又一突出问题。

（4）城市排水管网数据呈带状分布。作为建立城市排水管网地理信息系统的主要数据源的管线一般是指公共区域的地下管线，按城市规划要求，管线应尽量埋在城市道路或小区道路红线以内；同时，只布设至各企业单位门口；管网图采用分幅带状形式制作，一般与已有地形图比例尺、图幅号、图名一致，带状宽度为道路中心线两侧各35m，为使建立的管网信息系统能进行后续的地下空间分析，常以相应比例尺带状地形图作为底图输入。

（5）点线相连，有机结合。地下管网通过不同的井（点）位与地面建立联系。如雨水管通过下水、雨水检查井、下水暗井与地面建立联系，在所建系统中，它们用不同的地理特征来描述，以 ARCVIEW 为例，管线用弧（Arcs）表示，井位用接点（Nodes）表示，且以不同的编码来区别，构成点线结合的整体，形成具有管网特色的数据结构。

（6）逻辑关系明确，属性检查有据。作为肩负城市废物排泄的地下排水管网系统，它虽埋于地下，却按照自身的内在规律，不停运作以保证城市各项功能正常运转。这种内在规律即城市规划及城市施工规范对城市排水管网布设、施工的要求，在城市排水管网地理信息系统中应得到反映。

（7）立体三维显示、表示及分析困难。地下管网信息不但数据量大，内容繁杂，更有位于地下层层叠加的特点。常常在地下交叉多层，每层铺设多根各类型管线形成纵横交错的地下管线立体空间。

（8）决策支持。空间决策支持在城市管网信息系统中的应用是一个发展趋势，因为空间决策在城市规划与管理方面占有重要地位，如城市规划中的绝大多数问题是决策问题。

（9）提供网络分析。城市排水管线设施是相互连接、彼此关联的，管线分为干线与支线，排水有出水口和止水口，附属设备有泵站、闸阀等。支、干线相互配合，共同完成城市废物的传输和排泄，由此构成城市排水管网地理信息系统中管网网络分析的基础。

第10章 泵站的运行维护与管理

对泵站内的水泵机组进行正确的运行、维护与管理是泵站输配水系统安全、经济供水的前提,因而掌握水泵机组的操作管理技术,对于泵站运行、维护与管理人员是相当重要的。一个运转良好的泵站应具有以下四个方面的特征:

(1)设备状况好。泵房内所有设备完好,主体完整、附件齐全,不见脏、漏、松、缺;泵站内各种设备、管线、阀门、电器、仪表安装合理,横平竖直成行成线。

(2)维护保养好。有健全的运行操作、维护保养制度并能认真执行;维修工具、安全设施、消防器具齐备完整,灵活好用,放置整齐。

(3)室内卫生好。室内四壁、顶棚、地面、仪表盘前后清洁整齐,门窗玻璃无缺;设备见本色,轴见光,沟见底,室内物品置放有序。

(4)资料保管好。运行记录、交接班日志、各种规章制度齐全,记录认真清晰、保管好。

10.1 水泵启动前的准备工作

水泵启动前应该检查一下各处螺栓连接的完好程度,检查轴承中润滑油是否足够、干净,检查出水阀、压力表及真空表上的旋塞阀是否处于合适位置,供配电设备是否完好,然后,进一步进行盘车、灌泵等工作。

盘车就是用手转动机组的联轴器,凭经验感觉其转动的轻重是否均匀,有无异常声响。目的是为了检查水泵及电动机内有无不正常的现象,例如转动零件松脱后卡住、杂物堵塞、泵内冻结、填料过紧或过松、轴承缺油及轴弯曲变形等问题。

灌泵就是在水泵启动前,向水泵及吸水管中充水,以便启动后即能在水泵入口处造成抽吸液体所必需的真空值。从理论力学中,得液体离心力为:

$$J = \frac{\rho W}{g} \omega^2 r$$

式中 J——转动叶轮中单位体积液体之离心力,kg;

W——液体体积(当 J 为单位体积液体之离心力时,$W = 1$),m^3;

ω——角速度,1/s;

r——叶轮半径,m;

ρ——液体密度,kg/m^3。

从上式可知，同一台水泵，当转速一定时，液体的密度 ρ 越大，由于惯性而表现出来的离心力也越大。空气的密度约为水的 1/800，灌泵后，叶轮旋转时在吸入口处能产生的真空值一般为 600mmHg 左右，而如果不灌泵，叶轮在空气中转动，水泵吸入口处只能产生 0.75mmHg 的真空值，这样低的真空值，当然是不足以把水抽上来的。

对于新安装的水泵或检修后首次启动的水泵是有必要进行转向检查的。检查时，可将两个靠背轮脱开，开动电动机，视其转向与水泵厂规定的转向是否一致，如果不一致，可以改接电源的相线，即将三根进线中任意对换两根接线，然后接上再试。

准备工作就绪后，即可启动水泵。启动时，工作人员与机组不要靠得太近，待水泵转速稳定后，即应打开真空表与压力表上的阀，此时，压力表上读数应上升至零流量时的空转扬程，表示水泵已经上压，可逐渐打开压力闸阀，此时，真空表读数逐渐增加，压力表读数应逐渐下降，配电屏上电流表读数应逐渐增大。启动工作待闸阀全开时，即告完成。

水泵在闭闸情况下，运行时间一般不应超过 2～3min，如果时间太长，则泵内液体发热，可能会造成事故，应及时停车。

10.2 水泵运行中应注意的问题

泵站在正常运行过程中，应对设备、仪表进行日常检查与记录，主要有：

（1）检查各个仪表工作是否正常、稳定。电流表上读数是否超过电动机的额定电流，电流过大或过小，都应及时停车检查。引起电流过大，一般是由于叶轮中杂物卡住、轴承损坏、密封环互摩、泵轴向力平衡装置失效、电网中电压降太大等原因。引起电流过小的原因有：吸水底阀或出水闸阀打不开或开启不足，水泵气蚀等。

（2）检查流量计上指示数是否正常，也可看出水管水流情况来估计流量。

（3）检查填料盒处是否发热、滴水是否正常。滴水应呈滴状连续渗出，才算符合正常要求。滴水情况一般是反映填料的压紧适当程度。运行中可调节压盖螺栓来控制滴水量。

（4）检查泵与电动机的轴承和机壳温升。轴承温升，一般不得超过周围温度 35℃，最高不超过 75℃。在无温度计时，也可用手摸，凭经验判断，如感到烫手时，应停车检查。

（5）注意油环，要让它自由地随同泵轴作不同步的转动。随时听机组声响是否正常。

（6）定期记录水泵的流量、扬程、电流、电压、功率因素等有关技术数据，严格执行岗位责任制和安全技术操作规程。

当水泵需要停车时，应首先关出水闸阀，实行闭闸停车。然后，关闭真空表及压力表上阀，把泵和电动机表面的水和油擦净。在无采暖设备的房屋中，冬季停车后，要考虑水泵不致冻裂。

10.3 水泵常见故障与排除

水泵常见的故障及其排除方法见表 10-1。

水泵常见故障与排除　　　　　　　　　　　表 10-1

故　障	产　生　原　因	排　除　方　法
启动后水泵不出水或出水不足	1. 泵壳内有空气，灌泵工作没做好 2. 吸水管路及填料有漏气 3. 水泵转向不对 4. 水泵转速太低 5. 叶轮进水口及流道堵塞 6. 底阀堵塞或漏水 7. 吸水井水位下降，水泵安装高度太大 8. 减漏环及叶轮磨损 9. 水面产生漩涡，空气带入泵内 10. 水封管堵塞	1. 继续灌水或抽气 2. 堵塞漏气，适当压紧填料 3. 对换一对接线，改变转向 4. 检查电路，是否电压太低 5. 揭开泵盖，清除杂物 6. 清除杂物或修理 7. 核算吸水高度，必要时降低安装高度 8. 更换磨损零件 9. 加大吸水口淹没深度或采取防止措施 10. 拆下清通
水泵开启不动或启动后轴功率过大	1. 填料压得太死，泵轴弯曲，轴承磨损 2. 多级泵中平衡孔堵塞或回水管堵塞 3. 靠背轮间隙太小，运行中二轴相顶 4. 电压太低 5. 实际液体的相对密度远大于设计液体的相对密度 6. 流量太大，超过使用范围很多	1. 松一点压盖，矫直泵轴，更换轴承 2. 清除杂物，疏通回水管路 3. 调整靠背轮间隙 4. 检查电路，向电力部门反映情况 5. 更换电动机，提高功率 6. 关小出水闸阀
水泵机组振动和噪声	1. 地脚螺栓松动或没填实 2. 安装不良，联轴器不同心或泵轴弯曲 3. 水泵产生气蚀 4. 轴承损坏或磨损 5. 基础松软 6. 泵内有严重摩擦 7. 出水管存留空气	1. 拧紧并填实地脚螺栓 2. 找正联轴器不同心度，矫直或换轴 3. 降低吸水高度，减少水头损失 4. 更换轴承 5. 加固基础 6. 检查咬住部位 7. 在存留空气处，安装排气阀
轴承发热	1. 轴承损坏 2. 轴承缺油或油太多（使用黄油时） 3. 润滑油质不良，不干净 4. 轴弯曲或联轴器没找正 5. 滑动轴承的甩油环不起作用 6. 叶轮平衡孔堵塞，使泵轴向力不能平衡 7. 多级泵平衡轴向力装置失去作用	1. 更换轴承 2. 按规定油面加油，去掉多余黄油 3. 更换合格润滑油 4. 矫直或更换轴的正联轴器 5. 放正油环位置或更换油环 6. 清除平衡孔上堵塞的杂物 7. 检查回水管是否堵塞，联轴器是否相碰，平衡盘是否损坏

续表

故　障	产　生　原　因	排　除　方　法
电动机过载	1. 转速高于额定转速 2. 水泵流量过大，扬程低 3. 电动机或水泵发生机械损坏	1. 检查电路及电动机 2. 关小闸阀 3. 检查电动机及水泵
填料处发热、漏渗水过少或没有	1. 填料压得太紧 2. 填料环安装的位置不对 3. 水封管堵塞 4. 填料盒与轴不同心	1. 调整松紧度，使滴水呈滴状连续渗出 2. 调整填料环位置，使它正好对准水封管管口 3. 疏通水封管 4. 检修，改正不同心地方

10.4 泵站的运行日志与设备档案

10.4.1 运行日志

泵站不管大小都应设立运行日志，由操作管理人员定时记录机组的负荷、温升、出水量、扬程、开泵停泵时间、电力消耗和保养检修记录。有了这些原始资料，可以经常掌握泵机组的技术状态，为设备维修提供依据；还要根据这些原始资料分析、计算机组的技术经济指标，为技术改造提供依据。运行日志要认真记录，妥善保管。

运行日志式样可参见表10-2。

泵站运行日志　　　　　　　　　　　　　表10-2

_____年_____月_____日　天气_____

时间	1号机组			2号机组			3号机组			电压（V）	总电流（A）	电度表读数	变压器油温（℃）	室内温度（℃）	总出水量（t）
	扬程（m）	电流（A）	电机温度（℃）	水泵轴承温度（℃）	扬程（m）	电流（A）	电机温度（℃）	水泵轴承温度（℃）	扬程（m）	电流（A）	电机温度（℃）	水泵轴承温度（℃）			
1：00															
2：00															
…															
23：00															
24：00															
本日运行小时	时　　分			时　　分			时　　分			本日用电量　（kW·h）					
										本日出水量　（t）					

续表

时间	1号机组				2号机组				3号机组				电压(V)	总电流(A)	电度表读数	变压器油温(℃)	室内温度(℃)	总出水量(t)
	扬程(m)	电流(A)	电机温度(℃)	水泵轴承温度(℃)	扬程(m)	电流(A)	电机温度(℃)	水泵轴承温度(℃)	扬程(m)	电流(A)	电机温度(℃)	水泵轴承温度(℃)						

值班人员		值班时间	自 时 分至 时 分
			自 时 分至 时 分
			自 时 分至 时 分

备 注	

注：1. 本日用电量为电度表差额乘以电流互感器的变流比及电压互感器的电压比。
2. 本日出水量如无流量计的则按真空与压力表值查找事先制成的水泵出水量表。
3. 备注栏中填写开机时间、停机时间、操作人、故障情况等。

10.4.2 设备档案

为了管好用好泵站设备，应对主要设备建立技术档案。技术档案记录的主要内容有：设备的规格性能、工作时间记录、检查记录、事故记录、检修记录、试验记录等。有了这些记录，可以了解设备的历史和现状，掌握设备性能，对设备的使用、修理、改造、事故的分析处理，提供了可靠的依据，从而使设备达到安全、高效、低耗的运行。

设备档案一般有以下内容（表格见本章后附录）：

（1）设备登记卡

①水泵登记卡；②电动机登记卡；③变压器登记卡；④开关柜（配电盘）登记卡。

（2）设备工作时间记录

（3）设备检查记录

（4）设备修理记录

（5）设备事故记录

以上5种卡片装订成册，写明某种设备技术档案，认真记录，妥善保存。有关该设备的试验报告附在后面。

此外，还应将本站平面图、水泵安装图、电气接线图、水泵性能曲线等收集齐全、妥善保管，并最好复制一套模拟图张贴在值班室。

10.5 泵站的管理制度

10.5.1 值班长或值班负责人的工作标准

（1）值班长或值班负责人是运行班组的负责人，应带领全班人员严格遵守操作规程、进行安全生产，保证正常运行并对本班人员和设备的安全负责。

（2）带头执行各种规章制度（包括交接班制度），及时向上级领导汇报运行情况，执行调度命令、填写运行报表，做好运行记录。尤其应详细记录故障与事故情况。

（3）在紧急情况下有权停机，并采取应急措施，组织本班人员进行处理，以防止设备或人身事故的发生或恶化。

（4）负责组织机电设备的维护保养，保证设备始终在良好的技术状态下运行。

（5）熟练掌握运行和维修技能，不断提高运行质量，搞好文明生产。

（6）爱护国家财产，注意防火、防盗。

（7）负责新工人安全教育、技术培训，组织全班政治、技术、安全学习。

（8）由于违章操作、监视不严而造成的事故，要追究值班长的责任。

10.5.2 值班工人的工作标准

（1）在值班长领导下，严格遵守劳动纪律和安全操作规程、搞好安全运行和文明生产，完成厂部规定的各项操作任务。

（2）值班期间要认真操作设备、认真监视、按时巡视、细心测量和记录运行数据，发现问题随时向值班长汇报，要对操作错误、监视不严而造成的事故负责。

（3）努力做好机电设备的维护、保养工作，做到"四不漏"（不漏油、不漏水、不漏气、不漏电）和"四净"（油、水、机泵、电气设备干净），保持设备技术状态完好，室内环境整洁。

（4）如发现紧急情况，有权立即停机，以防人身或设备事故的发生和扩大，停机后应立即向上级汇报。一旦发生重大事故，应保护好现场。若发生触电事故，要设法立即抢救。

（5）不断提高知识水平和业务能力，积极参加技术考试，达到机电工人与运转工的应知应会要求。

10.5.3 交接班制度

为了明确责任，水泵站应建立交接班制度，具体内容如下：

（1）接班人要提前15min到达工作岗位，做好接班准备工作。

（2）交接班步骤是：交班人和接班人一起，巡视机电设备的运行情况；查点工具、安全用具、仪表等是否缺损；将巡查情况由交班人记入交接班记录（表10-3）；凡领导指令，与其他工序或电力部门联系事项，在交接班记录中写明，并应口头交代清楚，双方签名后，交接手续完成。

交接班记录　　　　　　　　　　　表 10-3

交 接 时 间	年　月　日　时　分
机组运行情况	
工作保管情况	
其他交接事项	

（3）交接双方责任划分

如在交接过程中需要操作或处理事故，由交班人执行。双方在"交接班记录"上签名后，设备操作或事故处理均由接班人执行。

（4）其他规定

如果接班人未能按时前来接班，交班人不得离开工作岗位；如果接班人喝醉了酒，或明显身体不好，交班人应拒绝交班；凡每班值班人员不止一人者，交接手续由双方班长负责进行。

10.5.4　水泵站安全技术规程

水泵站都要制定安全技术规程，并要求严格执行，其主要内容包括：

（1）不允许外人与无关人员进入泵房。禁止非值班人员操作机电设备，拒绝接受除调度和有关领导外的任何其他人员的指示与命令。

（2）不允许酒后上班或精神不振及体力不支的病人上班。值班工人不可擅自离开工作岗位。

（3）值班工人要衣冠整齐、穿戴必要的劳保用品。禁止赤膊、赤脚、穿拖鞋、披散衣服。女工人要将发辫盘在帽内，防止被机器轧住。在高压设备和线路附近不许悬挂或存放物品，不许在电动机和出风口烘烤衣服或其他东西。

（4）必须严格按操作规程启动、停止水泵，开泵前必须先瞭望机电设备周围及其附属设备周围无人后方可启动。

（5）操作高压电气设备，送、停电必须严格按照《电气安全技术规程》执行。

（6）在运转中打扫设备及其附近的卫生时要特别注意安全。严禁擦抹正在转动的部分，不得用水冲洗电缆头等带电部分。

（7）电动机吸风口、联轴器、电缆头必须设置防护罩，并使其经常处于良好状态。

（8）值班工人必须按规定定时检查水泵运转状况，要随时检查油壶中油质、油量,油圈必须灵活,轴承必须有良好的润滑,冷却和密封水要畅通无阻。

(9) 经常检查水压、电压、电流等仪表指示变化情况,指针都要在正常指示位置,滚动轴承与滑动轴承的温升不得超过有关规定。机泵运转中声音应正常,无振动和杂音。

(10) 突然停电或设备发生事故时,应立即切断电源并马上向调度或值班领导报告。

(11) 下吸水井工作时,必须至少两人,一人操作一人监护,操作者必须有可靠的安全措施。

(12) 维修人员检修电机、水泵时,值班工人应了解清楚检修范围,主动配合,可靠地断开检修范围内各种电源,会同维修人员一起验明无电后,及时装好接地线,悬挂指示牌后方可开始维修。

(13) 搬运高大设备进入泵房或在泵房内挖掘地面,必须事先经值班工人同意,采取有效措施防止碰损设备、挖坏电缆和人身触电,必要时要有人监护。

(14) 经常检查室内防火器材是否完整、好用。

(15) 值班工人必须提高警惕,搞好防火、防洪、防盗、防止人身触电的"四防"工作。

10.6 泵站辅助设施的运行管理

10.6.1 引水设备

水泵的工作有自灌式和吸入式两种方式。在装有大型水泵,自动化程度高,供水安全要求高的泵站中,宜采用自灌式工作。自灌式工作的水泵轴心应低于吸水池内的最低水位。吸入式工作的离心泵在启动前需要向水泵内引水,水泵灌满水后,才能启动水泵,使之正常工作。引水方式可分为两大类:一是吸水管带有底阀;二是吸水管不带底阀。

10.6.1.1 吸水管带底阀

(1) 人工引水:将水从泵顶的引水孔灌入泵内,同时打开排气阀。

(2) 用压力管的水倒灌引水:当压水管内经常有水,且水压不大而无止回阀时,直接打开压水管上的闸阀,将水倒灌入泵内。如压水管中的水压较大且在泵后装有止回阀时,就不能直接打开送水闸阀,而需在送水闸阀后装设一旁通管引入泵壳内,如图10-1所示。旁通管上设有闸阀,引水时开启闸阀,水充满泵后,关闭闸阀。此法设备简单,一般中、小型水泵

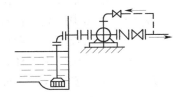

图 10-1 水泵从压水管引水

（吸水管直径在 300mm 以内时）多被采用。

（3）高位水箱引水：在泵房内设一个高位水箱，启动水泵时，可用水箱中水自流灌满水泵。

上述引水方法的特点是：底阀水头损失大；底阀须经常清理和检修；装置比较简单。

10.6.1.2 吸水管不带底阀

（1）真空泵引水

真空泵引水的特点是：水泵启动快，运行可靠，易于实现自动化控制。目前，使用最多的是水环式真空泵，其型号有 SZB 型、SZ 型及 S 型三种。水环式真空泵的构造和工作原理，如图 10-2 所示。

叶轮 1 偏心地装置于泵壳内，启动前往泵壳内灌满水，叶轮旋转时由于离心作用，将水甩至四周而形成一个旋转水环 2，水环上部的内表面与轮壳相切，沿箭头方向旋转的叶轮，在前半转（图中右半部）的过程中，水环的内表面渐渐与轮壳离开，各叶片间形成的空间渐渐增大，压力随之降低，空气就从进气管 3 和进气口 4 吸入。在后半转（图中左半部）的过程中，水环

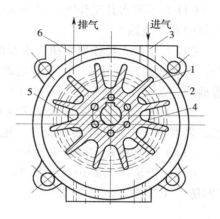

图 10-2　水环式真空泵的工作原理
1—叶轮；2—旋转水环；3—进气管；
4—进气口；5—排气口；6—排气管

的内表面渐渐与泵壳接近，各叶片间的空间渐渐缩小，压力随之升高，空气便从排气口 5 和排气管 6 排出。叶轮不断地旋转，水环式真空泵就不断地抽走气体。

真空泵的排气量按式（10-1）计算：

$$Q_V = \frac{K(W_P + W_S)H_a}{T(H_a - H_{SS})} \tag{10-1}$$

式中　K——漏气系数，一般 $K = 1.05 \sim 1.10$；

　　　W_P——泵站中最大一台水泵泵壳空气容积，m^3，相当于水泵吸入口面积乘以水泵吸入口到出水阀门之间的距离；

　　　W_S——泵站中最大一台水泵吸水管空气容积，m^3，相当于吸水管横截面积乘以长度；一般可查表 10-4 求得。

　　　H_a——大气压，用水柱高度表示，取 10.33m；

　　　H_{SS}——水泵安装高度，m；

　　　T——水泵引水时间，h，一般应小于 5min，消防水泵应不大于 3min。

最大真空值 $H_{V\max}$ 一般可根据吸水池最低水位至水泵最高点垂直距离 H 计算，即：

$$H_{V\max} = 760H/10.33 = 73.6H(\text{mmHg}) \qquad (10\text{-}2)$$

水管直径与空气容积关系   表10-4

D（mm）	100	125	150	200	250	300	350	400
w_S（m³/m）	0.008	0.012	0.018	0.031	0.071	0.092	0.096	0.120
D（mm）	450	500	600	700	800	900	1000	
w_S（m³/m）	0.159	0.196	0.282	0.385	0.503	0.636	0.785	

根据 Q_V 和 $H_{V\max}$ 查真空泵产品规格便可选择真空泵。泵站内真空泵的管路布置如图10-3所示。图中气水分离器的作用是为了避免水泵中的水和杂质进入真空泵内，影响真空泵的正常工作。对于输送清水的泵站也可以不用气水分离器。水环式真空泵在运行时，应有少量的水流不断地循环，以保持一定容积的水环及时带走由于叶轮旋转而产生的热量，避免真空泵因温度升高过大而损坏，为此，在管路上装设了循环水箱。但是，真空泵运行时，吸入的水量不宜过多，否则将影响其容积效率，减少排气量。

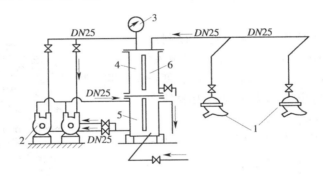

图10-3 泵站内真空泵管路布置
1—水泵；2—水环式真空泵；3—真空表；4—气水分离器；5—循环水箱；6—玻璃水位计

真空泵平面布置多采用一字形（靠墙布置）和直角形（靠墙角布置），抽气管布置可沿墙架空，沿管沟敷设，抽气管与水泵泵壳顶排气孔相连，要装指示器和截止阀。

真空管路直径，根据水泵大小，采用直径为 $d = 25 \sim 50$mm。泵站内真空泵通常设置两台，一用一备，两台水泵可共用一个气水分离器。

（2）水射器引水

如图10-4所示为用水射器引水的装置。水射器引水是利用压力水通过水射器喷嘴处

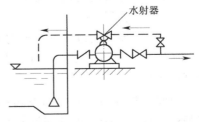

图10-4 水射器引水

产生高速水流,使喉管进口处形成真空的原理,将水泵内的气体抽走。因此,为使水射器工作,必须供给压力水作为动力。水射器应连接于水泵的最高点处,在开动水射器前,要把水泵压水管上的闸阀关闭,水射器开始带出被吸的水时,就可启动水泵。水射器具有结构简单、占地少、安装容易、工作可靠、维护方便等优点,是一种常用的引水设备。缺点是效率低,需供给大量的高压水。

10.6.2 计量设备

为了有效地调度泵站的工作,并进行经济核算,泵站内必须设置流量计量设施。目前,水厂泵站中常用的计量设施有电磁流量计、超声波流量计、插入式涡轮流量计、插入式涡街流量计以及均速流量计等。这些流量计的工作原理虽然各不相同,但它们基本上都是有变送器(传感元件)和转换器(放大器)两部分组成。传感元件在管流中所产生的微电信号或非电信号,通过变送、转换放大为电信号在液晶显示仪上显示或记录。一般而言,上述代表现代型的各种流量计较之过去在水厂中使用的诸如孔板流量计、文氏管流量计等压差式流量仪表,具有水头损失小、节能和易于远传、显示等优点。

10.6.2.1 电磁流量计

电磁流量计是利用电磁感应定律制成的流量计,如图 10-5 所示,当被测的导电液体,在导管内以平均速度 v 切割磁力线时,便产生感应电势。感应电势的大小与磁力线的密度和导体运动速度成正比,即:

$$E = BvD \times 10^{-8} \quad (10\text{-}3)$$

而流量为

$$Q = \frac{\pi}{4}D^2v \quad (10\text{-}4)$$

可得:

$$Q = \frac{\pi}{4}\frac{E}{B}D \times 10^8 \quad (10\text{-}5)$$

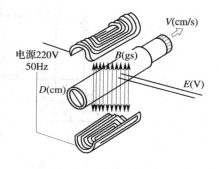

图 10-5 电磁流量计

式中 E——产生的电动势,V;
B——磁力线密度,gs;
Q——导管内通过的流量,cm^3/s;
D——管径,cm;
v——导体通过导管的平均流速,cm/s。

所以当磁力线密度一定时,流量将与产生的电动势成正比。测出电动势,即可算出流量。

电磁流量计由电磁流量变送器和电磁流量转换器(放大器)组成。变送器安装在管道上,把管道内通过的流量变换为交流毫伏级的信号,转换器则把信号放大,并转换成 0~10mA 的直流电信号输出,与其他电动仪表配套,进行记录指示、调节控制等。

电磁流量计的特点是：其变送器结构简单，工作可靠；水头损失小，电耗少；可以输送带有杂质的液体，且不易堵塞，但不能用于非导电液体的计量；无机械惯性，反应灵敏，可以测量脉动流量，流量测量范围大，低负荷亦可测量，而且输出信号与流量呈线性关系，计量方便（这是最主要的优点），测量精度约为 $\pm 1.5\%$；安装方便；重量轻、体积小、占地少；价格较高，怕潮、怕水浸。

电磁流量计的直径等于或小于工艺管道直径（由于电磁流量计具有很大的测量范围，所以一般情况下，即使管道中流量很大，也不必选用比管道直径大的流量计），流量计的测量量程应比设计流量大，一般正常工艺流量为最大量程的 $65\% \sim 80\%$，而最大流量仍不超过量程。例如设计管道直径为 700mm，设计流量为 $1500m^3/h$，就可以选用 LD-600 型电磁流量计，其量程范围为 $0 \sim 2000m^3/h$。在这种情况下，正常工作时最大流量应为最大量程的 75%。

电磁流量计的安装环境，应选择周围环境温度为 $0 \sim 40℃$。应尽量避免阳光直射和高温的场合，尽量远离大电器设备，如电动机、变压器等。为了保证测量精度，从流量计电极中心起在上游侧 5 倍直径的范围内，不要安装影响管内流速的设备配件，如闸阀等。对于地下埋设的管道，电磁流量计的变送器应装在钢筋混凝土水表井内。井内有泄水管，井上有盖板，防止雨水的浸淹。电磁流量计的电源线和信号线，应穿在金属管套内（最好是电源线和信号线分别穿在两根管子内）敷设，以免损坏电线，同时可以减少干扰，提高仪表的可靠性和稳定性。在流量计的下游侧安装伸缩接头，以便于仪表的拆装。

10.6.2.2 超声波流量计

超声波流量计是利用超声波在流体中的传播速度随着流体的流速变化这一原理设计的。一般称为速度差法，目前世界各国所用的超声波流量计大部分属于这种类型。在速度差法中，根据接收和计算模式的不同，先后又有时差法、频差法及时频法等多种类型的超声波流量计。从超声波流量计发展历史来看，首先出现的是时差法，但由于当时超声测流理论认为时差法测量精度受液体温度变化影响较大，而且当时采用的转换方式使时差法误差较大，分辨率不高。所以到 20 世纪 70 年代后，由新起的频差法取代。近代由于数字电路技术的发展，计量频率数比较容易提高量测精度和分辨率，所以频差法超声波流量计在国际上大批生产推广使用。图 10-6 所示为国产超声波流量计的安装示意。由图上可以看出，它是由两个探头（超声波发生和接收元件）及主机两部分组成。其优点是水头损失极小，电耗很省，量测精度一般在 $\pm 2\%$ 范围内，使用中可以计量瞬时流量，也可计量累积流量。安装时探头的安装部位要求上游的直管段 $\geqslant 10$ 倍管径，下游的直管段 $\geqslant 5$ 倍管径。目前国产的超声波流量计已可测量管径 $100 \sim 2000mm$ 之间的任何直径管道，信号传送一般为 $30 \sim 50m$ 以内。

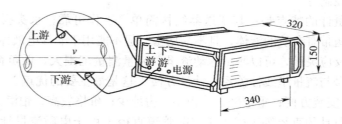

图 10-6　超声波流量计安装示意

10.6.2.3　插入式涡轮流量计

插入式涡轮流量计主要有变送器和显示仪表两个部分组成，其测量原理如图 10-7 所示。利用变送器的插入杆将一个小尺寸的涡轮头插到被测管道的某一深处，当流体流过管道时，推动涡轮头中的叶轮旋转，在较宽的流量范围内，叶轮的旋转速度与流量成正比。利用磁阻式传感器的检测线圈内的磁通量发生周期性变化，在检测线圈的两端发生电脉冲信号，从而测出涡轮叶片的转数而测得流量。实验证明，在较宽的流量范围内，变送器发出的电脉冲流量信号的频率与流体流过管道的体积流量成正比，其关系可用式（10-6）表示：

$$Q = \frac{f}{K} \qquad (10\text{-}6)$$

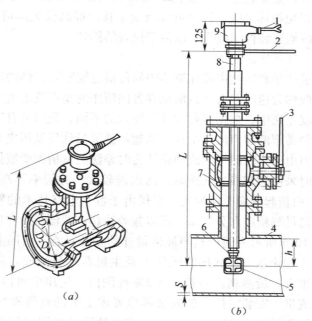

图 10-7　插入式涡轮流量计

1—信号传送线；2—定位杆；3—阀门；4—被测管道；5—涡轮头；
6—检测线圈；7—球阀；8—插入杆；9—放大器

式中 f——流量信号的频率，次/s；
K——变送器的仪表常数，次/m³；
Q——流过的流量，m³/s。

一般保证仪表常数精度的流速范围为 0.5~2.5m/s。目前，用于管径 200~1000mm 的管道，仪表常数的精度为 ±2.5%。插入式涡轮流量计目前还没有专门的型号命名，一般沿用变送器的型号作为流量计的型号。例如 LWCB 型插入式涡轮流量变送器与任何一种型号的显示仪配套组成的插入式涡轮流量计，就称为 LWCB 型插入式涡轮流量计。

目前国产的插入式涡轮流量计有 LWC 型与 LWCB 型。LWC 型必须断流才可在管道上安装和拆卸。所以它只用在可以随时停水的管道，否则应安装旁通管道。而 LWCB 型可不断流即可在管道上安装和拆卸，它也无须安装旁通管道。

10.6.2.4 插入式涡街流量计

涡街流量计又称卡门涡街流量计，它是根据德国学者卡门发现的漩涡现象而研制的测流装置，是 20 世纪 70 年代在流量计领域里崛起的一种新型流量仪表。

卡门的漩涡现象认为：液流通过一个非流线形的挡体时，在挡体两侧便会周期性地交替产生两列内漩的漩涡。当两列漩涡的间距 h 与同列两个相邻漩涡之间的距离 L 之比（如图 10-8 所示）

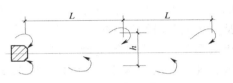

图 10-8 卡门涡街

满足 $h/L \leqslant 0.281$ 时，此时所产生的漩涡是稳定的，经得起微扰动的影响，称为稳定涡街，因而命名为卡门涡街（Vortex Street）。插入式涡街流量计就是按此原理研制的，其主要部件为传感器、插入杆、密封锁紧装置及放大器等。传感器中产生漩涡的挡体系用不锈钢制成的多棱柱型复合挡体结构，这种复合挡体结构可以产生强烈而稳定的漩涡。由漩涡的频率数 f 与流体的流速 v 成正比，与挡体的特征宽度 d 成反比的关系，可写出（10-7）式：

$$f = ST \cdot \frac{v}{d} \quad (10-7)$$

$$f = ST \cdot \frac{Q}{Ad} \quad (10-8)$$

式（10-7）和式（10-8）中 ST 为比例关系数，称为斯特路哈尔数（Strouhal），它是雷诺数的函数。令

$$K = \frac{ST}{Ad} \quad (10-9)$$

则得：

$$f = KQ \quad (10-10)$$

式中 K 为流量计的仪表常数。式（10-10）表明管道中通过的流量与漩涡频率成正比。

涡街流量计又称漩涡流量计。它无可动件、结构简单、安装方便、量程范围较宽、量测精度一般为 ±1.5% ~ ±2.5%。目前测量的管径范围为 50 ~ 1400mm。型号也以漩涡流量传感器的型号命名。较常用的是 LVCB 型插入式漩涡流量计。

10.6.3 起重设备

为了方便安装，检修或更换设备的需要，大、中型泵站要设置起重设备。小型泵站可用临时起重设备工作。

（1）起重设备的选择

泵房中必须设置起重设备以满足机泵安装与维修需要。它的服务对象主要为：水泵、电机、阀门及管道。选择什么起重设备取决于这些对象的重量。

常用的起重设备有移动吊架、单轨吊车梁和桥式行车（包括悬挂起重机）3种，除吊架为手动外，其余两种即可手动，也可电动。

表 10-5 为参照规范给出的起重量与可采用的起重设备类型，可作为设计时的基本依据。泵房中的设备一般都应整体吊装，因此，起重量应以最重设备并包括起重葫芦吊钩为标准。选择起重设备时，应考虑远期机泵的起重量。但是，如果大型泵站，当设备重量大到一定程度时，就应考虑解体吊装，一般以 10t 为限。凡是采用解体吊装的设备，应取得生产厂方的同意，并在操作规程中说明，同时在吊装时注明起重量，防止发生超载吊装事故。

泵房内起重设备选定　　　　　　表 10-5

起重量（t）	起重设备形式
<0.5	固定吊钩或移动吊架
0.5~2.0	手动或电动单轨吊车
2.0~5.0	手动或电动单轨吊车
>5.0	电动桥式行车

（2）起重设备布置

起重设备布置主要是研究起重机的设置高度和作业面两个问题。设置高度从泵房顶棚至吊车最上部分应不小于 0.1m，从泵房的墙壁至吊车的突出部分应不小于 0.1m。

桥式吊车轨道一般安设在壁柱上或钢筋混凝土牛腿上。如果采用手动单轨悬挂式吊车，则无须在机器间内另设壁柱或牛腿，可利用厂房的屋架，在其下面装上两条工字钢，作为轨道即可。

吊车的安装高度应能保证在下列情况下，无阻碍地进行吊运工作：

1）吊起重物后，能在机器间内的最高机组或设备顶上越过。

2）在地下式泵站中，应能将重物吊至运输口。

3）如果汽车能开入机器间中，则应能将重物吊到汽车上。

泵房的高度大小与泵房内有无起重设备有关。在无吊车设备时，应不小于 3m（指进口处室内地坪或平台至屋顶梁底的距离）；当有起重设备时，其高度应通过计算确定。其他辅助房间的高度可采用 3m。

深井泵房的高度需考虑的因素：井内扬水管的每节长度；电动机和扬水管的提取高度；不使检修三脚架跨度过大；通风的要求。

深井泵房内的起重设备一般采用可拆卸的屋顶式三脚架，检修时装于屋顶，适用于捯链。屋顶设置的检修孔，一般为 1.0m×1.0m。

所谓作业面是指起重吊钩服务的范围。它取决于所用的起重设备。固定吊钩配置葫芦，能垂直起举而无法水平运移，只能为一台机组服务，即作业面为一点。单轨吊车其运动轨迹是一条线，它取决于吊车梁的布置。横向排列的水泵机组，对应于机组轴线的上空设置单轨吊车梁。纵向排列机组，则设于水泵和电机之间。进出设备的大门，一般都按单轨梁居中设置。若有大门平台，应按吊钩的工作点和设置最大设备的尺寸来计算平台的大小，并且要考虑承受最重设备的荷载。在条件允许的情况下，为了扩大单轨吊车梁的服务范围，可以采用如图 10-9 所示的 U 形布置方式。轨道转弯半径可按起重量决定，并与电动葫芦型号有关，可见表 10-6 所示。

按起重量定的转弯半径　表 10-6

电动葫芦起重量（t）（CD_1 型及 MD_1 型）	最大半径 R（m）
≤0.5	1.0
1～2	1.5
3	2.5
5	4.0

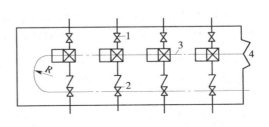

图 10-9　桥式行车 U 形布置方式
1—进水阀门；2—出水阀门；
3—吊泵边缘工作点轨迹；4—死角区

U 形轨布置具有选择性。因水泵出水阀门在每次启动与停车过程中是必定要操作的，故又称操作阀门，容易损坏，检修机会多。所以一般选择出水阀门为吊运对象，使单轨弯向出水闸阀，从而出水闸阀应布置在一条直线上较好。同时，在吊轨转弯处与墙壁或电气设备之间要注意保持一定的距离，以利安全。

桥式行车具有纵向和横向移动的功能，它服务范围为一个面。但吊钩落点离泵房墙壁有一定距离，故沿壁四周形成一环状区域（如图 10-10 所示），属于行车工作的死角区。一般在闸阀布置中，吸水闸阀平时极少启闭，不易损坏，可允许放在死角区。当泵房为半地下式时,可以利用死角区域修筑平台或走道,不致影响设备的起吊。对于圆形泵房,死角区的大小通常与桥式行车的布置有关。

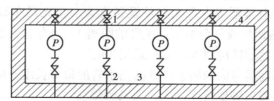

图 10-10 桥式行车工作死角区
1—进水阀门；2—出水阀门；3—吊泵边缘工作点轨迹；4—死角区

10.6.4 通风与采暖

泵房内一般采用自然通风。地面式泵房为了改善自然通风条件,往往设有高低窗,并且保证足够的开窗面积。当泵房为地下式或电动机功率较大,自然通风不够时,特别是南方地区,夏季气温较高,为使室内温度不超过35℃,以保证工人有良好的工作环境,并改善电动机的工作条件,宜采用机械通风。

机械通风分抽风式和排风式。前者是将风机放在泵房上层窗户顶上,通过接到电动机排风口的风道将热风抽出室外,冷空气自然补充。后者是在泵房内电动机附近安装风机,将电动机散发的热气,通过风道排出室外,冷空气也是自然补进。

对于埋入地下很深的泵房,当机组容量大,散热较多时,只采取排出热空气,自然补充冷空气的方法,其运行效果不够理想时,可采用进出两套机械通风系统。

泵房通风设计主要是布置风道系统与选择风机。

选择风机的依据是风量和风压。

（1）风量的计算

1）按泵房每小时换气 8～10 次所需通风空气量计算：为此须求出泵房的总建筑面积。设泵房总建筑容积为 $V(m^3)$,则风机的排风量应为 $8 \sim 10 V(m^3/h)$。

2）按消除室内余热的通风空气量按式（10-11）计算：

$$L = \frac{Q}{c\rho(t_1 - t_2)}(m^3/h) \qquad (10\text{-}11)$$

式中 Q——泵房内同时运行的电机的总散热量,kJ/s,$Q = nN(1-\eta)(kJ/s)$;

c——空气的比热,一般取 $c = 1.01 kJ/kg \cdot ℃$;

ρ——泵房外空气的密度,随温度而改变,当 $t = 30℃$ 时,$\rho = 1.12 kg/m^3$;

$t_1 - t_2$——泵房内外空气温度差,℃;

N——电机的功率,kJ/s;

η——电机的效率,一般取 $\eta = 0.9$;

n——同时运行的电机台数。

(2)风压的损失(沿程损失和局部损失)

1)沿程损失

$$h_\mathrm{f} = il(\mathrm{mmH_2O})\qquad(10\text{-}12)$$

式中　l——风管的长度,m;

　　　i——每米风管的沿程损失,根据管道内通过的风量和风速,由通风设计手册中查得。

2)局部损失

$$h_1 = \sum \xi \frac{v^2 \rho}{2g}(\mathrm{mmH_2O})\qquad(10\text{-}13)$$

式中　ξ——局部阻力系数,查通风设计手册求得;

　　　v——风速,m/s。

所以风管中的全部阻力损失为:

$$H = h_\mathrm{f} + h_1(\mathrm{mmH_2O})\qquad(10\text{-}14)$$

通风机根据所产生的风压大小,分为低压风机(全风压在100mmH₂O以下),中压风机(全风压在100~300mmH₂O之间)和高压风机(全风压在300mmH₂O以上)。

泵房通风一般要求的风压不大,故大多采用低压风机。

风机按作用原理和构造上的特点,分为离心式和轴流式两种,泵房中一般采用轴流式风机。轴流式风机如图10-11所由以下部分组成:叶轮和轴套1,装在叶轮上与轴成一定角度的叶片2及圆筒形外壳3。当风机叶轮转动时,气流沿轴向流过风机。

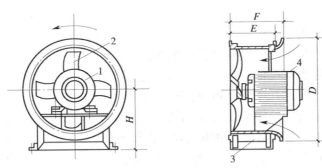

图10-11　轴流式风机
1—叶轮;2—叶片;3—外壳;4—电动机

一般说来,轴流式风机应装在圆筒形外壳内,并且叶轮的末端与机壳内表面之间的空隙不得大于叶轮长度的1.5%。如果吸气侧没有风管,则在圆筒形外壳的进风口处须装置边缘平滑的喇叭口。

在寒冷地区,泵房应考虑采暖设备。泵房采暖温度:对于自动化泵站,机器间为5℃,非自动化泵站,机器间为16℃。在计算大型泵房采暖时,应考虑电动机所散发的热量；但也应考虑冬季天冷停机时可能出现的低温。辅助房间室内温度在18℃以上。对于小型泵站可用火炉取暖，我国南方地区多用此法。大中型泵站中亦可考虑采取集中采暖方法。

10.6.5 排水设施

泵房内由于水泵填料盒滴水、闸阀和管道接口可能发生的漏水、拆修管道设备时泄放的存水以及地沟渗水等，必须设置排水设备及时排水，以保持泵房环境整洁和安全运行（尤其是电缆沟中不允许积水）。地下式或半地下式泵房，一般设置手摇泵、电动排水泵或水射器等排除积水。地面式泵房，积水就可以自流入室外下水道。另外无论是自流或提升排水，在泵房内地面上均需设置地沟集水（或将水引出）。排水泵也可采用液位控制自动启闭。排水设施设计时应注意：

（1）泵房内要设排水沟，坡度大于0.01坡向集水坑，且集水坑容积为5min排水泵流量。

（2）排水泵流量可选10~30L/s的流量。

（3）自流排水时，必须设止回阀以防雨水倒灌。

10.6.6 防火与安全设施

泵房中防火主要是防止用电起火以及雷击起火两种。起火的可能是用电设备过负荷超载运行、导线接头接触不良、电阻过大发热，使导线的绝缘物或沉积在电气设备上的粉尘自燃。短路的电弧能使充油设备爆炸等。在江河边的取水泵房，常常设置在雷击较多的地区，泵房上如果没有可靠的防雷保护措施，便有可能发生雷击起火。

雷电是一种大气放电现象，它是由带有不同电荷的云层放电所产生的。在放电过程中发生强烈的电光和巨响，产生强大的电流和电压。电压可达几十万至几百万伏，电流可达几千安。雷电流的电磁作用对电气设备和电力系统的绝缘物质的影响很大。泵站中防雷保护设施常用的是避雷针、避雷线和避雷器3种。

避雷针是由镀锌钢针、电杆、连接线和接地装置组成（如图10-12所示）。落雷时，由于避雷针高于被保护的各种设备，它把雷电流引向自身，承受雷电流的袭击，于是雷电先落在避雷针上，然后通过针上的连接线流入大地，使设备免受雷电流的侵袭，起到保护作用。

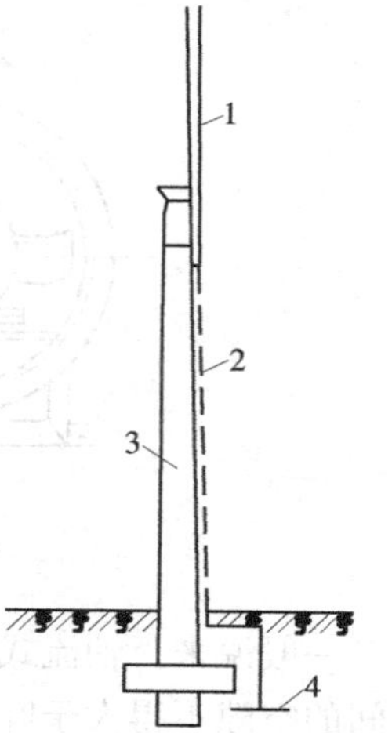

避雷线作用类同于避雷针，避雷针用以保护各种电气设备，而避雷线则用在35kV以上的高压输电架空线路上，如图10-13所示。

图10-12 避雷针
1—镀锌钢针；2—连接线；
3—电杆；4—接地装置

避雷器的作用不同于避雷针（线），它是防止设备受到雷电的电磁作用而产生感应过电压的保护装置。如图 10-14 所示为阀型避雷器外形。其主要组成有两部分：一是由若干放电间隙串联而成的放电间隙部分，通常叫火花间隙。一是用特种碳化硅做成的阀电阻元件，外部用陶瓷外壳加以保护。外壳上部有引出的接线端头，用来连接线路。避雷器一般是专为保护变压器和变电所的电气设备而设置的。

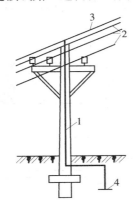

图 10-13　避雷线
1—避雷线；2—高压线；3—连接线；4—接地装置

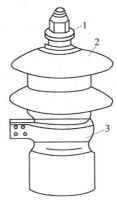

图 10-14　阀型避雷器
1—接线端头；2—瓷质外壳；3—支持夹

泵站安全设施中除了防雷保护外，还有接地保护和灭火器材的使用。接地保护是接地线和接地体的总称。当电线设备绝缘破损，外壳接触漏了电，接地线便把电流导入大地，从而消除危险，保证安全，如图 10-15 所示。

图 10-16 所示为电器的保护接零。它是指电气设备带有中性零线的装置，把中性零线与设备外壳用金属线与接地体连接起来。它可以防止变压器高低压线圈间的绝缘破坏时而引起高压电加于用电设备，危害人身安全的危险。380V/220V 或 220V/127V，中性线直接接地的三相四线制系统的设备外壳，均应采用保护接零。三相三线制系统中的电气设备外壳，也均应采用保护接地设施。泵站中常用的灭火器材有四氯化碳灭火机、二氧化碳灭火机、干式灭火机等。

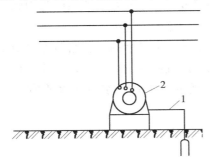

图 10-15　接地保护
1—接地线；2—地动机外壳

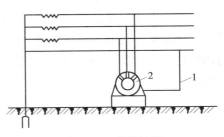

图 10-16　保护接零
1—零线；2—设备外壳

10.7 泵站水锤及防护

10.7.1 水锤概述

水锤也称为水击,是压水管路中由于液体流速的突然变化而引起的压力急剧的交替升高和降低的水力冲击现象。

如图 10-17 所示,水箱出流时,当阀门一瞬间关闭时,管路中的水流在惯性作用下将继续冲击阀门,使得阀门处压力急剧升高,并且逐步向水箱传播,传播速度为 α。

由水力学知:在简单管路中若发生关阀水锤,阀门瞬时关闭,则发生直接水锤,其压力增值:

$$\Delta H = \frac{av_0}{gH_0} \quad (10\text{-}15)$$

$\Delta P = \rho a (v_0 - v)$;

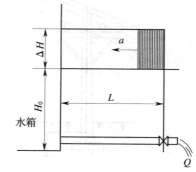

图 10-17 关阀水锤示意图

阀门关闭缓慢,则发生间接水锤,其压力增值:

$$\Delta H = \frac{av}{g} \cdot \frac{T_C}{T_Z} = \frac{2Lv}{gT_Z} \quad (10\text{-}16)$$

式中 a——水锤波传播速度;
  v_0——水流原速度;
  v——水流速度改变后的速度,关阀水锤 $v = 0$;
  T_C——水锤波传播一个来回的时间,$T_C = 2L/a$;
  T_Z——阀门关闭时间。

水锤波传播速度一般在 1000m/s,g 为 9.81m/s²,所以若发生直接水锤,则其压力增值:$\Delta H \approx 100v_0$,若原水流速度 V 为 1m/s,则压力增值 ΔH 为 100m,是相当大的。为减少水锤增值,防止水锤破坏,管路水流速度不能太大。

但是,上述仅仅是理论公式计算值,实际水锤是很复杂的,管路多为复杂管路,实际水锤一般都是间接水锤,压力增值虽然比直接水锤小得多,但其最高压力仍然可达正常压力的 200%,根据经验一般规定给水管路水流速度不宜大于 3.0m/s。

10.7.2 停泵水锤

所谓停泵水锤是指水泵机组因突然失电或其他原因,造成开阀停车时,在水泵及管路中水流速度发生变化而引起的压力递变现象。

发生突然停泵的原因可能有：

（1）由于电力系统或电气设备突然发生故障，人为的误操作等致使电力供应突然中断。

（2）雨天雷电引起突然断电。

（3）水泵机组突然发生机械故障，如联轴器断开，水泵密封环被咬住，致使水泵转动发生困难而使电机过载，由于保护装置的作用而将电机切除。

（4）在自动化泵站中由于维护管理不善，也可能导致机组突然停电。

停泵水锤的主要特点是：突然停电（泵）后，水泵工作特性开始进入水力暂态（过渡）过程，其第 1 阶段为水泵工作阶段。在此阶段中，由于停电主驱动力矩消失，机组失去正常运行时的力矩平衡状态，由于惯性作用仍继续正转，但转速降低（机组惯性大时降得慢，反之则降得快）。机组转速的突然降低导致流量减少和压力降低，所以先在水泵处产生压力降低。这点和水力学中叙述的关阀水锤显然不同。此压力降以波（直接波或初生波）的方式由泵站及管路首端向末端的高位水池传播，并在高位水池处引起升压波（反射波），此反射波由水池向管路首端及泵站传播。由此可见，停泵水锤和关阀水锤的主要区别就在于产生水锤的技术（边界）条件不同，而水锤波在管路中的传播、反射与相互作用等，则和关阀水锤中的情况完全相同。

压水管路的水，在停电后的最初瞬间，主要靠惯性作用呈逐渐减慢的速度，继续向高位水池方向流动，然后流速降至零。这种状态是不稳定的，管道中的水在重力的作用下，又开始向水泵倒流，速度由零逐渐增大，受到水泵阻挡产生很大压力，往往会产生水锤现象。

发生停泵水锤时，在水泵处首先产生压力下降，然后是压力升高，这是停泵水锤的主要特点。在水泵出口处如果设有止回阀，管路中倒流水流的速度达到一定程度时，止回阀很快关闭，水流速度一瞬间降为零，发生直接水锤，引起很大的压力上升。当水泵机组惯性小，供水地形高差大时，压力升高较大，最高压力可达正常压力的 200%。能击坏管路和设备。

实践证明：止回阀突然关闭危害性极大，旋启式止回阀是一瞬间关闭的，很容易发生水锤。所以，开发研制了二次关闭止回阀和缓闭止回阀等设备，其关闭时间长，$T_z > 2L/q$，产生间接水锤，危害程度就要小得多。

若水泵压水管路布置起伏较大，还会发生断流水锤，如图 10-18 所示，发生停泵水锤初期，在管路局部最高点 B 点产生负压，有水柱分离现象，当水流倒流时，就在 B 点处产生水流撞击，形成很大的压力升高，称之为断流水锤，其往往比水泵处水锤压力增值要大得多，因而危害也大的多。所以，讨论停泵水锤尤其要注意断流水锤的问题，判断水柱分离现象发生的位置，采取防护措施。

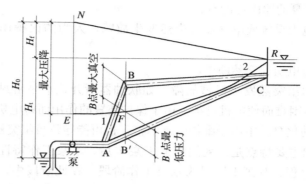

图 10-18　两种布管方式（ABC 及 AB′C）
NR—正常运行时压力线；EFR—发生水锤时最低压力线

10.7.3　停泵水锤的危害及防护

10.7.3.1　停泵水锤的危害

根据北京市市政院的调查，全国各地区都曾发生过停泵水锤事故。华东、中南、西南、西北 4 个地区有 30 多个较大泵站发生过停泵水锤事故，有记录的在 200 次以上。一般停泵水锤事故会造成"跑水"、停水；严重的事故造成泵房被淹，甚至使取水趸船沉没；有的还引起次生灾害，如冲坏铁路，中断运输；还有的设备被损坏，伤及操作人员，甚至造成人身死亡的事故。

停泵水锤事故容易发生于下列条件：（1）单管向高处输水，不少资料认为，当供水地形高差超过 20m 时，就要注意防止停泵水锤的事故；（2）水泵总扬程（或工作压力）大；（3）输水管道内流速过大；（4）输水管道过长，且地形变化大；（5）在自动化泵站中阀门关闭太快。

10.7.3.2　水锤防护措施

（1）取消止回阀

取消水泵出口处的止回阀，水流倒流时，可以经过水泵泄回吸水井，这样就不会产生很大的水锤压力。平时还能减少水头损失，节省电耗。但是，倒流水流会冲击泵倒转，有可能导致轴套退扣。此外，还应采取其他相应的技术措施，以解决取消止回阀后带来的新问题。

国内有关单位对取消止回阀以消除停泵水锤问题，曾做过不少研究和试验。从已有的国内实测资料可知：取消止回阀后，最大停泵水锤升压仅为正常工作压力的 1.27 倍左右；水泵机组最大反转速度为正常转速的 1.24 倍；仅在个别试验中发生过轴套退扣和机轴窜动现象；没有发生机组或其他部件的损坏情况；电气设备也没有发生故障。中南地区许多农灌泵站和部分给水取水泵站采用取消止回阀来消除停泵水锤，取得了良好的效果。水泵反转带来的主要问题是：停电后应立即关闭出水闸门，否则大量水回泄，会造成浪费。此外，再开泵时又可能给抽气引水工作带来困难。对于送水泵站若取消止回阀，配水管网由于大量泄水可能使管网内压力大大降低，而在个别高处有可能形成负压在管网漏水处将外部污染的水吸进管内，使管网受到污染。

（2）采用缓闭阀

缓闭阀有缓闭止回阀及缓闭式止回蝶阀，它们均可使用于泵站中来消除停泵水锤。阀门的缓慢关闭或不全闭，允许局部倒流，能有效地减弱由于开闸停泵而产生的高压水锤。压力上升值的控制与阀的缓闭过程有关。

（3）设置水锤消除器

如图10-19所示为下开式水锤消除器。水泵正常工作时，管道内水压作用在阀板1上的向上托力大于重锤3和阀板1向下的压力，阀板与阀体密合，水锤消除器处于关闭状态。突然停泵时，管道内压力下降，作用于阀板的下压力大于上托力，重锤下落（图中虚线所示位置），阀板落于分水锥2中，从而使管道与排水口4相连通。当管道内水流倒流冲闭止回阀致使管道内压力回升时，由排水口泄出一部分水量，从而水锤压力将大大减弱，使管道及配件得到了保护。

此种水锤消除器的优点是管路中压力降低时发生动作，能够在水锤升压发生之前，打开放水，因而能比较有效地消除水锤的破

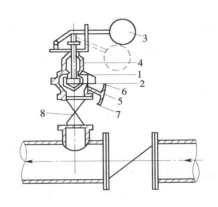

图10-19 下开式水锤消除器
1—阀板；2—分水锥；3—重锤；
4—排水口；5—三通管；6——压力表
7—放气门；8—闸阀

坏作用。此外，它的动作灵敏，结构简单，加工容易，造价低，工作可靠。缺点是消除器打开后不能自动复位。且在进行复位操作时，容易发生误操作。

消除器的复位工作应先关闸阀把重锤从杠杆上拿下来，抬起杠杆，插上横销，再加上重锤；开闸阀复位后，还要拔下横销；下次发生突然停电时，消除器才能打开。否则，在下次发生突然停电时，消除器将不动作。另外，如果没有关闸阀就把立杆和阀板1抬起来，往往容易形成二次水锤。

下开式水锤消除器的直径d和数目可参考表10-7选用。

表10-7 输水管直径与下开式水锤消除器直径

输水管直径（mm）	方案一		方案二	
	直径（mm）	个数	直径（mm）	个数
300	150	1	200	1
400	150	1	200	1
500	150或200	1	200	1

续表

输水管直径（mm）	方案一		方案二	
	直径（mm）	个数	直径（mm）	个数
600	200	1	200	1
700	200	1~2	200	1
800	200	2	200	2
900	200	2	200	2
1000	200	2	350	1
1100	200	2	350	1~2

也可用下述经验公式确定：

$$d = 0.25D$$

式中　D——输水管直径，mm。

下开式水锤消除器安装必须注意：①必须安装在止回阀下游（以正常水流方向）离止回阀越近越好。②在排水口上应安装比消除器直径大一号的排水管，排水管上最好设有弯头，如有弯头时，最好用法兰弯头，并必须设置支墩。③消除器及其排水管道必须注意防冻。④消除器重锤下面，必须设置支墩，托住重锤，支墩上表面覆以厚木板，以缓冲重锤向下冲击力，重锤下落时杠杆不能直接压在消除器连杆帽上，以免发生倾覆力矩，损坏消除器。

图10-20所示为自动复位下开式水锤消除器，它具有普通下开式消除器的特点，并能自动复位。其工作原理是：突然停电后，管道起端产生降压，水锤消除器缸体外部的水经闸阀9向下流入管道8，缸体内的水经单向阀3也流入管道8，此时，活塞1下部受力减少，在重锤5作用下，活塞下降到锥体内（图中虚线位置），于是排水管4的管口开启，当最大水锤压力到来时，高压水经消除器排水管流出，一部分水经单向闸阀瓣上的钻孔倒流入锥体内（阀瓣上的钻孔直径根据水锤波消失所需时间而定，一般由试验求得），随着时间的延长，水锤逐渐消失，缸体内活塞下部的水量慢慢增多，压力加大，直至重锤复位。为使重锤平稳，消除器上部设有缓冲器6，活塞上升，排水管口又复关闭，这样即自动完成一次水锤消除作用。

自动复位水锤消除器的优点是：①可以自动复位。②由于采用了小孔延时方式，有效地消除了二次水锤。

（4）设置空气缸

图10-21所示为管路上安装空气缸的示意。它利用气体体积与压力成反比的原理，当发生水锤管内压力升高时，空气被压缩，起气垫作用；而当管内形成负压甚至发生水柱分离时，它又可以向管道补水，有效地消减停泵水锤的危害。

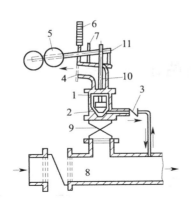 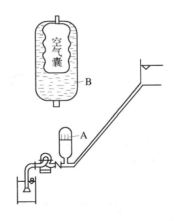

图 10-20　自动复位下开式水锤消除器
1—活塞；2—缸体；3—阀瓣上钻有小孔的单向阀；
4—排水管；5—重锤；6—缓冲器；7—保持杆；8—管道；
9—闸阀（常开）；10—活塞联杆；11—支点

图 10-21　空气缸
A—没有气囊；B—有气囊

设空气缸的缺点是需用钢材，同时空气能溶解于水，所以还要有空气压缩机经常向缸中补气；如在缸内安装橡胶气囊，将空气与水隔开，则可以不用经常补气设备。目前，在国内外已推广采用带橡胶气囊的空气缸。空气缸的体积较大，对于直径大、线路长的管道可能大到数百立方米，因此，只适用于小直径或输水管长度不大的条件。

附录：水泵站设备档案

(1) 设备登记卡

① 水泵登记卡

水泵登记卡　　　　　　　　　　　　　　　　　　　　附表 10-1

水泵编号		水泵型号	
安装位置		额定流量（t/h）	
安装年月		转速（r/min）	
出厂年月		扬程（m）	
制造厂		吸上真空高度（m）	
配套电机型号		配套功率（kW）	

② 电动机登记卡

电动机登记卡　　　　　　　　　　　　　　　　　　　附表 10-2

电动机编号		电动机型号	
安装位置		功率（kW）	
安装年月		额定电压（V）	
出厂年月		接法	
制造厂		转速（r/min）	
温升（℃）		额定电流（A）	

③ 变压器登记卡

变压器登记卡　　　　　　　　　　　　　　　　　　　附表 10-3

变压器编号			型　号		
容量（kVA）			连接组		
额定电压（kV）	高压		额定电流（A）	高压	
	低压			低压	
阻抗电压（%）			空载电流（%）		
空载损耗（W）			短路损耗（W）		
油面最高温度（℃）			线圈最高温升（℃）		

续表

变压器编号		型　号	
油型		油量（kg）	
制造厂		出厂年月	
出厂编号		安装年月	

④ 开关柜（配电盘）登记卡

开关柜（配电盘）登记卡　　　　附表 10-4

开关柜编号 设备名称		型　号	
	型号规格	单　位	数　量
交流电流表			
电流互感器			
闸刀开关			
空气开关			
启动器			
…			

注：表中设备按实际情况填列。

（2）设备工作时间记录

设备工作时间记录卡见附表 10-5。

设备工作时间记录卡　　　　附表 10-5

设备名称		设备编号	
年　月	本月运行时间 （　时　分）	本年累计运行时间 （　时　分）	上次大修后累计运行时间 （　时　分）

（3）设备检查记录

设备检查记录见附表 10-6。

设备检查记录　　　　附表 10-6

设备名称		设备编号	
检查日期	检测项目及测量数据	处理意见	检查人

(4) 设备修理记录

设备修理记录见附表10-7。

设备修理记录　　　　　　　　　　　　附表10-7

设备名称				
修理日期	修理类型	上次修理后工作小时	主要修理内容	修理工

(5) 设备事故记录

设备事故记录见附表10-8。

设备事故记录　　　　　　　　　　　　附表10-8

设备名称			设备编号	
事故日期	事故情况	值班人	事故原因	事故处理情况

第 4 篇

企业运营管理与供水排水项目投融资

第 11 章　企业运营的内部管理

11.1　供水排水企业的运营管理特征

供水排水企业属于自然垄断企业。

自然垄断是经济学中的一个传统概念。早期的自然垄断概念主要是指由于资源条件的分布集中而无法竞争或不适宜竞争所形成的垄断。现代观点认为，即使规模经济不存在，或即使平均成本上升，但只要单一企业供应整个市场的成本小于多个企业分别生产的成本之和，由单个企业垄断市场的社会成本最小，该行业就是自然垄断行业。

自然垄断属性使供水排水企业的运营管理同其他企业相比，具有一些典型的行业特征，主要表现为以下几个方面。

（1）规模经济效益

按照西方经济学理论，对处于完全竞争市场中的一般性企业而言，在边际报酬递减规律的作用下，其生产成本随着产量的递增，表现出先降后升的 U 形特征（图 11-1）。而对于自然垄断企业，正常情况下几乎看不到这种 U 形特征，其生产成本在很高的产量水平上，仍随着产量的增加而递减（图 11-2），也就是说，存在规模经济效益。

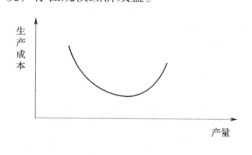

图 11-1　完全竞争条件下一般性
企业生产成本曲线

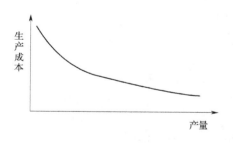

图 11-2　自然垄断企业生产成本曲线

规模经济效益是指随着生产规模的扩大，产品和服务的每一单位的平均成本出现下降的现象。在这种情况下，如果有多个不同规模的企业，那么规模最大的企业就会根据较低的平均成本定出较低的价格，这样，其他企业就会出现亏损，只能退出，或被规模最大的企业兼并，由此必然形成垄断的局面。这是因为，自然垄断企业的生产需要大量的固定资产，使得固定成本非常大，而可变成本很小

（一般来讲，固定成本占总成本的比例为50%~70%，甚至更多）；而且固定资产需要很长的折旧时间。所以，生产成本曲线在很高的产量水平上仍是下降的。

供水排水企业的规模经济效益主要表现为两个方面：

一是随着制水量或污水处理量的增大，分摊到每一单位水量上的固定成本会越来越小，从而获得规模经济效益。这意味着在供水排水设施既定的设计生产能力下，供水排水企业运营商必须争取尽可能地多处理水，对供水企业而言，还应力争最大限度降低产销差率、提高售水量，才能获得更多的经济效益。

二是对于既定的产品需求（自来水或污水处理）市场，由一个大型企业进行生产，比由几个小企业分别生产成本更低，资源配置效率更高。假设 $TC(Q_x, Q_y)$ 表示一个企业生产 Q_x 单位的产品 X 和 Q_y 单位的产品 Y 所发生的总成本，$C(Q_x)$ 表示一个企业只生产 Q_x 单位的产品 X 而发生的成本，$C(Q_y)$ 表示另一个企业只生产 Q_y 单位的产品 Y 而发生的成本，则有 $TC(Q_x, Q_y) < C(Q_x) + C(Q_y)$。供水排水企业只有走大型化、规模化的发展道路才符合客观规律的要求，才能大幅降低成本，提高收益，进而提高整个社会的资源配置效率。

（2）价格受政府严格管制

供水排水企业的自然垄断属性，一方面使其具有规模经济效应，但另一方面，自然垄断作为垄断的一种形式，同样存在着由于缺乏竞争所造成的垄断企业的高价格、高利润以及低产出水平等效率的损失。所以，在大多数国家，供水排水企业的服务价格一般都处于政府的严格管制之下，以保护社会公众利益和提高整个社会的经济效益。

供水排水企业的价格管制方法通常有边际成本定价法（辅以政府补贴），平均成本定价法、两步制定价法以及资本回报率管制法等等。实践中，由于供水排水企业和管制机构二者各自掌握的信息是不对称的，因此，最终出台的价格往往是双方博弈的结果。由于价格对社会福利、投资环境以及供水排水企业的经济效益均产生至关重要的影响，因而作为被管制者，供水排水运营企业的经营者首先应该对价格管制持正确的态度，积极主动配合价格管制部门的工作；同时，也应据理力争，以免企业经济效益受损。

除上述两个突出特点外，供水排水企业在生产和服务上还具有以下特点：

（1）产品具有不可替代性

水是人类生存和发展不可或缺的物质，和其他资源，如石油、矿产等不同，自来水没有可供选择的替代性产品。

（2）生产具有连续性

城市供水排水等公用企业单位的生产过程都有着连续进行的要求，其中任何一个环节的中断都必然导致社会秩序的紊乱、社会发展的不平衡及社会不安定因素的出现。因此，它们必须实现连续的生产过程。需要注意的是，这里所指的"连续"，不是1天24小时一分钟也不停，它是指按社会需求随时保证需要。

(3) 社会服务性

社会服务性是指社会各部门、单位与个人对它都是需要的。从这个角度上看，供排水除了盈利，谋求良性发展以外，还在客观上承担了一定的政府职能。因为，政府在某种含义上就代表了整个社会服务的总和，它是使社会政治、经济、文化都按某种特定轨道正常运行的保证。

(4) 适度的超前性

社会在发展，人们的生活水平也在不断提高。为了适应这种需要，作为城市基础设施之一的供水排水设施必然也应配套跟上。同时，为了提高经济发展的速度，它还应具备一定的超前性。

11.2 企业的组织设计

11.2.1 现代企业的组织结构

现代企业常见的组织结构的类型有：直线制、职能制、直线职能制、企业部制、矩阵制结构等。组织结构是随着生产力和社会的发展而不断发展的，每一种类型的组织结构都有其优点和缺点，都有一定的适用范围。

(1) 直线制

直线制是一种最早也是最简单的组织形式。它的特点是企业各级行政单位从上到下实行垂直领导，下属部门只接受一个上级的指令，各级主管负责人对所属单位的一切问题负责。厂部不另设职能机构，一切管理职能基本上都由行政主管自己执行。

直线制组织结构的优点是：结构比较简单，责任分明，命令统一。缺点是：它要求行政负责人通晓多种知识和技能，亲自处理各种业务。这在业务比较复杂、企业规模比较大的情况下，把所有管理职能都集中到最高主管一人身上，显然是难以胜任的。因此，直线制只适用于规模较小，生产技术比较简单的企业。

(2) 职能制

职能制组织结构，是各级行政单位除主管负责人外，还相应地设立一些职能机构。这种结构要求行政主管把相应的管理职责和权力交给相关的职能机构，各职能机构就有权在自己业务范围内向下级行政单位发号施令。因此，下级行政负责人除了接受上级行政主管人指挥外，还必须接受上级各职能机构的领导。

职能制的优点是能适应现代化工业企业生产技术比较复杂，管理工作比较精细的特点；能充分发挥职能机构的专业管理作用，减轻直线领导人员的工作负担。但缺点也很明显：它妨碍了必要的集中领导和统一指挥，形成了多头领导；不利于建立和健全各级行政负责人和职能科室的责任制，在中间管理层往往会出现有功大家抢，有过大家推的现象；另外，在上级行政领导和职能机构的指导和命令发生矛盾时，下级就无所适从，影响工作的正常进行，容易造成纪律松弛，生产管理秩序混乱。

(3) 直线—职能制

直线—职能制，也叫生产区域制，或直线参谋制。它是在直线制和职能制的基础上，取长补短，吸取这两种形式的优点而建立起来的。目前，我国绝大多数企业都采用这种组织结构形式。这种组织结构形式是把企业管理机构和人员分为两类，一类是直线领导机构和人员，按命令统一原则对各级组织行使指挥权；另一类是职能机构和人员，按专业化原则，从事组织的各项职能管理工作。直线领导机构和人员在自己的职责范围内有一定的决定权和对所属下级的指挥权，并对自己部门的工作负全部责任。而职能机构和人员，则是直线指挥人员的参谋，不能对直接部门发号施令，只能进行业务指导。

直线—职能制的优点是：既保证了企业管理体系的集中统一，又可以在各级行政负责人的领导下，充分发挥各专业管理机构的作用。其缺点是：职能部门之间的协作和配合性较差，职能部门的许多工作要直接向上层领导报告请示才能处理，这一方面加重了上层领导的工作负担；另一方面也造成办事效率低。为了克服这些缺点，可以设立各种综合委员会，或建立各种会议制度，以协调各方面的工作，起到沟通作用，帮助高层领导出谋划策。

(4) 企业部制

企业部制是一种高度集权下的分权管理体制。它适用于规模庞大，品种繁多，技术复杂的大型企业，是国外较大的联合公司所采用的一种组织形式，近几年我国一些大型企业集团或公司也引进了这种组织结构形式。

企业部制是分级管理、分级核算、自负盈亏的一种形式，即一个公司按地区或按产品类别分成若干个企业部，从产品的设计、原料采购、成本核算、产品制造，一直到产品销售，均由企业部及所属工厂负责，实行单独核算，独立经营，公司总部只保留人事决策，预算控制和监督大权，并通过利润等指标对企业部进行控制。也有的企业部只负责指挥和组织生产，不负责采购和销售，实行生产和供销分立，但这种企业部正在被产品企业部所取代。还有的企业部则按区域来划分。

企业部制的好处是：总公司领导可以摆脱日常事务，集中精力考虑全局问题；企业部实行独立核算，更能发挥经营管理的积极性，更利于组织专业化生产和实现企业的内部协作；各企业部之间有比较，有竞争，这种比较和竞争有利于企业的发展；企业部内部的供、产、销之间容易协调，不像在直线职能制下需要高层管理部门过问；企业部经理要从企业部整体来考虑问题，这有利于培养和训练管理人才。企业部的缺点是：公司与企业部的职能机构重叠，构成管理人员浪费；企业部实行独立核算，各企业部只考虑自身的利益，影响企业部之间的协作，一些业务联系与沟通往往也被经济关系所替代。甚至连总部的职能机构为企业部提供决策咨询服务时，也要企业部支付咨询服务费。

（5）矩阵制

在组织结构上，把既有按职能划分的垂直领导系统，又有按产品（项目）划分的横向领导关系的结构，称为矩阵组织结构。

矩阵制组织是为了改进直线职能制横向联系差，缺乏弹性的缺点而形成的一种组织形式。它的特点表现在围绕某项专门任务成立跨职能部门的专门机构上，例如组成一个专门的产品（项目）小组去从事新产品开发工作，在研究、设计、试验、制造各个不同阶段，由有关部门派人参加，力图做到条块结合，以协调有关部门的活动，保证任务的完成。这种组织结构形式是固定的，人员却是变动的，需要谁，谁就来，任务完成后就可以离开。项目小组和负责人也是临时组织和委任的。任务完成后就解散，有关人员回原单位工作。因此，这种组织结构非常适用于横向协作和攻关项目。

矩阵结构的优点是机动、灵活，可随项目的开发与结束进行组织或解散；由于这种结构是根据项目组织的，任务清楚，目的明确，各方面有专长的人都是有备而来。因此在新的工作小组里，能沟通、融合，能把自己的工作同整体工作联系在一起，为攻克难关，解决问题而献计献策，由于从各方面抽调来的人员有信任感、荣誉感，使他们增加了责任感，激发了工作热情，促进了项目的实现；它还加强了不同部门之间的配合和信息交流，克服了直线职能结构中各部门互相脱节的现象。矩阵结构的缺点是：项目负责人的责任大于权力，因为参加项目的人员都来自不同部门，隶属关系仍在原单位，只是为"会战"而来，所以项目负责人对他们管理困难，没有足够的激励手段与惩治手段，这种人员上的双重管理是矩阵结构的先天缺陷；由于项目组成人员来自各个职能部门，当任务完成以后，仍要回原单位，因而容易产生临时观念，对工作有一定影响。

11.2.2 现代供水排水企业的组织结构设计

现代供水排水企业的组织机构一般选择直线——职能型组织管理结构，企业的组织结构以直线型为主要骨干，但各职能部门共同参与企业各个业务部门的管理，从而形成了既保证企业直线高效率地指挥，又吸收职能专业部门的具体参谋建议与监督制约，在专业化和综合性、全面性两方面寻求较好平衡的一种组织管理结构模式。

现代供水排水企业一般管理链条较短，只有两个层次。第一个层次为公司总部，通过职能部室，建立以董事会为决策中心、经营班子为执行中心的强有力的决策和经营指挥系统，公司总部成为全公司的决策中心、投资中心、资产经营中心和利润中心。第二层次为下属企业，各分公司及各水厂成为成本中心，主要任务是降低成本，提高社会效益，并成为公司的紧密核心层；二级全资企业法人成为利润中心，主要任务是降低成本，提高经济效益。二级法人企业有人、财、物的自主权，但没有对外投资、担保权。

现代供水排水企业的组织结构在业务管理上可实行供水排水一体化管理，以优化配置资源，降低成本，实现规模经济效益。在业务分类上，一般宜实行主副分离，实现集团化经营。各水厂、分公司作为集团公司的主业，实行直接管理；副业则分离出去，按照《公司法》规范其行为，建立现代企业制度，按现代企业制度的子母公司制，通过产权代表进行管理，由产权代表与集团公司签订目标责任书，作为考核与管理产权代表的依据，集团公司不干预下属企业的经营活动，各下属子公司是自主经营、自负盈亏的法人。

案例：某大型供水排水企业组织结构设计。

该组织结构属于直线—职能型组织结构，在业务管理上，实行供水排水一体化管理，"以水为主，多种经营"。按照该企业的组织结构设计方案，其主要部门的职能如下：

总经理办公室：在总经理直接领导下进行工作，负责文秘、打印室管理、会议组织、接待、信访、机要、督察办等工作。

技术部：负责科技规划、日常科技管理、档案资料管理、企业刊物编辑、技术信息交流等。

研究所：负责供水排水技术方面的重大课题的专项研究工作，并为生产单位提供技术支持。

经营部：负责组织编制供水排水生产经营计划、投资计划；制定多种经营企业年度经营目标；审核生产经营统计分析，指导检查成本核算、定量考核、经营考核；指导成本控制与经营管理，指导内部交易的管理与监控；组织收集价格信息，进行价格政策研究，提出调价方案等。

设备管理部：负责公司设备的购置、检修、调拨、转让、报废及设备台账的建立等工作，同时，对二级管理单位在设备使用、制度落实、设备台账及档案管理方面进行检查。

人力资源部：负责劳动用工、工资、社会保险、职称评聘、档案、劳动合同、培训、员工考核与奖惩等工作。

工程部：主要负责公司自建工程建设项目的招标、发包、施工、竣工验收与试运行的管理工作。

财务部：是公司财务管理的执行机构，负责公司日常会计核算与财务管理工作，负有审核及支付各项用款，指导集团公司所属单位财会工作，依法计算和交纳国家税收等职责。

客户服务中心：负责供水审批、排水接管登记、用户管理、工程管理、用户图纸资料管理、水务督察、供排水业务受理、用户接访、业务咨询、投诉处理。

生产调度中心：负有供水排水调度和管网管理的双重职能。主要负责全市供水排水生产的调度指挥、计划停水的审批、突发性爆管抢修的监督落实等工作，同时，代表公司处理与其他单位在管网规划、图纸会审、施工管理、管网管理、管网移交、开口接管等方面事宜。

化验中心：担负水质管理与水质检测的双重任务。

行政部：负责公司的行政、后勤事务管理。

发展部：负责对公司下属企业进行产权管理和产权服务，提出实行目标经营的下属企业的奖金发放方案，进行投资立项、项目论证等投资管理工作。

11.3 计划与财务管理

11.3.1 计划管理

计划是管理的一项基本功能。计划是设定目标，以及决定如何达成目标的过程。简单地说，计划就是"设定目标，指明路线的过程"，这个过程包含信息的收集、整理、分析、归纳，目标的思考与设定，执行方案的构想、比较与决策，组织内外的沟通协调，必要资源的分析、统计与组合，以及过程中所遇到问题的解决等。

11.3.1.1 供水排水企业的计划系统

计划系统是指由各种计划构成的计划体系以及依据各种信息完成这些计划工作的各级计划职能的有机结合。

（1）计划体系

1) 战略计划：用计划的形式对供水排水企业的发展方向、长期目标、战略措施等战略性决策进行具体的安排。它是企业战略决策具体的实施方案，也是对企业战略的论证与定量描述。其依据为企业的战略决策、企业的资源优势、内在潜力和拓展空间等。战略计划的作用表现在它是对战略决策的具体安排，是对战略决策的论证。其核心问题是确定企业的业务范围，即确定企业的发展方向和目标，包括主营和兼营方向，同时在环境不断变化的条件下，调整企业的目标、方向。供排水企业的战略计划包括企业的供水排水设施建设发展规划、水质发展规划，跨区域经营计划、企业多元化发展计划、技术开发计划、人才培养计划等方面。

2) 资源配置计划：根据企业战略计划的要求，对企业所需的资源进行优化配置的计划管理，换句话讲，是为实现企业发展战略而制定的各项具体的改革与发展计划。内容可包括企业组织结构与管理流程的改革、人才任用机制改革、薪酬体制改革以及筹资投资、基本建设等各种资源配置方面的计划。合理的改革发展计划可以使企业更加科学、合理地确定资源数量、结构以及有效地配置，推动及早实现企业的战略发展目标。

3) 生产经营计划：对供水排水企业日常生产、经营活动进行的分类计划管理。它是在战略计划基础上制定的执行计划，同时它又受到改革发展计划所配置的资源的制约，它是有效地落实企业经营目标的重要手段。其内容包括各种生产、经营活动的安排。如生产、销售、采购、财务、设备、人事、后勤等方面的计划。

（2）计划体系的形式

供水排水企业的计划体系按照时间、作用、内容、涉及的领域范围等侧重点不同，通常有以下几种形式：

1) 中长期计划。是指企业发展性问题以及计划期跨度较长（一般在一年以上）的活动的计划管理。

2) 短期计划。是指对企业过程性活动、计划期在一年或一年以下的短期活动的计划管理。一般为年度计划。

3) 综合计划。是指对企业全局或整体活动的计划。如企业整体目标、实施战略、措施等。

4) 分类计划。是指对企业局部（各项专业职能）工作目标、活动过程的计划。

供水排水企业计划体系如图 11-3 所示。

11.3.1.2 供水排水企业的生产计划管理

生产计划也称基本生产计划或年度生产大纲，是对企业总体生产任务的确定与进度安排，一般为年度计划。供排水企业的生产计划是根据销售（售水）计划制定的，它又是企业制定物资采购计划、生产任务平衡、设备管理计划和生产作业计划的主要依据。供排水企业生产计划工作的主要内容包括：调查和预测社会的用水需求和污水排放量，核定企业的生产能力，确定目标、制定策略、选择计划方法，正确制订生产计划、库存计划、生产进度计划和计划工作程序以及计划的实施和控制工作（图 11-4）。

生产计划方案的确定不仅需要满足需求和生产能力两个方面的要求，而且要考虑收益和成本方面的要求，是个多目标的优化过程。

（1）供水排水企业生产计划的编制

供水排水企业生产计划的主要编制内容有：

1) 年度原水需求计划。

2) 年度自来水生产、销售计划。包括：自来水供水量、售水量、生产材料消耗、动力消耗等定额指标，以及自来水漏耗率、水费回收率、自来水出厂水和管网水水质合格率、管网压力合格率、修漏及时率等经营指标。

3) 年度排水生产、经营计划。包括：污水处理量、污水处理率、雨污水提升量、污水出厂水水质等指标。

4) 年度技术改造和基建维修计划。指计划年度内改进技术、工艺设备和生产设施等措施的计划。

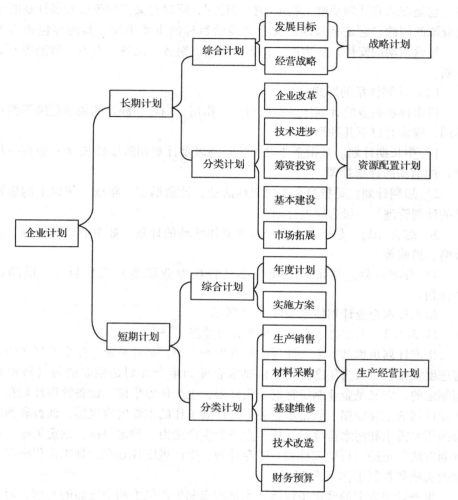

图 11-3 供水排水企业计划体系

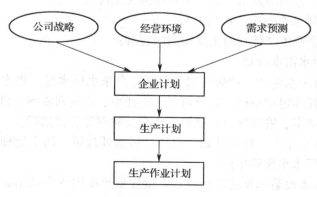

图 11-4 供水排水企业生产计划流程

5）科研项目年度计划。提出本年内立项实施的科研课题，包括技术研发和解决生产技术难题两类。

6）劳动工资计划。具体规定企业在计划年度内为完成生产经营任务所需的各类人员的数量、工资总额、平均工资水平和劳动生产率等。

7）多种经营计划。包括计划年度内各项多种经营项目的产品品种、数量、质量等。

8）成本支出计划。具体规定在计划年度内为完成生产经营任务所支出的全部成本费用计划等。

9）财务计划。包括利润计划、固定资产折旧计划、流动资金计划、专用基金计划和财务收支计划等。

10）物资采购计划。具体规定计划年度内为完成生产经营任务所需的各种原材料、燃料动力、设备、工具等的需要量和供应量，以及物资的储备量、主要物资和能源的节约计划等。

（2）供水排水企业生产计划的执行和控制

供水排水企业编制各项计划，只是提出了对未来的设想，如何实现这个设想，取决于对计划的执行和控制。

1）生产计划的执行

组织实现生产计划，要动员和组织职工共同努力，具体工作如下：

① 做好计划指标的分解工作，做到层层分解，层层落实。

② 搞好作业计划工作。作业计划工作是年度计划的具体执行计划，要根据不同情况，把年度计划的任务按季、月分配到各基层单位。

2）生产计划的控制

生产计划在执行过程中，可能会遇到一些问题，这就需要加强控制，使问题能够得到及时解决。控制要有标准，主要的标准是各种定额及各单位、部门、岗位的计划指标。

生产计划的控制包括事前控制和事后控制。控制的方法有报表、报告、会议、专门调查与分析等。

生产计划在执行过程中做一些调整是难免的。但调整不能过于频繁，不能因一些主观原因就擅自调整计划，应维护计划的严肃性。

11.3.2 财务管理

财务管理是企业管理的一部分，是有关资金的筹集、投放和分配的管理工作。下面结合我国供水排水企业的生产经营特点，简要介绍供水排水企业财务管理的目标、对象、内容及原则。其中，财务管理的目标取决于供水排水企业的目标，并受财务管理自身特点的制约，同时，财务管理的目标又决定了供水排水企业财务管理的对象、内容和原则。

11.3.2.1 供水排水企业的目标及其对财务管理的要求

在我国传统的供水排水行业管制体制下，作为政府下属的公益型企业单位，供水排水企业没有生产经营自主权，没有生存压力，没有获利目标的压力，完成政府下达的各项工作任务即为企业的目标。20 世纪末以来，随着我国供水排水行业市场化改革，尤其是投融资体制改革的深入，越来越多的供水排水企业逐渐按照"产权明晰，权责明确，政企分开，管理科学"的原则建立起现代企业制度，企业的组织形式逐渐从原来的国有独资公司演变为多股东组成的有限责任公司和股份有限公司，企业的目标随之发生了巨大的变化。

与水务市场竞争的要求相适应，新时期供水排水企业的目标是生存、发展和获利。供水排水企业的这些目标，要求财务管理完成投资筹措并有效地投放和使用资金的任务。财务管理不仅与资产的获得及合理决策有关，而且与企业的生产和销售管理发生直接联系。

11.3.2.2 供水排水企业财务管理的目标

财务管理的目标是企业理财活动所希望实现的结果，是评价企业理财活动是否合理的基本标准。是财务管理人员进行财务决策的出发点和归宿。财务管理目标制约着财务运行的基本特征和发展方向。在市场机制下，关于供水排水企业财务管理目标的综合表达，主要有以下三种观点：

一是利润最大化。这种观点认为，利润代表了企业新创造的财富，利润越多越接近企业的目标。但这种观点的缺陷是没有考虑利润的取得时间，以及利润与所投入资本额和所承担风险之间的关系。

二是净资产利润率最大化。这种观点认为，应当把企业的利润和股东投入的资本联系起来考察，用净资产利润率（或每股盈余）来概括企业的财务目标，以避免利润最大化目标的缺点。但这种观点依然存在缺陷，仍然没有考虑货币的时间价值和所承担的风险性。

三是企业价值最大化。这种观点认为，企业价值最大化或股东财富最大化是供水排水企业财务管理的目标。这是本书采纳的观点。股东投资供水排水企业的目的是扩大财富，他们是企业的所有者，企业价值最大化就是股东财富最大化。企业的价值在于它能在未来给所有者带来报酬，包括获取股利和出售其股权换取现金。如同商品的价值一样，供水排水企业的价值只有投入市场才能通过价格表现出来。

按出资者的不同，我国目前的供水排水企业主要可以分为三类：

（1）国有独资公司。即企业只有一个出资人，通常为国家授权投资的机构或部门。该公司的价值是理论上出售该公司可以得到的现金。

（2）有限责任公司。企业有 2~50 个出资者。该企业的价值是股东转让其股权可以得到的现金。

（3）股份有限公司。股东在 5 人以上，该企业的价值是股东转让其股份可以得到的现金。已经上市的股份有限公司，其股票价格就代表了企业的价值。

总之，企业的价值就是其出售价格，而个别股东的财富是其拥有股份转让时所得的现金。

11.3.2.3 供水排水企业财务管理的对象

财务管理主要是资金管理。与所有企业一样，供水排水企业财务管理的对象同样是资金及其流转。资金流转的起点和终点是现金，其他资产都是现金在流转中的转化形式，因此，财务管理的对象可以说是现金及其流转。

财务管理也会涉及成本、收入和利润问题。从财务的观点来看，成本和费用是现金的耗费，收入和利润是现金的来源，财务管理主要从这种意义上来研究成本和收入，而不同于一般意义上的成本管理和销售管理，也不同于计量收入、成本和利润的会计工作。

如果企业的现金流出量和流入量相等，财务管理工作将大为简化。但实际上这种情况极少出现。不是收大于支，就是支大于收。总的来讲，我国大多数供水排水企业会经常遇到现金流出大于现金流入的情况。

引起我国供水排水企业现金流转不平衡的因素主要有以下几个方面：

（1）水价

水价将对供水排水企业的销售收入（现金流入）产生直接和显著的影响。以一个日供水量为80万吨/日、产销差率15%的中等规模供水企业为例，综合水价每提高0.1元，将使年销售收入增加2500万元。我国供水排水企业出现的长期亏损和资金匮乏局面主要是由于价格不到位引起的。

（2）售水量

售水量（或计价水量）也是影响我国供水排水企业现金流入的重要因素。就我国供水企业而言，目前对售水量产生重大影响的因素突出表现在三个方面：

一是产销差率。因管网陈旧或管理不善引起的过高的产销差率，使本该流入企业的大量的资金消失在无形之中。仍以上边的供水企业为例，假定水价为1元钱，产销差率每提高1个百分点，将使企业每年损失250万元。可实际情况是，目前我国供水企业的产销差率非常之高，全行业平均产销差率达到15%，局部地区的实际产销差率高达50%以上。居高不下的产销差率是引起我国供水企业资金匮乏的一个重要因素。

二是自备水源。由于历史原因我国很多地方形成了很多自备水源。这些企业和居民自己打造的自备井，无序地开发国家的地下水资源，不仅引起地面沉降、区域性疾病等很多问题，而且也极大影响了供水企业的销售水量。

三是季节性变化。就我国而言，尤其是北方地区，售水量明显呈现出随季节而变化的规律，一般冬季售水量较小，夏季售水量较大。因此，供水企业往往出现冬季现金不足，夏季现金相对充裕的现象。

（3）新增投资。要新增投资的企业，往往会出现严重的现金短缺情况。就我国的供水排水企业而言，新增投资主要表现为新建水厂、污水处理厂、管网及维修改造。随着水务市场的逐步放开，新增投资还表现为企业的跨区域并购。因此财务人员的任务不仅是维持当前的现金收支平衡，而且要设法满足企业新增投资的需要，并且力争使企业扩充的现金需求不超过扩充后新的现金流入。

（4）成本费用。在现金流量表上，成本费用表现为企业的现金支出。由于体制的原因，长期以来，我国供排水企业普遍存在机构臃肿、效率低下的情况，企业运行成本较高。成本费用较高也是引起我国供排水企业现金周转失衡的一个重要原因。

（5）通货膨胀。通货膨胀会使企业遭遇现金短缺的困难。通货膨胀会使企业原材料、人工等各种费用的现金支付增加，从而使企业出现现金紧张的局面。通货膨胀造成的现金周转失衡不能靠短期借款来解决，因其不是临时现金短缺，而是现金购买力被永久地"蚕食"了。在这种情况下，企业若不加大增收节支的力度，就难以应付通货膨胀造成的财务困难。

11.3.2.4 供水排水企业财务管理的主要内容

供水排水企业财务管理的主要内容可以归纳为三个方面。

（1）筹措资金

企业通过多渠道和合理方式，进行自主筹集资金，一方面用于弥补企业自身资金不足，保证企业生产经营正常进行，另一方面用于推动企业技术进步和扩大再生产的资金需要。

就目前而言，我国供水排水企业筹措资金的主要渠道有：国家预算拨款、国债、银行贷款、企业自筹资金、引进外来投资者等。资金在使用中要计算其代价，即企业取得并使用资金所应负担的利息。企业自主筹资要根据生产经营实际，尽量考虑以最低的筹资成本，保证企业对资金的需要及给企业带来的经济效益。

（2）合理使用资金

企业资金的使用是指企业将不断循环周转运动中的资金，根据生产和流通的需要，合理地分布于各个周转环节，以取得较好的资金使用效益。企业将筹集来的资金用于建造或购买生产经营所需要的房屋、设施、设备、原材料、商品等物资，用于支付各种费用，经过资金的筹集、投放和使用，全面形成企业的各项资产。为了使有限的资金充分发挥效用，我国供水排水企业在资金使用上应重点抓好以下几个方面：

一是加大管网维修改造方面的投入，降低产销差率，并合理安排水厂、管网的改造和建设计划和进度；

二是推行全面预算管理，尽力降低成本费用；

三是安排处理好投资用资金和生产用资金、长短期债务、各种应收应付账款等各种资金之间的关系，努力维持企业资金平衡；

四是资金充裕的供水排水企业应抓住机遇，加大对外发展的投入，通过BOT、TOT、股权收购等形式主动开展跨区域并购业务；

五是加强对企业资金的动态研究，尽可能地规避财务风险。

(3) 资金收回及分配

供水排水企业销售自来水，处理污水并收费，资金从货币资金开始经过形态的变化，最后又回到货币资金形态，称为资金收回，具体表现为企业的销售收入。我国供水排水企业提高销售收入的前提是提高水价，重点是降低产销差率，提高售水量或计价水量。

资金的分配就是企业将取得的营业收入进行分配。营业收入首先要用来补偿成本和费用，以保证企业生产经营活动的继续进行。补偿成本和费用后的金额，就是企业的纯收入。企业的纯收入扣除销售税金后的余额是利润。企业的利润按照国家规定作相应的调整后，依法缴纳所得税。税后利润除国家另有规定外，按一定顺序进行分配：支付被没收财务损失及各项税收的滞纳金和罚款；弥补企业以前年度亏损；提取法定公积金；提取公益金；向投资者分配利润。

11.3.2.5 供水排水企业财务管理的原则

企业财务管理原则是组织企业财务活动和处理企业财务关系的工作规范和准绳。为了正确地实现企业财务管理目标，完成企业财务管理任务，我国供水排水企业在财务管理中，必须遵循以下几项原则：

(1) 依法自主理财，自负盈亏

企业是独立的经济实体，因此企业应自主处理其财务活动和各种财务关系。这种相对独立的财务自理权，即企业按国家有关的法律、法规、财务通则和制度，独立自主地支配和运用财产和谋求利益的权利，包括以较低的成本，筹措企业所需的资金，企业对营运资金的调控和合理安排资金使用上的自主理财权。企业财务自理另一含义是在生产经营过程中做以收抵支，这种经营结果必然是自负盈亏。

(2) 建立健全企业内部财务管理制度，做好财务管理基础工作

企业内部财务制度是企业经营管理制度的重要组成，是企业根据国家财经法规，结合企业实际情况制定的，是企业财务活动的约束条件。其内容包括：固定资产管理制度，流动资产管理制度，无形资产、递延资产和其他资产管理制度，成本和费用管理制度，营业收入、利润管理制度，财务报告与财务评价制度，以及内部结算制度等。

做好财务管理的基础工作，是搞好企业财务管理的基本保证。财务管理基础工作主要内容包括：做好计量记录工作；加强定额管理；建立、健全财务管理机构；配备专业的财会人员，不断提高财会人员的素质。

(3) 加强经济核算

现代财务管理中加强经济核算十分重要。经济核算就是利用货币形式，对生

产经营过程中的资产占用、劳动消耗和经营成果进行记录、计算、控制、对比和分析,要求做到以收抵支,精打细算,降低成本费用,开源节流,尽量以少的成本费用增加利润。

企业在生产经营过程中,无论理财、投资、融资活动和各项财务关系中,以及企业进行财务规划、财务预测、财务决策、财务控制、财务分析和财务诊断过程中,都要进行成本与效益比较,而成本与效益比较贯穿于企业财务管理始末,因而加强经济核算也就贯穿企业财务管理始终。

11.4 生 产 管 理

11.4.1 水质管理

水质是指水与水中杂质共同表现的综合特征。水质指标表示水中特定杂质的种类和数量,是判断水质好坏、污染程度的具体衡量尺度。对特定目的或用途的水中所含杂质或污染物种类与浓度的限制和要求即为水质标准。

生活饮用水水质标准是规范饮用水卫生和安全的法规,对于保证人民健康起着重要的作用。而水体是国家的宝贵资源,必须严格保护,免受污染,这同样要求污水排入水体时应处理到允许排入各类水体的相应标准。城市供排水企业作为生活饮用水生产和污水处理业务的经营者,其内部对水质的管理水平将直接影响到所供应饮用水和排放污水的质量。为此,加强水质管理,保障饮水安全和污水达标排放,是关系到国计民生和生态环境的大事,同时,对当地改善投资环境和旅游环境,促进经济建设也都将起到重要作用。

(1) 饮用水水质标准与污水排放标准

随着经济的发展,人口的增加,不少地区水源短缺,有的城市饮用水源污染严重,居民生活饮用水安全受到威胁。1985 年发布的《生活饮用水卫生标准》(GB 5749—85)已不能满足保障人民群众健康的需要。为此,卫生部和国家标准化管理委员会对原有标准进行了修订,联合发布新的强制性国家《生活饮用水卫生标准》(GB 5749—2006)(下称"新标准")。这是国家 21 年来首次对 1985 年发布的《生活饮用水标准》进行修订。

《生活饮用水卫生标准》的修订是保证饮用水安全的重要措施之一。新标准具有以下三个特点:一是加强了对水质有机物、微生物和水质消毒等方面的要求。新标准中的饮用水水质指标由原标准的 35 项增至 106 项,增加了 71 项。其中,微生物指标由 2 项增至 6 项;饮用水消毒剂指标由 1 项增至 4 项;毒理指标中无机化合物由 10 项增至 21 项;毒理指标中有机化合物由 5 项增至 53 项;感官性状和一般理化指标由 15 项增至 20 项;放射性指标仍为 2 项。二是统一了城镇和农村饮用水卫生标准。三是实现饮用水标准与国际接轨。新标准水质项目和指标值的选择,充分考虑了我国实际情况,并参考了世界卫生组织的《饮用水水质准则》,参考了欧盟、美国、俄罗斯和日本等国饮用水标准。

自 1989 年 2 月通过《中华人民共和国环境保护法》以来,我国先后颁布了 10 余部环境保护方面的法律,其中与城市污水直接相关的有《中华人民共和国水污染防治法》和《中华人民共和国水法》。与之相配套,国家与地方部门又制定了较为详细的水环境标准,作为城市水污染控制的规划、设计、管理、监督的原则。

《地面水环境质量标准》(GB 3838—2002)是适用于地面水的国家水质标准,主要内容是根据地面水水域使用目的和保护目标将其分为五类,并确定了这五类水体的标准。其中 I 类水体主要适用于源头水、国家自然保护区;II 类水体主要适用于集中式生活饮用水水源地一级保护区、珍贵鱼类保护区、鱼虾产卵场地;III 类水体主要适用于集中式生活饮用水水源地二级保护区、一般鱼类保护区和游泳区;IV 类水体主要适用于一般工业用水及人体非接触的娱乐用水区;V 类水体主要适用于农业用水及一般景观要求的水域。

污水排放标准可分为一般排放标准与行业排放标准两类,以往执行的一般排放标准主要有《污水综合排放标准》(GB 8978—1996)和《农用污泥中污染物控制标准》(GB 4284—84)等;行业排放标准主要涉及各类具体的行业,如制革、石油、医院、造纸、纺织、钢铁等。城市供水排水企业排水业务中主要涉及污水排放的一般排放标准,现在开始执行国家《城镇污水处理厂污染物排放标准》(GB 18918—2002)的一级或二级标准。

(2) 供水排水企业水质管理的机构与职责

保证水质达到规定的标准,就必须能够正确分析规定的水质项目并对水质进行确切的评价。为此,供水排水企业应设立中心化验室来全面负责和控制企业内供水处理厂和污水处理厂的水质能否达到国家和企业规定的水质标准,同时企业内的水厂和污水处理厂也设立水质化验室或配备专门的水质管理人员负责和控制厂内的水质情况,以达到企业规定的水质标准。

以供水企业为例,说明水质管理的机构与职责。

中心化验室的基本任务

一、二、三类供水企业(三类供水企业为最高日供水量在 $10 \sim 50$ 万 m^3/d 的水司)的中心化验室要求能够分析水质指标规定的全部项目,四类供水企业(四类供水企业为最高日供水量小于 10 万 m^3/d 的水司)可以允许部分项目委托其他单位进行。其中一、二类供水企业的中心化验室不仅是本企业的职能部门,而且在技术上也分别是各省的化验中心,要指导和帮助本地区、本省内水质分析、水质改善和专业技术水平的提高。

中心化验室的基本任务主要有:

1) 依据水质标准,对原水、出厂水、管网水进行检验,并定期做出统计、分析和评价;

2) 做好全面质量管理工作,协同有关部门针对水质问题进行分析,研究并提出解决的方法或途径;

3) 协助有关部门对水质污染事故的原因或污染源进行调查,并提出控制和清理污染的建议和对策;

4) 监督给水设施或设备所用原材料及净水药剂符合国家有关规定;

5) 监督净水构筑物及输配水管道的定期、不定期清洗工作及投产前的验收;

6) 按照国家规定,对化验室的计量认证和技术考核进行准备并接受技术监督局等主管部门的验收;

7) 针对本企业或本地区、本省存在的水质问题,积极开展相关科研工作;

8) 化验室内部和化验室之间要加强质量控制,积极开展技术培训及技术人员的继续教育工作;

9) 收集、整理、归档水质分析数据和有关资料。

中心化验室内部的各项工作要达到国家计量局规定的《产品质量检验机构计量认证技术参考规范》(JJG 1021—91)的各项要求,以取得认证资格。

(3) 水质管理的主要内容

开展水质管理,应遵循全面质量控制的要求。为此,必须先做好基础工作,主要包括质量教育、标准化、计量、质量信息和质量责任制。

1) 质量教育工作。水质控制不仅依靠设备、工艺、原材料、环境等物质的因素,更重要的是要依靠人的因素。质量教育的目的在于使广大员工认识水质控制的重要性。质量教育的内容包括技术教育和技术培训、水质管理知识和方法的教育等。

2) 标准化工作。标准化工作包括技术标准(包括水质标准和工艺标准)和管理标准。标准化工作具有指令性和严肃性,不经审批不得修改;它又具有科学性和合理性,各项标准要建立在科学实验的调查的基础上。

3) 计量测试工作。计量测试工作包括测试、化验、分析的全过程,是保证计量量值准确和统一,确保技术标准的贯彻执行。

4) 质量信息工作。质量信息的内容包括:用户对水质的意见和政府对水质的要求;取水口上游影响水质的各种信息;原水水质、净水工艺过程、管网及用户龙头出水水质;污水处理厂进水水质、污水排放水质;水处理工艺的操作记录、工艺流程中水质控制点、测试点或采样点的水质记录;国内外有关水质、工艺和设备等方面的基本数据和信息。

5) 质量责任制。建立质量责任制,使企业员工都明确规定在质量工作上的具体任务、责任制和权力,以使水质工作有检查、有考核,职责明确,从而把水质有关的各项工作和全体职工的积极性结合起来,使企业形成一个高效的水质管理责任体系。

水质管理的具体内容：

1) 加强水源保护。对水源保护地带设置明显的保护标志，并对污染源进行调查和检测，对消除重大污染源提出有效措施。

2) 建立和健全规章制度。建立各项水处理设备操作规程，制定各工序的控制质量要求；明确给水、污水处理工艺水质管理、管网水质管理、水质检验频率、水质化验和仪器使用管理的有关规定，健全水质质量控制、分析数据和检验报告管理等以工作标准为中心的各项规章制度。

3) 确保净化过程中的水质控制。确定投药点，及时调整投药量；监督生产过程中的水质检验，确保工艺过程中水质无论何时都要达到规定的要求。

4) 进行管网水采样。对每个采样点进行采水分析，确保管网水质达到要求；对新敷设管道坚持消毒制度。

5) 确保污水处理过程中的水质控制。负责截流系统污水水质的跟踪检测，体现截流系统的环境效益；负责污水处理质量的跟踪检测，确保污水处理达标排放。

6) 加强水厂和污水处理厂所产生的污泥的处理和排除，不产生二次污染。

11.4.2 设备管理

11.4.2.1 设备管理的内容

随着供水排水行业的发展，水厂、污水处理厂的机械化程度也不断提高，使用的设备越来越多，越来越复杂。所有这些设备都有其运行、操作、保养、维修规律，只有按照规定的工况和运转规律，正确地操作和维修保养，才能使设备处于良好的技术状态。同时，机械设备在长期运行过程中，因摩擦、高温、潮湿和各种化学效应的作用，不可避免地造成零部件的磨损、配合失调、技术状态逐渐恶化、作业效果逐渐下降，因此还必须准确、及时、快速、高质量地拆修，以使设备恢复性能。供水排水企业设备管理的主要内容有：

（1）设备使用、维修和保管的组织管理

要用好、修好、管好供水排水设施及设备，必须选择设施、设备的使用、维修和保管适宜的组织形式，设立相应的机构和岗位。设备的操作和维修，都应根据定人定机、定人定区、定人定点原则，设置专人岗位，明确责任和要求。机器的定期检修，要设置专门的检修班组。

（2）制订设施和设备的维修计划并组织执行

供水排水企业应每年编制设备的维修计划，规定各项机器设备的修理内容、修理日期、修理工时、修理用的材料和备品零件以及所需费用。设备维修计划应与生产计划衔接，按照生产的需要和具体情况合理安排维修时间。根据所制订的年度维修计划，在组织生产的同时组织维修计划的贯彻执行。

（3）制订维修制度

设备的使用、维修和保管都必须规定明确的方法、责任和要求，并以此作为考核、评价设备管理好坏的准则。

（4）设备维修目标管理

维修目标管理，主要是明确维修工作的方向、目的，以及要达到的质和量的具体要求，并衡量维修的工作效果和分析总结工作经验。例如确定动力设备的故障次数等。

（5）设备仪器的保管

对于生产所需的机器设备、仪器、工具等的备品零件以及暂时停用的设备要经过检验，及时入库，加以妥善保管，以防丢失、损坏。

在水厂和污水处理厂，格栅、除砂设备、鼓风机、刮泥机、污泥浓缩机、表面曝气机、吸泥机等为运行工艺上重要的大型设备。这些设备大多数是按照具体的工艺要求单独设计生产的。每一种设备都有很多品种及规格，故又称其为"非标设备"。只有保证这些设备安全、正常运行，充分发挥这些设备的工作潜能，才能使水厂和污水处理厂正常运转。这是设备维修保养的一项重要任务。

11.4.2.2 设备的完好标准和修理周期

水厂、污水处理厂设备的完好程度是衡量厂管理水平的重要方面。设备完好程度可用设备完好率来统计，它是指一个厂所拥有生产设备的完好台数占全部生产设备台数的百分比。

$$设备完好率 = (完好设备台数/设备总台数) \times 100\%$$

各地各供水排水企业对设备完好的要求各不相同，但通常以下列标准作为完好标准：

（1）设备性能良好，各主要技术性能达到原设计或最低限度应满足供水排水生产要求。

（2）操作控制的安全系统装置齐全、动作灵敏可靠。

（3）运行稳定，无异常振动和噪声。

（4）电器设备的绝缘程度和安全防护装置应符合电器安全规程。

（5）设备的通风、散热和冷却、隔声系统齐全完整，效果良好，温升在额定范围内。

（6）设备内外整洁，润滑良好，无泄漏。

（7）运转记录，技术资料齐全。

设备使用了一段时期以后，必须进行小修、中修或大修。有些设备，制造厂明确规定了它的小修、大修期限；有的设备没有明确规定，这样就必须根据设备的复杂性、易损零部件的耐用度以及本厂的保养条件确定修理周期。修理周期是指设备的两次修理之间的工作时间，设备的大修周期应根据具体设备使用手册决定。

11.4.2.3 建立完善的设备档案

设备档案分三个部分。一是设备的说明书、图纸资料、出厂合格证明、安装记录、安装及试运行阶段的修改洽商记录、验收记录等。这是运行及维护人员了解设备的第一手资料。这些资料应由厂技术档案室完整整理成册,并妥为保管。

另一部分档案是对设备每日运行状况的记录,由运行操作人员填写。如每台设备的每月运行时间、运行状况、累计运行时间,每次加油(换油)的时间,加油部位、品种、数量,故障发生的时间及详细情况,易损件的更换情况等。每月做一次总结,并上报到运行管理部门。

第三部分是设备维修档案,包括大中修的时间,维修中发现的问题、处理方法等等。这将由维修人员及设备管理技术人员填写。

根据以上三部分档案,设备管理技术人员可对设备运行状况和事故进行综合分析,据此对下一步维护保养提出要求。可以此为依据制定出设备维修(包括大、中修)计划或设备更新计划。如果与生产厂家或安装单位发生技术争执或法律纠纷,完整的技术档案与运行记录将使供排水企业处于有利的地位。

11.4.2.4 专用设备的运行管理

设备在正常负荷下运转并发挥其规定功能的过程,称为使用过程。在使用中,由于受到各种力的作用,受到工作介质、环境条件、使用方法、工作持续时间长短等影响,其技术状况会发生退化而逐渐降低工作能力。要控制这一时期的技术状态退化的速度,延缓设备工作能力下降的过程,除应创造适合设备运行的环境条件外,要按标准及工作规范合理使用、精心维护设备,而这些措施都要由设备操作者来执行。因此设备操作者正确使用设备,对控制设备技术状态的变化和延缓工作能力下降至为重要。

(1) 对设备使用人员的要求

"三好"要求:① 管好设备。操作者应负责保管好自己使用的设备,未经领导同意,不准其他人操作使用。② 用好设备。严格贯彻操作维护规程,不超负荷使用设备,禁止不文明操作。③ 修好设备。设备操作工人要配合维修工人修理设备,及时排除设备故障,按计划交修设备。

"四会"要求:① 会使用。操作者应先学习设备操作维护规程,熟悉设备性能、结构、工作原理,正确使用设备。② 会维护。学习和运用设备维护技能,保持设备润滑、密封等正常运行状态,做到设备完好、清洁。③ 会检查。了解自己所使用设备的易损件部位,性能和构造,熟悉日常点检及每个检查项目的完好标准和检查方法。④ 会排除故障。熟悉所用设备特点,懂得拆、装的注意事项,能鉴别设备的正常与异常现象,会作一般的调整和简单故障的排除。自己不能解决的问题要及时报告,并协同维修人员进行排除。

(2) 确定设备运行最佳方案

任何一种机械设备及其零部件都有一定的运行寿命。要使设备在良好的工作状态下运行,保证其正常使用寿命的同时,在保证完成供排水任务的前提下,尽量减少设备的无效运转及低效运转,保证大部分设备的满负荷运行,也能起到延长实际寿命的作用。

(3) 建立健全设备分类管理制度

按设备在生产中的重要性、安全性，将水厂和污水处理厂设备分为三大类进行管理。这三大类是：A 类设备、B 类设备和 C 类设备。

A 类设备为重点设备，对保障正常生产起着十分重要的作用。A 类设备是指：发生故障后，会造成生产中断或使生产受到严重影响的设备；对人身安全危险性大的设备。它们包括：鼓风机组、提升泵、高低压配电柜、污泥消化系统（沼气压缩机）、污泥脱水系统、变压器、工区的清污车、中控系统中重要的服务器等。对 A 类设备要建立严格的安全操作规程和维护保养规范，设备主要性能参数和安全操作规程应在设备现场明确标示，可使用标示牌。A 类设备必须建立独立的设备档案，在设备维修保养记录表中详细记录设备故障、维修、保养、检测等情况。A 类设备要确定设备"责任人"，设备责任人对所负责的设备的日常保养负主要责任，并应对设备责任人的职责执行情况进行监督检查。设备主管工程师对 A 类设备要定期检测其性能，每年不少于一次，并进行记录、存档。对启用频率较低的 A 类设备要定期启动检查，以检查设备是否能正常运行。A 类设备大修时，需要制定详细的检修计划，并报上级主管部门审核同意后实施。

B 类设备为主要设备，对保障正常生产起着重要的作用。B 类设备是指主要工艺设备、主要供电设备等。它们包括供电设备、运输车辆、起重机、吸泥机、清污机、吸砂机、转刷、变频器等。对 B 类设备亦要建立明确的安全操作规程和维护保养规范，建立单独的设备档案，对设备进行的维修、保养等情况应在设备维修保养记录表中进行详细的记录。B 类设备可根据需要和实际使用情况设立设备主要性能参数标示牌和安全操作规程标示牌、确定设备"责任人"，以加强对该设备的管理。相关设备主管工程师根据需要对 B 类设备进行必要的性能测试，并进行记录。对启用频率较低的 B 类设备要定期启动检查，以检查是否能正常运行。对起重机、压力储气罐等特种设备，必须取得符合要求的使用证（合格证或准用证），在有效期满前一个月应向有关部门报检。

C 类设备为一般设备，对保障正常生产起着次要、辅助的作用。C 类设备指发生故障后，不会对供水生产造成大的影响的设备；次要的工艺设备等。它们包括小型潜水泵、排水泵、取样泵、维修设备（砂轮机、电焊机、钻床、车床）、其他阀门和办公设备等。对 C 类设备根据需要建立有关维护保养规范，并根据需要建立维修保养记录。C 类设备不必设立设备主要性能参数标示牌和安全操作规程标示牌，不确定设备"责任人"。

(4) 建立完善的巡回检查制度

水厂和污水处理厂设备实行三级巡视检查制度即三级巡检制度，三级巡检包括值班巡检、维修巡检和技术巡检。

1) 值班巡检。值班巡检由生产班组值班人员、设备使用人员进行，巡检周期根据设备自控程度不同，确定为每小时 1 次或每班 1 次。值班巡检主要巡视检查设备的运行状态是否正常，各生产班组值班人员应对照本班组有关值班巡检记录表中要求的部位和内容，参照值班巡检内容要求对设备进行巡检，并做好相关记录。特别要注意对重点设备的巡视检查。对巡检时发现的异常现象和问题，及时安排处理。

2）维修巡检。维修巡检由维修班组各专业维修人员进行，每周巡检次数为 2~3 次。维修巡检主要巡视检查设备的运行状态是否良好，是否有任何问题和故障隐患。维修班组有关专业维修人员（包括机修、电修、仪修人员）应参照有关专业维修巡视检查内容要求对有关设备进行巡检。机修人员负责机械设备的巡检，电修人员负责电气设备的巡检，仪修人员负责仪表设备的巡检。设备分配到人，明确各设备专门巡检人，由设备专门巡检人负责所分配设备的巡检。

3）技术巡检。技术巡检由技术室设备主管工程师进行，每周不定时对主要设备进行巡检，但每周巡检次数最少不得少于 2 次。技术巡检主要巡视、检查和检测设备的运行状态和性能参数是否满足要求，并对值班巡检和维修巡检进行指导和监督。设备主管工程师（包括机械、电气、仪表）分别负责对所属设备的技术巡检工作。

（5）保持设备良好的润滑状态

要使设备保持长期、稳定、正常的运行，就要时刻保持各运转部位良好的润滑状态。润滑油脂除了使设备在运转中减少摩擦、磨损之外，还有防腐、防漏及降温等功能。一般设备在出厂之前就规定了其加油的部位、加油量、每次加换油脂间隔的时间以及在什么样的温度条件下加什么油脂。但各个污水处理厂的设备工作条件不同，气候条件不同，因此还应由本单位专业技术人员根据本单位的条件定出各个设备的加油规章。对购买来的油脂应贴上标签，分类保管，严防错用、污染、混合或进水。

在北方地区，室外气温随季节不同会有很大变化，一些油脂遇严寒会变得黏稠，甚至凝固，而夏季又会因油脂黏度过低降低润滑效果，有时造成漏油。因此在室外运行的设备应根据季节不同，更换合适的油脂。

对在较长时间内停用的设备，如备用机械或正在维修保养的设备，应保持润滑油、液压油、润滑脂的规定油位及数量，因为停用的设备更容易生锈。

（6）加强设备的日常维护与保养

设备在运行中会出现一些小毛病，或许当时并不影响运行，但如不及时处理，则会引发大的故障而造成停机，严重时会酿成事故。

例如，螺栓松动脱落是在运动和振动较大的部位常见的现象，应随时发现随时紧固。如不及时发现和处理，轻者会造成设备的较大损失，重者还可能造成人员伤亡。在重要的连接部位，例如联轴器、法兰、电机的基座、卷扬设备、桥式设备的钢轨、各种行走轮支架等，应定期用扳手检查其螺栓，如有松动应及时上紧。如果有些部位螺栓经常松动，为保证安全，应增加防松措施，如用防松垫圈或加防松胶等。如果一颗小小的螺栓、螺母等落入池水中，它可能随水或泥进入破碎机或螺杆泵等设备，造成连锁故障。

(7) 设备备品、备件管理

水厂和污水处理厂设备数量多、种类广，维修量大。做好备品、备件的准备工作，是搞好维修工作的物质条件。详尽的备品、备件计划是设备安全运行的有力保障，备品、备件的准备以经常运行的设备为基础，以较难购买的设备为补充。一方面考虑设备的更新换代所带来的不便，一方面要考虑备品备件的经济性和实用性，及时采购补充生产设备常用备品备件及易损件。备品备件的储备，应既能满足生产维修的需要，又不致积压资金。备品备件的定购、发放、调拨、维修、返修、到库存信息查询，以及各种指标的统计分析，应能全面体现对备品备件实行统一管理、统一定购、统一发放、统一调拨的管理思想。解决对备件分散管理的弊端，提高备品备件的利用率，减少资金的占用，降低生产成本。

11.4.3 生产安全管理

11.4.3.1 安全生产和劳动保护

在供水排水企业的生产过程中，存在着一些不安全、不卫生的因素，如不及时采取防护措施，势必危害劳动者的安全和健康，产生工伤事故或职业病，妨碍生产的正常运行，例如：水厂、污水处理厂的电器设备很多，如不注意安全用电就可能出现触电事故；水厂的氯库存放着剧毒易爆气体；消化区的沼气属易燃易爆气体，如不采取防火防爆措施，就可能引起爆炸；污水池、污水检查井内易产生和积累有毒的 H_2S 等气体，如不采取特殊措施，下池下井就可能造成中毒乃至死亡；污水中含有各种病菌和寄生虫卵，污水处理工接触污水后，如不注意卫生防护，可能引起疾病和寄生虫病。因此，确保安全生产、改善劳动条件是供水排水企业正常运转的前提条件。

在水厂和污水处理厂，特别要注意变配电设备的操作条件，氯库的防毒防爆，化学药品堆放区、消化区的防爆防火条件，鼓风机房的防噪声措施，下井下池的防毒措施，工艺构筑物的卫生条件。为搞好劳动保护，应该发放必要的集体和个人劳动防护用品，防护用品的主要种类是防毒用品、绝缘用品、卫生用品。

供水排水企业的安全生产、劳动保护工作中，必须贯彻我国劳动保护工作的指导方针，牢固树立起"安全第一、预防为主"的思想，正确处理好"生产必须安全，安全促进生产"的辨证关系。要求把供水排水企业生产过程中的危险因素和职业危害消灭在萌芽之中，切实保障劳动者的安全和健康，确保企业的正常运转。

供水排水企业安全工作中，必须贯彻执行我国的劳动保护法规。我国主要的劳动保护法规有"三大规程"和国务院关于加强企业生产中安全工作的几项规定。三大规程是指："工厂安全卫生规程"、"建筑安装工程安全技术规程"和

"工人职员伤亡事故报告规程"。此外,还要贯彻执行地方政府和上级部门制定的安全生产、劳动保护条例和制度。这些法规和制度是供水排水企业开展安全生产劳动保护工作的依据和准则。

11.4.3.2 安全生产制度

供水排水企业在安全生产方面应该建立一系列制度,主要有:安全生产责任制、安全生产教育制、安全生产检查制、伤亡事故报告处理制、防火防爆制度、各工种安全操作规程。

(1)"安全生产责任制"是根据"管生产必须管安全"的原则,以制度形式明确规定各级领导和各类人员在生产活动中应负的安全责任。它是供水排水企业岗位责任制的一个重要组成部分,是最基本的一项安全制度。它规定了供水排水企业各级领导人员、各职能部室、安全管理部门(或人员)及单位职工的安全生产职责范围,以便各负其责,做到计划、布置、检查、总结和评比安全工作(即"五同时"),从而保证在完成生产任务的同时,做到安全生产。

(2)"安全生产教育制"规定对新工人必须进行三级安全教育(入厂教育、班组教育和岗位教育),经考试合格后,才准许独立操作。对电器、起重机、锅炉、受压容器、焊接、车辆驾驶等特殊工种的工人,必须进行安全技术培训,经考试合格后,领取"特殊工种操作证"方可独立操作。必须建立安全活动制度,对调动工种或更新设备都必须向工人作相应的安全教育。

(3)"安全生产检查制"规定工人上班前,对所操作的机器设备和工具必须进行检查;生产班组必须定期对所管机具和设备进行安全检查;安全主管领导组织定期进行安全生产检查,查出问题要逐条整改,在规定假日前,组织安全生产大检查。

(4)"伤亡事故报告处理制"规定要以认真贯彻执行国务院发布的"工人职员伤亡事故报告规程",凡发生人身伤亡事故和重大事故隐患,必须严格执行"三不放过原则"(事故原因分析不清不放过;事故责任者和群众没有受到教育不放过;防范措施不落实不放过)。重大人身伤亡事故发生后,要立即抢救,保护现场,按规定期限逐级报告,对事故责任者应根据责任轻重、损失大小、认识态度提出处理意见。对重大事故或事故隐患要及时召开现场分析会,对因工负伤的职工和死者家属,要亲切关怀,做好善后处理工作。

(5)"防火防爆制度"规定消防器材和设施的设置问题;木工间、油库、消化池和贮气柜附近等处严禁火种带入;电气焊器材(乙炔发生器等)和电焊操作的防火问题;受压容器(氧气瓶、锅炉等)的防爆问题;特别是消化区、化学药品堆放区要建立严格的防火防爆制度,并建立动火审批制度,避免引起火灾和爆炸。

所有供排水企业都必须订立各工种安全操作规程,如泵站管理工、鼓风机管理工、污水池管理工、污泥消化工、污泥脱水工、化验工、加氯工、下井下池工等都应订出安全操作规程。许多通用工种，如电工、车工、刨工、钳工、电焊工、驾驶员、汽车修理工等也应有安全操作规程。各工种的安全操作规程，要经常组织学习，定期进行考核。

为了保证安全制度的贯彻，必须有强有力的组织措施。建立安全管理部门并设置各级专职或兼职安全技术员或安全员。安全技术员和安全员应定期活动，做好日常安全生产管理工作和季节性安全生产管理工作。一年四季中，有些季节气候条件对安全生产发生不利影响。每年春夏之间（5~6月）江南地区梅雨，要发动职工进行梅雨季节前的安全用电大检查，对职工进行一次安全用电及触电急救知识的宣传教育。每年3~9月东南沿海地区多台风，要做好防台风和防潮汛排灌工作。每年盛夏，要做好防暑降温工作。每年冬季，要做好防寒保暖工作。在冰雪天气中，特别要注意管道的防冻、走道和楼梯的防滑。

11.4.3.3 应急措施

（1）触电

发生触电时要使触电者尽快脱离电源。如有人员受伤，联系附近医务部门，进行紧急救护工作；如有火灾隐患应及时报告，紧急情况应先处理后报告。

对于低压触电事故，可采用以下方法使触电者脱离电源：

1）如果触电地点附近有电源开关或电源插销，可立即拉开开关或拔出插销，断开电源。

2）如果触电地点附近没有电源开关或电源插销，可用有绝缘柄的电工钳或有干燥木柄的斧头切断电源，或用干木板等绝缘物插入触电者身下，以隔断电流。

3）当电线搭落在触电者身上或被压在身下时，可用干燥的衣服、手套、绳索、木板、木棒等绝缘物作为工具，拉开触电者或挑开电线，使触电者脱离电源。

对于高压触电事故，可采用下列方法使触电者脱离电源：

1）立即通知有关部门停电。

2）带上绝缘手套，穿上绝缘靴，用相应等级的绝缘工具按顺序拉开开关。

对触电者的紧急救护：

1）当触电者脱离电源后尚未失去知觉时，应立即将其抬到空气流通、温度适宜的地方休息，待医务人员到来后进行诊断和治疗。

2）而当情况严重时，如触电者出现失去知觉、心脏停止跳动或停止呼吸等假死现象时，则必须分秒必争，立即抢救，直至送到医院。

3）对有心跳而无呼吸者，应立即做人工呼吸进行抢救。

4）对有呼吸无心跳者，应立即按心外挤压法抢救。

5）对既无呼吸又无心跳者，则应同时进行人工呼吸和心脏按压抢救。

（2）溺水

人淹没于水中，由于呼吸道被水、污泥、杂草等杂质堵塞或喉头、气管发生反射性痉挛，引起窒息和缺氧，称为淹溺，也称溺水。人淹没于水中以后，本能地出现反应性屏气，避免水进入呼吸道。由于缺氧，不能坚持屏气，被迫进行深吸气而极易使大量水进入呼吸道和肺泡，阻滞了气体交换，引起严重缺氧、高碳酸血症（指血中二氧化碳浓度增加）和代谢性酸中毒。呼吸道内的水迅速经肺泡吸收到血液内。由于淹溺时水的成分不同，引起的病变也有所不同。

溺水时的急救：

1）保持呼吸道通畅，迅速清除溺水者口、鼻中的泥沙、水草等杂物，以保持呼吸道通畅。

2）排除呼吸道及腹腔内污液和水。

3）迅速将溺水者置于抢救者屈膝的大腿上，头部向下，随即按压背部迫使呼吸道和胃内的水倒出。一般肺内水分已被吸收，残留不多，因此倒水时间不宜过长，要分秒必争，以免耽误复苏时间。

4）对呼吸、心跳停止的溺水者立即进行心肺复苏。尽快进行口对口的人工呼吸和胸外心脏按压。

5）注意事项：在行心肺复苏术的同时，高声呼救，并立即将溺水者送到医院继续救护。切忌将溺水者一救出水面，不做任何检查和处理，只顾往医院送，其结果大多是丧失了抢救时机。

（3）沼气中毒

甲烷（CH_4）又称为"沼气"，是一种无色无味的气体，是天然气、煤气的主要成分。若空气中的甲烷含量达到 25% ~ 30% 时就会使人发生头痛、头晕、恶心、注意力不集中、动作不协调、乏力、四肢发软等症状。若空气中甲烷含量超过 45% ~ 50% 以上时就会因严重缺氧而出现呼吸困难、心动过速、昏迷以致窒息而死亡。

急救措施：

1）迅速将中毒者移离现场并向"120"呼救。若在井下等场所作业发生沼气中毒时，应首先对作业点实施强制通风。抢救人员必须佩戴有氧防护面罩和佩戴安全绳索，在地面人员的牵引下，入井或管内实施抢救。抢救人员应与地面保持联系，发现异常，及时返回地面。

2）吸氧，有条件送高压氧舱。

3）人工呼吸，必要时作气管插管，给予兴奋剂洛贝林。

4）防治脑水肿，20% 甘露醇 250mL 静注并予速尿 20mg 静注。

5）地塞米松 20 ~ 40mg 加入 10% 葡萄糖注射液 500mL 中静滴，并予 ATP、辅酶 A、细胞色素 C 等。

（4）火警

1）发生火灾时，要采用正确的灭火方法和选用适用的灭火工具积极灭火，在密闭的房间内起火，未准备好充足的灭火器材时，不要打开门窗，防止空气流通、扩大火势。若自己无法在短时间内扑灭时，必须马上通知领导或部门负责人，并打 119 报警。

2) 报警时要沉着、冷静，讲清楚火灾的详细位置，包括街道名称、门牌号码、起火物、火势情况、报警人姓名及电话号码。报完警后应派专人去街道口接应消防车。

3) 若厂领导不在，部门、班组负责人将是抢险的负责人，要在接到火警报告后迅速赶到现场组织抢险。

4) 灭火时，中控室或电气工程师首先断掉火警部分的电源。若火警发生在总配电室，要通知供电部门断掉进厂总电源。

5) 参加灭火应先将受困人员撤离现场，将易燃易爆物品转移出现场。

6) 在厂的其他人员应参与灭火工作，利用就近的消火栓及干粉灭火器进行灭火。如属电气火灾，应采用不导电的干粉灭火器灭火，由于这些灭火器射程有限，灭火时不能站得太远，且应站在上风为宜。

7) 消防车进厂时，指挥人员应协助消防人员找到消火栓，作好消火栓连接及打开消防给水总阀的工作。

8) 厂司机要备车做好接送伤员的准备。

（5）漏氯

液氯具有刺激性和毒性，暴露于低浓度的氯气 1～10ppm 可以引起眼睛刺激、喉咙疼痛和咳嗽；吸入高浓度的氯气 30～50ppm 由于上呼吸道阻塞可迅速导致呼吸困难，出现支气管狭窄和肺水肿，病人很快表现出呼吸急促皮肤发绀气喘以及肺部啰音，危及人的生命安全。加氯时常出现的故障及应对措施见表 11-1。

加氯时常出现的故障及应对措施 表 11-1

序　号	故障形式	处　理　方　法
1	出现结氯冰	切换到另一组氯瓶，并对所结冰氯管或蒸发器进行淋水；检查是哪个氯瓶的原因或是哪条管已堵塞
2	小量泄漏氯气	用氨水及时寻找泄漏点，若氯瓶泄漏则将其总阀关闭；若气管泄漏则关氯气总阀，进行及时维修
3	加氯管断裂	将对应的出气管及水射器阀门关掉，及时进行维修
4	加氯量达不到额定量	检查压力水的水压是否达到水射器所需水压、水射器是否出现堵塞、加氯气管是否有砂眼或破裂处、加氯机是否出现故障

事故漏氯包括自然事故和人为引起的漏氯，例如氯瓶阀体断裂，钢瓶产生裂缝等，这时液氯流出，警报器响起。处理的一般程序是：

1) 操作人员要保持冷静，指定专人向上级报告，做好应急准备，疏散无关人员。

2）联系附近医务部门，对中毒人员进行紧急救护工作。

3）操作人员应戴好隔离式（氧气）防毒面具，穿好防护服，戴好防护手套等。

4）将氯库四面的门窗关好（不开换气扇），开启酸雾处理器，加入氢氧化钠，配制20%左右的氢氧化钠溶液。打开管路阀门，进行漏氯中和处理。

5）进入氯库，查实漏氯部位和原因，视情况用竹签或木塞、铅块打入，或用内衬橡胶的铁箍箍紧，堵住出氯口。

6）如氯瓶泄漏，以捕消器在上风向顺风方向喷射泄氯点，并迅速将其移至水中，用大量水（可接消防水）喷向出氯口，使氯气溶入水中，减少危害。

7）发生较大的漏氯事件后，要做详细记录，进行调查分析，找出原因，书面报告处理过程和结果。

11.4.4 成本管理

11.4.4.1 成本

成本是商品生产过程中的耗费或支出的货币表现。企业在不同类型的决策过程中，对成本信息有不同的要求。因此，根据供排水企业管理需求的不同，成本有多种不同的分类方式。其中，常见的分类方式主要有以下几种：

（1）按经济用途的不同，可以分为生产成本和非生产成本。其中，生产成本可分为直接材料，直接人工和制造费用三大部分；非生产成本通常可分为销售费用和管理费用两类。

（2）按对产量的依存关系（成本形态）的不同，可以分为变动成本和固定成本两类。变动成本是指在特定范围内成本总额随产量的变化而成正比例变化的一类成本；固定成本是指在特定范围内成本总额不随产量的变化而改变的一类成本。

（3）按照时间因素分类，可以分为实际成本和预算成本。实际成本是指实际已经发生的成本，预算成本不是实际已经发生的成本，而是企业通过科学的预测，预计企业及下属各部门未来经过努力能够实现的成本目标。

（4）为了适应管理控制和激励的要求，成本按照可控性进行分类，可以分为可控成本和不可控成本两类。可控成本是指能够被负责该项成本的经营人员的工作所控制的成本，反之为不可控成本。

11.4.4.2 成本管理

成本管理是运用会计的基本原理和一般原则，采用专门的方法对企业各项费用的发生和生产经营成本的形成进行预测、决策、计划、控制、核算、分析和考核的一种管理活动。成本管理有广义和狭义两种解释。狭义的成本管理是指对生产经营过程中发生的费用进行归集、分配、计算出有关成本核算对象的总成本和单位，并加以分析和考核。广义的成本管理是指成本管理的全过程，包括成本预测、成本决策、成本计划、成本核算、成本考核和成本分析等管理活动。

成本管理水平是衡量企业内部管理机制运行效果的绩效指标。20世纪90年代中期以来，随着我国市场化改革的深入，越来越多的供水排水企业改制成为自主经营、自负盈亏的法人实体，并以"产权明晰，权责明确，政企分开，管理科学"为目标建立起具有现代意义的企业制度，成本管理日益成为供水排水企业管理的核心工作。首先，随着价格听证制度的逐渐推广，较高的成本水平将给调价工作带来巨大障碍；其次，在价格调整相对滞后的情况下，成本的降低意味着利润的增加，必须严格控制成本，才能实现国有资产管理部门（股东）下达各项利润指标；更重要的是，水务市场竞争日趋激烈，成本竞争优势日益成为体现供排水企业综合竞争优势的核心。

11.4.4.3 供水排水企业的成本控制与考核

成本控制是成本管理的重要内容，贯穿于企业生产经营活动的全过程。它是通过对企业生产经营过程中各项费用的发生，按规定的标准进行引导和限制，使之能按预定目标或计划进行的一种管理活动。通过成本控制，对各项成本支出项目实施严格的监督，不断将实际成本和目标成本进行比较分析，揭示有利差异和不利差异及其形成原因，并采取相应措施，消除不利因素，有效地把握成本形成，保证目标成本的实现，达到降低成本、提高经济效益的目的。

以成本的发生为起点，可以将成本控制分为事前控制、事中控制和事后控制。其中，事前控制主要是确定成本控制目标，事中控制主要是围绕成本目标，对各项成本开支进行控制，通常称为"日常成本控制"；事后控制主要是分析考核，为今后的生产经营奠定基础。

供水排水企业进行成本控制与考核的主要方法是：

（1）制定科学合理的目标成本（预算成本）

作为成本控制依据的目标成本是一种预计成本，是在生产经营活动开始之前依据一定的科学方法制定出来的成本目标。供水排水企业在制定成本控制目标时必须把握两个原则：

一是必须把握供水排水企业生产经营的固有特点。一般而言，由于供水排水企业具有边际成本递减的特点，而供水排水企业的实际生产（业务）量往往随经济环境的变化和季节性原因而起伏不定，因此在制定成本控制目标时，一般采取弹性预算的编制方法。即预先估计计划期内生产（业务）量可能发生的变动，编制出一套适应多种生产量的预算，以便能分别反映各生产（业务）量水平情况下的收支状况（表11-2）。

某污水处理厂运行成本的弹性预算表　　　　表 11-2

预算水平（污水处理量占正常生产能力百分比）	污水处理量（日平均）（m^3/日）	预算单位成本（元/m^3）
A（71%）	250000	0.489
B（85.2%）	300000	0.449
C（99.4%）	350000	0.414
D（113.6%）	400000	0.384
E（127.8%）	450000	0.359

二是必须考虑生产设施的实际情况，既要具有先进性，又要切实可行。目标成本必须是成本责任单位以现有生产技术水平和经营管理水平，达到正常生产效率的条件下所能达到的成本目标。目标制定过高易挫伤员工积极性，使成本控制失去作用；目标制定过低会失去监督和激励作用，使实际成本无法控制。

（2）实行内部经济责任制，合理分解落实目标成本

经济责任制是一种责、权、利相结合的经营管理制度，经济责任的履行情况要靠指标的考核来完成。目标成本经分解落实到各个责任单位后成为责任成本，用责任成本形式对成本进行考核是经济责任制内容的具体化。建立责任成本使成本控制的目标落实到各个部门和个人，促使其自觉地将成本管理纳入到本职工作的范围，对成本的发生实行全面监督和控制，从而使责任成本的高低与自身的经济效益密切结合，使成本管理落到实处。

（3）成本责任单位的评价和考核应遵循可控性原则

在评价责任单位绩效时，将成本分为可控成本和不可控成本是极为重要的。对于成本责任单位而言，评价的范围不应是发生在该单位的所有成本，而应以其可控成本为主要依据，不可控成本只能作为参考。实践证明，区分成本是否可控并不容易。现实中很少有某项成本为某一人或某责任单位完全控制。比如，水厂维修费，其实际成本的高低与运行班人为使用设备是否得当密切相关，也与维修班的工作质量和资源消耗质量的多少紧密相连。另外，一项成本是否可控并非一成不变，从短期来看是不可控成本，从长期来看却是可控的。

（4）成本控制应突出重点

如图 11-5 所示，污水处理厂不同成本在总成本中所占的比例是不同的，这就决定了该项成本的上升或下降对总成本的边际贡献率是不同的。如果某项成本在总成本中所占的比例较大，那么该项成本对总成本的边际贡献率就会较大。比

如，图中生产用电每下降一个单位，将使总成本下降0.41个单位。因此，为了以有限的投入取得较大的成本控制效果，供排水企业应在全面开展的基础上合理突出成本控制重点。就污水处理厂而言，鉴于生产用电、药剂、设备更换及大中修、人工成本、污泥处置、日常维护等几项费用一般占了总成本的90%以上，因此应该成为成本控制的重点。

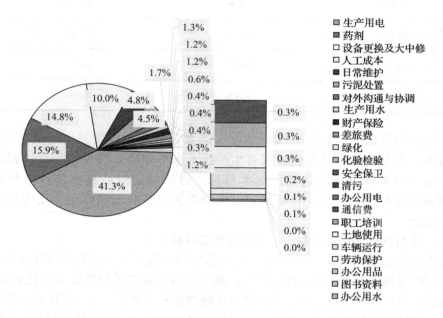

图11-5　污水处理厂运行成本构成示意图

11.5　人力资源管理

11.5.1　人力资源管理概述

11.5.1.1　人力资源管理概念

人力资源开发与管理指的是为实现组织的战略目标，企业利用现代科学技术和管理理论，获取人力资源，并对所获得的人力资源进行整合、调控及开发的管理活动。在管理领域中，人力资源开发与管理是以人的价值观为中心，为处理人与工作、人与人、人与企业的互动关系而采取的一系列开发与管理的活动。

城市供排水行业在由企业部门向自主企业的演变和发展过程中，实现企业价值、提高运营效率和效益，关键在于科学有效的人力资源管理，要加强包括聘用、整合、奖酬、调控和开发五个环节的管理。

(1) 聘用。主要包括人力资源规划、招聘与录用。为了实现企业的战略目标，人力资源管理部门要根据供排水企业组织结构确定职务说明书与员工素质要求，制定与企业目标相适应的人力资源需求与供给计划，并根据人力资源的供需计划而开展招募、考核、选拔、录用与配置等工作。

(2) 整合。主要包括：企业同化，即个人价值观趋同于企业理念，个人行为服从于企业规范，使员工与企业认同并产生归属感；群体中人际关系之和谐，企业中人与企业的沟通；矛盾冲突的调解与化解。

(3) 奖酬。主要包括：根据对员工工作绩效进行考评的结果，公平地向员工提供合理的、与他们各自的贡献相称的工资、奖励和福利。设置这项功能的根本目的在于增强员工的满意感，提高其劳动积极性和劳动生产率，增加企业的绩效。

(4) 调控。包括：科学、合理的员工绩效考评与素质评估；以考绩与评估效果为依据，对员工使用动态管理，如晋升、调动、奖惩、离退、解雇等。

(5) 开发。主要包括：企业与个人开发计划的制订、企业与个人对培训和继续教育的投入、培训与继续教育的实施、员工职业生涯开发及员工的有效使用。

11.5.1.2 员工招聘与配置

(1) 工作分析

工作分析是对企业中某个特定工作职务的目的、任务或职责、权力、隶属关系、工作条件、任职资格等相关信息进行收集与分析，以便对该职务的工作作出明确的规定，并确定完成该工作的所需要的行为、条件、人员的过程。

工作分析的结果是形成工作描述与任职说明，即岗位说明书。工作描述包括工作名称、工作活动和工作程序、物理环境、社会环境及聘用条件。任职说明包括：一般要求，即年龄、性别、学历、工作经验；生理要求，即健康状况、力量与体力、运动的灵活性、感觉器官的灵敏度；能力要求，即决策能力、交际能力、学习能力、合作性等。岗位说明书样本见表11-3。

常用的工作分析的方法有：资料分析法、问卷调查法、面谈法、工作日记分析法、现场观察法、关键事件记录法、实验法、功能性工作分析法、秩序分析法等。

1) 资料分析法。为了降低工作分析的成本，应当尽量利用现有资料，例如责任制文本、作业统计、人事档案等，以便对每个工作的任务、责任、工作负荷、任职资格等有一个大致的了解，为进一步调查奠定基础。

表 11-3 岗位说明书样本

岗位名称：生产技术部部长 所在单位：××污水处理厂 所在部门：生产技术部 工资等级范围：	定员：1人 分析人： 批准人： 分析时间：
工作目标与职责	主持本部门工作及下达生产计划，检查生产完成情况，实现生产目标
工作内容	1. 在厂长直接领导下主持部里工作，及时传达上级有关指示，定期开好部务会，督促、检查部下人员履行岗位责任制。 2. 负责制定技术工种的培训方案、培训计划、培训教材。 3. 负责编制各种技术统计报表，对运行工段、化验室、维修班进行考核工作。 4. 督促和检查下达给维修班的生产任务的完成情况。 5. 主管厂内技术资料管理工作，编写生产技术方面的总结材料。 6. 负责生产工艺、化验、运行技术、设备管理及安全等方面的技术指导，处理日常生产过程中出现的问题，保证生产任务的完成。 7. 负责编制厂里每年投资计划项目的申报。 8. 整理生产运行和化验的各项记录，严把出水水质关，帮助解决生产中出现的问题。 9. 负责科研，做好节能工作，降低成本。 10. 负责接待来厂参观的人员
工作环境特征	大部分工作环境有有毒有害刺激性气体、噪声和粉尘，对身心有一定的影响
工作时间特征	1. 常白班，一天工作8小时； 2. 在法定假日有时需要加班； 3. 有时需要出差。
所需知识和技能	1. 具有较强组织、协调及指挥能力； 2. 一定的给排水、电气、设备及计算机等相关专业知识； 3. 具有高度的责任心，较强的敏感度、警觉力和饱满的工作热情
所需受教育程度	大学本科及以上
所需专业技术职称	工程师及以上
所需工作经验	要求三年以上相关工作经验
所需培训内容	给水排水专业技术，电工、设备、管理等相关专业基础知识、计算机常用办公软件应用及操作等

2）问卷调查法。经精心设计的工作分析问卷可以获得大量的信息。问卷调查要求在岗人员和管理人员分别对各种工作行为、工作特征和工作人员特征的重要性和频次做出描述或打分评级，然后对结果进行统计与分析。问卷可以分成工作定向问卷和人员定向问卷。前者强调工作本身的条件和结果；后者则集中于了解员工的工作行为。

3）面谈法。面谈法是工作分析中大量运用的一种方法，尽管它不如问卷调查法那样具有完善的结构，但是这种方法由于能面对面地交换信息，可对对方的工作态度与工作动机等较深层次的内容有比较详细的了解，因此它有问卷调查法无可替代的作用。工作分析专家与任职者面对面地谈话，主要围绕以下内容：工作目标、工作内容、工作的性质与范围、所负的责任等。

4）现场观察法。现场观察法是指在工作现场运用感觉器官或其他工具，观察员工的工作过程、行为、内容、特点、性质、工具、环境等，并用文字或图表形式记录下来，然后进行分析与归纳总结。

5）关键事件记录法。关键事件是指使工作成功或失败的行为特征或事件。关键事件记录法要求管理人员、员工或熟悉其他工作的员工，记录工作行为中的关键事件。关键事件记录包括以下几个方面：导致事件发生的原因和背景；员工特别有效或多余的行为；关键行为的后果；员工自己能否支配或控制上述后果。

（2）人员计划与招募

员工招聘是指企业为了发展的需要，根据人力资源规划和工作分析的数量与质量要求，从企业外部吸收人力资源的过程。

员工招聘有两个前提。一是人力资源规划。从人力资源规划中得到的人力资源净需求预测决定了预计要招聘的职位与部门、数量、时限、类型等因素。二是工作描述与工作说明书。它们为录用提供了主要的参考依据，同时也为应聘者提供了关于该工作的详细信息。

员工招募主要包括：招聘计划的制订与审批、招聘信息的发布、应聘者提出申请等。根据招募对象的来源可将招募分为内部招募与外部招募。内部招募的主要方法有：布告法、推荐法、档案法。外部招募的主要来源与方法有：广告、学校、就业媒体、信息网络招聘与求职、特色招募等。

（3）人员测评与选拔

人员选拔是指从对应聘者的资格审查开始，经过用人部门与人力资源部门共同的初选、面试、考试、体检、个人资料核实，到人员甄选的过程。

人员选择是一个复杂的过程，人员选拔的质量取决于该过程中每一步工作的质量。因此必须做好每一步工作，选择最适当的方法使每一步工作更富有成效。

1）资格审查与初选。资格审查是对求职者是否符合职位的基本要求的一种审查。最初的资格审查是人力资源部门通过审阅求职者的个人资料或应聘申请表进行的。人力资源部门将符合要求的求职者人员名单与资料移交用人部门，由用人部门进行初选。初选工作的主要任务是从合格的应聘者中选出参加面试的人员。

2) 面试。面试是供需双方通过正式交谈,达到企业能够客观了解应聘者的业务知识水平、外貌风度、工作经验、求职动机等信息;应聘者能够了解到更全面的企业信息。

从面试所达到的效果来分类,则面试可分为初步面试和诊断面试。初步面试用来增进用人单位与应聘者的相互了解的过程,在这个过程中应聘者对其书面材料进行补充(如对技能、经历等进行说明),企业对其求职动机进行了解,并向应聘者介绍企业情况、解释职位招募的原因及要求。诊断面试则是对经初步面试筛选合格的应聘者进行实际能力与潜力的测试,它的目的在于招聘单位与应聘者双方补充深层次的信息,如应聘者的表达能力、交际能力、应变能力、思维能力、个人工作兴趣与期望等,企业的发展前景、个人的发展机遇、培训机遇。

从参与面试过程的人员来看,面试可分为个别面试、小组面试和成组面试。个别面试是一个面试人员与一个应聘者面对面地交谈。小组面试是由二三个人组成面试小组对各个应聘者分别进行面试。成组面试是由面试小组对若干个应聘者同时进行面试。

从面试的组织形式来看,面试分为结构型面试、非结构型面试、压力面试。结构型面试是在面试之前,已有一个固定的框架,主考官根据框架控制整个面试的进行,严格按照这个框架对每个应聘者分别作相同的提问。非结构型面试无固定的模式,事先无需作太多的准备,面试中往往提一些开放式的问题。压力面试往往是在面试的开始时就给应试者以意想不到的一击,通常是"敌意"的或具有"攻击性",主考官以此观察应试者的反应。

(4) 人员录用及招聘评估

人员录用过程主要包括:试用合同的签订、员工的初始安排、试用、正式录用。招聘评估包括以下内容:一类是招聘结果的成效评估,如成本与效益评估,录用员工数量与质量的评估;另一类是招聘方法的成效评估,如信度与效度评估。

11.5.1.3 员工绩效考核

员工绩效是指员工通过努力所达成的对企业有价值的结果,或者员工所做出的有利于企业战略目标实现的行为。员工个人绩效的高低主要取决于四个方面的因素:员工个人的知识、能力、工作动机以及机会,即员工和工作之间的匹配性以及其他外部资源的支持。对供排水企业而言,绩效就是任务在数量、质量及效率等方面完成的情况;对员工个人来说,则是上级和同事对自己工作状况的评价。企业通过对其员工工作绩效的考核,获得反馈信息,便可据此制定相应的人事决策与措施,调整和改进其效能。

考绩的程序一般分为"横向程序"和"纵向程序"两种。横向程序是指按考绩工作的先后顺序形成的过程进行,主要有下列环节:制定考绩标准;实施考绩;考绩结果的分析与评定;结果反馈与实施纠正。纵向程序是指按企业层次逐级进行考绩的程序。考绩一般是先对基层考绩,再对中层考绩,最后对高层考绩,形成由下而上的过程。

(1) 绩效考核体系的设计

在员工工作绩效考核体系的设计过程中,既需要根据绩效考核的目的来确定合适的评价者和评价标准以及评价者的培训;也需要选择适合企业自身情况的具体考核方法。

1) 评价者的选择。在员工绩效考核过程中,对评价者的基本要求有以下几个方面:第一,评价者应该有足够长的时间和足够多的机会观察员工的工作情况;第二,评价者有能力将观察结果转化为有用的评价信息,并且能够最小化绩效考核系统可能出现的偏差;第三,评价者有动力提供真实的员工绩效评价结果。一般而言,评价者可以是:员工的直接上司、员工的同事、员工的下级职员、员工自身以及相关客户等。

2) 绩效评价标准的类型。客观和可测量是员工绩效考核标准的两个基本要求。实际上,在对员工的工作绩效进行考核时,有很多种标准可以选择。其中包括员工的特征、员工的行为和员工的工作结果。表 11-4 显示的是可以被用来作为绩效考核标准的项目。

绩效考核的标准类别　　　　　　　　　　　　　　　表 11-4

员 工 特 征	员 工 行 为	工 作 结 果
工作知识	完成任务	产水量
学历与岗位资格	服从指令	生产水平
企业心	报告难题	生产质量
可靠性	维护设备	浪费
忠诚	维护记录	事故
诚实	遵守规则	设备修理
创造性	按时出勤	服务的客户数量
领导能力	提交建议	客户的满意程度

3) 绩效评价方法的类型。根据上述对绩效考核标准类型的划分,可从这种分析角度将员工绩效考核方法划分为员工特征导向的评价方法、员工行为导向的评价方法和员工工作结果导向的评价方法。

(2) 绩效考评的方法

这里重点介绍员工的工作行为评价方法。员工的工作行为评价方法又包括两类:主观评价体系,即将员工之间的工作情况进行相互比较,得出对每个员工的评价结论;客观评价体系,即将员工的工作与工作标准进行比较。

1) 工作行为评价法之一:主观评价

根据员工的工作行为对员工进行主观评价的一般特征是在对员工进行相互比较的基础上对员工进行排序，提供一个员工工作的相对优劣的评价结果。排序的主要方法有：简单排序法、交错排序法、成对比较法和强制分布法。

简单排序法就是在全体考评员工中按照绩效优劣，顺次排序。

交错排序法即首先找出最优者，然后跳回去找出对比鲜明的最劣者；下一步则找出次优者，接着则找出了次劣者；依次往复，由易渐难，绩效中等者较为接近，必须仔细辨别，直至全部排完为止。

成对比较法是指将全体员工逐一配对比较，按照逐对比较中被评为较优的总名次来确定等级名次。

强制分布法是按事物"两头小、中间大"的正态分布规律，先确定好各级在总数中所占的比例，然后按照每人绩效的相对优劣程度，强制列入其中的一定等级。

2）工作行为评价法之二：客观评价

根据客观标准对员工的行为进行评价的方法包括行为对照表法、行为锚定评价法等。

行为对照表法通常从多维度进行考评，先就每一维度的每一等级选出范例，然后将每位被考评的员工和这些范例逐一对照，按相应的近似程度予以评分。

行为锚定评价法是通过一个等级评价表，将关于特别优良到特别劣等绩效的叙述加以等级性量化，从而将描述性关键事件评价法和量化等级评价法的优点结合起来。

3）绩效考核方法的比较，见表11-5

绩效考核方法的比较　　　　　　　　　　　　表11-5

评价技术	提供反馈和指导	分配奖金和机会	最小化成本	避免评价错误
简单排序法	不好	不好或一般	好	一般
交错排序法	不好	不好或一般	好	一般
排序和强制分布法	不好	不好或一般	好	一般
行为对照表法	一般	好或一般	一般	好
行为锚定评价法	好	好	一般	好

11.5.2 供水排水企业员工激励与薪酬管理

11.5.2.1 供水排水企业员工激励

员工激励，就是企业通过设计适当的奖酬形式和工作环境，以一定的行为规范和惩罚性措施，借助信息沟通，来激发、引导、保持和规范企业员工的行为，以有效的实现组织及其成员个人目标的系统活动。

供水排水企业员工激励应遵循以下基本原则:
(1) 目标结合原则

在激励机制中,设置目标是一个关键环节。目标设置必须同时体现企业目标和员工需要的要求。

(2) 物质激励和精神激励相结合的原则

物质激励是基础,精神激励是根本。在两者结合的基础上,逐步过渡到以精神激励为主。

(3) 引导性原则

外激励措施只有转化为被激励者的自觉意愿,才能取得激励效果。因此,引导性原则是激励过程的内在要求。

(4) 合理性原则

激励的合理性原则包括两层含义,其一,激励的措施要适度,要根据所实现目标本身的价值大小确定适当的激励量。其二,奖惩要公平。

(5) 明确性原则

激励的明确性原则包括三层含义。其一,明确。激励的目的是需要做什么和必须怎么做;其二,公开。特别是分配奖金等大量员工关注的问题时,更为重要。其三,直观。实施物质奖励和精神奖励时都需要直观地表达它们的指标、总结和授予奖励和惩罚的方式。直观性与激励影响的心理效应成正比。

(6) 时效性原则

要把握激励的时机,"雪中送炭"和"雨后送伞"的效果是不一样的。激励越及时,越有利于将人们的激情推向高潮,使其创造力连续有效地发挥出来。

(7) 正激励与负激励相结合的原则

所谓正激励就是对员工的符合企业目标的期望行为进行奖励。所谓负激励就是对员工违背企业目的的非期望行为进行惩罚。正负激励都是必要而有效的,不仅作用于当事人,而且会间接地影响周围其他人。

(8) 按需激励原则

激励的起点是满足员工的需要,但员工的需要因人而异,因时而异,并且只有满足最迫切需要(主导需要)的措施,其效价才高,其激励强度才大。因此,企业负责人必须深入地进行调查研究,不断了解员工需要层次和需要结构的变化趋势,有针对性地采取激励措施,才能收到实效。

11.5.2.2 供水排水企业薪酬管理

薪酬管理是供水排水企业战略实施成功的重要因素。长期以来,供水排水企业由于受到传统的企业文化、薪酬理念、价值观念以及体制的影响,形成了相对固定且差距较小的"旱涝保收"的薪酬观念,使得企业在薪酬结构的采用上倾向于"重保障、轻激励"的薪酬结构模式,而且薪酬结构模式大多单一,如采用以工作为导向、能力为导向或以绩效为导向的工资结构。伴随着企业内外环境的变化,这种传统且单一的薪酬结构模式已经表现出难以全面考虑员工的投入,不能处理好吸引人才与降低成本之间的矛盾,更加难以促进企业薪酬管理的良性循环。因此,根据企业战略需要和员工需求的变化,完善、创新供水排水企业薪酬制度,建立与供水排水企业发展相适应的薪酬结构势在必行。

供水排水企业的薪酬管理,在薪酬结构的建立和薪酬体制的改革必须处理以下三个方面:

(1) 薪酬的构成

供水排水企业薪酬主要由三部分构成:工资,包括基本工资、岗位技能工资、工龄工资及若干种国家政策性津贴;奖励,比如奖金;福利,如带薪休假、子女教育津贴、廉价住房、保险等。

(2) 薪酬管理决策

对于薪酬管理,企业的领导必须作出一系列决策,这些决策须在不同层面作出,从上至下依次要作出的主要决策是:企业的文化价值观;企业战略和决策;企业薪酬的总体水平;每一特定职务或岗位的具体薪酬水平;每一位职工个人的具体薪酬水平;薪酬支付及提升形式。

(3) 企业工资制度的设计

制定健全合理的工资政策与制度,是企业人力资源管理中的一项重大决策与基本建设。工资制度建立通常由七个步骤构成:制定企业的付酬原则与策略;职务设计与工作分析;职务评价;工资结构设计;工资状况调查及数据收集;工资分级与定薪;工资制度的执行、控制与调整。

11.5.3 供水排水企业人力资源管理的改革与创新

供水排水企业作为城市公益性企业,产品的特殊性、政府的保护性、行业的自然垄断性、收益的相对稳定性、市场竞争的不充分性是其主要特点。近年来,随着供水排水企业的政府保护、行业的自然垄断、市场竞争的不充分被逐步打破,供水排水企业体制、机制、制度的创新成为必然,作为供水排水企业制度创新的重要内容—人力资源管理的改革与创新成为重中之重,涉及以下四个方面。

11.5.3.1 从人事管理到人力资源管理的转变

(1) 人力资源管理比人事管理更具有战略性、整体性和前瞻性。人力资源管理从单纯的业务管理、业务性管理活动的框架中脱离出来,根据企业的战略目标而相应地制订人力资源的规划与战略。有一部分供水排水企业已经意识到人力资源管理的重要性,把人事科改为人力资源管理部,同时人力资源部门的主管出现在企业的高层领导中,并有人出任企业的最高领导。

(2) 人力资源管理将人力视为企业的第一资源,比人事管理更注重对人力的开发,更具有主动性。现在人力资源管理对人力资源的培训与持续教育越来越重视,培训的教育的内容更加广泛,从一般管理的基本理论与方法到人力资源开发与管理的基本理论与方法，从一般文化知识到新知识新技术，从企业文化到个人发展规划，无所不有。通过对员工的培训，达到对员工的有效使用。

（3）人力资源管理部门成为企业的生产效益部门。人力资源管理功能的根本任务就是用最少的人力投入来实现企业的目标，即通过职务分析和人力资源规划，确定企业所需最少的人力数量和最低的人员标准，通过招聘与录用规范，控制招募成本，为企业创造效益。

11.5.3.2 实施人力资源管理的创新

人力资源管理部门首先要从传统的主要是从人事管理的事务中走出来，把人力资源能力的开发与广纳人才放在战略的位置，作为重中之重。必须打破常规去发现、选拔和培养杰出人才。人才并不是专指高层管理人才和技术尖子，有时由于中层和基层缺乏人才也会严重阻碍企业的发展。但是应该看到，杰出的创新型人才，在任何时候都是人才竞争争夺的焦点。

同时，评价人才不能仅仅根据学历、学位，必须根据实践，依其能否胜任其岗位，是否有创新来判定，当然也不能求全责备。

另外，供水排水企业获得人才的渠道主要是接收大学生，社会招聘的较少，这种传统的窄范围吸收人才的方式也有待改变。

11.5.3.3 建立健全培训制度

要优化供水排水企业的人力资源管理，员工的培训是关键。在市场经济为主的竞争机制下，供水企业迫切需要改变知识老化、设备落后的状况，以提高本企业的竞争能力和经济效益。惟有对员工的全面素质的培训和知识的再生才能与市场经济体制相适应。

首先，要对新进员工进行上岗培训，学习基本的素质教育和简单的供水工艺流程知识，合格后才能上岗。其次，在在职人员中也应根据不同的岗位进行计算机、机电、制水、化验等各种岗位技能滚动培训，提高员工的操作技能和业务水平能力。另外，企业需要有知识的人，更需要善于学习的人，因此还可以鼓励员工各方面的自学，以提高自身的素质。

有条件的供水企业应成立专门的培训部门，负责全方位的员工培训，使企业的后备人才库日渐充实。

11.5.3.4 坚持以人为本的人力资源管理

供水排水企业不但要对人力资源作适当的获取，还要维护、激励以及发掘与发展。强调发掘、发挥人力资源的最大的潜能，增强人员的使命感，建立起素质较高、结构合理、数量充足的领导人才和专业技术人才队伍。要对人力资源进行战略性的开发，就要优化人才配置，做到专业配置合理、学历层次、年龄梯次搭配合理，并建立起科学有效的激励机制。由此才能使企业获得最多的人力资源财富。

第12章 城市供水排水调度

12.1 城市供水调度

城市供水系统一般由取水设施、净水厂、送水泵站（配水泵站）和输配水管网构成。供水系统从水源地取水，送入净水厂进行净化处理，经泵站加压，将符合国家水质标准的清洁水通过配水管网送至用户。城市供水系统通常是由若干座净水厂向配水管网供水。每座净水厂的送（配）水泵站设有数台水泵（包括调速水泵），根据需水量进行调配。此外，某些给水区域内的地形和地势对配水压力影响较大时，在配水管网上可设有增压泵站、调蓄泵站或高位水池等调压设施，以保证为用户安全、可靠和低成本供水。

城市供水系统的调度工作主要是掌握各净水厂送水量、配水管网特征点的运行状态，根据预定配水需求计划方案进行生产调度，并且进行供水需求趋势预测、管网压力分布预期估算与调控和水厂运行的宏观调控等。

12.1.1 城市供水调度的目标与任务

城市供水调度的目的是安全可靠地将符合水量、水压和水质要求的水送往每个用户，并最大限度地降低供水系统的运行成本。既要全面保证管网的水量、水压和水质，又要降低漏水损失和节省运行费用；不仅要控制水泵（包括加压泵站的水泵）、水池、水塔、阀门等的协调运行，并且要能够有效地监视、预报和处理事故；当管网服务区域内发生火灾、管道损坏、管网水质突发性污染、阀门等设备失控等意外事件时，能够通过水泵、阀门等的控制，及时改变部分区域的水压，隔离事故区域，或者启动水质净化或消毒等设备。

供水管网水质控制是城市供水调度的一项新内容，受到越来越多的重视。我国2005年实施的《城市供水2010年技术进步发展规划及2020年远景目标》，以及2007年发布的《生活饮用水卫生标准》(GB 5749—2006)对饮用水水质提出了更加严格的要求，这使得通过运行调度手段来保证管网水质变得非常必要。供水管网水质保护和控制的主要对象是管道中水的物理、化学变化过程和水的流经时间，合理调度管网系统，控制管道中水流速度，是保证管网水质稳定和安全的重要措施。

城市的供水管网往往随着用水量的增长而逐步形成多水源的供水系统，通常在管网中设有中间水池和加压泵站。多水源供水系统必须由调度管理部门，即调度中心，及时了解整个供水系统的生产运行情况，采取有效的科学方法和强化措施，执行集中调度的任务。通过管网的集中调度，各水厂泵站不再只根据本厂水压的大小来启闭水泵，而是由调度中心按照管网控制点的水压确定各水厂和泵站运行水泵的台数。这样，既能保证管网所需的水压，且可避免因管网水压过高而浪费能量。通过调度管理，可以改善运转效果，降低供水的耗电量和生产运行成本。

调度管理部门是整个管网也是整个供水系统的管理中心，不仅要负责日常的运转管理，还要在管网发生事故时，立即采取措施。要做好调度工作，必须熟悉各水厂和泵站中的设备，掌握管网的特点，了解用户的用水情况。

12.1.2 我国城市供水调度现状及发展方向

目前，国内大多数城市供水管网系统仍采用传统的人工经验调度方式，主要依据为区域水压分布，利用增加或减少水泵开启的台数，使管网中各区域水的压力能保持在设定的服务压力范围之内。许多自来水公司在调度中心对各测点的工艺参数集中检测，并用数字显示、连续监测和自动记录，还可发现和记录事故情况。不少城市的水厂已建立城市供水的数据采集和监控系统，即 SCADA 系统，并通过在线的、离线的数据分析和处理系统和水量预测预报系统等，逐渐向优化调度的方向发展。

随着现代科学技术的快速发展，仅凭人工经验调度已不能符合现代化管理的要求。现代城市供水调度系统越来越多地采用四项基础技术：计算机技术（Computer）、通信技术（Communication）、控制技术（Control）和传感技术（Sensor），简称 3C+S 技术，也统称为信息与控制技术。而建立在这些基础技术之上的应用技术包括：管网水力水质实时模拟和管网运行优化调度与智能控制等，正在逐步得到应用。随着我国供水企业技术资料的积累和完善，管理机制的改革，管理水平的提高，应用条件将逐步具备，应用效益也会逐渐明显地体现出来。

根据技术应用的深度和系统完善程度，可以将管网运行调度系统分为如下三个发展阶段：人工经验调度；计算机辅助优化调度；全自动优化调度与控制。

城市供水调度发展的方向是：实现调度与控制的优化、自动化和智能化；实现与水厂过程控制系统、供水企业管理系统的一体化进程。充分利用计算机信息化和自动控制技术，包括管网地理信息系统（GIS）、管网压力、流量及水质的遥测和遥讯系统等，通过计算机数据库管理系统和管网水力及水质动态模拟软件，实现供水管网的程序逻辑控制和运行调度管理。供水系统的中心调度机构须有遥控、遥测、遥讯等成套设备，以便统一调度各水厂的水泵，保持整个系统水量和水压的动态平衡。对管网中有代表性的测压点及测流点进行水压和流量遥测，对所有水库和水塔进行水位遥测，对各水厂和泵站的出水管进行流量遥测。对所有泵站的水泵机组和主要阀门进行遥控。对泵站的电压、电流和运转情况进行遥信。根据传示的情况，结合地理信息管理与专家分析系统，综合考虑水源与制水成本，实现全局优化调度是城市供水调度的最高目标。

12.1.3 城市供水调度系统组成

现代城市供水调度系统，就是应用自动检测、现代通信、计算机网络和自动控制等现代信息技术，对影响供水系统全过程各环节的主要设备、运行参数进行实时监测、分析，提出调度控制依据或拟定调度方案，辅助供水调度人员及时掌握供水系统实际运行工况，并实施科学调度控制的自动化信息管理系统。

目前，国内外供水行业应用现代信息技术的调度系统，多数仍为由自动化信息管理系统辅助调度人员实施调度控制工作，属于一种开环信息管理控制系统（即半自动控制系统）。只有当供水调度管理系统满足以下条件时：基础档案资料完备且准确；检测、通信、控制等技术及设备可靠；检测、控制点分布密度合理；与地理信息管理、专家分析系统有机结合后，才有可能实现真正的全自动化计算机调度。

城市供水调度系统由硬件系统和软件系统组成，如图12-1所示，可分为以下组成部分：

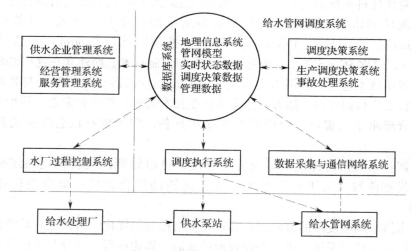

图 12-1 供水调度系统组成示意图

（1）数据采集与通信网络系统。包括：检测水压、流量、水质等参数的传感器、变送器；信号隔离、转换、现场显示、防雷、抗干扰等设备；数据传输（有线或无线）设备与通信网络；数据处理、集中显示、记录、打印等软硬件设备。通信网络应与水厂过程控制系统、供水企业生产调度中心等联通，并建立统一的接口标准与通信协议。

（2）数据库系统。即调度系统的数据中心，与其他三部分具有紧密的数据联系，具有规范的数据格式（数据格式不统一时要配置接口软件或硬件）和完善的数据管理功能。一般包括：地理信息系统（GIS），存放和处理管网系统所在地区的地形、建筑、地下管线等的图形数据；管网模型数据，存放和处理管网图及其构造和水力属性数据；实时状态数据，如各检测点的压力、流量、水质等数据，包括从水厂过程控制系统获得的水厂运行状态数据；调度决策数据，包括决策标准数据（如控制压力、水质等）、决策依据数据、计算中间数据（如用水量预测数据）、决策指令数据等；管理数据，即通过与供水企业管理系统接口获得的用水抄表、收费、管网维护、故障处理、生产核算成本等数据。

（3）调度决策系统。是系统的指挥中心，又分为生产调度决策系统和事故处理系统。生产调度决策系统具有系统仿真、状态预测、优化等功能；事故处理系统则具有事件预警、侦测、报警、损失预估及最小化、状态恢复等功能，通常包括爆管事故处理和火灾事故处理两个基本模块。

（4）调度执行系统。由各种执行设备或智能控制设备组成，可以分为开关执行系统和调节执行系统。开关执行系统控制设备的开关、启停等，如控制阀门的开闭、水泵机组的启停、消毒设备的运停等；调节执行系统控制阀门的开度、电机转速、消毒剂投量等，有开环调节和闭环调节两种形式。调度执行系统的核心是供水泵站控制系统，多数情况下，它也是水厂过程控制系统的组成部分。

以上划分是根据城市供水调度系统的功能和逻辑关系进行的，有些部分为硬件，有些则为软件，还有一些既包括硬件也包括软件。初期建设的调度系统不一定包括上述所有部分，根据情况，有些功能被简化或省略，有时不同部分可能共用软件或硬件，如用一台计算机进行调度决策兼数据库管理等。

12.1.4　城市供水调度 SCADA 系统

SCADA 是集成化的数据采集与监控系统（Supervisory Control and Data Acquisition），又称计算机四遥，包括遥测（Telemetering）、遥控（Telecontrol）、遥信（Telesignal）、遥调（Teleadjusting）技术，在城市供水调度系统中得到了广泛应用。它建立在 3C+S 技术基础上，与地理信息系统（GIS）、管网模拟仿真系统、优化调度等软件配合，可以组成完善的城市供水调度管理系统。

12.1.4.1　城市供水调度 SCADA 组成

现代 SCADA 系统不但具有调度和过程自动化的功能，也具有管理信息化的功能，而且向着决策智能化方向发展。现代 SCADA 系统一般采用多层体系结构，一般可以分 3~4 层，如图 12-2 所示。

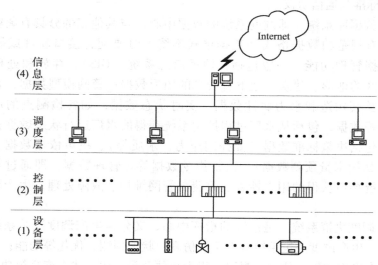

图 12-2 现代 SCADA 系统组成示意图

（1）设备层：包括传感检测仪表、控制执行设备和人机接口等。设备层的设备安装于生产控制现场，直接与生产设备和操作工人相联系，感知生产状态与数据，并完成现场指示、显示与操作。在现代 SCADA 系统中，设备层也在逐步走向智能化和网络化。

城市供水调度 SCADA 系统的设备层具有分散程度高的特点，往往需要使用一些自带通信接口的智能化检测与执行设备。

（2）控制层：负责调度与控制指令的实施。控制层向下与设备层连接，接受设备层提供的工业过程状态信息，向设备层给出执行指令。对于具有一定规模的 SCADA 系统，控制层往往设有多个控制站（又称控制器或下位机），控制站之间联成控制网络，可以实现数据交换。控制层是 SCADA 系统可靠性的主要保证者，每个控制站应做到可以独立运行，至少可以保证生产过程不中断。

城市供水调度 SCADA 系统的控制层一般由可编程控制器（PLC）或远方终端（RTU）组成，有些控制站又属于水厂过程控制系统的组成部分。

（3）调度层：实现监控系统的监视与调度决策。调度层往往是由多台计算机联成的局域网组成，一般分为监控站、维护站（工程师站）、决策站（调度站）、数据站（服务器）等。其中监控站向下连接多个控制站，调度层各站可以通过局域网透明地使用各控制站的数据与画面；维护站可以实时地修改各监控站及控制层的数据与程序；决策站可以实现监控站的整体优化和宏观决策（如调度指令、领导指示）等；数据站可以与信息层共用计算机或服务器，也可以设专用服务器。

供水调度 SCADA 系统的调度层可与水厂过程控制系统的监控层合并建设。

（4）信息层：提供信息服务与资源共享，包括与供水企业内部网络共享管理信息和水厂过程控制信息。信息层一般以广域网（如国际互联网）作为信息载体，使得一个 SCADA 系统的所有信息可以发布到全世界任何地方，也可以从全世界任何地方进行远程调度与维护。也可以说，全世界信息系统、控制系统可以联成一个网。这是现代 SCADA 系统发展的大趋势。

某城市供水调度 SCADA 系统组成如图 12-3 所示。

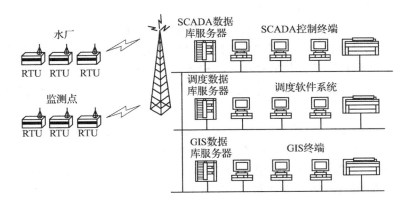

图 12-3 某城市供水调度 SCADA 系数

SCADA 系统应用的不断普及，得益于 3C + S（Computer、Communication、Control、Sensor）技术近年来的快速发展，了解这些技术的发展，有利于 SCADA 系统应用水平的提高。

（1）计算机（Computer）技术

近些年来，计算机技术飞速发展，强大的硬件平台、不断更新的视窗操作系统支持着庞大的网络运行，可以处理大型的控制和信息处理任务。功能强大的计算机系统平台，使计算机得到了广泛的应用，更为构建高功能的 SCADA 系统创造了条件。

在 SCADA 系统中，计算机主要用作调度主机和数据服务器，近来国内外许多厂家都推出了基于 Windows 的 SCADA 组态软件。这些软件平台可以完成与城市供水调度相关的数据采集，提供了与多种控制或智能设备通信的驱动程序、动态数据交换（DDE）等功能，便于实现数据处理、数据显示和数据记录等工作，具有良好的图形化人机界面（MMI），以及趋势分析和控制功能，为优化调度、节能降耗提供了手段。计算机的网络功能使多级 SCADA 调度系统的建设和水厂过程控制系统、供水企业管理系统的一体化具备了条件。

（2）通信（Communication）技术

SCADA 系统设计是否合理，通信技术的选择十分重要。目前，各种通信技术发展迅速，这里只作简单介绍。

SCADA 系统中的通信可以分为三个层次：

① 信息与管理层的通信。这是计算机之间的网络通信，实现计算机网络互联与扩展，获得远程访问服务。将 SCADA 联入 Internet，不但可以享受公共网络的廉价服务，而且可以将控制与管理信息漫游到全世界，实现全球资源共享。

② 控制层的通信。即控制设备与计算机，或控制设备之间的通信。这些通信多采用标准的测控总线技术，要根据控制设备的选型确定通信协议，也要求控制设备选型尽量统一，以便于维护管理。

③ 设备底层的通信。即检测仪表、执行设备、现场显示仪表、人机界面等的通信。底层设备数字化，以替代传统的电流或电压信号连接。数字化设备之间的通信多采用串行通信，如 RS232C、RS485、RS422 等，而 USB（Universal Serial Bus）是近期推出的高效率、即插即用、热切换的接口通信协议，具有良好的应用前景。

根据数据传输方式，通信可以分为有线通信和无线通信两大类。选择不同的传输方式，对通信可靠性和通信成本有显著影响。

无线通信技术包括微波通信、短波通信、双向无线寻呼等，有些是公共数据网的应用，应用最多的是超短波 200MHz 的通信。当前正在发展的双向无线寻呼，是既可靠又廉价的通信手段，对城市供水调度 SCADA 中的测压点、井群等通信将会有十分重要的作用。

有线通信可以利用公共数据网进行，或通过电话、电力线进行载波通信，但成本非常高，只有短距离或要求高可靠性时采用。

(3) 控制（Control）技术

控制设备为 SCADA 系统的下位机，是城市供水调度执行系统的组成部分。控制设备在每一个 SCADA 系统中都会有若干台，对 SCADA 系统的可靠性和价格影响最大。

目前常用的控制设备有工控机（IPC）、远方终端（RTU）、可编程逻辑控制器（PLC）、单片机、智能设备等多种类型。

IPC 的软硬件与普通计算机相同，其本质还是计算机，具有大容量和高速数据处理能力，其软件十分丰富，有理想的界面，为开发者所熟悉。目前在城市供水调度 SCADA 系统中应用还不多见，但随着现场设备的数字化及与控制设备通信连接技术发展（如 USB），IPC 的应用可能会不断增加。

PLC 是方便、易安装、易编程、高可靠性的技术产品。它提供高质量的硬件、高水平的系统软件平台和易学易懂的应用软件平台（用户平台），能与现场设备方便连接，特别适于逻辑控制和计时、计数等，多数产品还适用于复杂计算和闭环调节控制。PLC 一般用于构建城市供水调度 SCADA 的调度执行系统，特别是泵站的控制。

RTU 是介于 IPC 与 PLC 之间的产品，它既有 IPC 强大的数据处理能力，又具备 PLC 方便可靠的现场设备接口，特别是远程通信能力比较强。RTU 适于在城市供水调度 SCADA 系统完成较大型的或远程的控制任务。

单片机是一种廉价的控制设备，在追求低成本的情况下，单片机构成城市供水调度 SCADA 系统下位机已成为主流。单片机有多个系列，品种丰富，但在使用前都必须经过二次开发，需要进行逻辑设计、驱动设计、可靠性设计和软件开发等。单片机应该主要用于城市供水调度 SCADA 系统中的数据采集或小型的控制任务。近年来的现场总线技术（FCS）的发展又为单片机的应用带来了良好的前景，可以解决复杂的通信控制任务，使得控制网络的构建非常简单，价格低廉。

（4）传感（Sensor）技术

在城市供水调度 SCADA 系统的生产现场，安装有许多传感器，完成 SCADA 系统的数据采集任务。

传感器可分为智能型和非智能型两类。非智能型完成电量的标准化信号转换和非电量的理化数据向标准化电量信号转换。智能型传感器除完成上述非智能型传感器的工作之外，还具有上、下限报警设置、自诊断与校准、数据显示、简单数字逻辑控制等功能。最新的智能传感器大都具有某种现场总线功能，可以与 SCADA 的上位计算机或下位控制单元通信，构成 SCADA 系统的一个部分。

在城市供水调度 SCADA 中常用的传感器主要有：水位、压力、流量、温度、湿度、浊度、余氯、电压、电流、功率、电度、功率因素以及接近开关、限位开关、水位开关、继电器等。传感器在 SCADA 系统数量相对较大，类型也很多，其可靠性提高是 SCADA 系统长期稳定工作的关键。

12.1.4.2 管网测压点的布置

管网中的测压点是 SCADA 系统中的重要组成部分，合理布置测压点的位置和数量不仅可以节省投资，而且是供水服务质量的一个重要保证。

供水管网服务压力必须达到一定的水平，而管网压力又与漏失量直接相关，在其他外部条件相同的情况下，管网漏水率随服务压力的增大而增大。因此，管网系统中测压点的位置和数量应合理布置，以达到全面反映供水系统的管网服务压力分布状况，及时显示供水系统异常情况发生的位置、程度及其影响范围，监测管网运行工况，据此评估管网运行状态的目的。

为此，管网测压点应能够覆盖整个供水管网，每一个测压点都能代表附近地区的水压情况，真实反映管网的实际工作状况。由于供水支管水压往往受局部供水条件影响，不能反映该地区的供水压力实际情况，所以测压点须设在大中口径供水主干管上，不宜设在进户支管或有大量用水的用户附近，一般在以下地区设置管网测压点：

（1）每 $10km^2$ 供水面积需设置一处测压点，供水面积不足 $10km^2$ 的，最少要设置两处；

(2) 水厂、加压站等水源点附近地区；

(3) 供水管网压力控制点、供水条件最不利点处，如干管末梢、地面标高特别高的地点；

(4) 多水源供水管网的供水分界线附近；

(5) 供水压力较易波动的集中大量用水地区；

(6) 对用水有特定要求的国家要害部门。

12.1.5 城市供水优化调度数学方法

城市供水优化调度的目标是在满足管网系统中各节点的用水量和供水压力条件下，合理地调度供水系统中各水厂供水泵站和水塔、水池的运行，达到供水成本最小的目标。当供水系统中的各水厂的生产成本相同时，达到供水电费最低。

城市供水优化调度的数学方法就是首先提出优化调度数学模型，然后采用适当的数学手段进行求解，最后用求解结果形成调度执行指令。目前，常用的数学方法可分为微观数学模型法和宏观数学模型法两种类型。

微观数学模型法将管网中尽可能多的管段和节点纳入模拟计算，通过管网水力分析，求解满足管网水力条件的最经济压力分布，优选最适合该压力分布方案的水泵组合及调速运行模式。微观数学模型与管网的物理相似性很好，但其计算时间较长，数据准备工作量很大。

宏观数学模型法不考虑泵站和测压点之间实际管网的物理连接，而是用假想的简化管网将它们连接起来，甚至完全不考虑它们之间的物理连接，而是通过统计数学或人工智能等手段确定它们之间的水力关系，并由此计算确定优化调度方案。宏观数学模型比较简单，计算速度快，但模型参数不易准确，需要较长时期的数据积累和模型校验。而且，一旦管网进行改造和扩建，宏观数学模型需要重新调整和校验。

管网建模是建立供水管网水力模型的简称，是研究和解决管网问题的重要数学手段。管网优化调度技术的成功运用有两个重要基础，一是调度时段用水量的准确预测，另一个就是建立准确的管网水力模型。如果它们不准确，再好的优化调度算法也是没有意义的。

(1) 管网建模的基础工作。做好管网基础资料的收集、整理和核对工作，是管网建模工作的基础。管网建模与建立管网地理信息系统（GIS）相结合是发展方向。

(2) 管网模型的表达。正确合理的管网模型表达方法是重要的，国外在此方面的研究已经很成熟，值得借鉴。国内对于管网模型的概念体系已经基本建立，但一些特殊的水力元件（如减压阀等）还无法处理，模型表达的数据格式和标准化编码还有待研究。

(3) 模型的校核与修正。由于管网模型准确性有待提高和管网构造本身的变化与发展，管网模型要经常进行校核和修正。较为理想的是采用动态模型技术，即通过各种检测、分析和计算手段，在管网运行中，实时地验证管网模型的准确性，并随时修正。为了检测管网运行的实际状态，必须安装各种压力和流量检测设备，如果利用管网模型进行的调度计算所得结果与实测值不一致，要根据误差进行模型修正。

管网优化调度的宏观模型法，就是建立一种高度抽象的管网动态模型，因为其模型较微观模型具有更大的不确定性，必须在调度运行过程中不断修正。

12.1.6 城市供水运行调度管理

12.1.6.1 运行调度管理机构

我国目前运行调度管理机构大致有两种类型：

对整个制、配水体系由单一中心运行调度机构进行统一、集中调度管理，称为一级调度管理系统，适用于小型城市。

对生产、配水系统分别通过水厂运行调度和中心运行调度二级机构进行相对独立又相互联系调度管理，称为二级调度管理系统，适用于大中城市。

尽管城市供水行业的调度机构的形式不一，但就其内在联系而言，都承担着水厂（泵站）的运行管理、管网运行管理，以及对二者进行协调和对本地区的供水进行统一调度这三种工作职能。依据这三种工作职能，有条件时宜设置水厂（泵站）运行调度和中心运行调度并存的调度机构。

12.1.6.2 运行调度岗位职责

（1）水厂（泵站）运行调度岗位职责

1）运行调度的范围为取水、输水和净化工艺设施；

2）编制和实施净水系统的运行方式；

3）执行中心运行调度指令；

4）分析水质、水量、水压、能耗等经济指标，提出改进水厂经济运行的措施。

（2）调度中心运行调度岗位职责

1）运行调度的范围包括送水设备（含管网加压泵站）、出厂（站）阀门、输配水管网；

2）编制和实施供水系统的运行方案；

3）协调水厂运行和管网运行之间的关系，制定和实施因管道工程施工需大面积降压、停水的运行调度方案；

4）负责或组织安排调度系统内有关软件系统与硬件设备管理、维护和检修；

5）全面分析水质、水量、水压、电耗、药耗等经济指标，提出改进供水系统经济运行的措施。

12.1.6.3 运行调度岗位人员要求

调度人员须具有一定的给水排水、电气及计算机专业知识；掌握调度工作的基本原理和工作标准；了解城市供、用水量及水压的变化规律；熟悉国家对水质、水压、电耗的要求与标准；能够依据公司生产计划，制订合理、经济的调度方案。

同时，依据其调度权限、职责的不同，调度人员还应达到相应的技术要求：

（1）水厂（泵站）运行调度人员，应熟悉本厂（站）的生产能力、生产工艺过程、电气设备一次接线图、设备性能及状况、厂（站）管道阀门布置及供水范围、水量的曲线计算及经济运行中的有关技术参数等。

（2）中心运行调度人员，应熟悉系统内所属各水厂（泵站）的生产能力、生产工艺过程、设施状况、专（备）用电源的线路图、供水管道和阀门的布置、供水范围、掌握管道工程施工及维修的工程量、工程进度以及所影响的供水范围。

12.1.6.4 调度事件管理

调度事件主要指因实际需要或意外因素，对供水设施进行检修（包括计划检修、临时检修和事故处理检修），从而导致供水管网降压甚至停水。

调度事件的申报、注销与变更应遵循以下原则：

（1）凡因检修需要而将导致水厂（泵站）、管网降压、停水，须由水厂（泵站）运行调度人员事先向中心运行调度提出申请，由中心运行调度统一安排。

（2）为了减少检修次数，保证正常供水，在安排设备检修时，应对水厂、泵站、供电以及管网进行全盘考虑，尽可能地使各项检修工作同步进行。

（3）检修、降压、停水工作应尽量做到有计划地安排，并依据其影响的程度和范围，至少在工作实施的前一天，通过报纸、电视、网站等传媒或人工通知到用户，以便用户能及时地安排好生产和生活。

（4）突发性事故发生时，应边进行紧急检修，边利用传媒或人工尽可能地通知到用户。必要时用水车送水到户。

（5）已安排的检修、降压、停水事件，如因特殊原因需要注销或变更时，应迅速告知用户。再次进行此项工作时，应重新办理有关手续。

12.1.6.5 运行调度规章制度

为实现城市供水调度目标，保证城市供水安全，运行调度一般应遵守：运行值班制度；交接班制度；调度事件的申报、注销与变更制度；调度指令下达与执行情况考核制度；调度设备维护管理制度；阀门调度管理制度；安全防火制度。

12.1.7 城市供水调度系统实例

某市调度系统由供水调度 SCADA 系统、供水调度管理系统组成，实现了调度数据的采集与监控、集中储存、查询、统计与分析管理，调度业务实现了计算机管理和无纸化办公。该市还开发建立了供水 GIS 系统、供水管网模型系统和优化调度系统，初步实现了供水调度的计算机现代化管理。

12.1.7.1 供水调度 SCADA 系统

该系统由一个主站、13 个水厂及泵站分站、34 个管网测压点分站组成。水厂泵站和管网测压点分站分别采用 233MHz 和 266MHz 超短波组网通信方式。主站是整个系统的核心，其硬件设备由交换机连接两台服务器、五台工作站及其他附属设备构成 100M 以太网。分站硬件由各种传感器和终端组成，主要完成对现场数据采集和转换，累计量的累加，并将这些数据按照通信协议传给主站。测压点分站终端采用 SIMENS—700PLC 为控制及输出、输入单元，水厂及泵站分站终端采用 AB-SLC 为控制及输出、输入单元。这些以 PLC 为控制及输出输入单元的终端，具有集成度高、技术成熟、性能稳定等特点。

该市调度 SCADA 系统软件设计采用客户机/服务器（C/S）结构，具有集中储存、灵活管理、查询迅速的功能；系统基于 MS WINDOWS 2000 操作系统及 MS SQLSener 2000 数据库，运行稳定、安全可靠；系统应用图形化窗口等技术，显示清楚、界面友好。实现了生产数据的实时采集、定时存储、集中处理、数据发布、远程查询和远程控制的功能。

该市调度 SCADA 系统的主要功能是自动巡测和选站遥测供水网中所有分站的监测量，水厂分站监测量为出水压力、出水浊度、出水余氯、出厂水量、用电量、清水池水位、水源取水点水位，管网测压点分站监测量为水压、浊度、余氯。上述供水物理量监测数据分别在调度中心的两个计算机屏幕上进行显示，并每 2 分钟刷新一次数据，每 15 分钟的数据被送入服务器数据库存盘，以上数据中各水厂出水压力、二泵房水泵开关状态、所有测压点的管网压力在超宽模拟屏上同时实时显示。系统还具有越限报警查询功能，用户可自行设置各输入量报警上下限，一旦发生数值越限，即在计算机显示器上显示相应报警指示。系统还可对历史报警记录进行查询。

12.1.7.2 供水调度管理系统

该管理系统采用客户机/服务器（C/S）结构。系统客户端应用程序可以在 WINDOWS2000 WINDOW XP、WINDOW Vista 系统下运行。系统分为生产数据管理和调度业务管理两大功能。

（1）生产数据管理

1）对历史数据的查询、统计功能。查询的内容有任一时间段供水量的最大、平均、最小值和日均供水压力；任一时间段的日变化系数、时变化系数、累计水量；任一时间段瞬间压力、单位电耗、单位矾耗、单位氯耗以及这些指标的最大和最小值；还可以对数据库中的各类历史数据、曲线进行浏览、查询和编辑。

2）数据滤波功能。消除非正常干扰因素，自动对该数据进行滤波处理，滤除浊度、余氯数据中的非正常干扰脉动值。以上脉动值的出现主要是由于各水厂安装的在线式浊度仪（余氯测定仪）灵敏度很高，当二泵房开关车或调节阀门时，出水母管中有时会产生小气泡，从而造成浊度仪（余氯测定仪）显示值假超标，反映在数据曲线上就是有上升的尖脉冲。

3）生产数据编辑功能。当系统采集数据失败或发生错误时，可由人工对错误数据进行补齐或修正，以保证生产数据的完整性。

4）制水成本分析功能。自动统计分析全公司和各水厂的水量、三耗成本，以及它们的同期比、同计划比和不同时段比。

(2) 调度业务管理

1）调度员上班注册功能。当班调度员上班后首先需通过该系统进行注册，注册成功后，系统将自动记录该班次的调度员姓名、工号、注册时间。注册时如密码不符，则数据库中信息编辑功能的菜单将被禁止，系统只显示查询功能的菜单。注册成功后，在该班次内打印的各类报表将自动以注册调度员署名。

2）调度管理员审核注册功能。对某些要发布的报表，需经有权限的调度管理员审核，不经审核则不能有效打印。调度管理员每天审核数据后要注册，系统将核对调度管理员密码，如无误就将该调度管理员的姓名、审核时间记录在案。

3）调度大事、爆管、事故、工程记录的输入和编辑修改功能。当班调度员可以输入相应记录发生的地点、内容、时间、报告人、记录人、恢复时间等信息，并对以上信息进行编辑和修改。

4）交接班记录功能。在调度员上班注册后，打开这个窗口就能看到本班的班次、当班人姓名以及三天来的大事记录。在这个窗口的调度命令输入栏内，调度员可以输入下达的开关车指令，输入后系统将自动记录调度指令的发出时间、执行时间以及指令内容。另外，该功能还可以查询任一时段的上述所有调度管理信息，例如某时段内的所有爆管记录。也可查询某日的所有调度管理信息和考勤记录。

(3) 调度数据发布与共享

调度中心的生产数据除了调度中心自己使用外，还向供水企业各部门提供数据查询。一般用户通过企业网的调度中心网页（B/S结构），查询生产日报表、水厂出水压力、主要测压点压力等常规生产数据。生产管理部门、技术部门、总公司主管领导等重要用户，通过在当地安装专用客户端（"供水数据查询系统"）来查询所有调度实时数据。"供水数据查询系统"采用三层（C/S）结构，在客户机和服务器之间又增加一个事务处理中间层，使得用客户机/服务器结构开发的应用系统更加灵活、强大，也更加安全。

12.2　城市排水调度

城市排水管网系统是重要的城市基础设施，起着收集和输送城市污水和城市降雨、融雪产生的径流的作用，具有保护环境和城市减灾的双重功能，随着我国城市化进程的加快和现代科技的迅猛发展,仅凭经验管理的方法已不能适应当前城市排水管理的要求。在排水系统资料数字化、设备自动化、管理信息化的基础上,建立城市排水智能化专家调度系统,对排水系统进行科学规划、合理安排、准确调度、全面监控,是城市排水调度的发展方向。

12.2.1 城市排水调度系统的作用

城市排水系统由排水管网、排水泵站、污水处理厂组成。城市排水管网分布于城区各处,随时收集污水,通过污水泵站输送到污水处理厂,以便经过净化处理后排放;在降雨时收集地表径流,并通过雨水泵站迅速排除。由此可见,为能够保障城市排水系统的正常运行,及时了解管网、泵站的运行情况、气象水文的预报情况,并对其运行加以控制,是非常必要的。

城市排水调度系统的作用应满足排水管网和排水泵站高效、合理、可靠、最优化运行的需要,其作用主要包括:

(1) 运行状况的监测

采用遥测设施对排水泵站进行监测,随时了解泵站运行状况和市区主要地区的水位。确保全市各排水泵站的正常运行,在发生涝情时及时排涝。

在中央监控室可以了解到整个管网系统和泵站的运行状况,为调度控制人员提供准确的实时运行参数。

提供的信息主要有:泵的运行、停止、故障和累计运行时间,运行状态下的电流、电压、能耗、出口压力,大型泵的轴承温度、流量、故障类型等,电动阀门(闸门)的开、关、停止、故障类型、开启度,格栅的运行、停止、故障及故障类型,各主管道的流量,各集水井和闸门配水井的水位,大型、主要泵站重要电气设备的运行、停止、故障状态,各种报警:高低水位、供配电系统、有毒有害气体等。

在国外一些先进的无人值守泵站,一旦机电设备发生故障,监控系统可迅速向事先设定的有关人员和地址发送信号,为及时修复和调整管网运行提供了条件。

(2) 运行的调度控制

排水管网系统的调度控制是监控系统的重要功能之一,通常分为三个控制层来实现,即中央控制层、分控站自动控制层和就地手动控制层。

中央控制层用于系统的宏观调度,根据制定的运行调度原则,协调各下属分站的运行,处理局部发生的事故和紧急状态,维持系统的整体协调。

分控站自动控制层通过现场 PLC 的逻辑控制功能或远程 I/O 终端,实现设备的自动控制。根据各分控站规模和其重要程度的不同,该控制层的控制方法、策略也有所不同,分控站自动控制层应能根据中央控制层的指令及时调整控制策略。

就地手动控制层是现场手动控制方式。当控制手柄处于"手动操作"时，上级的控制干预将被屏蔽。它的主要作用是，在现场检查、设备维护、修理和试车、发生突发事件、监控系统不能正常工作时，现场人员可以方便地操控设备。

通过以上三个控制层，应可实现如下基本控制：

① 根据泵房水位自动控制多台水泵的轮值运行。当泵房水位升至某一设定值时，控制系统将按软件程序自动增加水泵的运行台数，相反，当泵房水位降至某一设定值时，控制系统将按软件程序自动减少水泵的运行台数。同时，系统累积各水泵的运行时间，自动轮换水泵，保证各水泵累积运行时间基本相等，使其在最佳运行状态。当水位降至设定水位时，自动控制全部水泵停止运行。

② 格栅自动控制系统通常设置有四种控制方式：水位差控制、时间控制、自动控制和手动控制。当格栅前后水位差值达到设定值时，自动控制系统启动格栅除污机运行。当格栅除污机停止运行的时间超过设定值时，系统转为时间控制，启动格栅运行。当运行时间达到设定值时，自动控制格栅除污机停运。同时控制系统将根据软件程序自动控制输送栅渣压实机、格栅除污机的顺序启动、运行、停车以及安全连锁保护。

③ 各配水闸门、溢流闸门，根据运行要求和实际运行情况，自动控制系统按照预先制定的原则和程序，自动控制和调整闸门的开启度，使管网系统处于合理的运行状态。

(3) 管理预测

由于原有的通信和管理手段落后，城市防汛和排水主管部门无法全面了解可能出现的涝灾状况，不能预测和分析未来的气象和水情发展趋势，因而难以及时和科学地制定排涝调度方案和应急救灾措施。此外，由于一些排水泵站缺乏专职管理人员，往往在突发性暴雨发生时不能及时投入运行，造成不应有的涝灾损失。因此城市排水调度系统还应起到以下几个作用：

1) 通过有线通信与水文、气象部门的系统相连，迅速了解和掌握现状的雨情、水情，及时制订相应的排涝方案。

2) 编制市区水文预报，预估未来的河网水位，提前做好防汛和排涝准备工作。

3) 建立城市排涝基本资料库，可根据具体要求进行查询。

12.2.2 城市排水调度系统的组成

城市排水调度系统由排水管网监控系统、排水泵站监控系统、水文气象管理系统等几个子系统组成。

12.2.2.1 排水管网监控系统

我国大部分的城市排水系统，由于历史条件，基本上采用的是合流制，这就使排水管网系统的监控工作更加重要。

排水管网监控系统由仪表、现场 PLC、通信、中央控制室构成，完成信号的采集、传输，命令的发布和执行，运行状态和参数的显示。

(1) 仪表

仪表是采集管网运行参数的主要仪器，是实施科学管理的主要手段之一。为了便于计算机系统连接和维护管理，宜采用智能化测量仪表；为适应污水管网系统的水质和现场环境，将清洗维护工作量降至最低，宜选用非接触式、无阻塞隔膜式、自清洗式的传感器，并带有温度补偿功能。例如：超声波液位差计、超声波液位计、超声波流量计、电磁流量计等，它们可以实现对水位差、水位、流量、压力的测量，从而完成对运行信号和参数的采集工作。

(2) 现场 PLC

可编程序控制器（PLC），实现自动控制的关键设备，也是排水管网监控系统的重要组成部分。它的性能特点参见本章 12.1.4. 中的"城市供水调度 SCADA 组成"。

在选型时可根据实际使用要求和现场条件，软、硬件配置尽量采用开放式结构，保留一定数量的功能冗余，以便在以后监控范围扩大时，能及时方便地进行扩容。

(3) 通信

由于各分控站分散于市区各处，解决好各分控站与中央控制室之间的通信问题非常关键，它是完成排水管网系统监控的重要前提。

该系统通常采用的通信策略为拨号电话线路网络和无线通信网，系统可以通过拨号上网或无线通信的方式定时轮询与各分站交换数据，各分站之间没有直接的通信通道，分站之间的数据交换要通过主站实现。为了提高通信传输的可靠性，预防由于电话线路信道忙和无线通信受干扰而出现的通信不畅，通常同时使用拨号电话线路网络和无线通信网，二者互为备用，当系统在某一通信方式下工作出现信号传输不畅时，可自动转到另一通信方式下工作，从而保证监控系统的信号能够及时传输，增强了信息的实时性。

(4) 中央控制室

中央控制室是整个系统的核心部分，主要由主 PLC、计算机、显示屏组成。

在中央控制室可以全面了解到排水管网系统的运行状态和工艺参数，并根据采集到的数据情况，按照逻辑程序，向各分控站下达指令，进行合理调度，保障污水处理厂安全、平稳地运行。同时，它还能向调度管理人员及时地提供各种报警，如：高低水位、故障、有毒有害气体等。当排水管网系统的运行出现突发事件时，系统还可向调度管理人员提供多种参考建议，同时告知每种参考建议的实施可能带来的不良影响，使调度管理人员使用更加方便。

总之，排水管网监控系统是服务于排水管网系统，同时为其他调度系统提供信息资料，其各种功能的设计和设备的配备是为了排水管网系统能够正常运行，同时为了保证监控系统的正常工作也应配备必要的工具（如便携式计算机）和专业人员，充分发挥其功能和潜力。

12.2.2.2 排水泵站监控系统

城市雨、污水泵站系统结构如图 12-4 所示，由分支集水管网或初级泵站汇集的雨、污水，经格栅除污机除去漂浮物后汇集到进水池中。再由若干台大型雨污水泵将水抽出，排入下级排水管网或污水处理厂。

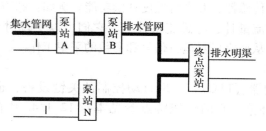

图 12-4　城市雨、污水泵站系统示意图

从图 12-4 可以看出，各泵站只负责特定区域或管网系统的雨、污水排放，因此各雨、污水泵站工作情况的好坏以及泵站间协同工作能力的强弱，都将直接影响城市或工业区的防洪、排涝及污水管网系统的整体效能。

（1）泵站系统的控制要求

对于一座大型排水泵站，其基本要求如下：

供电系统的安全性；水泵机组运行的安全性；水泵机组运行的经济性；泵站系统的调度。

（2）计算机调度管理系统的建立

根据城市建设规划，泵站计算机调度、管理系统不仅要充分考虑系统的可靠性、先进性，同时要兼顾计算机网络建立的经济性及可扩性。图 12-5 为某大型雨水泵站计算机调度管理系统网络结构图，采用了可编程控制器，用于实现现场数据的采集与控制，并借助先进的现场总线技术，建立计算机网络系统。该控制系统分为三个层次，即中央计算机调度管理网络系统、现场 PLC 自动控制系统及现场手动操作系统。

中央计算机调度管理网络是一个数据处理和控制中心，它主要完成对分布在各处的泵站数据进行集中存储、显示、制表、打印等任务，并可通过下达应急操作指令，完成人工远端遥控操作。该系统由以下两级计算机网络构成。

1）无线电局域网。室外天线、无线 Modem、数据通信管理机组成无线数据通信网络，与位于泵站的 PLC 进行数据交换，为整个系统提供实时数据并提供对 PLC 进行遥控操作的数据通路，具有较高的可靠性。数据通信管理机对数据链路进行分时控制及管理，最大限度地提高了通信设备的通信能力与质量，实现了一点对多点的网络布局，从而降低了设备的投资费用。

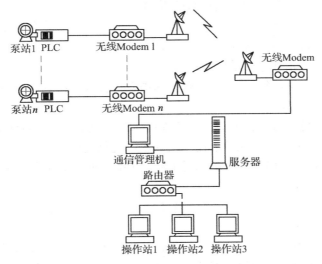

图 12-5　某大型雨水泵站计算机调度管理系统网络结构图

2）计算机调度管理网络。计算机调度管理网络由计算机数据服务器、监控管理机及路由器组成，这些设备用以太网（ETHERNET）技术连接在一起，可方便地与上一级管理网络相连接，充分发挥计算机的资源优势。此外，网络具有极强的扩充性，便于根据需要增加或减少网络系统的配制。

在硬件系统配制完成后，系统能否做到实用、方便、可靠，关键是配套相应的软件控制系统，软件系统应具有十分友好的人机界面。在 WINDOWS NT 软件平台上，依据泵站实际管理要求，开发编制了实时通信软件、历史数据库软件、实时数据显示软件及数据报表处理软件。这些软件不仅具有友好的中文人机界面，而且可以用组态的方式，方便地增加或改变显示与控制模式。在控制管理机上，操作人员可以在屏幕上看到各个 PLC 站点的工作情况，并可以用鼠标进行遥控操作。

3）PLC 自动控制系统是实现泵站自动控制的基础，选用可编程控制器 PLC 用于泵站现场数据的采集与实时控制。

4）手动操作系统可利用手动、自动切换开关，实现人工现场手动操作，以保证泵站设备在各种情况下都能及时投入运行。

12.2.2.3　水文气象管理系统

(1) 水文气象信息的传送

中心站计算机系统与水利和气象部门计算机系统通过有线通信联网，水文站和气象台所观测的雨量、水位、流量以及气象云图，可由电信线路传送至中心站微机系统，经系统的水文气象情势模块处理后，按管理人员的要求在微机屏幕上显示城市近期有关的水文和气象状态，主要内容包括：

1) 云图。将从气象台传送过来的近期云图单幅显示，并可加上假彩色和云层厚度指标，用以定性分析降雨中心、强度和分布，也可将多幅云图按时序同时显示或动态显示，以判断降雨移行方向和变化趋势。

2) 雨情。显示任意时段内当地雨量空间分布图，可以确定暴雨中心位置和量值，以及定量分析降雨分布；用列表和雨量过程线图两种方法显示任一站的降雨过程，分析雨情发展趋势。

3) 河道水位。显示任意时刻城市地区水位空间分布图，分析洪水的来源或去向；用列表或过程线方式显示任一站的水位变化过程，判断水位的涨落趋势。

4) 河道流量。任意时刻城区各站流量空间分布；用列表或过程线方式显示任一站的流量过程。

5) 水情报表。城市周边地区的当日8时水情资讯汇总表。

（2）水位预报

水位预报是指根据目前的水文气象状态和气象台对次日降雨过程和地区分布的预报，针对各种量级均匀降雨，系统自动预报次日河网水位变化过程。水位预报模块采用城市周边地区报汛雨量、水位和流量数据。

水位预报系统是判断市区水情和涝情的主要指标。提前预报或预估未来河网水位，有助于管理人员及时做好排涝和防灾准备，如提前关闸预降排水区域水位；防汛人员及时上岗；加高堤防；转移易涝区物资；发布涝情警报等。

管理系统软件设置了城区河网水位预报和预估模块，可根据市区及周围影响地区雨量、水位、流量资料，采用多元回归分析预报或预估市区次日水位的变化过程。

（3）基本资料储存与查询系统

软件设有基本资料储存与查询模块，储存有与城市市区排涝有关的各类资料，包括：

① 基本地图，如城市地图、城市规划图、城区水文测站分布图、城区遥测泵站分布图。

② 城区泵站设备和人员基本情况表。

③ 历史水文气象基本资料：日雨量和时段雨量、日平均水位和瞬时水位、日平均流量和瞬时流量、近期云图。

④ 近期水情报表。

⑤ 各类管理文件等。

以上各类图形和文件可以根据管理人员的要求，按照规定的格式在微机屏幕上显示，并可打印输出。

12.2.2.4 运行管理

排水生产调度系统由调度中心、排水泵站、管网监测点组成，以有线和无线信道连接。它可实现排水管网流量、水位等数据的动态监测，泵站水位、机泵运行的动态监测及自动控制,并可以根据排水管网中污水的分布区域采取相应的调度措施,保证有效、及时又节能地将管网污水排放出去。排水生产调度系统和地理信息系统可以相互共享信息和数据。

(1) 调度系统的监控对象

城市排水调度系统主要监控泵站的电机、阀门、格栅等设备及其运行参数,同时在管网中设置部分监测点,监测排水管网中的流量、水位等信息,并以无线信道传送到控制中心,供调度人员随时了解掌握。

泵站监测运行数据,根据仪表参数和中心控制室调度指令控制电机、格栅、阀门等设备;生成运行报表,保证泵站设备的运行。中心控制室根据各泵站的设施、运行数据并综合管网监测信息、城市降水积水情况、管网排水能力,给出泵站的预期排水调度运行建议或指令,保证城市排水通畅。

同时,中心控制室调度计算机与各泵站监控计算机之间还可以完成部分办公自动化功能,如数据文件、文档文件、文字信息、邮件等的相互传送。

泵站 PLC 系统监控泵站所有的设备、设施,包括格栅间格栅、栅前液位、液位差、调节水池水位、提升泵房水位、污水泵状态、闸阀状态、排水流量等。同时泵站 PLC 和监控计算机可以采集数据、调节阀门开闭、格栅升降、控制电机停启。

(2) 调度系统的显示内容

1) 显示泵站工艺流程模拟图、电气示意图、数据列表、报警信息、趋势曲线、打印报表;

2) 操作员权限管理、上岗登记、操作记录;

3) 历史数据查询、浏览、过程回溯播放;

4) 泵站设备运行统计、参数管理、检修预报;

5) 泵站设施管理、维护清理预报;

6) 泵站图纸管理。

(3) 运行操作

1) 运行模式。分一般运行和紧急运行两种模式。一般运行模式用于城市排水正常状况下,人工监测、手动或遥控启停设备、阀门等。紧急运行模式用于防汛状况下,需要密切监视各种水位,满负荷前运行设备,自动控制关键设备、阀门,随时准备应答、解决处理各种报警信息。

2) 软件界面。主要运行图形为泵站工艺流程全图,并显示实时动态数据,点击数据可以弹出趋势曲线,点击设备可以弹出控制对话框和开停运行时间统计。报警时弹出提示框(或列表),要求值班人员确认处理,并记录请示/应答/处理时间和处理结果。

3) 中心控制室调度系统设计。中心控制室计算机系统自成网络,以有线信道与各泵站连接。

与泵站自控系统相应，调度系统也运行在一般运行和紧急运行两种模式下，当处于紧急运行模式时，泵站和调度中心随时保持联系。

调度计算机的功能相对泵站计算机而言，更加宏观。调度计算机不执行对泵站设备的直接控制，但可以向泵站计算机传达指导性指令，在一般运行模式下，调度计算机不会要求随时掌握各泵站的当时的运行数据，但要掌握系统整体一定时间内的总体情况，并定时更新。

实际上，中心控制室的作用更多的是在紧急运行状况下发挥的。

在长期实时运行时，中心控制室服务器上将积累大量的现场数据，这些数据对于排水调度、规划设计等都有重要的意义。

(4) 调度系统软件功能

主要功能包括：

1) 接收泵站的实时数据；

2) 显示系统状况、各泵站工艺流程模拟图、电气示意图、数据列表、报警信息、趋势曲线、打印报表；

3) 系统运行状态设置；

4) 系统通信参数设置、数据模式设置；

5) 根据调度决策，发送控制调节指令给泵站计算机；

6) 接收、传送数据文件、文档文件给泵站计算机，实现简单的办公自动化功能；

7) 操作员权限管理，上岗登记、操作记录。

第13章 供水排水企业对外服务与收费管理

13.1 供水排水企业公共关系

公共关系是现代社会的产物,随着商品经济的发展,它的社会作用越来越重要。供水排水企业多年来由于自然垄断的行业特点,往往忽视企业公共关系的建立与发展,但在如今,供水排水企业的区域垄断格局已经被打破,各种类型的投资进入供水排水领域,同时公众的健康和环保意识正日益加强,使得供水排水企业必须让自己投身于公共关系之中,通过有效的公关管理让企业为公众所接受。

13.1.1 公共关系的定义与作用

公共关系是一个社会组织在运行中使自身与公众相互了解,相互合作而进行的传播活动和采取的行为规范。

公共关系学是一门新兴的、综合性的应用科学,在理论上它涉及不同的学科范畴。因此,在确定公共关系定义时,出现了各种各样的表达方式。有认定公共关系是信息传播;有认定公共关系具有管理职能;还有公共关系活动论,公共关系技术论等等。各种定义从不同的角度反映了公共关系的各个侧面,说明了公共关系的基本特征,这些特征表现为公共关系的综合性、实用性和边缘性。这里我们提出公共关系的完整定义是:公共关系是一个社会组织与其社会公众之间建立的全部关系的总和。它发挥着管理职能,开展着传播活动。社会组织通过有效地管理,旨在谋求组织内部的凝聚力与组织对外部公众的吸引力;通过双向的信息沟通,旨在争取社会公众的谅解和支持,谋求组织与公众双方的利益得以实现。

公共关系的作用广泛而复杂,通常认为,公共关系应当具备如下作用:采集信息的作用;咨询建议的作用;参与决策的作用;协调沟通的作用;渗透组织日常事务的作用;策划专题活动的作用。

13.1.2 供水排水企业公共关系的构成

长期以来,自来水一直被视为公益企业,和供热、燃气等公用企业一样,长期处在行业垄断之下,是地方的公用企业管理部门或国有资产管理部门所属的企业,垄断本地区水务行业的所有环节,长期的政企不分,水价与价值背离,形成了"低价格+亏损+财政补贴"的经营模式,其价格基本不受供求关系和成本变动的影响。而排水更是被归属于企业单位，其投入和经营完全由财政负担。目前，中国水务市场的竞争格局已初具雏形。洋水务依靠雄厚的资本、先进的技术和管理经验在目前的水务市场竞争中占有领先的地位。国内金融资本巨头和大型国有水务集团依赖政府背景、水务资产规模和地利的优势，在管理体制方面正加紧引进符合市场竞争的机制，迎头赶上，与洋水务抗衡。资本实力较弱的国内中小投资商和民营企业利用其本地资源和机制灵活的优势，纷纷出击中小型城镇水务项目，各占一方，抢占大资本和大集团无暇顾及的规模较小的地区水务市场。整个中国水务市场呈现出一片群雄角逐的多元化竞争格局。此外，随着城市的发展，社会的进步和生活水平的提高，人们对供水排水企业的要求也越来越高，例如供水企业向客户提供的不仅是自来水，还包括水质、水压、收费管理和优质服务等等方面，这其中的任何一个环节出现问题，都会对企业的形象造成负面影响，进而影响到供排水企业的正常的生产运行。

总之，供水排水企业具有公益性和商品性的双重属性。水务市场开放，突出和完善其商品属性，使公共关系越发重要。因此，供水排水企业积极开展公关活动，更好地服务于经济建设、社会发展和人民群众生活，显得尤为重要和紧迫。

13.1.2.1 供水排水企业公共关系的构成要素

供水排水企业的公共关系是由供水排水企业本身、公众和信息传播构成的。供水排水企业是公共关系的主体，它的工作目标是向社会提供优质的自来水和服务，以及使污水做到达标排放或回用，并在尊重公众利益的基础上，实现自己的利益。改革开放以来，供水排水行业发生了很大变革，国家已基本健全多项法规、政策和制度，逐步走向依法管理的轨道，供水排水企业的作用日渐明显，又由于社会关系状态日趋复杂，所以，社会现实要求供水排水企业在其与公众的关系中处于主导地位，承担起关系主体应承担的任务。

公众就是因面临共同的问题而形成、并与社会组织的运行发生一定关系的社会群体，是公共关系的客体。对于供水排水企业而言，由于国际大环境的影响，市场导向作用日益明显，虽然从表面看，客户满意度和忠诚度的高低对供水排水企业客户数增减没有很大影响，但仍会直接或间接地影响供水排水企业的自身形象及经营成本。

信息传播是连接供水排水企业与客户的纽带，是公共关系必不可少的构成要素。供水排水企业应该向客户传递信息的内容很多，一般来讲，信息传播的初期，主要是介绍企业的投资建设情况，企业的规模，塑造企业的形象以及企业的设想等；发展时期信息传播的内容主要是维护企业的形象，介绍企业的有关水价政策，企业新推出的服务项目等。信息是不能独立存在的，它必须依附于某个特定的载体方能显示。供水排水企业主要可借助报社、电台、电视台、影视系统、期刊、广告经营等大众媒介和内部网站、内部刊物、员工手册、标语牌等企业自控媒介，让更多的社会公众了解企业，支持企业。

13.1.2.2 供水排水企业内部的公共关系

现代的供水排水企业是由相互关联、相互依存的若干单元组成的缜密系统,企业内部各个部门科室之间、各类员工之间配合默契、协调一致是企业充满生机与活力,不断发展的关键。因此,供水排水企业的公共关系必须从内部公共关系开始,通过扎扎实实的工作和以人为本的工作艺术,使内部员工认同企业,充分发挥自身潜能,来增强企业的外张力。

供水排水企业内部的公共关系是指供水排水企业内部横向的公共关系与纵向公共关系的总称。主要包括企业与员工的关系、企业与管理者的关系和企业与投资者的关系。

(1) 企业与员工的关系管理

内部员工既是内部公共关系的对象,又是外部公共关系工作的主体,是与供水排水企业相关性最强的公众,他们的一举一动都影响着企业的正常运转。美国公共关系学家 F.P. 塞特尔说:"公共关系如果没有良好的职工关系,想建立良好的外部关系几乎不可能,如果公司的职工不支持公司,而要外界支持公司,也是不可能的。"因此,加强员工关系管理,对供水排水企业而言,具有重要意义。

(2) 企业与管理层的关系管理

企业管理层在企业中有很高的地位,他们作为企业的代表,直接与基层接触,同时又作为企业的领导层管理着企业的员工。这一关系决定了企业管理层的关系管理,在供水排水企业公共关系管理中有着十分重要的地位,其重要性主要表现在:企业管理层的关系协调可以使企业内部目标统一;可以促进管理层的内部团结;可以提高企业的社会威信。

(3) 企业与投资者的关系管理

企业的投资者是企业运作资金的主要提供者,他们对企业的态度决定企业的命运。与投资者的关系管理属于企业战略公共关系管理的范畴。在包括资本市场在内的全方位竞争的今天,与投资者关系战略将和企业的产品发展战略、市场营销战略协调一致,相互促进,形成一个良性循环。

水务是一个以大投资、长周期、低而稳定的回报率为特征的行业,规模化经营是水务行业获取高收益的有效途径。但规模化经营需要大量的资金投入,以建水厂为例,建一个现代化的设计能力为日产 10 万 m^3 的水厂,直接投资就要 0.8~1.2 亿元人民币。目前大多数供水企业是亏本经营,用于更新改造和扩大再生产的资金极为有限。以 2002 年为例,全行业盈利企业的盈利总额为 5.99 亿元,亏损企业的亏损总额为 14.74 亿元。由于政府的力量有限,且政府也不可能成为投资的主体,这就需要供水企业深化体制改革,转化经营机制,吸收社会资金,实现资产多元化和投资主体多元化,它的实行有利于供水设施不断完善,有利于促进供水企业不断提高管理水平、服务水平。从供排水企业的角度看,投资者带来的不仅是资金投入,还有先进技术、先进管理、先进理念。因此,企业需要形成真正尊重投资者的理念,从投资者的角度出发,做好投资者关系管理工作。

可以看出,供水排水企业内部公共关系是一项非常重要、细致、复杂的工作,需要配合日常工作,持续不断的进行。内部公共关系实施的对象是企业内部的成员,且主要是企业的员工,既包括群体,也包括个人。企业的公共关系必须从内部的公关开始,团结企业内部的全体员工,协调各类员工之间的合作关系,使企业内部共同为供水企业努力奋斗,这是内部公共关系工作的根本任务和宗旨。

13.1.2.3 供水排水企业外部公共关系

企业外部公共关系是企业公共关系管理中最重要的组成部分。广义来讲,他是指企业与其外部环境的一切关系,具体来讲,供水排水企业的外部公共关系包括企业与客户的关系、企业与政府的关系、企业和供应商的关系、企业与竞争对手的关系、企业与新闻媒体的关系等,在这众多的外部公共关系中,供水排水企业与客户和政府的关系是供水排水企业外部公共关系中最重要的两个方面。

(1) 供水排水企业与客户的关系管理

由于供水排水企业的产品的生产和销售的特点,决定了供水排水企业的不可缺性和自然垄断性,因此,供水排水企业客户关系具有稳定、长期固定不变的特点。客户只要在这个区域里,就只能与该区域的供水企业发生供需关系,他无法像产品竞争企业的客户那样,如果对产品不满,除了投诉解决外,还可以选择别的产品,供水排水企业的客户没有选择性,他们的投诉如不解决,就会通过向政府、媒体投诉来解决。虽然从表面看,客户满意度和忠诚度的高低对供水企业客户数增减没有很大影响,但必然会直接或间接地影响供水企业的自身形象及经营成本。因此,供水排水企业改善服务质量,加强客户关系管理非常重要。

供水排水企业要做好与客户的关系管理,应当建立以下两点公关意识:

① 质量公关意识。产品质量是企业的生命,对于带有垄断性质的供水排水企业同样应把水质放在最为重要的地位,这是满足特许经营业务合同要求的需要,也是满足客户日益提高生活和工作质量等对水质要求更加严格的需要,更是保障客户健康的千秋大计。

② 完善服务的意识。完善的服务,可以建立客户对供水排水企业的信赖,保障供水排水企业业务的顺利开展,并取得较好的经济效益。

(2) 供水排水企业与政府的关系管理

政府是企业关系的重要一环,将政府当作一种特殊的"公众"来看待,是公共关系实践与理论的一大发展。政府公众的特殊性在于,他是企业外部环境中的一种管理力量,影响着企业经营的宏观经济气候。国外公共关系已在这方面积累了不少经验,我国则处于刚刚起步阶段。任何一个国家的企业都离不开其所属国家政府的管辖,即便是跨国公司也是如此,那么供水排水企业也不能例外。这里的政府不只限于行政机关类型,它的含义很广泛,有不同层次,如中央政府及各级地方政府,直接管理供水排水企业的职能部门,还有工商管理、税务管理、土地管理、司法管理等。

对于供水排水企业来说,与政府部门建立良好的长久关系是有利的,这就涉及企业该如何维系与政府的关系。供水排水企业与政府关系维系是指供水排水企业采用各种公关策略和手段以巩固良好公共关系的公关模式。

13.2 城市供水排水客户服务

我们生活在一个服务无处不在的时代。在美国,服务业创造了近74%的国民生产总值,并提供了7900万个就业机会;即使对于制造业,随着产品普遍趋于类似,相关服务的品质及其多元化,也将日渐成为决定抢占市场份额成败的举足轻重的因素。供水排水作为公用企业,虽然具有一定的自然垄断性,但在发达国家,市场经济的充分发展,整个客户、政府和社会的环境迫使它跟上时代的步伐。因此,发达国家的供水排水企业都拥有先进的客户服务理念和方法。在国内,近年来许多供水排水企业也都意识到服务的重要性,将服务定位于企业的核心竞争力,作为关系企业生存与发展的重要因素对待,纷纷建立并完善客户服务体系。

客户服务与供水排水企业发展的关系可以概括为:① 提高投资回报率;② 提高客户满意度;③ 客户服务是重要的信息资源;④ 客户服务蕴含着提升与客户关系的机会;⑤ 其他贡献,如高质量服务有助于树立良好的企业形象,激发员工的自豪感,强化其对企业的忠诚。

由于排水业务在客户服务工作中涉及的内容很少,如办理临时或永久排水接管登记、排水费减免、滞纳金退费等,并且其办事程序与给水业务相同或类似。为此,这里主要从供水方面来阐述城市供水排水企业的客户服务业务。

13.2.1 供水企业开展客户服务的必要性

供水企业开展客户服务的必要性可以概括为:
(1) 社会发展的要求

从宏观环境来说,我国供水企业当前普遍受到了要求改善服务的强大压力。

一方面,压力来自广大用水客户。随着经济的发展和社会的进步,客户对服务的要求越来越高。以往,客户只以"用上水"为目标,供水企业的服务质量处于次要地位。如今,绝大多数地区"用水难"的问题已经解决,客户的要求进一步提高,服务质量随之成为主要矛盾。同时,随着经济的发展、社会的进步,人们趋向于追求高质量的生活,对供水服务的要求相应提高。此外,还有一个横向比较的问题。消费者在竞争性行业消费与在垄断性行业消费，享受到的服务迥然不同，从心理上难以承受。因此，客户要求改善供水服务质量的呼声日渐高涨。

另一方面，压力来自政府。城市供水是对国民经济和社会发展有全局性、先导性影响的基础产业，是城市功能正常发挥所必不可少的关键环节。它直接关系到国计民生以及基础投资环境，影响着经济发展和人民的生活质量，与社会的稳定也有一定的关系，因此，政府对供水企业的服务工作向来比较关注，向供水企业施加了较大压力。近年来，政府通过企业改制、行业纠风、水费听证会、媒体监督和经理任期责任制考核等措施来加强行业管制，向供水企业施加了较大压力。

(2) 供水企业管理体制和经营机制变革的需要

近年来，随着城市供水企业的迅速发展，原有供水行业的一些深层次的问题逐渐暴露出来：管理体制滞后、机构臃肿、人浮于事、市场竞争力低下、发展动力不足等等，严重妨碍了水务行业的进一步发展，因此变革供水企业原有的管理体制和经营机制，引入竞争机制、实行产权多元化，走市场化的道路来发展水务产业已成为各级政府的共识。最近，国家对供水行业推行多元化投资体制的开放政策，在吸收外资和民营资本的同时，必将引进先进的经营管理和客户服务理念。有关调查表明，近10多年来，外国大型水务集团和国内部分民营企业纷纷抢滩中国水务市场。如最早进入中国市场的苏伊士集团已参与了我国100多个水厂的建设，泰晤士水务公司在上海取得了6800万美元的水处理BOT合同。国内民营企业如首创股份也与国内多个自来水公司如济南自来水公司、青岛公用局、威海自来水公司等签订了投资合作协议。2003年12月，深圳市水务集团把45%股权转让给法国通用水务公司（CGE，Compagnie Generale Des Eaux）（即"威利雅"）及其在中国设立的合资企业"首创威水"，股权交易金额达4亿美元，完成了迄今为止我国水务行业最大的一项购并交易。

综上可以看出，随着供水企业管理体制和经营机制的改变，走市场化的道路、引入竞争已经势在必行。供水企业只有审时度势，紧跟市场步伐，深入开展客户服务工作，才能确立竞争优势地位，获得持续的发展。

(3) 供水企业自身发展的需要

纵观国际先进的大型水务企业，它们都拥有先进的客户服务理念和方法，"服务"是他们的核心竞争力之一。如英国的泰晤士水务公司建有以客户服务中心为"龙头"的完善的服务系统，坚持为客户提供个性化服务。在国内，上海市南自来水公司早在1993年就开通了为市民服务的"小郭热线"，香港也有成熟的客户服务理念和服务体系。由于供水企业产品的差异性很小，而服务融合了企业文化底蕴，是别人无法效仿的，因此，供水企业只有将服务工作做好，树立起服务品牌，才能实现企业的做大做强和参与水务市场竞争的目标。

13.2.2 客户服务相关概念和理论

13.2.2.1 服务与服务质量

如果对服务进行简单概括的话，服务是一种行为（活动），包含了服务提供者的一系列行为特征，如工作态度、说话方式、举止动作、兑现承诺等，这些行为能够为客户带来便利，提供价值。

服务具有无形性的特点，它在很大程度上表现为服务接受者的一种感受。客户感到服务达到或超过了自己的期望，就会感到满意；否则就会感到不满。客户对供排水企业服务质量的评价，源于自己的满意度。也就是说，服务产品的质量并不完全由企业决定，而同客户的感受有很大关系。可以说，服务质量是一个主观范畴。

顾客在评价服务质量时主要依据以下标准：反应性、胜任能力、友好、可信性、安全性、易于接触、易于沟通以及对消费者的理解程度等。在进一步的研究中，上述评价标准可以归纳为五个方面：① 有形性；② 可靠性；③ 反应性；④ 保证性；⑤ 移情性。

13.2.2.2 客户需求

不同的客户在接受服务时有不同的需要，但是，有五种基本需求是所有客户都具有的，这五种基本需求是：

服务。客户期望得到与他们的购买水平一致的服务。数量少、即时发生的购买行为所期望享受的服务可能要少于经过认真计划和研究的购买行为所期望获得的服务。

价格。客户和企业都希望自己的资金能得到充分的利用。由于现在产品的差异性越来越小，因此价格因素就显得非常重要。

质量：客户都希望自己购买的产品质量优良，如果企业有生产高质量产品的良好声誉，客户对价格的考虑就会少一些。

行动。当出现问题时，客户期望企业能有所行动。许多企业设立了客户服务热线，在客户需要帮助时能马上提供服务。每一位客户都希望自己受到重视，并期望在出现问题时得到热心帮助。

感谢。客户需要知道企业对他们购买产品心存感激。客户服务人员应该通过语言和行动表达这种感激。

13.2.2.3 客户价值

一般来讲，企业的客户价值分布符合"80—20定律"，即企业80%的利润来自20%的客户，而发展新客户所需费用通常是维持老客户的6~8倍。只有投资于最有价值的客户，并努力提高其忠诚度，才能使企业的投资回报最大化。为此，必须建立一套全面的客户价值计算方法，帮助企业确定哪些客户对企业最有价值。

客户终生价值是目前较为科学的衡量客户价值的方法。客户终生价值（Customer Lifetime Value，CLV）是指一个客户在整个生命周期过程中给企业带来的收入和利润贡献。其计算模型如下：

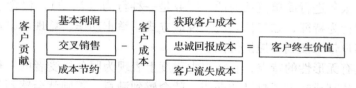

图 13-1　客户终生价值模型

从图 13-1 可以看出，企业对客户的投入主要由三部分组成：获取客户成本；忠诚回报成本；客户流失成本。

客户带给企业的利润主要来自于：基本利润；交叉销售；成本节约。

客户带给企业的利润扣除企业对客户的投入，就得到客户对企业的价值，即客户终生价值。

13.2.2.4　客户满意

企业成功和盈利的一个关键因素是客户满意。客户满意是指人的一种感觉状态水平，它来源于对一件产品所设想的绩效或产出与人们的期望值所进行的比较。满意水平是预期绩效与期望差异的函数。如果绩效不及期望，客户会不满意；如果绩效与期望相称，客户会满意；如果绩效超过期望，客户会十分满意、高兴或者喜悦。客户的满意度可以简单地用公式表示为：

$$客户满意度 = 客户实际感受 / 客户的期望值$$

客户满意度越高，双方的关系就越持久，企业能够从中获得的收益就越多。因为一位对企业满意的客户将会：

重复购买；

乐于向他人谈及该企业；

较少关注与该企业竞争的品牌；

购买该企业的其他产品。

因此，客户满意与否往往成为决定企业成败的关键。

13.2.2.5　客户忠诚

客户的忠诚就是客户对企业员工、产品或服务的满意或依恋的感情。客户忠诚往往通过以下行为表现出来：

1）再购买意向。它是指客户对某一既定产品或服务的未来购买意向。尽管这只是客户将来行为的预示，并不具有确定性，但客户的再购买周期仍可起到反映客户将来行为指示器的作用。

2）实际再购买行为。实际再购买行为分为近期购买、频繁购买、大量购买、固定购买和长期购买五种，其中近期购买、频繁购买是衡量客户忠诚度较好的标志。

3）从属行为。它是指客户的选择、认可和口碑，即"是否会将该产品或服务推荐给别人？"和"是否会再次购买该产品或服务？"，其中口碑是大多数产品或服务能够赢得新客户的重要因素之一。

一般来说，客户忠诚会对企业产生以下几方面效应：

1）长期客户订单通常比较频繁且相似，购买量也较大，从而可以降低服务成本。

2）满意的客户有时可能会支付额外的价格。

3）满意的老客户常常会通过口碑推荐，给企业带来新客户，从而降低吸引新客户的成本。

4）保持回头客使竞争对手很难简单运用低价和诱导转换等策略打入某一市场或增加市场份额。

顾客忠诚度有三个标志性特点：受环境影响、脆弱和短暂。当服务的水准低于期望值时，忠诚度就开始逐渐消失。研究证明：争取新顾客的成本比维系旧顾客的成本高得多，因此，顾客维系策略应该是任何公司服务战略的核心。

13.2.2.6 客户满意度——忠诚度研究

要想提高客户忠诚度，必须提高客户满意度；然而客户满意度的提高不一定能提高客户忠诚度，客户的满意只是保持较高忠诚度的必要条件。国外研究表明：顾客在对调查的事物的满意程度以及购买意愿之间并没有强烈的关联。顾客满意度和顾客忠诚度之间的这种非线性关系，称为"曲棍球杆"式忠诚。

13.2.2.7 关键时刻

北欧航空公司总裁詹·卡尔森有这样一句名言："每天都有五万个关键时刻"。关键时刻是指一位客户和一个公司组织的某一部分进行接触时，对该公司服务品质留下印象的任何一个瞬间。当客户与一位服务人员接触时产生了不好的体验，就很可能会抹杀他在此之前心中对其他环节留下的所有美好记忆；相反，如果一位服务人员做得很好，就有机会消除顾客在此之前所遭遇的不快体验。由于多数的关键时刻都发生在管理人员的可视范围之外，因此，企业的管理者必须在企业内部创造出一个有利于间接管理这些关键时刻的特性，也就是说创造出一个以客户为导向的组织、一个对客户态度友善的系统、一个能强化客户至上观念的工作环境。以下四大因素是客户认为至关重要的：接待人员的照顾和关心；一线人员解决问题的能力；自觉以及因时制宜地履行公司政策和章程；一线人员在工作出现问题时，要有纠正和弥补的能力。

13.2.3 供水企业客户服务的内容与服务机构

13.2.3.1 供水企业客户服务的内容

供水企业客户服务的内容应包括水质、水压、管网抢修、水表准确程度、停水通知、业务办理、抄表收费、投诉处理等内容，即只要与客户发生关系的，都是客户服务的内容。

（1）水质

在保障供水的基础上，良好的水质是对客户最基本、最重要的关怀。纵观世界城市供水的发展，美国、日本、欧盟等发达国家的水质标准在近十年发展很快，城市自来水在发达国家饮用安全性有了很大提高。为了适应当前提高饮用水水质安全的需要，我国在2006年对《生活饮用水卫生标准》进行了修订，新的《生活饮用水卫生标准》（GB 5749—2006）包含106项水质指标。上海、北京、深圳等地，亦确立了利用几年时间实现自来水水质达到发达国家水平的目标。为了提高供水水质，供水企业应在各个环节采取措施，如在水厂采用强化常规和深度处理工艺；在管网建设及改造中，应用新管材、新技术，如用高密度聚乙烯管（HDPE）、球墨铸铁管等、推广不停水开口技术、免开挖管道更新技术等。通过技术和管理的手段，提高水质，确保饮用安全，是供水优质服务的基础和重要保证。

（2）水压

水压是供水企业客户服务的另一项基本内容。不难想象，如果一位客户由于水压不足导致家中热水器无法点火，这将给用户带来多大的不便，供水企业即使将其他服务做得再好也无法平息客户心中的恼火。因此，绝大多数供水企业都将保障水压充足作为客户服务工作的重点。如深圳水务集团向客户承诺市政管网末端压力不低于0.18MPa；香港水务署向用户承诺配水系统内通常保持最少有15至30米水柱水压；上海市北自来水公司则承诺全市的平均供水服务压力高于0.14MPa等。

（3）管网抢修

当管网因自然或人为因素爆裂漏水时，不仅因水资源的流失给供水企业带来经济上的损失，而且，因为抢修而停水将直接影响客户的正常生产与生活。因此，供水企业在进行爆管抢修时，一方面应全力以赴，缩短抢修时间，确保抢修质量，另一方面应及时通知相关客户，对属于停水范围内的大用水户，一定要单独通知到相关人员，使客户的损失降到最低。同时，做好相应的解释工作，向客户公布了恢复供水时间后，一定要做到言出必信，不可轻易拖延，必要的时候，供水企业应采取水车送水的方式解决个别客户的急需。

（4）水表准确程度

作为公用企业，供水企业的诚信非常重要，水表准确计量是一个基本要求。供水企业应做到采用优质水表、并严格执行国家关于在水表安装之前对其进行首次强检、对使用4年（口径大于25mm）或6年（口径小于或等于25mm）的水表进行周期更换等政策。同时，在日常工作中应加强水表的管理，通过水量分析、巡查等方式，及时发现水表故障；对于客户怀疑故障的水表及时送检定部门检测，根据检测结果进行公正的处理，这样才能确保客户满意。

(5) 停水通知

供水企业因为管网建设、改造等工作进行计划停水时,除了合理选择停水时间,尽量将计划停水安排在对客户影响最小的夜晚进行外,还一定要提前做好客户通知工作,对于较大面积停水,还要提前通过报纸、电视、广播等媒体进行公告,使用户做好准备。

(6) 业务办理

供水企业与客户服务紧密相关的业务包括为客户办理更名、更改账号、水表报停、水表恢复、用水申请等。由于有个横向比较的因素,客户对这类服务的要求一般较高,要求与其他竞争性行业相一致。因此,供水企业应尽最大努力为客户提供便捷的办事流程、温馨的办事环境、热情的办事人员,才能得到客户的认可。具体来说,对于客户更名、更改账号、水表报停、水表恢复等业务,应尽量做到简单、方便。有的供水企业规定客户办理更名、更改账号手续,资料齐全的,10分钟内办理完毕;客户办理供水排水申请及交费业务排队等候时间不超过15分钟。同时,一些企业还开通了网上申请、电话预约上门服务、传真等多种办理渠道,满足客户的不同需求。

(7) 抄表收费

供水企业一般是采取客户先用水,供水企业再抄表收费的方式,客户缴费多数是委托银行扣款,少数人工缴费。为了与提供优质服务的理念相适应,供水企业应做到定期抄表,准确计量,为客户提供多种缴费渠道,对未扣成功的客户进行提示等。如香港水务署客户缴费的方法共有6种:自动转账、银行自动柜员机、"缴费聆"24小时服务、互联网、用支票、汇票或本票邮寄缴款、人工上门缴费;国内一些供水企业开始向市民承诺按公布日期进行银行划款,提前及推后时间不超过2天;电话自动催缴系统在每月两次银行划款后分别对客户进行两轮以上电话催缴,对催缴不成功的客户再实行人工上门催缴,避免客户因为不知道存折没钱而产生欠费。

(8) 投诉处理

投诉处理是处理客户关系的重要一环,对客户投诉的态度和处理的方式在很大程度上反映了该公司对客户服务工作的重视程度。为了处理好投诉,供水企业必须建立健全规章制度、对客户投诉及时进行处理、对投诉处理人员给予适当授权、培养一批优秀的服务人员并建立相应的投诉处理系统。现在供水企业一般都有专门处理投诉的机构——客户服务中心(或客户服务部)。投诉处理的内容将在后面单独介绍。

13.2.3.2 供水企业客户服务的机构

(1) 客户服务中心

如何围绕"服务客户"来设置企业的组织机构,是各种客户服务理论讨论的一个重要方面。多数企业建立客户服务中心(或客户服务部),以其为龙头为客户提供服务。但是，无论何种机构设置，以客户为导向的企业，都应该把客户放在中心的位置来设计企业的组织机构和管理流程。

供水企业的客户服务中心一般应包括以下的服务项目：受理客户咨询、投诉、故障报修，接待客户来访，受理各类业务申请（申请用水、增容、更名、更改账号、水表报停、水表恢复、更改客户信息等），人工收费，客户信息查询，客户欠费提示等。国内某供水企业客户服务中心共有人员41名，分为收费组、投诉组、接访组、供水排水申请核准组、水务督察，除了上述服务内容外，还负责整个集团的收费业务，以及对内稽查和对外督察（水务督察）；香港水务署客户服务科下辖湾仔、筲箕湾、旺角、屯门、荃湾、大埔、沙田七个客户咨询中心，为客户提供转名、申请用水、申请结束账户及退回押金、一般有关账户的查询、收费业务、申请水塘钓鱼执照、申请水喉匠牌照等服务，以及一个大型客户电话咨询中心，该中心提供100条电话线，共有8名电话中心经理及34名客户服务主任负责处理电话咨询中心业务。

(2) 呼叫中心（Call Center）

呼叫中心是客户服务中心的重要组成部分。企业建立呼叫中心的目的是利用先进的科技手段和管理方法，让客户服务质量得到质的飞跃，并逐步形成以市场和客户服务为中心，带动企业各相关业务迅速发展。如今呼叫中心已成为企业CRM（客户关系管理）系统的重要组成部分和关键环节。呼叫中心对企业来说，提高了服务人员的效率，降低了服务成本，实现了客户资源的有效管理，提高了已有客户的满意度和忠诚度；对客户而言，它具有操作简单、方便快捷的优点，并能够为客户提供多种交互渠道，大大方便了客户。

呼叫中心的发展日新月异，功能不断扩充，目前最先进的呼叫中心在呼叫中心的发展史上已经是第四代产品，即客户互动中心（CIC），其特点是：

1）接入和呼出方式多样化。支持电话、VOIP 电话、计算机、传真机、手机短信息、WAP、寻呼机、电子邮件等通信方式。

2）多种沟通方式格式互换。可实现文本到语音、语音到文本、E-mail 到语音、E-mail 到短信、E-mail 到传真、传真到 E-mail、语音到 E-mail 等自由转换。

3）语音自动识别技术。可自动识别语音，并实现文本与语音自动双向转换，以最终实现人与系统的自动交流。

4）基于 Web 的呼叫中心。可以支持 Web Call、独立电话、文本交谈、非实时任务请求等功能。

与传统的呼叫中心相比，第四代呼叫中心（客户互动中心，CIC）改变了过去只能被动由客户来呼叫，信息流是单向的问题，它支持多种媒介的交互方式，使得呼叫中心能主动地为客户提供各类服务，使得两者真正实现互动。CIC 最大限度地提高了用户自主性，其完全开放的系统平台可以和用户现有的 Mail 服务器、Web 服务器、数据库以及业务应用系统紧密集成，有效地保护了用户的以往投资,最大限度地提高了系统的集成的效率。因此,可以说,CIC 系统是一个面向客户,以人为本,能够为客户提供个性化、综合性服务的呼叫中心系统。

国内供水企业呼叫中心的建设一般比较晚,系统也相对较为简单。目前国内供水企业较为先进的呼叫中心可以将抄表收费,管网维修,用水管理等业务整合在一个系统平台上。这个平台不仅可以提供必要的客户信息,还可以向相关部门发出业务指令。系统主要分为以下三个方面:

1) Call Center 的用户信息数据库。将呼叫中心管理系统与水费账务系统、管网维护系统互联,实现资源共享,并建立了用户基本信息数据库,该数据库由用户信息登录表组成,记载了投诉人姓名、地址、电话、投诉时间及投诉内容等,不仅便于数据统计,并且还实现了呼叫中心的无纸化办公。

2) Call Center 的综合管理系统。为了将大量的客户数据进行"深度处理",让数据变成知识,Call Center 系统中增设了电话服务运行监控子系统,即综合管理系统。该系统不仅能对电话进行实时监控,并且具有强大的信息处理能力,如业务分析、话务分析、通话指标汇总、公告信息等,为中心的管理工作提供了技术支持。

3) Call Center 的服务质量评估。建立了一套科学的指标体系作为其评估标准,其中来电丢失率、平均等待时间、最大队列数等是这套标准中比较重要的指标。

13.2.3.3 实例:某供水排水企业客户服务中心的职能与构成

(1) 客户服务中心的职能

某供水排水企业客户服务中心的职能:受理用户用水申请,更名申请(包括网上申请);受理用户报停、恢复供水申请;代表企业与用户签订《城市供水用水合同》;受理用户给水管道工程验收申请;受理用户补打水费票据申请;受理用户关于用水方面的投诉、咨询、报漏;解答用户水量、水费的查询;与用户签订《委托银行代收水费合同书》;处理政府各部门转来有关用水的各类函件;代表企业对外发布各类供水服务信息。

(2) 客户服务中心的组成机构(表13-1)

客户服务中心构成　　　　　　　　表 13-1

岗位名称	人数	岗位职责
主任	1人	主持客户服务中心全面工作
副主任	1人	负责供水业务审批、复核、排水接管登记复核、用户管道工程管理、用户档案管理、分公司和工区对口业务管理
	1人	负责水务督察、受理客户业务咨询和投诉、指导和规范分公司或工区的客户服务工作
供水审批、排水接管登记、用户管道工程管理	6人	办理施工临时用水、正式用水及用水指标核调;用水报停与启用审定;办理临时或永久排水接管登记;排水费减免、滞纳金退费;参与接管工程设计;图纸会审;协助处理用户违章供水排水问题;大口径水表管理;参与管网规划;参与二次加压泵站的接收、改造;负责本部门业务培训;负责用户给排水管道工程的施工管理和验收

续表

岗位名称	人数	岗位职责
用户图纸资料管理	1人	用户档案资料及相关信息的录入、整理和归档;指导分公司或工区的用户资料管理工作;办理用户更名手续;水表报停、恢复存档处理;用户资料查询等
水务督察	5人	用户违章用水与排水的查处与整改,追缴水费、滞纳金、罚款;参与管道工程验收和水表验收;办理通水手续;抽查供水所水表,核对台账;水表的校验、检测;对分公司、工区进行季度考核评分;监督、指导和检查分公司和工区的供水排水业务等
供水排水业务受理	1人	受理用户供水排水业务申请,办理登记手续;审核相关资料;代表公司与用户签订《供水排水服务合同》并下发;与用户签订工程施工委托书;受理用户管道工程验收申请及资料审核;下发用户管道工程联系单和介绍信;受理排水费减(免)申请;工程月报统计
用户接访业务咨询投诉处理	8人	24小时受理用户投诉、业务咨询、水费查询、故障报漏、回访用户;收集、汇总和处理用户意见;处理新闻媒介、政府信访部门转来的投诉与咨询;与用户签订《委托银行代收水费合同》并下发;用户欠费催缴;网上信息发布,处理网上业务;补打水费、排水费票据;编写、印发本中心周报、季报、年报;定期统计并分析各类投诉;规范、指导分公司、供水所的客户服务工作并负责考核;调查服务承诺执行情况
合计	24人	

13.2.4 客户服务中心技术支持系统

客户服务中心系统的发展大致经历了"114"(热线电话)阶段;"114"+语音自动应答阶段(人工连接电信网络和计算机网络);语音自动应答服务+人工坐席;综合技术的现代呼叫中心四个阶段。

随着计算机技术的发展,客户服务中心系统又有了新的发展,集 internet 技术、客户关系管理(CRM)、数据库(DW)为一体的综合性系统正成为下一代客户服务系统发展的主流。它不再是以语音为中心的简单响应中心,将是基于多媒体、多业务、虚拟的、分布式客户中心。支持远程坐席;支持多点接入,多点运行;支持 internet 和 IP 技术;支持 Web 协同处理等全功能的客户服务中心系统。同时,在建立融合传统语音、传真服务与互联网技术的综合平台的同时,强调后台业务应用和经营理念的更新,使客户服务中心系统真正成为企业参与市场竞争的工具。客户服务中心技术支持系统的框架包括:

(1)数据/语音交换机(PABX)。PABX 是可编程、可调整、可升级的数字交换系统,它是客户服务中心系统与公众电话网络的接口,负责模拟语音的接入和转接，为客户提供电话接入，并为客户电话提供转接。它与普通程控交换机的显著区别是提供网络接口并支持自动呼叫分配（ACD）功能。

（2）计算机电话集成（CTI）平台。CTI 服务器端软件，主要负责连接计算机系统电话系统，将电话系统置于计算机系统的控制之下，实现语音/数据同步转移、智能路由等功能。

（3）交互式语音自动应答（IVR）系统。IVR 运用现代计算机语音技术，为呼叫中心提供自动语音应答，处理内容固定的咨询和查询业务，某些涉及个人信息内容如个人密码、银行账户密码等，也可以由语音应答自动处理。

（4）客户代表系统。包括耳机、电话、CTI 客户端及其语音交换机相对应的专用终端，CTI 客户端上运行前端处理程序。客户代表系统的软件和硬件的设置和设计，关系到客户代表的工作效率、服务质量甚至工作心情。

（5）录音系统。数字录音系统提供高可靠的记录功能。它支持多用户、多进程，能够记录、备份和立即恢复数千小时的电话（模拟和数字）的语音。录音系统可以与 CTI 核心软件及应用软件集成，能够有选择地对各条人工服务线路或中继线路进行实时录音、监听或播发。

（6）中心数据库。记录客户服务中心自身的业务及相关数据，如客户代表的专长和技能、呼叫中心系统的使用情况等。CTI 服务器需要这些数据判断客户代表的技能、交换机的资源状态等信息，同时将大量的统计数据记录到数据库中。

（7）监管系统（系统管理工作站）。系统提供最新实时监控功能。实时监控系统中 ACD 坐席的状态，提供话务接续的统计信息等，管理客户坐席、引导器、工作组机系统配置，实时统计更新每一次呼叫（完成情况及服务标准、话分类细账情况等），提供各类呼叫数据的记录与分类统计。

（8）应用服务器系统。包括数据库服务器、Web 服务器、邮件及传真服务器等。

13.2.5 客户服务中心成本管理

供水排水企业建立客户服务中心的目的是希望通过客户服务中心推动自身发展，例如：帮助企业加快内外部信息沟通的速度，增强客户的一致性体验，提高客户的满意度和忠诚度等。但无论企业出于何种目的，客户服务中心都是一个需要有资金投入而且有一定产出的部门。任何企业的核心目标都是为了盈利，因此，客户服务中心作为企业的部门之一，成本和效益的管理也十分重要。成本管理的核心在于如何合理地使用资金、人力和技术等资源以及如何合理控制经营所带来的成本。

13.2.5.1 成本中心与利润中心

绝大多数的客户服务中心都可以根据其成本与收入的核算方法归结于两类，成本中心和利润中心。

成本中心是其责任者只对其成本负责的单位。成本中心通常不产生直接收入,它的职责是用一定的成本去完成规定的具体任务。目前绝大多数的客户服务中心就是成本中心,比如作为企业售后服务的客户服务中心,它的目的是为客户提供产品售后的技术支持、维修的电话支持,而不直接形成销售收入,企业也不考核其收入,而是着重考核它的服务成本和发生的费用。通常,企业使用费用预算来评价成本中心的成本控制业绩。

利润中心是其责任人既能控制成本,又能控制收入的责任中心。在利润中心,管理者没有责任和权力决定该中心资产的投资水平,因而利润就是其惟一的最佳业绩计量标准。管理者对利润中心拥有几乎全部的经营决策权,并可根据利润指标对其做出评价。通常,评价一个利润中心的业绩主要是看它创造利润的多少,它同时也是像成本中心一样承担一些分摊费用,分摊的原则和成本中心基本一致。

成本中心和利润中心看似仅仅是财务核算方法不同,但这两种不同的核算方法直接导致客户服务中心不同的定位,进而导致在财务预算、财务决策、为客户提供的服务方式、员工激励等诸多方面都存在着很大差异(表 13-2)。

成本中心和利润中心比较 表 13-2

		成本中心	利润中心
不同点	有无利润控制	无	有
	最终衡量标准	预算	利润
	短期目标	降低开支	增加销售
	预算基础	任务量	销售量
	员工激励	力度小	力度大
	客户服务方式	以服务为主	以营销为主
相同点	分摊成本	大部分有	有
	成本控制	有	有

13.2.5.2 客户服务中心的成本分析

通常,客户服务中心的成本主要包括:人力成本;管理成本;系统建设成本(电信系统、网络系统、计算机软硬件成本);系统维护成本;电信线路租用成本。

其中,人力成本在整个成本中的比例最大,通常在 50%~60% 之间,而人力、电信和计算机软硬件 3 项之和占所有成本的 80% 以上,因此,任何客户服务中心进行成本和效益管理时,这三方面一定是要最优先考虑的。成本和效益管理,需要遵循"开源节流"的原则。"开源"即通过业务创新、服务增值、转变服务模式来创造更多的收入和利润。"节流",即是如何通过有效合理的方法控制支出、减少支出来降低成本。无论是"成本中心"还是"利润中心",控制和降低成本都是客户服务中心成本和效益管理的核心。

13.2.5.3 客户服务中心的成本控制

客户服务中心成本控制分为三种类型：

(1) 短期成本控制，通常只是运营和部分流程的改变。这种成本控制措施能够在短时间内见到效果。

(2) 中期成本控制，它涉及系统和流程的改变。

(3) 长期成本控制，这一类涉及整个战略的重新定位，它不仅是客户服务中心的内部事情，还涉及企业内部其他相关的部门，是企业对客户服务中心定位的方向性调整。

通常，企业在规划客户服务中心重新定位或战略性调整的问题上会非常谨慎，同样，企业对客户服务中心中期成本控制时也会十分谨慎，因中期成本控制可能涉及系统的调整和人力的调整，以及由此带来的流程改变。相比而言，短期的成本控制是最容易采用的。

控制成本，首先必须有一个科学而详细的计划，而且这个计划是基于科学分析的基础上制定出来的。通常，成本控制可以分解为三个步骤。

(1) 找出缩减成本的可能措施。客户服务中心最主要的业务就是和客户打交道，因此，基本上所有控制成本的措施都直接或间接与客户有关，成本控制最终的结果也体现在和客户打交道上。从这个意义上，成本控制主要表现在三个方面：

1) 减少电话处理时间（包括平均通话时间和事后处理时间等）；

2) 减少与电话服务相关的其他资源的成本（人力、系统等其他资源都可以分摊在每次通话上，我们常用每次通话的成本来计算）；

3) 减少服务客户数（包括通过各种方式进入客户服务中心的客户数）。

以上这三个方面是客户服务中心减少运营成本的基本出发点，但仅这三个方面还不够，还应进一步具体分析，尽可能地把每一个可能的措施都找出来。还要分析哪些措施是可行的，哪些是不可行的，最终形成一个可以采取措施的列表。

(2) 把可行措施排序，并分出哪些是重点和马上着手做的。根据第一步筛选出可以采取的措施，列出最终的行动计划。这个计划必须按照以下几点来分析：

1) 责任人（由谁负责，实行的过程中要涉及哪些人？）；

2) 削减支出最终造成的影响（最终会节省多少钱？）；

3) 在什么时候开始实行，实行多长时间（是属于长期成本控制计划还是中期、短期？）；

4) 实现的复杂程度（要考虑到人、系统和流程的因素）；

5) 实现的成本（需不需要新的投资或再投资？）；

6) 对客户服务质量的影响（对客户的影响有多大？在客户对服务的期望值方面有多少影响？）；

7) 对服务代表的影响（士气？）；

8) 其他潜在的影响。

（3）按计划实施。在实施计划之初，一定要注意和整个部门进行沟通，让员工明白这个计划给客户服务中心带来的好处，让员工觉得这是正面的，是能够取得成效的。

13.2.6 供水企业客户投诉与客户沟通管理

13.2.6.1 供水企业客户投诉管理

据统计，客户不满意时，只有4%会投诉，96%的客户会选择离开，其中91%的客户会永远不再来。平均来说，一位对服务不满意的客户会告诉8~10个人他的不愉快经历，而如果企业能当场为客户解决问题，95%的客户会成为回头客；如果推延到事后再解决，处理得好，将只有70%的回头客，其余的30%将流失，如果处理不好，则有91%的客户流失。可见，能投诉的客户，是我们要争取保留下来的，我们要欢迎投诉。如果能妥善处理客户投诉，重新使客户满意，企业反而能增强客户的忠诚度。而且，客户的投诉还能够帮助企业提高服务质量，避免同样的投诉发生。投诉的客户给企业带来两个机会：一是使企业有机会从客户的恶劣经验吸取教训，从而和客户建立正面关系；二是企业得到很有价值的回应，知道有什么产品、服务、设施及政策需要改善。可以说，客户的投诉可以帮助企业形成客户至上文化，在管理上提高绩效标准，并增进企业流程，减少产品缺陷，加强客户服务技巧。因此，应正确看待客户投诉，把客户投诉当作是一份礼物。

客户投诉涉及企业的各个环节，如对商品质量的投诉、服务的投诉等。为了保证企业各个部门处理投诉时能保持一致，通力配合，圆满地解决客户投诉，企业应明确规定处理客户投诉的规范和管理制度。

1）建立健全各种规章制度。企业要有专门的制度和人来管理客户投诉，并明确投诉受理部门在公司组织中的地位，要明文规定处理投诉的目的、处理投诉的流程，并根据实际情况确定投诉部门与高层经营者之间的汇报关系。

2）确定受理投诉的标准。处理同一个投诉时，不同的经办人员应有相同的处理办法，对不同的投诉者应有相同的对待态度，企业应该制定统一的投诉处理标准。

3）及时处理投诉。对于客户投诉，各部门应通力合作，迅速反应，力争在最短时间里解决问题，拖延和推诿会进一步激怒客户。因此，企业应明确规定投诉处理时间。如有的供水排水企业规定对于客户投诉，需调查回复的24小时内答复，特殊情况3天内答复。

4）分清责任，确保问题妥善解决。不仅要分清造成客户投诉的责任部门和责任人，而且要明确处理投诉的各部门、各类人员的具体责任与权限，以及客户投诉得不到圆满解决的责任。对于投诉处理部门及投诉处理责任人给予适当的授权，以提高组织在处理投诉上的响应速度，减少经济上和信誉上的损失，避免恶化客户关系。

5）建立投诉处理系统。对每一起客户投诉及处理都要作出详细的记录，包括投诉内容、处理过程、处理结果、客户满意度等。用计算机管理客户投诉和内容，并将获得的信息传达给其他部门，做到有效、全面地收集统计和分析客户意见，作出明确适时的处理，并经常进行总结，为客户服务提供参考。这也是目前各供水企业的呼叫中心系统的主要功能。

13.2.6.2 供水企业客户沟通管理

沟通是在两个或两个以上的人之间交流信息、观点和理解的过程。客户服务要求具备有效的沟通能力，客户服务人员必须不断完善自己的沟通技巧，从而能够熟练掌握和运用各种沟通方法。

与客户之间有效沟通的方式主要有：① 倾听：听并理解说者的能力；② 写作：用书面形式进行沟通，使其他人理解传达的信息；③ 交谈：用其他人能够理解的语言进行交流；④ 阅读：理解书面内容的能力；⑤ 非语言表达：面部表情、姿态和眼神的交流。

学会使用这些沟通方式，客户服务人员必须不断完善自己的沟通技巧，在不同的环境中，选择使用不同的沟通方式。倾听是重要的一种沟通方式。倾听客户的话表明你在注意他们，并重视他们的问题和他们关注的事情。要成为一个好的听众并不容易，提高倾听技巧更需要大量的训练和全身心的投入。

一个好的倾听者会：① 态度真诚；② 不会突然插入自己的想法；③ 点头；④ 即使你已经理解了说话人的意思，也不要帮他说出来；⑤ 解释说过的内容；⑥ 表达肯定的意见；⑦ 充分利用眼神的交流。

实现好的沟通，对于客户服务来说，有三项技术是相当重要的——日常使用的语言信箱、传真以及电子邮件。客户服务人员必须能够熟练操作这些技术，从而提高工作效率，并为客户提供更有效的服务。

13.3 供水排水价格

供水排水服务价格（简称水价）的制定关系到国家的社会经济政策。水价太低，将会使供水排水企业无力补偿成本，导致供水排水设施水平低下，同时会造成水资源的严重浪费；水价过高，又将加大社会的生活和生产成本，影响社会福利乃至投资环境。因此，一项合适的水价与水费征收政策，对于实现水资源的优化配置，促进节约用水，提高城市供水排水设施水平，改善社会生产与生活环境具有重要的现实意义。

13.3.1 我国城市水价的发展过程

我国城市供水排水服务的收费和价格调整，是在改革中不断完善政策，逐步开始收费并提高水平的。其中，城市供水收费早在建国之初就已开始，而城市污水处理收费则开始较晚,直到20世纪90年代中期以后才以城市供水企业代收的方式陆续开始征收。整个发展过程大致可以分为三个阶段。

第一个阶段:从新中国成立到十一届三中全会之前。这一阶段城市居民的收入和消费水平较低、居住条件差(房屋的成套率较低)、供水设施落后;同时受传统计划经济观念的影响,片面地将水视为福利品和公益品。因此,城市供水实行低价政策,对居民采用"包费制"形式,即根据城市居民家庭人口,按户收取一定数额的水费,水费与实际耗水量无关。这一时期,城市供水价格政策的制定主要考虑以下两个因素:一是稳定物价,保障人民群众的基本生活需要;二是当时还是低工资制,必须适应广大群众的承受能力。因而,城市供水一直保持一个较低的价格水平,甚至有的年份还有所下调。如北京市的自来水价格,建国以后是不断降低的,1967年一次就降价33.3%,由每吨0.18元降为0.12元。

第二个阶段:十一届三中全会以后到20世纪90年代初。在这一阶段,我国推进经济体制改革,越来越重视市场调节、价值规律、价格杠杆的作用,城市生活用水逐步取消"包费制",实行装表计量,按量收费,本着生产用水价格高于生活用水价格的原则,制定售水价格。这一时期,城市供水价格管理的出发点主要有两个:一是合理利用水资源,节约用水;二是解决经济发展的"水瓶颈"问题,促进城市基础设施建设与经济建设协调发展。为此,对城市供水价格相继作出了许多政策调整。例如:

1980年,国家经委、国家计委、国家建委、财政部、国家城市建设总局《关于节约用水的通知》提出,"在两年内取消生活用水'包费制'。按楼门或大院装表,实行用水计量,按量收费"。

1984年,国务院《关于大力开展城市节约用水的通知》要求,"加强工业用水管理,实行计划用水"、"超计划用水加价","到1986年1月1日仍实行生活用水'包费制'的单位,人均用水量超过生活用水定额的部分,按现行水价累进加倍收费"。

1988年12月,中华人民共和国建设部第1号令发布的《城市节约用水管理规定》要求,"城市建设行政主管部门应当会同有关行业行政主管部门制定行业综合用水定额和单项用水定额。超计划用水必须缴纳超计划用水加价水费。生活用水按户计量收费"。

这一阶段,各地普遍对城市供水价格进行了调整,据1991年不完全统计,全国80%的城市的供水价格有所上调,工业用水价格普遍在0.2~0.5元,居民生活用水价格在0.15~0.3元。在此期间,一些水净化处理工艺简单的中小城市的供水价格调整到了"工业用水略有盈利、生活用水保本不亏"的水平。

第三个阶段:我国国民经济和社会发展的"八五"、"九五"计划时期(1991年以来)。在这一阶段,我国加快了包括价格管理体制在内的各种经济体制改革步伐,逐步建立了社会主义市场经济体制。城市供水价格的管理逐步走向法制化、规范化;多数城市按照"成本+费用+税金+利润"的定价原则对供水价格进行多次调整。

在这一阶段,城市供水价格的调整步伐加快,价格水平有较大提高。据对115个城市的调查,从1998年底到2000年底,共有62个城市对水价进行了调整,平均上调的幅度为20%至30%,最高的达到95.5%。据对36个省会城市和副省级城市的调查,目前,居民用水价格每立方米在1元以上的有21个,其中最高的达到每立方米1.85元(不含污水处理收费)。

在这个阶段,我国开始征收污水处理费。过去我国一直把城市污水排放和集中处理作为社会公益企业来办,城市排水和污水处理设施由政府拨款建设,社会单位和家庭无偿使用,运行费用也全部由地方财政负担。改革开放以后,这种体制被打破。在1984年国务院《关于大力开展城市节约用水的通知》中提出,"城市建设部门必须尽快会同有关部门制定排水设施有偿使用办法";在1987年国务院《关于加快城市建设工作的通知》中明确提出征收城市排水设施使用费。据此,1993年4月23日,国家物价局、财政部印发了《关于征收城市排水设施使用费的通知》,规定"凡直接或间接向城市排水设施排放污水的企企业单位和个体经营者,应按规定向城市建设主管部门缴纳城市排水设施使用费","城市排水设施使用费具体征收标准,由省级城市建设行政主管部门提出意见,同级物价、财政部门核定"。根据这一政策规定,各城市相继征收排水设施有偿使用费,但标准很低,平均每吨只有0.1元左右,最低的只有0.03元,据统计,1995年全国城市排水设施有偿使用费收入仅为9亿元左右。

中国真正实施污水处理收费,是在1996年颁布《中华人民共和国水污染防治法》后有了法律依据,并于1997年首先在"三河(淮河、海河、辽河)三湖(太湖、巢湖、滇池)"流域城市试行的。在污水处理收费试点基础上,1999年9月6日,国家计委、建设部和国家环保总局联合印发了《关于加大污水处理费的征收力度建立城市污水排放和集中处理良性运行机制的意见》,要求全国"各城市要在供水价格上加收污水处理费","污水处理费由城市供水企业在收取水费中一并征收","污水处理费标准,可以根据当地各方面的承受能力,分步到位"。到2000年底,全国有200多个城市开征了污水处理费。

13.3.2 水价制定的基本原则

在市场经济体制下,水价的制定一方面要尽可能地让供水排水企业能够通过技术进步来谋求利益最大化,以便刺激社会各界的投资热情,加速水务行业的发展;另一方面,水务行业的公益性和经营的垄断性决定了自来水价格和污水处理费不可能像一般商品那样完全由市场机制来决定。因此,在制定水价时应遵循以下原则:

(1) 成本补偿和合理收益原则

成本补偿和盈利原则要求水价的制定要能够保证水务企业收回成本的条件下还能有一定量的盈利，以使供水排水企业不仅有能力清偿债务，而且有能力筹措扩大供水排水规模所需的资金。只有当其收益能保证供水排水项目的投资回收和取得一定量的盈利时，供水排水企业才能维持自身的正常运转，才能刺激水务企业的投资积极性，否则将无法保证水资源的持续开发利用。

(2) 公平负担原则

水是人类生产和生活的必需品，是人类赖以生存和发展的基础。因此，水价的制定必须使所有人，即使是最低收入者，都有能力支付基本生活用水量所需的费用。公平负担原则要求水价的制定必须兼顾到低收入阶层的基本需要和承受能力。

另外，水价的公平负担原则也必须体现在不同的用户间，即保证用户所支付的费用与其所得到的用水服务相等。一般来讲，供水排水成本是随着供水量的大小而变化的，这种成本上的差异必须在不同用水量所对应的价格中体现出来。在社会主义市场经济的条件下，这种公平负担原则还必须体现发达地区和贫困地区经济发展不平衡的差异，区分工业、农业、商业等不同性质用水之间的差别。

公平负担原则要求在水价的制定中考虑用户的支付能力和支付意愿，在某些情况下，要求考虑实施两部制水价和基本生活水价等多种水价计价方式。

(3) 水资源高效配置原则

市场经济的优势之一是能使稀缺资源得到高效配置。水资源是稀缺资源，其定价必须把水资源的高效配置放在突出的位置。只有水资源得到高效配置，才能更好地促进国民经济的发展，即只有当水价能真正反映企业的生产成本和市场的供求变化时，水资源才能在不同用户之间得到有效分配。

根据微观经济学原理，水资源的高效率配置要求对水价采用边际成本定价原则，即价格应该和边际成本相等。但在具体实践中，边际成本定价法因操作性不强而无法实施。为了限制供水排水企业追求超额垄断利润，导致资源的低效率配置，各国政府通常按照水务行业的平均成本进行定价。

(4) 节约用水和水资源的可持续性开发利用原则

这一原则要求水价的制定能够促进节约用水。我国水价上调的目的之一就是要让居民节约用水，减少对水资源的过度开发和浪费，以利于水资源的可持续开发利用。

供水排水服务作为一种特殊商品，其定价是十分复杂的。上述的四个原则还存在着互相矛盾的地方，很难同时得到充分满足。在具体的水价实施过程中，还应考虑不同地区的实际情况，加以区别对待。

以上的定价原则实际上涉及了政府管制和市场机制的关系问题。成本补偿、合理收益原则和水资源高效配置原则是市场机制的要求；公平性原则和水资源的可持续开发利用原则则是政府职能的内在要求,市场机制很难解决这两个方面的问题,需要政府对市场进行干预,以保证这两条原则的实现。

13.3.3 水价的基本结构

13.3.3.1 水价的基本组成部分

根据马克思的劳动价值理论,价格是价值的货币表现;而商品的价值是由生产资料的价值(C)、生产者为自己劳动创造的价值(V)和为社会劳动所创造的价值(M)三部分组成。根据这一理论,水价的制定同样也是以其价值为基础的,也应该是其价值的三个组成部分之和的货币表现。即

$$P = C + V + M$$

式中 P——水价;

C——供水排水生产资料消耗支出;

V——以工资和福利形式支付的劳动报酬支出;

M——企业的利润和税金。

在以上各组成部分中,商品价值的主要部分($C+V$)的货币表现是成本。根据马克思价格理论的观点,商品的价格不得低于成本,这是保证企业进行简单再生产的必要条件。如果商品以低于它的成本价格出售,则生产资本中已经消耗的组成部分,就不能全部由出售价格得到补偿。如果这个过程继续下去,预付资本价值就会逐渐消失。为此,水价的制定必须以其生产成本为最低界限。在我国,长期以来水价大大低于社会必要劳动消耗水平,以至于供水排水企业只有靠国家财政补贴才能维持生产。

13.3.3.2 我国目前水价的成本构成

为了使水价最大限度地反映社会必要劳动消耗水平,使之尽可能地接近价值,就必须正确核算供水排水企业的生产成本。目前,我国水价中的成本主要由以下部分构成:

(1) 折旧费和大修理费 C_1;

(2) 工资和福利费 C_2;

(3) 原水费 C_3;

(4) 燃料和动力费 C_4;

(5) 药剂费 C_5;

(6) 试验费、水质检测费 C_6;

(7) 管理、销售和财务费 C_7;

(8) 输(配)水环节的水损 C_8;

(9) 税金等其他应计入成本的直接费用 C_9;

(10) 污水处理费 C_{10}(按照我国《城市供水价格管理办法》的要求单独核算,再计入到用户水价)。

因此，生产成本 = TC/Q

式中，$TC = C_1 + C_2 + \cdots + C_{10}$，$Q$ 为年实际供水总量，单位为吨。

从以上的讨论和计算中可以看出，大部分成本项目可能随时间、物价和工资水平等因素而变化。所以水价也应是因之而变的。

13.3.3.3 我国现行水价利润的确定

根据《城市供水价格管理办法》的规定，城市供水价格中的利润应按净资产利润率来核定。利润水平的高低应根据企业投资的不同来源确定：

（1）主要靠政府投资的，企业的净资产利润率不得高于6%。

（2）主要靠企业投资的，包括利用贷款、引用外资、发行债券或股票等方式筹资建设供水设施的水价，还贷期间净资产利润率不得高于12%。还贷期结束后，水价应按平均净资产利润率8%~10%来核定。

对于不同的地区，由于经济发展水平的差异，各地区的资金盈利水平有所不同，因而不同地区的水价中所含有利润的高低有所不同，各城市的水价中利润的确定，最后还必须根据当地的经济发展水平由当地的政府部门、行业主管部门及社会力量共同决定，并且水价中的利润应该允许有一定幅度的浮动范围，以满足供水排水企业的利益，刺激社会对供水行业投资的积极性。

值得注意的是，由于体制的原因，我国目前大部分城市仍未实现供水排水一体化运作，上述水价构成中尽管含有污水处理费，但却没有实现真正的价费合一，而且污水处理费价格水平较低，远不能补偿污水处理成本。因此，上述关于水价的构成中未反映污水处理业务的真正成本和利润。

13.3.4 水价的基本类型

水价的影响因素在各地区间存在较大差异，加上水价的核算方法不够成熟和核算方法不严格等多种原因，给制定水价带来了许多困难。为了适应各地区的实际情况，不得不采用多种水价计价方法，由此出现了多种类型的水价。实践中较多采用的水价类型主要有以下几种：

（1）单一水价

这种计价方法就是不管用水量多少，全部按同一价格计价。计价公式非常简单：

用户的应缴水费 = 实际用水量 × 单位水价

这种计价方法特别简单适用，曾经是我国长期使用的水价制定方法。然而，这种方法看似公平，实际上却含有不公平的因素。因为从微观经济学的生产理论来看，供水排水生产的边际成本是下降的，即生产成本会随着制水量的增加而减少，这就意味着对不同的用水量按同样的计价单位来计费实际上是不合理的。而且，这种定价方法过于单一，难以满足不同政策取向的要求。目前，这种定价方法正逐渐被其他定价方法所取代。

(2) 阶梯式水价

在水资源短缺的地区，为了节约用水，需要对超计划用水加以控制，因此便产生了阶梯式水价，即当一个家庭的月用水量超过其所在城市规定的计划用水量时，对其超额部分按较高的价格计算。目前，国内有很多城市已经施行了阶梯式水价。

根据我国《城市供水价格管理办法》的规定，这种阶梯式水价至少可以分为三级，各级水价的比例关系为 1:1.5:2，但具体的比价关系由所在城市政府主管部门结合当地实际情况而定。从水价制定的实践中来看，第一级用水量基数为当地城市居民按正常生活习惯所需的平均基本生活用水量；第二级用水量基数要根据改善和提高居民生活质量的原则制定；第三级水量基数应根据按市场价格满足特殊需要的原则制定。

这种水价结构是通过依据用水量或污水量收费来满足全部水价收益需要量。对于每一类型的客户，依据不同的耗水量采用不同的水价（按阶梯或梯级），水价按阶梯提高。阶梯水价的主要优点是：阶梯水价可抑制过量耗水，采用用户装表计量时，有利于低耗水量的客户。缺点是：仅在高耗水量用户用水量占耗水总量比例大的情况下有效；要求单独装表计量（一户一表），否则对低用水量用户产生负面影响；对低收入高用水量家庭有负面影响。增加阶梯水价结构方式在世界各地的城市区域一直很普遍，其原因有 2 个：通过制定头一个梯级的"最低生活线"水价，可帮助低收入客户；在较高的梯级收取较高的水费有助于抑制水的过度消耗。国外实践表明，在实际实行过程中，阶梯水价结构有可能使低收入用户处于不利地位。这是因为低收入家庭的人口数较大，常常是高用水量客户，其耗水量超过头一个阶梯。在过去，我国也存在类似的情况。但现在，不同收入水平的家庭人口数基本上一样，采用阶梯水价应该是适宜的。但阶梯水价的实施依然存在一定问题，主要原因是我国的大多数自来水公司不能够或者不想做到按户按表收费，而是要求客户按楼栋总水表免费代收。这样一来，阶梯水价结构也可能会对低收入和低水量用户产生不利影响。虽然绝大部分家庭有自己的水表进行用水计量，但他们共用一个总水表，并按此总水表读数和收费。由于用户数量大，总表总是按高梯级收费的，其边际水价处于最高状态。因此，使用阶梯水价时应注意推行抄表到户，按户收费，另外对低收入家庭给予一定的政府补贴。

(3) 两部制水价

我国城市供水排水行业应逐步施行容量水价和计量水价相结合的两部制水价，其中容量水价用于补偿供水排水企业的固定资产成本，计量水价则用于补偿供水排水企业的运营成本，两部制水价的计算公式如下：

两部制水价 = 容量水价 + 计量水价；
1) 容量水价 = 容量基价 + 每户容量基数；
2) 容量基价 = （年固定资产折旧额 + 年固定资产投资利息）/年制水能力；

3）居民生活用水容量基数＝每户平均人口×每人每月计划平均消费量；

4）计量水价＝计量基价×实际用水量；

5）计量基价＝（成本＋费用＋税金＋利润－年固定资产折旧额－年固定资产投资利息）/年实际售水量

与我国传统的单一水价的不同之处，是把供水排水企业的固定资产成本单独归在容量水价中计算，这部分水价与用不用水或用水量的多少没有关系，实际上等于是购买用水权所付出的代价。

13.3.5 我国现行水价存在的主要问题

13.3.5.1 现行水价仍然偏低

根据我国有关水管部门的估算，从新中国成立后到 1983 年以前长达 30 多年的时间里的水费标准只占供水成本的 10% 左右。1985 年后我国的水价开始了全方位的调整，此后各年内水价逐年增高，但水价的提高幅度仍然不够，我国水价与国际上差别仍然很大（表 13-3 及表 13-4）。

2003 年世界主要国家平均水价情况 表 13-3

排名	国家	/吨	元（RMB）/吨
1	德国	127.19 英国便士	18.65
2	丹麦	124.19 英国便士	18.21
3	比利时	71.52 英国便士	10.48
4	荷兰	81.7 英国便士	11.98
5	法国	77.37 英国便士	11.34
6	英国	80.21 英国便士	11.76
7	意大利	51.42 英国便士	7.54
8	瑞典	43.33 英国便士	6.35
9	澳大利亚	41.19 英国便士	6.04
10	日本	120 日元	9.06

注：1. 根据中国水星网提供的统计数据整理得到；

2. 人民币换算汇率按 2004 年 4 月 22 日汇率计算 100 英镑＝1465.75 元 RMB，100 日元＝7.55 元 RMB。

2003 年 4 月我国十大城市平均水价情况（单位：元/吨） 表 13-4

水价	城市	深圳	北京	上海	天津	广州	武汉	杭州	沈阳	大连	长春
供水	居民	1.50	2.30	1.03	2.90	0.90	0.70	1.15	1.15	2.30	1.90
	工业	1.90	3.20	1.30	4.60	1.37	1.00	1.45	1.91	3.20	3.40

续表

水价	城市	深圳	北京	上海	天津	广州	武汉	杭州	沈阳	大连	长春
排水	居民	0.50	0.60	0.70		0.70	0.80	0.50			
	工业	0.60	1.20	0.70		0.70	0.80	0.60			

注：1. 根据中国水星网提供的统计数据整理得到；

2. 表中所列部分城市供水水价包含原水费。

另外，我国大部分城市的水价不含污水处理费，而已征收污水处理费的城市水价中污水处理费也很少，根本无法补偿污水处理成本。在发达国家，污水处理费一般占水价的 1/3~1/2，水费占人均收入的 5%，而我国还不到 3%。2002 年底，全国征收污水处理费的城市共 325 个，占全国 660 个城市的 49.2%。

水价的长期偏低导致我国供水排水企业普遍亏损、城市供水排水设施发展水平较低。

13.3.5.2 水价形成机制仍须进一步完善

我国城市水价能否达到合理水平，有赖于我国水务行业管理体制和水价形成机制的建立和完善。随着市场化改革的深入，我国已经初步建立了相对规范的水价形成机制，然而在价格听证制度、供水排水企业成本和利润的核算、污水处理费的"收支两条线"问题，以及水价上涨的节水效果等很多问题上仍须进一步探索与完善。

13.3.6 深化水价改革的基本思路

(1) 建立并完善以节约用水为核心的水价形成机制。

水价形成基础必须合理，即水的价值决定要反映水资源的稀缺情况；实行有偿用水，完善水资源费的征收；要充分考虑影响水价值的自然、经济、社会因素；水价的构成应包括供水的成本、合理的利润与税金，尤其要建立供水成本评价体系和约束机制；健全价格听证制度；应区别对待，实行多种定价办法。

(2) 逐步提高水价，使水价趋向合理。

可以分三步进行：第一步，将水价提到供水运行的成本，使供水排水企业能够自我维持；第二步，将水价提到运行成本加固定成本（包括大修理费和固定资产折旧费），使企业能够维持简单再生产，并能进行部分设施的更新和改造；第三步，将水价提到使企业供水能够获得相应利润的水平，从而能够扩大再生产，供水实现商品化，并最终走上良性运行轨道，实现水资源合理配置的目标。

(3) 建立科学合理的水价体系。

理顺不同用途用水、丰枯季节用水、不同水质、不同用水量、地表水与地下水、外来水与本地水的价格关系，实现合理的价格差别或差额。在计价办法上，可实行阶梯式水价、两部制水价，根据不同季节水的丰枯及产业政策需要的浮动定价、地下水保护性高价、区分不同用途不同定价标准等方法优化水资源的配置。对于少数没有经济承受能力的用户，应实行补贴的办法，以保障其基本生活用水。

(4) 改革水价管理体制，实行灵活管理水价的模式。

建立政府对水价的调控制度，实行统一管理与分级管理相结合的管理体制；对不同的地区实行不同的价格管理，目前我国供水排水企业分为社会公益型、有偿服务型和生产经营型，可分别实行政府定价、政府指导和市场价三种价格形式；改进地方水价政策，下放水价审批权，采取对工业用水和生活用水单个工程审批水价的办法，保证投资者的合理回报；吸收用水户参与改革和管理，建立并完善用户参与管理决策的价格听证机制。

改革水价还应实施相应的配套改革措施。主要是，调整受水地区现行的水价标准；加快水资源管理法制化建设；将水价改革与供水排水企业化改革配套进行；建立依靠法律法规统一的水资源管理体系；实行流域水资源集成管理体制，在城市实行水务一体化管理，取消污水处理费收支两条线管理，实行价费合一；转变政府的管理重心和角色；建立和发展水务市场；水价改革与财政、收费体制配套进行。

13.4 抄表收费管理

抄表收费是供水企业一项基础性的经营管理业务，做好此项工作不仅可以为公司产生直接的经济效益，而且有利于提高企业的管理服务水平，取得良好的社会效益。在本节通过对抄表收费的基础知识、先进技术和管理方法的介绍，建立起有关抄表收费管理的基本概念，本节最后的实例介绍了计算机收费系统的基本结构和实现思想。

13.4.1 水表简介

水表安装在自来水管道上，用于测量水流量。水表的部分零件可采用塑料、硬橡胶等材料，仅可用于测量温度在30℃以下的经过净化处理的自来水流量。自来水公司计量的水表属于有压汽水水表，水表质量应符合国家标准，并受国家技监部门的监督。

(1) 水表类型

水表根据其工作原理、结构形式的不同可分为速度式水表和容积式水表。

速度式水表又称翼轮水表，它是以水的流速驱动翼轮使之旋转，带动机械计量齿轮，翼轮的转数与流速成正比，因而和流过的水量成正比，故称速度式。速度式水表根据翼轮的形状分为旋翼式和螺翼式两种。其优点是结构简单，经久耐用；叶轮受水的冲击而转动，不易损坏；制造维修方便且成本低廉。但与容积表相比，计量准确度和指针灵敏度稍差。

容积式水表采用具有一定容量、可转动的活塞或圆盘,水流推动容器而计算用水量。水通过水表时,在水压的作用下,推动表内的活塞圆盘旋转式摆动,每旋转摆动一次就有一定容积的水量被排出,故称容积式。利用活塞或圆盘旋转式摆动的次数与流过水表的水量成正比关系,能准确地测出水量。容积式水表的优点是:测量的灵敏度和精确度较高;缺点是表体笨重,结构复杂,水头损失大,对水质要求较高。

（2）水表的性能指标

水表的性能由特性流量、灵敏度、最小流量、最大流量、额定流量和水表允许误差六个技术指标表示。通过测定这些性能指标可以判定水表质量的高低。

1）特性流量：水表的流量是指在一定的时间流过一定体积水的立方米数值。当水流通过水表，水头损失正好是10m时的每小时流量称为水表的特性流量。通常水表口径越大，特性流量也越大。对相同口径不同型号的水表作性能比较，往往以特性流量作为依据。

2）灵敏度：灵敏度是指最低流量通过水表时，使水表开始启动并连续记录，这时的流量称为灵敏度或起步流量（最小流量）。水表起步流量越小则该表灵敏度越高。

3）最大流量：最大流量是指水表在使用时短时间内允许通过的最大流量，各类水表的最大流量值一般均取特性流量的50%，在最大流量时，水表内部的主动件极易磨损，因此，不宜长时间在最大流量情况下使用。

4）最小流量：当水表在起步流量时，虽然连续记录，但误差极大，在额定流量范围内，随着流量的逐渐增大，误差逐渐减小，当水表的误差达到±2%以内时，此时的流量规定为最小流量。各类型水表，其最小流量都有标准。在规定流量情况下，其误差不能达到±2%以内的，该型号水表为不合格。

5）额定流量：额定流量又称安全流量，是指水表在正常工作条件下的最大流量。是选择水表的一项重要依据。各种水表的额定流量，一般为水表一米水头损失的流量，旋翼式水表的额定流量约为特性流量的1/3左右。

6）水表误差：水表误差是自来水通过被检水表放入标准水容器的水量与水表记录读数进行比较而产生的误差。

误差 = (水表读数 − 放入标准水容器的水量)/放入标准水箱容器的水量 × 100%。

例如：水表读数记录的水量为210L，标准水容器为200L。填入以上公式得：$(210-200)/200 \times 100\% = +5\%$，即被检水表快5%。

（3）水表的选用

水表口径与对应的水管口径一致，常用的水表口径有15mm、20mm、25mm、40mm、50mm、80mm、100mm、200mm等，表示为 $DN15$、$DN20$、…等。螺翼式水表的特征是流通能力大，压力损失小，体积小，重量轻。而旋翼式水表的灵敏性能好，但流通能力低，压力损失大（图 13-2）。可根据这些特征，选择使用水表的类型。通常，普通自来水用户（使用小口径水表 $DN15 \sim DN50$）以选用多流旋翼式水表为宜；对耗水量大的用户（使用 $DN80$ 以上大口径水表），宜采用水平螺翼式水表。关于水表的口径选择，应依据所选水表的额定流量和用户的最大用水量来确定。

主要技术参数：

公称口径	过载流量	常用流量	分界流量	最小流量	最小读数	最大读数
mm		m^3/h			m^3	
$DN15$	3	1.5	0.15	0.060	0.00005	9999
$DN20$	5	2.5	0.25	0.100	0.00005	9999
$DN25$	7	3.5	0.35	0.140	0.00005	9999
$DN32$	12	6.0	0.60	0.240	0.00005	9999
$DN40$	20	10	1.00	0.400	0.0005	99999
$DN50$	30	15	4.50	1.200	0.0005	99999

图 13-2 国产旋翼式水表及其技术参数

(4) 水表的使用管理

国家根据水表是否用于商业计量的用途，将水表分为 A 类和 B 类。A 类属于计量收费水表，B 类属于内部统计水量不计费水表。由于 A 类水表进行计量收费，即用于商业结算的用途，属计量法监管的计量器具。按国家计量法规定，A 类水表在安装使用前，必须由政府授权水表检定部门作首次检定。另外，水表检定规程中规定，水表使用采用定期更换制。规定 $DN15 \sim DN25$ 水表的使用期不超过 6 年，$DN40$ 以上水表的使用期最长 4 年，到期更换。

13.4.2 水表抄读

(1) 抄表台账

台账是抄表工作中的原始资料记录，是对用户的用水性质、供水核准、水表运行、抄表水量、水费缴纳等情况的记录，是一份记载十分详细的原始基础资料。台账作为供水营销员的主要工作依据，在供水营销工作中起着举足轻重的作用。

供水营销员负责台账的建立和维护。台账是由供水营销员依据供用水合同执行单建立，并根据抄表、收费及水表换修等变化情况及时更新。台账在用户申请开户后当月建立，每户每表建一张登记卡（也叫表卡）。表卡应包括下列记录项：用户编号、用户类型、用户名称、水表位置、水表数、用水地址、送票地址、水表口径、装换表日期、常用表或消防表、总用水指标、分类用水指标、抄表日期、抄表行度、用水量、水费金额及水费收缴情况等。除上述记录项外，对于水表运行的异常情况，如：水量波动较大的水表的故障、更换、维修、报停、拆除，用水计划的改变，水表口径的改变等情况也应记录在台账内。

台账登记管理。台账管理反映了营业收费所对抄表收费工作的细化程度，规范填写台账内容，字体工整、清楚，不得随意涂改是填写台账记录的基本要求。台账中表卡的排列顺序应以抄表和查找方便为原则，一般按小区或街道编号顺序排列。

（2）水表的抄读

1）读表方法。我国现行的水表计取水量的基本计量单位是立方米，凡小于 $1m^3$ 的尾数均不计算。所以在抄读水表时，凡分度值小于 $1m^3$ 的指示值可不必抄录。为便于抄读水表，一般水表在度量上标有基本计量单位 "m^3"。度盘上的数字符号，分度线及指针均以不同颜色表示，分度值大于或等于 $1m^3$ 的均为黑色，必须抄读，小于 $1m^3$ 的均为红色不必抄读。

2）水表抄读要点。抄表员抄录水表时，把握以下要点，可提高抄表准确率。① 抄读时，须面对水表装置方向，不能斜看、倒看；② 抄读时一律从左到右，按顺序进行，红针不抄读，但要四舍五入；③ 把握好关键针位。所谓关键针位，就是该户常用的首针位。如某用户常用量的幅度是 $450\sim600m^3$，那么百位针就是关键针位；④ 新装水表头一个月抄读时应注意水表是否倒装。

3）水表量高、量低的判定。量高、量低是指用水户本月的用水量与上月的用水量相比有较大幅度的增减，超出正常的用水范围。当用户月用水量超出正常幅度的 $\pm30\%$ 时，可以认定量高或量低情况发生，并做出相应处理。当发生量高、量低情况时，要查明原因，估算水量要说明理由和依据，并与用户协商解决。这样才能提高抄表质量，减少投诉。

水表量高、量低的判别可从以下几个方面进行分析：① 用水天数。用水天数是指上月抄表日至本月抄表日的天数，用水天数的增减会造成水量的增减。② 用水性质。用水性质的变化会引起用水量的增减，如生活用水改为商业用水。③ 气候变化。气温和季节的变化，会造成水量的增减。④ 多表用水。有些用户采用两表连通或多表连通用水，由于各表进水压力的差异会引起水表用量偏高或偏低的现象。⑤ 地区水压变化。地区管网的水压增高或降低会影响用户用水量的增减。⑥ 水表走率。表快、表慢或失灵等水表问题，会引起用水量的变化。⑦ 水量抄算。检查是否有抄错水表行度或者水量计算错误等问题。

13.4.3 应用抄表器抄表

（1）抄表器

手持式抄表器（图 13-3）是一种经过专门配置的掌上型电脑，它由液晶显示屏、数据存储单元、运算单元、操作键盘、标准串口和红外线接口及充电设备等组成。抄表器一般配有操作系统、通信软件和编程接口。应用抄表器抄录水表有以下优点：① 可省去专职电脑数据录入人员，节约了企业的经营成本；② 提高抄表工作的效率，缩短抄表员进行水量计算和记录人工台账的时间；③ 减少抄表员的人为差错，由于抄表器内设置了报警参数，降低了误抄的概率。

图 13-3 手持式抄表器

（2）使用抄表器抄表的工作程序

① 编排抄表线路；② 装载水表信息；③ 上传抄表数据；④ 抄表线路维护。

13.4.4 应用自动化抄表系统

计算机、通信和自动控制等技术的迅猛发展，推动了自动抄表系统的技术进步。到目前为止，国内外已经研制出多种自动化抄表系统。大致可分为三类：(1) 远传水表有线联网自动抄表系统；(2) 无线电自动抄表系统；(3) 智能 IC 卡抄表系统。

（1）远传水表有线联网自动抄表系统

远传有线联网抄表系统，有分线制集中抄表和总线制集中抄表两种组网方式。分线制集中抄表，首先在普通水表的基础上加装传感器件，把机械信号转换成电信号。采集数据时将水表电子计量后的水量信息通过信号线传送到一个数据集中器上，数据集中器定时顺序采集来自多路分线连接的水表信号并进行数据处理、存储、故障记录等。若干个数据集中器再相互连接，组成一个局域网。抄表数据的采集方式有两种：一种是用掌上电脑到现场接驳入网采集数据；另一种方式是用调制解调器通过电话线连接到自来水公司收费中心的电脑系统进行远程抄表，有些比较先进的系统，亦可利用高速宽带网络远程抄表。分线制集中抄表需要铺设联网的线路，减少了干扰，而且成本较低廉，维修也方便。缺点是如果集中器出现故障，那么该集中器上采集的所有水表数据均丢失，数据的稳定性稍差。

总线制集中抄表，是将采集、存储、传输电路集成于一体，各个用户的水表通过一条总线挂接。由于智能水表本身能进行采集、存储、传输等工作，因而不需要专门的数据采集设备。计算机可直接与智能表进行数据通信，从而消除了外界因素对计量的影响。另外总线的通（断）和用户水表引出线的通（断）不影响单表的数据采集和保存，即使此次因线路故障致使无法读数，只要重新挂接好线路，用户表的水量数据仍可继续抄读，因此安全性与稳定性较好。

总线制集中抄表与分线制集中抄表相比的一个最大优点是布线极其方便，调试与维护也相对简单。如能选择可靠成熟的产品，该方案不失为自动抄表系统优选方案。

（2）无线自动抄表系统

无线抄表与有线抄表最大区别在于水表与抄收装置之间无须连线。每个水表将经过电子计量后的水量信息，通过装在该水表上的无线电发送装置发送到经过附近的无线电接收车辆或专门的接收站，即完成一次抄表。但无线通信抗干扰能力弱，使系统的可靠性降低。特别是现在移动电话、传呼台以及其他各种无线电设备及工业干扰越来越严重，会对通信的可靠性造成威胁，影响到水表计量的准确性。由于每只水表都要安装无线电收发设备，使得安装成本有所增加；另外，无线通信的维修技术要求较高。无线抄表系统适合于那些距离远、条件差且较偏僻的用水地域使用。

（3）智能 IC 卡抄表系统（图 13-4）

该系统以 IC 卡作为交易结算工具，实现抄表收费管理。其特点是要求用户必须先到售水单位购水，方能使用自来水，可以有效解决困扰供水企业的拖欠水费问题。智能 IC 卡水表管理系统由水表基表、电磁阀、微电脑、射频 IC 卡单元、信号采集单元、显示单元和相应的 IC 卡管理机组成。工作原理是：首先通过管理机将用户及水表的有关资料记录在一张 IC 卡上。用水时，由智能 IC 卡水表的数据存储单元读取 IC 卡上的资料进行核对，如读取资料正确，就打开电动阀门供水。而水费的计收，则通过信号采集单元将用水行度采集进来，通过微电脑自动计算用水量、水费和购水余额，并通过显示单元显示出来。当用户的购水余额少于电脑设置的余额时，则给出报警提示，然后通过电动阀门自动停水。

智能 IC 卡水表管理系统的优点是真正做到了各自来水用户独立计费，不需要抄表。水表间一般不需要联网，同时改变了先用水后收费的计费模式，有利于自来水公司的资金回笼，不会造成欠费现象。但它存在以下缺点：① 要求开关水管的电磁阀的质量非常高，否则会影响用户用水；② 由于 IC 卡水表是预付水费，无需抄表，这给自来水公司每个月的供水产销差率的统计分析带来不便；③ 如果 IC 卡防伪功能不强，可能发生盗用水现象。目前，市场上已出现可有效解决后两个问题的产品，所采用的方法是对智能 IC 卡水表集中联网管理，通过电脑系统进行水量监测、数据储存和统计分析。由于智能 IC 卡系统的优点比较突出，应用潜力巨大。

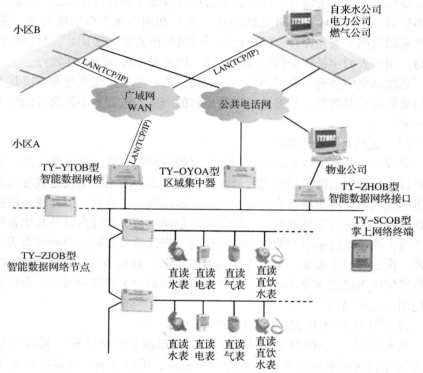

图 13-4　智能 IC 卡抄表系统网络结构图

13.4.5　水量（水费）计算方法

水费是水量与单价的乘积，为了计算用户的水费，首先必须计算出用户的用水量。关于用水量计算，根据水表使用状态的不同，可参照以下几种计算方法。

（1）正常表水量计算法

$$Q = xd_2 - xd_1$$

其中：Q 为月用水量，xd_1 为上月表行度，xd_2 为本月表行度。

（2）定期换表水量计算法

$$Q = m + M$$

其中：Q 为月用水量，m 为换表前旧表用水量，M 为换表后新表用水量。

(3) 故障表换表水量计算法

$$Q = \frac{m}{t} \times T$$

其中：Q 为月用水量，m 为新表抄读水量，t 为新表安装天数，T 为当月天数。

此公式适用于水表更换日期距抄表日期大于 15 天以上的情况。当水表更换日期距抄表日期小于 15 天时，由于更换时间短，应用上述公式 (3) 计算水量，可能误差较大。这时可按换表前三个月的水量平均值推算出本月的用水量。计算公式为：

$$Q = (Q_1 + Q_2 + Q_3)/3$$

其中：Q_1、Q_2、Q_3 分别为最近三个月的用水量。

【例 13-1】

抄表日期	水表抄码	用水量	备注
5月3日	3000	550	上期正常抄表
6月4日	3200	560	表停
6月12日	0		换新表
7月4日	0420	420	开始抄新表

代入公式：
$$Q = m/t \times T$$
$$= 420/22 \times 30$$
$$\approx 573 \ (m^3)$$

(4) 水表快慢退补计算法

当水表因质量问题，计量误差超出规定的范围（一般为水表校正准确值的 ±2%）时，则应按其快慢率的百分比向用户办理退补水费手续。根据国家规定，退还水费的期限不超过三个月，补收水费以一个月为限。退补水费计算公式：

$$Q = m/(1 \pm x\%) - m$$

其中：Q 为应退补的水量；m 为原抄表水量之和；x 为快慢百分比。

【例 13-2】某用户校表前一个月的用水量为 $320m^3$，该表经过校验慢 20%，应向用户补收多少水量？

将数据代入以上公式得：
$$Q = m/(1 - x\%) - m$$
$$= 320/(1 - 20\%) - 320$$
$$= 80 \ (m^3)$$

由此可知应向用户补收水量 $80m^3$。

(5) 分类用水量计算公式：

$$Q_F = Q_Z \times (K_F/K_Z)$$

其中：Q_F 表示分类用水量；Q_Z 为总用水量；K_F 为分类用水指标；K_Z 为总用水指标。

（6）水费计算公式：

$$C_Z = \sum (Q_F \times P_F) \times (1 + t)$$

其中：C_Z 表示总水费金额；P_F 为分类水价；t 为水费税率。

13.4.6 收费机构设置和人员组织

（1）组织结构

关于收费机构的设置，国内多数大中型自来水公司实行两级管理模式。一般在公司总部设立第一级管理部门——抄表收费管理中心，简称收费中心。根据自来水公司管理辖区，另设若干营业收费所（也有的叫供水管理所）作为二级管理单位，负责某一片区的抄表收费工作。国内也有一些特大型自来水公司，在中间增加一层管理组织，负责某一大的片区（含若干营业所）的抄表收费工作。营业所除了负责抄表收费外，还承担片区的管网和水表维护等任务（图13-5）。

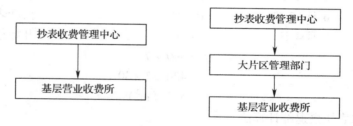

图13-5 自来水公司抄表收费组织机构图

（2）岗位设置及职责范围

收费中心除了抄表收费管理职能外，还负责对抄表收费业务提供技术支持。

营业收费所的主要任务是，负责辖区内的具体抄表收费工作；负责辖区内用户水表的抄录工作；负责用户信息维护和水量录入工作；用户水费单据的派送；拖欠水费的追缴及违章用水的处理；用户水表的更换与维修；处理用户投诉等。

13.4.7 收费业务的处理流程

目前，我国多数自来水公司实行按月抄表收费，也有些实行隔月抄表，或按季度抄表。因此，整个抄表收费业务是以单月、双月或季度为周期交替运作的。图13-6描述了在一个收费周期内，应用计算机抄表收费系统进行运作的完整业务工作流程。

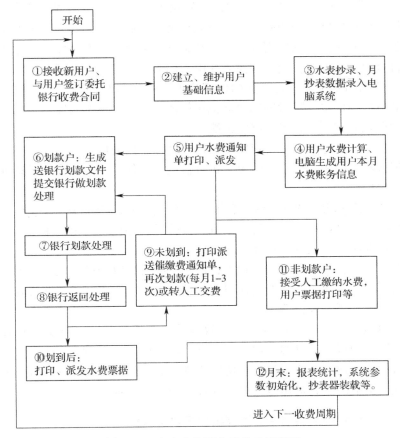

图 13-6 自来水公司收费业务流程图

13.4.8 水费票据管理

票据管理在自来水公司收费业务中具有重要意义。只有对各种票据进行科学、有效的管理，才能保证票据使用规范，才能确保收费业务的正常进行。

（1）票据管理职责分配。水费票据一般实行二级管理制度。自来水公司收费管理中心（或财务部门）负责水费发票、收据的印制和发放工作。同时负责水费发票的核销以及向税务部门的申领等。

（2）票据的印制和申领。水费发票由收费管理中心设计，票样交税务主管部门审查，并在指定的企业统一印制，套印税务发票监制章。

（3）票据的保管。妥善保管发票，如有丢失，应及时书面报告票据主管机关，并在报刊和电视等传播媒介上公开声明作废。对于未使用过的票据应严格按"三专"（专人、专房、专柜）、"六防"（防火、防霉、防盗、防虫蛀、防鼠咬、防丢失）的标准进行分类、有序管理。

(4) 票据的发放。票据领用时,由领用人与票管员双方填写票据领用单,双方责任人核查所领票据的起止号及份数正确无误后,共同在领用单上签字,完成领用手续。各单位票据领用人员应检查票据有无差错,对漏印、错号等印刷错误及不符合规定的发票,应原貌注册并由领用人与票务员办理退回手续。

(5) 票据的使用。公司票据的使用应严格按编号顺序使用,发放票据要填制相应的票据领用单,随时编制票据记账凭证,并做好票据入库、发出、结存三栏式收发台账登记,并分级做好明细账。

票据使用人员应严格按规定使用票据,确保票据使用的合法、真实、准确与完整;记录票据的领、用、存情况,每日盘点,确保票据的安全;对票据存根妥善保管、定期核销。

(6) 票据的核销。根据票据管理办法规定,对保存期满的票据及时向票据主管机关提出核销申请。经主管票据机关查验后,办理有关核销手续。经核销过的票据保存期满后,按规定程序办理销毁手续。

废票的处理:在票据使用过程中,产生废票时,收费员应及时上报,并做好相应记录。核销废票时,收费员在票据核销单上注明废票情况,并及时登记废票号码,与票据存根一同保管。

(7) 违规处理。如因保管不善导致残缺、毁损等问题,应及时向有关领导及票务主管部门报告,查明情况,按《中华人民共和国发票管理办法》的规定处理。对伪造、伪印和使用伪造、伪印或废票的部门和个人,发现后要及时上报公司处理,情节严重者送司法机关追究其经济或法律责任。

13.4.9 实例—某供水企业计算机抄表收费系统

本实例介绍国内某供水企业的计算机抄表收费系统(以下简称 SWJT – SFXT)。该系统于 1999 年初步开发成功并投入应用,后来又经过两次较大的扩充和升级,系统的软硬件功能和运行性能得到完善和提高,收费软件的功能设计比较全面实用,在国内大中型水务企业中具有一定代表性。

13.4.9.1 SWJT – SFXT 的体系结构

(1) SWJT – SFXT 的主要组成部分

该计算机抄表收费系统由四大部分组成:① 计算机通信网络;② 计算机硬件系统;③ 抄表收费应用软件系统;④ 收费系统客户端计算机等。应用软件是系统的核心,分别安装在服务器和终端用户的电脑中。应用软件由前后台两部分组成,后台是数据库软件(数据表 + 存储过程),主要提供数据计算和处理服务;前台是 PB 程序,它表达收费业务的操作界面和用户逻辑。在系统的中央数据库中,集中存放公司的全部收费数据,以便数据共享和统一管理。客户端计算机作为用户的操作平台,分布在不同地域的办公场所。网络则是系统各部分联系的纽带,为系统提供公共的通信平台。以上四部分结合起来,构成一个完整的应用系统。

(2) SWJT – SFXT 的软硬件配置

收费系统数据库服务器两台(其中一台作为备用),银行代收费前置机一台,WEB 服务器一台,网络硬件防火墙一台。其配置为:数据库服务器用高端 PC Server,其他服务器用普通 PC Server。系统软件采用 Windows2000(企业版),MS SQL Server 2000 等。收费系统的应用软件前台开发工具使用 Powerbuilder 6.5。收费系统客户端使用 WINDOWS + OFFICE 系统,同时安装有客户端应用程序。应用软件按照 Client/Server 体系配置实施。

(3) SWJT – SFXT 的网络结构

SWJT – SFXT 运行在广域网环境中,该企业的 MIS、GIS 等应用系统也使用同一网络。

SWJT – SFXT 的网络结构如图 13-7 所示。该网络构建思路是,在企业总部(也是收费中心的办公地点),安置系统用的各种服务器和网络设施,组建高速局域网,并建立网管中心;另租用中国电信的 VPN 线路,建立与集团二级单位和营业收费所的广域网连接;租用 DDN 专线与市内某商业银行联网。

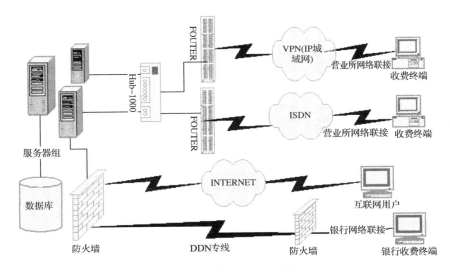

图 13-7 计算机网络示意图

13.4.9.2 SWJT – SFXT 的主要功能模块

(1) 用户信息管理模块。实现用户信息的维护管理,包含对用户信息(包括用户基本信息、计划用水信息、用户装表信息和银行账号信息等)的录入、增加、修改、删除和查询等功能。

(2) 抄表数据管理模块。该模块主要对抄录的水量数据进行录入、查漏、计算和账务处理等。

（3）人工收费业务模块。人工收费是一种区别于银行划款的收费方式，采用此种方式缴费一般要求用户到指定的联网收费点缴纳水费。

（4）划款业务处理模块。该项业务主要涉及送银行前划款数据处理，形成划款文件；银行划款返回后的水费账务处理。

（5）数据查询模块。该模块实现的数据查询功能：用户当月水量、水费信息的查询；拖欠水费信息的查询；滞纳金缴纳情况的查询；抄表数据的电子台账记录查询；退费记录的查询。

（6）数据统计及检索模块。主要包括：用户本月划款情况；银行划款金额汇总；退费金额汇总；拖欠用户清单；长期拖欠（超过三个月）用户清单；已收拖欠用户清单；人工收费日结单统计；大用户用水情况统计；水表使用情况统计；用户签合同情况统计；营业所抄表情况统计等。

（7）报表统计模块。各类报表的统计和打印处理。

（8）抄表器接口管理模块。主要完成抄表器与收费系统的接口功能。

（9）系统管理。主要完成对收费系统的安全管理和一些重要参数的设置等功能。

第14章　城市供水排水项目投融资

14.1　城市供水排水设施的建设和发展

14.1.1　城市发展对城市供水排水设施的需求

改革开放以来，中国的城市建设进入了一个崭新的阶段，其中的一个突出表现为城市化进程的加快。从1979年至2008年末的20多年间，我国人口城市化率已从13.3%上升到约45.68%。从发达国家的发展历程来看，城市化是随工业化的发展而发展的，城市化水平与工业化水平相当，即工业产值在国民生产总值中占什么样的比例，城市化的水平也大体达到什么样的程度。我国的经济发展目标是在21世纪中期达到中等发达国家水平，因此，在未来的50年里，我国城市化快速行进的趋势是必然的。

随着我国国民经济和城市建设的迅速发展，城市基础设施的作用与重要性日益突出，其中表现在城市建设对水有很高的依存度，水在某种程度上限定和决定了城市的性质、规模、产业结构、布局形状、发展方向等，水对于城市经济的发展、人类的健康、社会的稳定乃至国家的安危都有着极为重要的战略意义。根据建设部城市建设统计公报，2007年城市完成市政公用设施固定资产投资6422亿元，占同期全社会固定资产投资总额的4.68%。城市用水人口3.48亿人，用水普及率93.8%，城市污水处理量227亿m^3，城市污水处理率62.8%。但由于我国需水量的快速增长和水污染加剧，以及供排水设施的落后，未来相当长的一段时间内，城市发展对城市供排水设施具有很大的需求。

预计2010~2020年包括城市自然增长的人口在内，我国城镇人口总规模年均增长1650万人左右，到2020年，城镇化率将达到56%左右，城镇总人口将达到8亿左右，据推算，城市化水平均提高一个百分点，由此将新增水行业的产值在百亿元人民币以上。为了保证城市化和城市发展健康、有序，城市供水排水设施的建设必须根据城市经济社会发展目标，结合当地实际情况，适应经济社会的发展。

14.1.2　城市供水排水项目建设

14.1.2.1　城市供水排水项目的建设程序

城市供水排水项目工程的建设程序是指在工程项目建设全过程中，各项工作必须遵循的先后顺序，它是通过长期投资建设反复实践的总结。项目建设的工作程序，如图14-1所示。

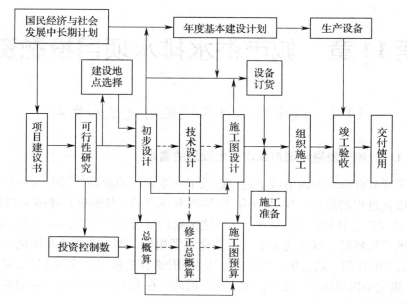

图 14-1 项目建设工作程序示意框图

按照图 14-1 所示，基本建设的工作程序可归纳为三大部分，即工程项目建设的前期工作、投资建设期的工作和建成投产期的工作，其中每部分都是由若干个阶段和环节所组成。

（1）工程项目建设前期工作

属于项目建设前期的工作，包括从成立项目、项目研究到评估与决策。工程项目的成立与否，它的规模和工艺类型、技术设备与厂址选择，项目投资及资金的筹措等重大问题，都须在这一时期完成。具体包括的阶段和环节有：工程项目建议书阶段，工程项目可行性研究阶段，项目评估与决策。

（2）工程项目投资建设期工作

拟建项目在可行性研究报告经评估做出决策后，投资项目即进入实施的阶段。具体包括的内容有：编制设计文件阶段，列入年度建设计划，设备订货和施工准备，组织施工阶段，生产准备，竣工验收和交付使用。

（3）工程项目的建成投产期工作

建成投产期工作的主要内容是实现生产经营目标，归还贷款和回收投资。

14.1.2.2 实例：城市污水处理厂建设的工作内容

根据国家规定，建设城市污水处理厂应组建项目法人负责工程项目的建设工作。项目法人在完成项目建议书的编制工作后，对拟建污水处理项目已有一个总体设想，在项目建议书得到上级主管部门批复后，即可开展项目的可行性研究工作，以后的各项工作将逐步展开，其工作流程如图 14-2 所示。

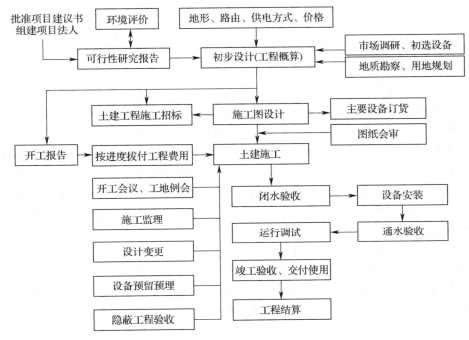

图 14-2 城市污水处理厂建设工作流程

城市污水处理厂的投资因地区不同、建设期长短、设备价格、水处理工艺和土建设计等因素差别很大,在污水处理厂建设的前期工作中可按估算指标进行投资估算。此外,在污水处理厂的建设中,厂外进出水管道的投资也相当可观,在资金筹措中也应一并考虑。

14.1.2.3 城市供水排水工程的投资

城市供水排水工程的投资包括从工程筹建到竣工验收以及试车投产的全部费用,简称投资费用、投资总额,有时也简称投资。它包括建设投资(固定资金)和流动资金两部分,目的是保证项目企业的固定资产、无形资产、递延资产和流动资产。其中由于固定资产投资远远大于无形资产和递延资产投资。因此,目前对建设项目总投资构成常采用图 14-3 的形式。

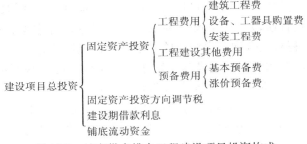

图 14-3 城市供水排水工程建设项目投资构成

城市供水排水工程投资的资金渠道主要有：财政拨款、银行贷款、BOT、特许经营、债券融资、公开上市、员工参股持股、民营控股、引入外资等多种融资方式；投资主体主要有政府、国有企业、外资企业和民间资本等。

14.1.2.4 城市供水排水工程的投资控制和项目管理

城市供水排水工程的投资控制和项目管理的实质是使工程的实际总投资不超过该工程的计划投资额，即业主所确定的投资目标值。同时，应确保资金使用合理，使资金和资源得到最有效的利用，以期达到最佳投资效益。

工程建设投资控制的意义在于：投资控制贯穿在项目建设前期、设计阶段和施工实施阶段，可以促进业主筹措资金，偿还贷款，还可以促使承包商实行内部管理体制改革，降低成本，提高劳动生产率，加快速度，保证质量完成项目建设。工程建设投资控制为设计单位和承包商引入了竞争机制，有助于提高自身的管理水平。

投资控制的性质决不是单纯的经济工作，投资控制的任务也决不仅限于财务部门，而是技术、经济与管理的综合。投资控制的时间决不限于施工阶段，应在设计准备、设计、招投标、发包、施工等各个阶段进行投资控制。投资控制的立足点是一次投资的节约与项目全寿命的经济性分析。

项目是在一定时间内进行的特定的任务，它包括一系列相关联的、有次序的工序和一定数量的资源，它为达到一个惟一的、具体的成果而设计，它在限定的时间、费用和质量范围内运作，而且往往会引起这样或那样的变动。项目管理是为了实现惟一性的、复杂的、在时间、费用和质量上有限制的一次任务，运用一套手段和技能指导各种资源的利用。

城市供水排水工程的投资控制与项目管理主要通过工程建设监理来完成。我国的工程项目建设监理包括两个层次，即政府监控（政府监理）和社会监督。政府监控指对工程建设实施强制性的监理，同时对社会监理组织实施监督管理。社会监理组织一般称为工程建设监理公司或事务所，受建设单位的委托，对工程建设实施监理。

工程建设监理公司（事务所）在控制与管理项目投资方面主要业务内容有：

1）在项目建设决策阶段，协助业主进行建设项目的可行性研究，对拟建项目进行财务及经济评估。编制项目投资估算，确定项目总投资的最高限额。

2）在项目设计阶段，提出设计要求，组织优选设计方案，协助设计单位、勘察单位商签工程有关合同，组织实施、审查设计及概预算。

3）在项目施工招标阶段，准备与发送招标文件，协助编制标底及评审投标书，提出决标意见，协助业主与承包商签订承包合同。

4）在项目施工阶段，编制资金的使用计划，督促检查承包商严格执行工程承包合同，调节业主与承包商之间的争议，检查工程进度和施工质量，验收分部分项工程，签署工程付款凭证，审查工程结算。

5) 在工程竣工阶段，协助业主编制竣工决算，核定项目建设新增固定资产价值，分析考核项目的投资效果，进行项目后评价，监督乙方对项目进行保修与回访。

总之，工程的投资控制与项目管理是建设监理的一项主要任务，它贯穿于工程建设的整个过程中的各个环节，起到了对项目进行系统管理与控制的作用。

14.1.2.5 城市供水排水项目施工企业生产经营管理

城市供水排水项目施工企业是从事相关工程项目的建造、设备安装和构件生产的物质生产部门，其中建筑安装工程是固定资产投资的主要部分。

在城市供水排水项目施工企业的生产经营管理中，生产目标管理和成本管理起着关键性的作用。

（1）生产目标管理

生产目标管理包括计划管理、质量管理和成本管理，这三项管理达到的生产目标是最基本的管理，是企业管理的三大支柱。

计划管理和企业的各项工作密切相关，是指导企业实现生产经营目标的行动纲领，是企业管理的首要职能，它渗透到各项工作的全过程之中。

工程质量管理是施工企业各部门、各环节、各项工作质量和管理水平的综合反映，关系到企业生存和发展，是提高企业信誉，增强在市场上的竞争力，实现最佳经济活动总目标的先决条件。

工程成本管理是反映施工企业生产经营各方面工作质量的一个综合性指标，例如，劳动生产率的高低、建筑材料消耗的多少、机械设备的利用程度、施工技术和施工组织的水平、工程质量的优劣以及企业经营管理状况等，都直接或间接地影响工程成本和企业的利润水平。加强成本管理，不断降低施工费用，是企业生产经营管理和经济核算的中心内容。

（2）生产要素管理

生产要素管理包括技术管理、材料管理、施工机械设备管理、劳动管理和资金管理。

技术管理是指企业对生产技术所进行的一系列组织管理工作，它的主要任务是：正确贯彻国家的各项技术政策，科学地组织各项技术工作，建立良好的技术秩序，推进技术进步和加强科学管理，为工程施工及安全、优质、高效、低耗提供技术支持。技术管理包括的主要内容有：技术管理的基础工作，技术管理制度，技术组织措施计划，标准化管理。

建设工程的施工同时就是大宗材料消耗的过程，因此材料管理具有特殊性和复杂性。加强材料管理工作有利于合理地使用和节约材料，对提高工程质量和降低工程成本，加快流动资金周转和减少流动资金占用都具有重要意义。材料管理的任务是保证供应，降低消耗和减少储备。

施工机械设备的管理是指对机械设备运动全过程的管理,主要包括机械设备的物质运动形态方面的管理和机械设备的资金运动形态方面的管理。机械设备管理的任务主要是正确选择施工机械,为企业提供技术上先进、经济上合理、使用上安全可靠以及便于操作维护的机械设备,以保证经常处于良好的技术状态,使企业的施工生产活动建立在最佳的物质技术基础上。

劳动管理是施工企业有关劳动方面一切管理工作的总称,其管理对象是劳动力和劳动活动,也就是有关劳动力和劳动的计划、组织、协调等工作过程。劳动管理的任务是:促进企业生产的顺利发展,正确合理地安排和使用劳动力,改善劳动组织,巩固劳动纪律,使企业的劳动生产率和经济效益不断提高,促进企业生产计划的完成;不断提高职工技术和业务水平,提高企业素质,增强企业的竞争能力。

资金管理是对企业货币运动进行调节和控制,包括流动资金管理、固定资金管理和专项资金管理等,其中流动资金的管理主要是:制定先进合理的需要量定额,并组织好供应;厉行节约,减少资金占用量;对生产资金要合理安排施工进度,缩短生产周期,集中人力物力抓紧竣工收尾,尽可能减少未完工程资金占用量;对储备资金要按生产需要和材料供应情况,编制采购供应计划,保证生产正常进行条件下使材料日常储备量保持最低限量;定期清仓核资,减少超储占用资金等。企业固定资产是指企业进行生产经营活动所需的主要劳动手段,如生产用房、施工机械、动力设备、运输设备、生产和试验检验仪器设备等。企业固定资产管理的任务是正确核定固定资产需要量,保证企业生产经营活动顺利进行;正确计算和提存固定资产折旧和大修的资金来源;促进固定资产的合理使用,不断提高固定资产利用效果。企业专项资金主要包括:固定资产的更新改造资金、大修理资金、新产品试制基金、职工福利基金、企业基金、生产发展基金、科学技术三项费用(新产品试制费、中间试验费、重要科研补助费)拨款以及向银行申请的专项贷款等。企业专项资金设置、使用和管理的原则是:企业必须按照国家规定提存各项专用基金;按照规定的使用范围,实行计划管理,专款专用,先存后用,量入为出,节约使用;遵守企业财务部门集中管理与有关职能部门及用款单位的归口分级管理相结合。

14.2 城市供水排水项目资金的筹集

14.2.1 城市供水排水项目融资方式

经过20多年的发展,中国城市水行业已经出现了银行贷款、BOT、特许经营、债券融资、公开上市等多种融资方式,投资主体也由原来的政府、国有企业向政府、国有企业、外资企业和民间资本等多元主体转变。

14.2.1.1 财政融资

财政融资包括政府预算内支出和政策性收费两类。政府预算内支出包括：中央财政专项拨款、"两项资金"（城市维护建设税和公用企业附加）和地方财政拨款三个部分。政策性收费包括城市建设配套费和增容费、污水处理费、水费（含水资源费）、排污费、城建维护税以及其他各种收费等。政府财政投资在20世纪90年代以前是城市供水排水基础设施维护建设的主要资金来源。随着城市规模的不断增大，建设资金需求增长加快，各地加大了财政拨款的力度。尽管如此，政府财政投资占城市供水排水基础设施资金的比例总体上还是呈下降趋势。

14.2.1.2 银行贷款

银行贷款这一模式是目前企业和政府都最常用的方法之一。在国内银行中使用国家开发银行、国家建设银行的贷款居多；近年来使用国外银行如世界银行、亚洲开发银行、日本协力银行等的贷款总额提升较快。

14.2.1.3 债券融资

债券融资包括发行专项国债及发行企业债券融资。1998年至2001年，共安排国债资金162亿元，支持了310个城市供水工程的建设，新增供水能力2366万吨/日。通过国债资金引导，启动了长期受资金困扰的污水处理、垃圾处理等设施的建设。

14.2.1.4 上市融资

上市融资是一种广泛的手段，在我国近几年各行各业得到了广泛发展，在城市水行业也开始出现。目前，我国通过上市融集资金进行股份制产权制度改革的有上海原水股份、凌桥股份及沈阳公用发展等几家供水企业。同时，供水排水企业巨大的发展潜力，稳定的投资回报正日益吸引着一些上市公司涉足城市供水排水领域，有的甚至将主业向水行业转移，例如首创股份、创业环保、武汉控股、南海发展、钱江水利等。其中首创股份通过收购污水处理厂进入水行业，并先后通过设立合资公司、收购供水企业股权、合资建设自来水厂等措施逐步实施扩张战略；原水股份、武汉控股、南海发展、凌桥股份及沈阳公用发展主要从事原水或自来水生产与供应；钱江水利主要从事供水和水资源综合开发；而创业环保则是一家以污水处理为主的上市公司。

14.2.1.5 员工参股持股融资

由职工参股、持股募集水厂建设资金，是供水企业产权制度改革的一种新模式，它有利于进一步焕发企业职工的主人翁精神，提高企业的凝聚力和向心力。1998年，济南市自来水公司在供水企业产权制度改革中，组建了"分水岭供水有限公司"，成立了股东会、董事会、监事会，完善了法人治理结构，并通过采取职工参股、持股形式，募集水厂建设资金3000万元（其中2000万元由职工募集，其余1000万元由公司投入），兴建了一座日供水能力为5万吨的地表水厂，解决了济南南部高地势地区30余万群众用水的问题，明晰了产权关系，探索出了一条适合于水厂发展的有效途径。作为山东省首家由职工参股、持股，采用股份制形式组建起来的水厂，分水岭供水有限公司在全国同行业中引起了良好的反响，也带来了可观的社会效益和经济效益。

14.2.1.6 民营控股融资

长期以来，供水行业定位在"城市公用企业"，其建设项目主要靠地方财政拨款和政策的扶持，但由于地方财力所限，建设资金难以确保，制约着城市供水企业的发展。在这种情况下，民营企业开始涉足城市供水行业的经营管理。1998年，湖南长大建设集团在竞标中击败一家外资企业，获得了国家计委批准立项的长沙市第八水厂的建设经营权，建设经营19年。水厂规模为日供水量50万 m^3，一期工程投资约2亿元人民币，日供水量为25万 m^3。公司负责制水，长沙市自来水公司负责销售。该项目开创了国内民营企业独资建设经营城市基础设施的先例。2001年1月20日，广东省清远市政府为扶持该市惟一上市公司—广东金泰发展股份有限公司（现更名为锦龙股份）实现资产重组，将日供水能力为16万吨的清远市自来水公司80%的产权（7081.7万元）有偿转让给金泰发展股份公司，清远市自来水公司由国有独资企业改制成了民营控股的供水企业。

14.2.1.7 引入外资

引入外资，转让供水排水设施，实质上即可称之为"二元化产权结构"，其初衷在于拓展水行业建设与运营融资渠道，同时也有利于引进国外先进的技术、设备及管理，促进供水企业的产权制度改革，提高企业发展活力。1992年法国苏伊士水务投资广东中山市坦洲自来水公司，成为"洋水务"进军中国的开始。1997年6月，威望迪与天津市供水部门签订了一项改造和经营自来水厂的协议，由双方成立的合资企业天津通用水务公司负责改造与经营水厂，威望迪以占合资企业55%的股份控股，这是中国政府第一次特许外国公司经营现有的水厂，合同有效期20年。2001年法国昭和水务公司与奉贤自来水公司第三水厂合作成立了上海首家中外合作的昭和自来水公司。2002年，威望迪以超过竞标报价两倍的价格取得了上海浦东水厂50%的股权。2003年，威立雅（原威望迪）成功购买深圳水务集团25%的股权，此次交易是我国水行业迄今为止最大的一项购并交易。

目前包括世界著名的水务公司法国威立雅、法国苏伊士里昂、英国泰晤士和德国柏林水务在内的共有16家外资公司进入中国市场，涉足沈阳、天津、重庆、南昌、郑州、成都、上海等数十个城市。这些跨国水务集团进入我国城市供水领域主要采取BOT、TOT的投融资管理模式，即：双方成立合作公司，合作建设、经营一个新的水厂（自来水公司）；收购中方原有水厂（自来水公司）一定比例的股份，改造并营运该水厂（自来水公司）。

14.2.2 供水排水项目市场化运作模式

由于政府的财力不足和在政府控制下城市供水排水设施运营的低效率,越来越多的城市逐渐开始引入社会资金、外国资本参与城市供水排水设施的建设和投资。社会资金是指政府部门资金以外的其他社会各部门,包括国有独资企业、混合所有制企业、私营企业、个人和专业机构投资者的资金。目前,我国对社会资金、外国资本参与自来水制水和污水处理项目的建设运营无限制,但是对参与大中城市的供水排水管网项目的建设、运营有条件地限制。

表14-1说明参与的模式及特点,可分成管理合同、租赁、特许经营、BOT、资产剥离等几种模式,但是在实际中,这些模式都是逐渐发展的或者混合起来应用。

城市供水排水设施项目社会资金参与模式对比分析 表14-1

	经营业绩协议/管理合同/服务合同	租赁	特许经营	BOT/TOT	私有化
资产所有权	公	公	公	公/私	私
投资	公	公/私	私	私	私
运营效率	良	优	优	优	优
新技术、服务	无	无	有	有	有
期限	1~5年	6~15年	20~30年	20~30年	永久

说明:"公"是指政府;"私"是指除政府以外的其他投资者。

城市供水排水设施划分为制水及污水处理与管网两部分。制水及污水处理的可销售性指数很高,其竞争的潜力也很高。但由于生产的投入较大,回收期较长,因而受到的环境外部因素影响很高,不同经济状况的地区和不同的经济时期,社会资金参与方式的选择差异也较大。因此,在经济落后地区,社会资金实力和参与意愿很弱,可主要采用管理合同和服务承包合同的方式;在经济欠发达地区,社会资金实力和参与意愿有了一定程度的提高,制水主要可采取租赁和特许经营等方式,污水处理主要可采取服务承包合同和租赁等方式;经济发达地区,社会资金实力和参与意愿均很强,可主要使用特许经营和私有化的方式进行参与。城市管网的可销售性不高,但是就目前的社会资金参与现状而言,其竞争的潜力很高,关键是在技术和运营方式上有所创新。管网受到的环境外部因素影响处于中等水平,即受到地域和经济差异的影响不是很大。因此社会资金的参与在经济落后和欠发达地区,可主要采用经营业绩协议和管理合同的方式;在经济发达地区,自来水管网可引入服务承包合同和租赁的方式,排水管网采用管理合同和服务承包合同的方式,以进一步开发其竞争潜力。此外,出于安全性等问题的考虑,目前大中城市管网尚未完全开放,但可先放开中型城市管网的建设和运营,大型城市仍可遵守现行规定。中国城市供水排水基础设施社会资金参与方式详见表14-2。

中国城市供水排水基础设施社会资金参与方式　　　　表 14-2

地　域	供水排水基础设施领域		建议社会资金参与方式
经济落后地区	制水		管理合同和服务承包合同
	污水处理		管理合同和服务承包合同
	管网	自来水管网	经营业绩协议和管理合同
		排水管网	经营业绩协议和管理合同
经济欠发达地区	制水		租赁和特许经营
	污水处理		服务承包合同和租赁
	管网	自来水管网	经营业绩协议和管理合同
		排水管网	经营业绩协议和管理合同
经济发达地区	制水		特许经营和私有化
	污水处理		特许经营和私有化
	管网	自来水管网	服务承包合同和租赁
		排水管网	管理合同和服务承包合同

14.2.2.1　经营业绩协议

经营业绩协议的方式起源于法国，是指政府与管理者之间签订的有关经营业绩标准以及如何分配经营所得的协议，其主要目的是在政府和经营者之间形成一种互惠关系。在近年来签订的经营业绩协议中增添了新的内容，对管理者和员工都设立了明确的、以业绩为核心的奖励机制。

从严格意义上讲，经营业绩协议并不涉及私营部门的参与。在这种制度下，公共部门保留了全部的决策权。但是它将私营企业的商业化管理原则应用于公共企业，因此可以看成是私营部门参与公共企业的前身。事实上，经营业绩协议可以作为一种过渡性的制度安排。

经营业绩协议的关键在于：

（1）确定明确的业绩目标和考核目标。政府必须建立明确的业绩考核标准，并建立用以稽核经营业绩的信息和评估系统。

（2）建立激励机制。增加对企业自主权的承诺，同时也对管理人员和员工做出一旦实现业绩目标则给予奖励的承诺。确定合理的协议期限。协议期短，有利于做出适时的评估，激励效果较好，但会造成谈判成本高。对不同的业绩指标赋予一定的权数，权数的合理确定可以使管理者和员工对工作重点有更准确的认识。

经营业绩协议方式在东亚地区往往能取得成效，这是由于在合同中写入对管理者和工人细致的奖惩办法，并对之进行跟踪监督。在采用经营业绩协议后，韩国供水公司 7 年内的资产收益增长了两倍，从 1984 年以前的不到 3% 上升到 80 年代末的超过 10%。

总而言之，经营业绩协议成功的关键就在于在合同中明确业绩考核标准，确定合理有效的激励制度，并且实行有效的事后考核评价。对于那些已经拥有良好财务报告体系的企业来说，经营业绩合同最能够发挥作用。经营业绩协议也有明显的缺点：首先，政府保留了全部决策权，造成政企不分，政府所制定的业绩目标与考核标准缺乏市场化尺度，难以确保其科学性。其次，合同的稳定性难以维持，政府很可能处于政治压力而更改协议。第三，经营业绩协议一般期限较短，容易激发短期行为。因此，经营业绩协议仅可以在市场化条件不成熟的情况下作为一种过渡性的制度安排。

14.2.2.2 管理合同

管理合同是把国有公用企业的经营和维修的责任转移给私营部门，合同期限通常为3到5年。最简单的合同是给私营部门承担的管理任务支付固定的费用。复杂一点的合同是确定一定的业绩目标和基本报酬，如果提高效率则给予激励。当承包商被授予充分的决策自主权，而且至少部分是根据经营业绩取得报酬时，管理合同的执行情况就会比较好。但是，在无法确定合同的考核标准时，只能使用固定收费的合同。根据业绩收取费用的管理合同一般来说比收费固定的合同（如传统管理咨询转让契约）更为成功。

在法国，供水排水设施的管理普遍采用管理合同方式。为提高劳动生产率而设立的激励机制，使承包者的收入与一系列指标挂钩，包括减少泄漏、扩大设施覆盖面等等。几内亚比绍的供水公司的承包合同规定，75%为固定报酬，余下的25%则依照经营业绩而定。在管理合同下，私营部门不承担商业风险和投资责任。管理合同主要适合提高技术能力和专门技术工作的效率。

14.2.2.3 服务承包合同

所谓服务承包合同，是指政府出于提高效率、降低成本的目的，在一项较大的城市基础设施项目中，将部分或全部的建设、服务通过订立合同的方式包给社会资金去实施。

将服务承包合同这一模式运用于城市供水排水基础设施领域，有如下优点：

（1）由于引进了效率较高的私营部门的参与，并在合同招标时采取了竞争性招投标的方式，因而能够降低成本、提高效率。

（2）每一个承包者只承担短期、专项的合同，多个承包者的存在形成了竞争环境。

（3）它使政府自建工程的员工群体面对私人承包商的竞争，从而不得不提高效率，还解决了专家由政府终生雇佣而引起的开支过大的问题。

将服务承包出去的做法已逐渐成为公共设施提供者流行的做法，它为增强对用户的责任心提供了一种灵活而又有利于降低成本的途径。服务承包合同是最简单的参与方式。对于一项较大的公益工程，可以将其中的一部分分包给私营部门去实施。例如，在供水和污水处理方面，在管道的维修、查表、收费等方面都可以采取服务合同方式。服务合同让私营部门承担一些专门的服务，如安装水表、抄表、检测漏水、维修管道、收费等。时间较短，一般为六个月到两年。这种方式的主要好处是可以利用私营部门的专门技能从事技术性工作,在技术性工作方面引入竞争。私营部门不拥有资产的所有权,也不承担投资义务,不承担商业风险。公共部门负责投资,并拥有所有权。严格说来,这种方式不涉及私营部门的投资。

一个典型的服务合同的内容如图 14-4 所示。

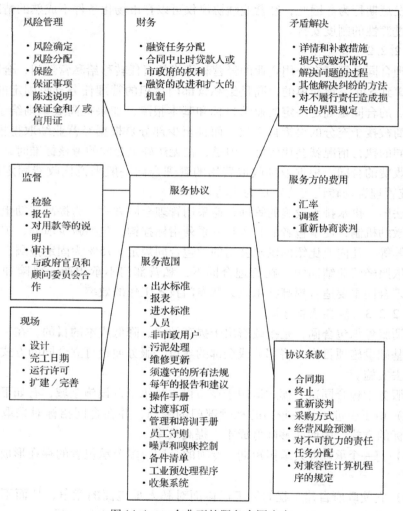

图 14-4 一个典型的服务合同内容

14.2.2.4 租赁

在租赁方式下,承包商向政府支付一定费用,租赁公用企业的资产,并负责其经营和维护。在租赁中,政府为生产设施提供主要的投资,而私人承包商则为在提供服务过程中使用的那些公共设施支付费用。一项租赁合同一般给予承包商 6~10 年时间内连续获得收益的专有权利。承包商负担大部分或所有的商业风险,但不包括与大型投资有关的金融风险。一定程度上,租赁体现着所有权的混合。在租赁合同中,承包商负责收费,其利润来自所有经营所得与经营费用之差,再扣除交付给政府部门的租赁费之后的余额。因此,承包商有着提高效率、降低成本的动力。

在租赁合同签订时,政府要特别注意加入保持设备长期使用条件良好和应达到的最低维修标准的条款,并加入评价经营业绩的考核指标和必要时终止合同的条款。此类安排在投资很少且突然动荡的经营活动中最为可行,因为经营责任可与投资责任进行划分。法国近几十年在城市供水与卫生设施方面一直采用租赁方式。

在租赁方式下,投资的计划和融资仍由政府负责。因此租赁的主要目的是改善经营效率,可作为特许经营的基础。

14.2.2.5 特许经营

特许经营是以契约为依据进行的一项广义投资活动,通过拍卖的方式,让多家企业竞争在某产业中的独家经营权(即特许经营权),在一定的质量要求下,由提供最低报价的那家企业取得特许经营权。因此,可以把特许经营权看做是对愿意以最低价格提供产品或服务企业的一种奖励。采用这种方式,如果在投标阶段有比较充分的竞争,那么,价格可望达到平均成本水平,

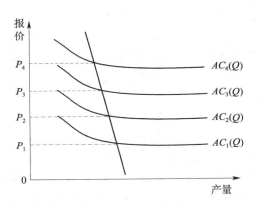

图 14-5 企业成本函数与特许经营权

获得特许经营权的企业也只能得到正常利润。可以用图 14-5 加以说明。

在图 14-5 中,假定有 4 家企业为取得特许经营权而参加竞争,以 $AC_i(Q)$ 表示第 i ($i=1,2,3,4$) 家企业的平均成本函数;每家企业受各自的生产技术等因素制约,有着不同的成本函数。在这 4 家企业参加竞争的情况下,社会福利最大化的最优选择是让第 1 家企业获得经营权,以 P_1 的价格向市场提供产品。这就使最有效率的企业以其平均成本或近于平均成本的价格,向市场提供产品或服务。

建设部《关于加快市政公用行业市场化进程的意见》鼓励公用行业实施特许经营制度。我国水务行业目前也产生了多家特许经营权转让的案例。法国威利雅就先后以合资参股的方式,获得了天津凌庄水厂、成都自来水六厂、上海浦东自来水公司、深圳水务集团等多家单位的特许经营权。2000 年,钱江水利开发股份有限公司以 1.5 亿元人民币的价格购买了杭州赤山埠自来水厂的 30 年特许经营权,同时包括固定资产、流动资产和土地使用权。

在城市供水排水基础设施投资领域引入特许经营权制度具有深远的现实意义。水务行业具有自然垄断性,怎样既保持单一企业生产的成本效率,又避免企业的垄断行为使消费者福利受损,成为政府的两难选择。而特许经营权在一定程

度上解决了这一矛盾，不仅通过投标者的竞争提高了效率，而且减轻了管制者的负担。企业对垄断经营权的竞争消除了传统政府管制所难以解决的企业和政府信息的不对称，是竞争决定价格而不是管制者决定价格。在实践中，这种借助竞争的间接管制方法在一些领域中有很成功的实际效果。例如，1986年由伦敦商学院所作的一项研究表明，英国地方政府在打扫建筑物、清理街道、收集垃圾等公共业务中，采取竞争投标制（Competitive Tending，一种具体的特许投标方法）后，在保持原来服务标准的同时，成本平均降低20%左右，每年可节省开支13亿英镑。

随着我国水行业的进一步放开，"官督商办"的投资运营模式将逐步推广。即所有权控制在政府手里，企业通过竞争取得特许经营权，一方面可以保证合理的水价，另一方面，可降低企业的运营成本，提高效率。特许人和受许人在保持各自独立性的同时，经过特许合作双方获利，特许人可以按其经营模式顺利扩大业务，以较少的投资获得较大的市场，受许人则可以减少在一个新领域投资所面临的市场风险，低成本地参与分享他人的投资，尤其是无形资产所带来的利益。

14.2.2.6 BOT方式

BOT是一种股权和债权相结合的产权，是指基础设施建设领域中的一种特殊方式，它是由项目构成的有关单位（承建商、经营商及用户）组成的财团所成立的一个股份组织，对项目的设计、咨询、供货和施工实行一揽子总承包。项目竣工后，在特许权规定的期限内进行经营，向用户收取费用，以回收投资、偿还债务并赚取利润。特许权期满后，财团无偿将项目交给政府。BOT是英文Build – Operate – Transfer（建设—经营—转让）的缩写，是我国水务行业采用较多的投融资方式，主要用于自来水厂和污水处理厂的建设方面。BOT运营方式有多种：独立经营；参与经营；不参与经营等。BOT投资方式的变通形式有BOOT（建设—拥有—经营—转让）、BOO（建设—拥有—经营）、BOOST（建设—拥有—经营—补贴—转让）、BLT（建设—租赁—转让）、BT（建设—转让）、BTO（建设—转让—经营）、OMT（经营—管理—转让）、ROT（修复—经营—转让）等。BOT水务投资项目一般有以下特点：（1）规模较大，资金需要量大；（2）技术要求高；（3）具有盈利能力；（4）使用期限长。供水排水基础设施如城市自来水厂、污水处理厂，一方面耗资巨大，建造和营运过程中要求有较高的技术含量，另一方面政府通过补贴、税收优惠、政策倾斜能够保证供水排水基础设施投资者从处理污水或自来水出售中获得稳定收益。而且，供水排水基础设施的使用寿命一般都较长，因此比较适宜于用BOT方式进行投资。

国际水务集团在中国投资主要采用BOT方式，成功切入中国市场，获利颇丰。我国的成都第六水厂BOT项目采用了图14-6所示的结构，这是国际上比较常用的结构；北京第十水厂BOT项目采用了图14-7所示的结构。

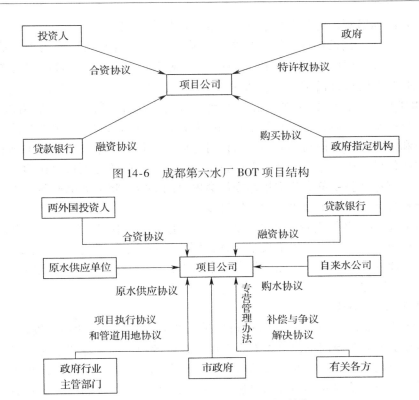

图 14-6　成都第六水厂 BOT 项目结构

图 14-7　北京第十水厂 BOT 项目结构

BOT 方式在进入中国供水排水基础设施投资领域初期仅对外国投资者采用，一般需要由政府承诺担保收益，运作过程不规范，往往未经过充分的"集合竞价"过程，且政府官员普遍缺少水厂转让项目的国际商业运作经验，使政府在交易中与外方在能力上严重不对等，政府没有能力对项目进行全面风险评估和控制。为充分发挥 BOT 投资方式的作用，应推动其朝更广泛、更规范的方向发展，即：

（1）通过招标方式选择投资人，使项目的运作规范、有序。国内绝大多数外商直接投资项目，是由项目业主与投资人或债权人直接进行谈判，运作程序（尤其是中方对外方而言）缺乏透明度和比较明确的法律保障和信用支持。通过招标方式选择项目的股本投资人，设计项目结构、落实项目条件、编写招标文件、招标评标、融资要求、中标后的程序等运作过程，全部按照国际惯例进行，保证了项目的运作规范、有序，为项目最终能够顺利执行打下了坚实的基础。

（2）充分发挥专业咨询公司的作用。各项目都应聘请专业咨询公司作为招标顾问（或融资顾问），为政府（或招标人）提供从项目结构设计到正式签约的全过程咨询服务，以弥补招标办公室人员经验和专业知识的不足。专业咨询公司利用他们在国际招投标、国际投融资等方面的经验优势，使项目结构设计更加严谨和符合国际惯例,更易于被中方政府和外国投资人接受。

(3)成立专门的招标机构可加强政府内部协作。各地政府应为项目成立由主管领导牵头的招标委员会(招标委员会的成员包括了有关主管部门的领导),并设立临时性的执行机构(招标办公室),指定得力人员担任招标办公室主任。由于BOT项目往往涉及立项审批、土地、财税、物价、行业主管等诸多问题,在发布招标文件之前,需要有关主管部门对各自负责的与项目有关的行政事项进行研究和审查,只有得到书面同意或认可之后,项目基本条件才能基本落实。主管部门的领导组成招标委员会,在项目工作会议上专门研究项目存在的问题和困难,并由招标办公室负责落实招标委员会做出的决定,将大大降低前期工作的复杂程度和难度,有利于加快前期工作进度。

(4)推动更多的投资主体进入水行业。随着近年中国经济的快速发展,很多民营企业和上市公司积累了大量资金,国内银行人民币存款余额也逐年上升。随着水行业的进一步开放,除国际水务集团外,应鼓励更多的投资主体进入并采用BOT模式运作。

14.2.2.7 TOT方式

TOT(Transfer—Operate—Transfer)是一种国际上较流行的项目投融资方式。它是指投资人购买政府部门或国有企业已建设好的项目的一定期限的产权和经营权,在一个约定的时间内通过经营收回全部投资和得到合理的回报,并在合约期满之后,再交回给政府部门或原单位。TOT也是企业进行收购与兼并所采取的一种特殊形式。它具备我国企业在并购过程中出现的一些特点,因此可以理解为基础设施企业或资产的收购与兼并。

目前TOT方式在污水处理领域应用较多,例如力合环保投资1011万元以TOT方式经营吉大水质净化厂一期;深圳市瀚洋投资控股有限公司投资1.2亿元购买横岗污水处理厂20年经营权。TOT方式一般不涉及项目建设过程,避开了BOT方式在建设过程中面临的各种风险和矛盾(如建设成本超支、工程停建或者不能正常运营、现金流量不足以偿还债务等),又能尽快取得收益,因此容易使双方达成合作,引资成功率高。现有的水务企业往往存在着冗员、非经营性资产多、历史和社会负债重等问题,因此转让须与改制同步进行。在转让前,必须就如何解决富余人员中的安置、如何剥离非经营性资产、如何解决企业办社会形成的包袱、如何安排企业的债务等问题进行研究,确定一套切实可行的方案,并报政府批准。

由于我国《担保法》中明确指出"政府不能为企业担保",政府为合作伙伴提供的政策一般为软性的扶持,没有硬性的法规作为支撑,因此一旦政府换届或政府财政有压力时,项目存在失败的可能。在一些经济欠发达的地区项目可能无人问津,在经济发达的地区投资人蜂拥而至。因此,目前在采用TOT方式融资时国家的配套法律应及时跟上。TOT项目的执行时间比较长,一般都在20年以上。这么长的时间里，物价水平一般会有所上涨，水行业本身处于微利经营状态，对价格的敏感性很强，项目公司已经承受了政策风险和经营风险，因此在特许权协议中应明确价格调整方式，对价格调整的范围和调整的时间作出规定，以扶持水行业的持续发展。

14.2.2.8 私有化

将市场原则引进基础设施建设的另一个途径是将国有企业转化为私营企业，或是混合式企业。其中一个最为被广泛使用的方式是将现有的国有基础设施企业进行股份化改组，再在资本市场上出售其股份，从而完成国有企业的私有化，同时还可以将国有股的形式保留部分（有时是大部分）实现国家对企业的控制权。如2002年5月，上海浦东自来水公司50%国有股股权溢价转让于威望迪。威望迪以20亿元现金，超过资产评估价格近三倍的价格，保证提供优于现有标准的优质自来水并将保持政府统一定价的条件，首次涉足供水管网。

公共企业私有化后，一般都要进行重大的企业结构调整。高速私有化的短期收益相当明显，但从长期来看，为了防止私有化后可能出现的新的行业垄断，不致危害公众利益，需要选择有效的多元化形式。对于具有自然垄断性的基础设施企业的私有化，国际上有不少可借鉴的方式，其中两种方式值得参考：

一是"黄金股"控制制度。即政府只拥有某企业股份的一股，其余的股份全部都非国有化，但政府的这一股是不同于一般股份的"黄金股"，它可以在公众利益受到损害时，否决董事会的决定。当然，在正常情况下，"黄金股"并无特权。这要比政府独资和绝对控股的效果要好得多，它既可以使政府对特殊性质的企业实现控制，也可以实现企业股权多元化，建立现代产权制度。

二是国有民营。有些国有企业由于历史原因或产业的特殊性，采取了国家所有的形式。但是国有不一定国营，完全可以国有民营。经营权的非国有化可以解决因所有权国有化而带来的产权一元化和企业缺乏活力的问题，有利于促使企业产权结构多元化。

14.2.3 哈尔滨市污水处理 BOT 运作实例

14.2.3.1 项目概况

依据哈尔滨市排水总体规划，拟建沿江污水收集系统和污水处理工程——太平污水处理厂。规划期按30年（2001~2030年）考虑，分别对2005年、2010年和2030年的污水量进行了测算，并以此确定相应的工程规模，沿江污水收集管线能力按照2030年污水规模确定。太平污水处理厂的规模按照2010年污水量要求确定，处理规模为32.5万 m^3/d 的污水二级处理厂。

2003年哈尔滨市人民政府决定以建设—运营—移交（简称BOT）的方式实施哈尔滨市太平污水处理厂项目，并授权市供水排水集团以公开招标方式选择项目境内外的投资人。供水排水集团会同哈尔滨市政府有关委办局成立了哈尔滨市太平污水处理厂项目招标委员会，聘请省计发招标有限责任公司和 B 咨询有限责任公司作为该项目的招标代理和咨询服务机构。

清华同方股份有限公司与北美环境技术有限公司联合体（以下简称联合体）经资格预审、投标及评标后，被招标委员会列为第一名，经三轮谈判达成了一致的项目协议，至此，哈尔滨市太平污水处理厂项目招标委员会正式通知该联合体为该项目中标人。

14.2.3.2 项目建设内容

太平污水处理厂的设计规模为 32.5 万 m^3/d，进厂泵站的设计规模为 32.5 万 m^3/d，污水总变化系数为 1.3。

（1）进出水水质要求

污水处理厂进水水质的主要污染物指标如下：

SS：250mg/L　　　　　COD_{Cr}：420mg/L

BOD_5：220mg/L　　　NH_4-N：50mg/L

TN：63mg/L　　　　　水温：9~24℃

处理后出水水质的主要污染物指标如下：

COD_{Cr}：≤100mg/L　　BOD_5：≤20mg/L

SS：≤20mg/L　　　　　NH_4^+-N：≤15mg/L

（2）污水处理工艺

根据太平污水处理厂的进水水质及出水水质要求，结合联合体长期设计及建造城市污水处理工程的经验体会，借鉴国外污水处理的先进技术和太平污水处理厂的条件，推荐采用改良型 A/O 工艺。

污水处理工艺流程：

污水→哈东泵站粗格栅及污水提升泵房→细格栅→旋流沉砂池→SEA 初沉池→SEA 改良型 A/O 生化池→二沉池→污水二次提升泵房→松花江

污泥处理工艺流程：

初沉池及二沉池排泥→污泥机械浓缩脱水间→泥饼外运

A/O 工艺具有运行稳定、技术成熟、出水水质好、应用普遍等特点；SEA 改良型 A/O 工艺除具有 A/O 工艺的特点外，还具有下列特点：

系统性强：即强化系统各处理单元的分工、配合、互补作用，提高系统的处理能力、抗冲击能力、灵活调节能力；

经济性好：通过对现有工艺的深入研究，采取有效措施，降低投资和运行费用，具体在构筑物的数量、形式、构造尺寸的确定，设计参数的选取，主要设备的选型等方面进行优化比较，精心设计，使本工程经济合理。

可灵活调节：一方面，来水的水量、水质是在一定的范围内变化的；另一方面，污水处理设施一旦建成无法改变。因此，要求处理系统必须具有一定的调节能力，通常做法是：采用两条以上的生产线，采用变频设备，采用抗冲击负荷能力强的工艺等。事实证明，仅采用这些方法是不够的，在此基础上，联合体还对初沉池和 A/O 反应池进行了改造，提高系统的可调节能力。

(3) 项目工程内容如下：
1) 在规定的用地范围内建设一座规模为 32.5 万 m^3/d 的污水处理厂。
2) 建设一座与污水处理厂规模对应的厂前污水提升泵站。
3) 建设相关的管道、输电线路、通信线路、控制电缆及有关设施。
4) 污水处理厂至规定的出水排放口位置的污水渠道。
5) 建设自现有 66kV 变电所位置至太平污水处理厂之间的输电线路。
6) 在污水处理厂内预留污水消毒、污泥消化及处理厂除臭设施建设用地。
7) 建设城市污水处理后的尾水回用处理设施，回用于污泥脱水间的滤布冲洗水。

14.2.3.3 项目投资及工程实施进度

工程总投资约 3 亿元人民币。由项目投标联合体合资组建项目公司，全部建设资金由项目公司投融资解决。工程将在 2005 年完成建设，2006 年开始投入生产。工程建设期 2 年，经营期为 23 年，计算期为 25 年。

14.3 城市供水排水项目的投资决策

14.3.1 投资决策常用的几个基本准则

14.3.1.1 净现值准则

(1) 资金的时间价值与现值

资金的时间价值又称为资金报酬原理，其实质是资金作为生产的一个基本要素，在扩大再生产及资金流通的过程中，资金随时间的推移而产生增值。资金的时间价值表明，一定数量的资金，在不同的时点具有不同的价值，资金必须与时间相结合，才能表现出其真正的价值，因此，资金的时间价值是投资分析中的基本原理。

资金的增值途径随资金投入的方式而呈现差异。但是，不论资金的投入方式是什么，资金、时间、利率（含利润率）都是获得利益的三个关键的因素，缺一不可。对我们评价一个投资方案而言，要做出正确的评价，就必须同时考虑这三者及其之间的关系，即必须考虑资金的时间价值。

资金的时间价值一般借助于复利计算来表述。例如，现在的资金为 P，投入的流通领域，年复利率为 i，则其现在的时值为 P；一年后的时值为 $(1+i)P$；第 n 年的时值为 $(1+i)^n P$。

现值是指未来某一特定金额的现在价值。把将来一定时间发生的费用换算成现值的过程称为折现（或称贴现），折现计算的基本公式为

$$P = S \times 1/(1+i)^n$$

式中　　S——为距现在时点 n 年时发生的金额；
　　　　i——折现率；
$1/(1+i)^n$——为折现系数或现值系数。

(2) 净现值准则

净现值（NPV：Net Present Value），指一个投资项目的现值 PV 和投资成本的现值 C_0 之差：

$$NPV = PV - C_0$$

净现值准则指，对单一项目，如果投资项目的净现值大于 0，则可接受该项目；否则就否决它。对多择一项目（从多个项目中选择一个），在约束净现值为正数的条件下，选择 NPV 最大的项目，即

$$\text{Max } NPV \quad \text{s.t } NPV > 0$$

与其他决策准则相比，净现值准则具备几个其他准则不具备的特点，表现为：

1）净现值准则的基础是现值原则："今天的一块钱的价值大于明天的一块钱的价值"，体现现值原则的是累计折现现金流方法。这是科学的原则和正确方法，任何不考虑货币的时间价值差异的决策准则都是有缺陷的。

2）净现值准则依赖预测现金流序列和资本的机会成本，比较客观。其他准则可能较多地依赖公司会计原则的选择，包含较多的人为因素和主观因素。

3）现值具有可加性，投资项目的净现值就是由于该项目上马给企业净资产增加的价值。净现值准则很明确告诉我们，投资项目给企业增加的价值是多少，而其他准则都做不到这一点。

当然，净现值准则也有缺点。主要是实践中估计折现率是比较困难的，需要熟练的技巧。

与其他投资决策准则相比较，净现值准则是比较科学的决策准则，为理论和实业界所公认，并得到了越来越多的应用。

14.3.1.2　回收期准则

投资回收期（Payback Period）准则是先设定一个回收期，如果该项目的投资收益能在该回收期内补偿投资额，那么它就是一个可接受的投资项目，否则就是一个不可接受的投资项目。

回收期准则简单易懂，并且容易为决策人所正确理解。它的缺点在于不仅忽视时间价值，而且没有考虑回收期以后的收益。事实上，有战略意义的长期投资往往早期收益较低，而中后期收益较高。回收期准则优先考虑急功近利的项目，可能导致放弃长期成功的方案，所以只能作为辅助方法使用。

14.3.1.3　平均账面回报率准则

平均账面回报率（Average Return On Book Value）为投资寿命期内年平均净收益与年平均账面资产额之比。

平均账面回报率 = 年平均净收益/年平均账面资产

用平均账面回报率准则衡量投资项目的好坏，是指把投资的账面回报率与本公司或本行业的目标回报率相比较。如果平均账面回报率大于或等于目标回报率，投资项目便是可以接受的；否则便是不可以接受的。

平均账面回报率的优点是估算出了备选项目的平均账面资产回报率，并和本公司和行业数据加以比较。资产回报率对于投资项目也是比较重要的一项指标，它能反映企业资产的质量及其增值能力。但该准则存在以下缺点：

(1) 它只考虑账面资产的平均收益，这样它就忽略了近期收益比远期收益更有价值这一事实。

(2) 平均账面回报率利用的是会计利润和账面资产。这样，平均账面回报率就较多地依赖于会计准则的选择，如不同的库存计价方法，不同的折旧方法，从而使决策受到了主观因素的影响。

(3) 公司和同行业账面回报率的确定带有人为因素，而且又经常运用近期数字，那么本来回报率高的公司会拒绝平均账面回报率较低、但实际上净现值大于 0 的项目；那些本来回报率低的公司，会接受平均账面回报率较高，但实际上亏本的项目。

(4) 同回收期一样，它也忽视了资本的机会成本和现值原则，这些都影响了准则的科学性。

14.3.1.4 内部回报（收益）率准则

内部回报（收益）率（Internal Rate of Return，简称 IRR），即为使投资的净现值等于零时的折现率。

该准则是指先设定投资资本的机会成本，即折现率 r_0，然后将用试错法求出的内部收益率 IRR 与之相比较，如果 $IRR > r_0$，则接受该项目，否则就否决该项目。

与回收期准则和平均账面回报率准则相比，内部收益率准则具有很多优越性，在多数情况下，可以得到与净现值准则相同的结果，因此得到了广泛的应用。但是，与净现值准则相比，它又有许多缺点，主要是：

(1) 借贷不分，以致有时折现率上升时，净现值也上升，违背了净现值随折现率上升而下降的道理。

(2) 多个内部回报率和无内部回报率。有时，当现金流序列有正有负时，项目的净现值也可能会随 r 增大而时升时降，故可能有多个净现值等于零的折现率，即内部回报率，这给决策带来困难。

(3) 对规模不同的投资项目，或不同的现金流模式进行选择比较时，内部回报率准则可能会导致错误的决策。

(4) 不能处理短期利率或长期利率。在上面提到的投资机会成本 r_0，暗含了各期的资金机会成本一致的假设前提。但实际上，根据利率的期限结构，短期利率和长期利率常常是不同的。内部回报率准则认为，如果项目的 IRR 高于资本的机会成本，就接受该项目。可是，当资本的机会成本是多个时怎么办呢？或许可以找到一个加权平均的资本机会成本 r，但它又会制造更多的麻烦。更简单的办法是放弃内部收益率准则而采用净现值准则。

14.3.1.5 获利性指数准则

获利性指数（Profitability Index，简记 PI）是预测的项目现值 PV 和投资现值 C_0 之比：

$$PI = PV/C_0$$

若 PI 大于 1，则意味着项目的现值 PV 大于投资的现值 C_0，因此项目的净现值 NPV 一定大于 C_0。

获利性指数给出项目用现值表示的收益与成本之比，对评价投资项目而言简单明了，然而当多个项目投资规模不同时，获利性指数也会跟 IRR 一样，得出错误的结论。

以上投资决策准则中，获利性指数准则与 NPV 准则最接近。但由于获利性指数不具有可加性，在多个项目进行多项选择的决策中，可能导致失误，因此，最安全的还是用 NPV 准则。

各种投资决策准则都是在实践中产生的，都有其存在的合理性。因此对于重大的投资决策，通常以净现值准则为主，辅之以其他准则加以验证。

14.3.2 城市供水排水项目投资决策分析的基本内容

项目的投资决策分析主要从三个方面展开：一是外部环境分析；二是经济性分析；三是不确定性和风险分析。

14.3.2.1 城市供水排水项目的外部环境分析

供水排水设施项目的外部环境分析通常采用 PEST 法。所谓 PEST 法，指我们在考虑供排水项目投资的外部环境条件时，从政治（Political）、宏观经济（Economic）、社会人文（Social）、技术（Technical）等几个方面加以分析、判断。

政治因素需要考虑国家的中长期政治气候，政府供水排水项目运作机制的变化趋势，尤其在当前的转型期，社会投资者对与政府行为密切相关的供水排水设施项目投资的政治环境非常敏感。由于供水排水项目的招商人一般都是政府或政府性公司，政治气候及相关政府信用度直接影响投资者的信心和判断。

宏观因素涉及水量需求变化、经济增长率、社会基准折现率和融资成本等等，是影响项目投资决策的主要外部环境条件。

社会人文因素考察社会公众对供水排水服务的消费心理和习惯，譬如公众对供水排水设施项目服务、价格组合偏好。社会人文因素往往通过水量需求的变化间接影响项目投资。

技术因素是对项目技术的成熟度、新技术应用的可行性和竞争性的分析。为尽量降低投资风险，供水排水设施项目应尽可能采用成熟度较高的技术。

外部环境因素分析以定性分析为主。对某些投资金额巨大、受外部环境因素影响较大的供水排水项目，也可以作定量化处理，纳入适当的决策分析模型。

14.3.2.2 投资决策的经济性分析

供水排水设施项目属于投资金额巨大、社会影响广泛、建设经营周期长的固定资产投资项目，对它的经济性分析按照是否考虑项目外部经济效益主要分成两类：财务分析和国民经济分析。如果不考虑外部经济效益，只进行财务分析即可，如果需考虑外部经济效益，则在财务分析的基础上，还须进行国民经济分析。

(1) 财务分析

简单讲，财务分析是在投资估算、资金筹措安排、收入、成本、税费估算和相应的项目现金流测算基础上，对项目盈利能力、清偿能力等进行分析的过程。

1) 财务盈利能力分析

财务盈利能力分析包括损益表、借还款表、利润分配表和现金流量表的构建和计算，财务盈利能力的指标的计算与分析。

在项目投资财务分析中，社会投资者重点关注以下三个指标。

① 全部投资内部收益率

建立了全部投资的现金流量模型后，运用 Excel 或其他财务计算软件，可以方便地计算出在项目计算期各年累计净现金流现值等于零时的折现率，即内部收益率 IRR_{ti}。全部投资的内部收益率所反映的是各类资金组成的项目总投资盈利能力，如果 IRR_{ti} 大于行业基准收益率，则该项目投资在财务上是可以接受的。考虑到目前基础设施项目融资中很大部分来自银行融资，因此，全部投资税后内部收益率应该大于银行中长期贷款利率，对投资者才具有财务上的意义。

② 自有资金内部收益率

同理，建立了自有资金现金流量模型后，也可以计算出内部收益率 IRR_e。自有资金的内部收益率反映的是项目投资者投入的资本金的盈利能力。如果 IRR_e 大于投资者其他风险水平相当的项目收益率（反映的是机会成本），则该项目对投资者是有吸引力的。

③ 资本金利润率

资本金利润率是一个静态盈利指标，等于年税后利润/资本金。

另外，财务盈利能力的指标还有静态和动态的投资回收期、总投资利润率等等，投资分析人员可以根据需要选择使用。

2) 财务清偿能力分析

财务清偿能力分析是在财务盈利能力分析的基础上，对资金来源与运用平衡、资产负债情况、债务清偿能力指标进行计算和分析。清偿能力反映项目能否按照筹资安排及时、足额偿还债务融资资金的能力，是融资银行或其他债权人非常关心的财务因素。

投资人为了获得债权人的信任,顺利实现融资,对项目的财务清偿能力也要进行分析计算,如果贷款偿还期或债权保障系数等财务指标不能满足债权人的要求,项目投资者就必须在资本金投入比例、公司分红政策等方面做出适当调整。

(2) 项目投资的国民经济分析

国民经济分析是按照资源合理配置原则,从国民经济整体角度考察项目效益和费用,利用货物影子价格、影子工资、影子汇率和社会折现率等经济参数,计算项目对国民经济的净贡献,评价项目的国民经济合理性。影子价格指的是商品和生产要素可用量的任何边际变化对国家基本目标(例如国民收入增长)的贡献值。影子工资是经过调整后的市场水平工资。影子汇率指储备耗尽、基础货币的紧缩等于冲击的本币价值时所产生的浮动汇率。

供水排水设施属于具有公益性的基础设施,国民经济分析可以更全面和准确地评价项目的经济效益。作为社会投资者,在项目投资财务分析的基础上,了解项目的国民经济分析,可以帮助投资者了解项目的外部效应,对财务分析结果不理想,或不具备商业意义的投资经济可行性的项目,可以要求政府进行适当地补贴,以反映项目的这种正效益外溢现象。

但整体上国民经济分析只能起参考作用,最终左右社会投资者决策的还是项目的财务分析结果。

(3) 经济性分析中须重点关注的基础数据

对基础性数据的预测和估算,包含着较多的不确定性和变量,必须谨慎分析,合理取值,才能提高经济性分析的准确性和分析结论的价值。供水排水项目投资经济性分析中应重点注意以下基础性数据。

1) 计算期

计算期包括项目建设期和生产经营期,其中生产经营期一般应以项目主要固定资产或设备的经济寿命期确定。国家计委规定新建工业项目的计算期不宜超过20年,但供水排水设施项目的土木工程投资一般比较大,许多属于准"永久性"项目,经济寿命期长,其计算期取值可以适当延长。同时,如果是采取BOT等方式招商的项目,特许权合同规定的特许期是必须考虑的期限因素。总之,计算期的最终确定要综合考虑以下三个因素:

① 项目合同运营期;

② 主要资产、设备经济寿命;

③ 远期现金流对现值的影响,一般当折现系数小于5%的年份对现值的影响可以不再考虑。

2) 财务价格

对于中长期项目,计算期内的估算成本、收入等采用的财务价格不可能保持不变,合理的、依据充分的财务价格是保证经济性分析准确的基础和前提。当考虑价格变动因素时，财务盈利能力和清偿能力的分析宜采用两种价格和两套计算数据。

但实际运用中，由于中长期物价水平变动情况难以预测，同时也为了简化计算，分析基础设施项目时往往只采用一套预测价格和计算数据。整个计算期内都采用建设期初（或计算基年）物价总水平为基础，仅考虑相对价格变化，而忽略物价总水平变化因素对价格的影响。

3）折现率和基准收益率

国民经济分析里采用的社会折现率一般按国家统一发布的执行。财务分析中使用的基准收益率，如果有行业性的基准收益率，则可以采用；如果没有公布的行业基准收益率，实际中通常考虑银行利率、国债收益率、证券市场平均收益率等加上适当的风险系数调整综合确定。

4）设备更新投资

对于供水排水设施项目的设备，其经济寿命和折旧期限很多都短于整个项目的计算期和运营期。这就要求再投资分析中考虑这部分设备，特别是投资较大，无法通过日常维修费用解决的主要设备的再投资计算。

5）建设期利息资本化

建设期利息记入总投资，即资本化问题不会有疑义。如果项目融资是采用银团贷款或国际金融组织贷款等方式，与贷款相关的银团管理费、承诺费等融资费用应作为融资成本，一并计入总投资。如果项目在建设期享受政府贴息、补贴等优惠政策时，则应将这些贴息冲减建设期利息或总投资。

6）折旧、摊销的计算

折旧、摊销的计算要符合现行财税法规和制度的规定。如果运营期有再投资项目，折旧、摊销计算中不要遗漏。

7）筹资安排可行性

在进行项目筹资安排时，应充分考虑目前国内融资环境，特别是商业银行融资的惯例，如对项目贷款年限的要求、本外币贷款不同的计息方式、利率调整的规定等等。

14.3.2.3 项目投资的不确定性和风险分析

项目投资经济性分析所采用的数据大部分来自预测和估算，不可避免存在一定程度的不确定性。因此，必须对项目投资进行不确定性分析，以判别不确定性因素和变量对项目有重大影响，以及影响的程度。

不确定性分析的方法很多，有盈亏平衡分析、敏感性分析和概率分析等等方法，供水排水等基础设施项目投资分析中常用的是敏感性分析。选取建设投资、运营成本、服务价格等作为自变量，考察这些变量对项目投资分析结果的影响程度，评估这种变化是否在可接受的程度以内。

风险性分析是不确定性分析的补充和延伸，主要是按照风险管理的要求，对项目投资活动达到预期效果目标方案可能存在的各种风险进行必要的分析，找出项目计算期内可能出现的影响项目生存和发展的关键风险因素，并进行专项分析，提出规避风险的具体措施建议。风险分析包括风险识别、风险属性分析、风险量估算以及风险规避措施设计等内容。

14.3.2.4 投资决策模型

供水排水项目投资决策分析从来就不是一项数字计算，因为影响项目投资决策分析的因素除了可定量化的项目经济可行性分析之外，还涉及难以定量化的宏观政治、经济、技术、法律等方面的可行性，投资者经营战略的安排，投资决策风格，甚至投资者的人力资源储备也是一种重要的影响因素，这些大多只能依靠定性分析。因此，通常认为供水排水项目投资决策分析可以大大降低投资人的决策风险，提高项目投资成功率，它可以辅助决策，但无法替代决策。

为了综合考虑影响投资决策的诸多定量、定性因素，有必要建立一个统一的决策模型，将这些因素作为信息输入，纳入决策模型。社会投资者的决策一般为单目标的不确定型决策，这方面有很多决策模型可以选用。

供水排水等基础设施项目投资决策往往要涉及收益率、政府满意度、技术先进性等多种优先等级不同的目标，同时又面临多种资源约束条件，有时候这些约束条件又相互矛盾。这种情形之下的决策，最适合采用目标规划的决策模型。建立和使用目标规划决策模型的难度不在于模型的分析和计算，而难在如何将一些定性因素定量化以及对各种目标优先度的判定。

上面提及的目标规划属于确定型决策分析模型，如果部分决策变量的不确定性很高，则需要运用风险型或者非确定型决策模型。风险型决策模型是既知道决策变量的几种状态，又知道出现这种状态的概率的决策模型。如果不知道出现不同状态的概率，则称之为非确定型决策模型。

非确定性分析包括敏感性分析、盈亏平衡分析和概率分析。敏感性分析是通过分析、预测项目主要因素发生变化时对经济评价指标的影响，从中找出敏感因素，并确定其影响程度。盈亏平衡分析是通过盈亏平衡点分析拟建项目对市场需求变化的适应能力，盈亏平衡点越低，表明项目盈利的可能性越大，抗风险能力越强。概率分析是使用概率研究来预测不确定因素和风险因素，是对项目经济评价指标影响的定量分析方法。盈亏平衡分析只适用于财务评价，敏感性分析和概率分析可同时用于财务评价和国民经济评价。供水排水建设项目经济评价一般要求进行敏感性分析，并根据项目特点和实际需要，进行盈亏平衡分析。

主要参考文献

1. 戴慎志,陈践. 城市给水排水工程规划. 合肥:安徽科学技术出版社,1999 年
2. 李圭白,蒋展鹏,范瑾初,龙腾锐. 城市水工程概论. 北京:中国建筑工业出版社,2002 年
3. 邵益生. 城市水系统控制与规划原理 [J]. 城市规划,2004,10:62~67
4. 王灿,陈吉宁,陈吕军. 给水工业的特性及其可持续发展 [J]. 中国人口资源与环境,2001,4:111~114
5. 严煦世,刘遂庆. 给水排水管网系统. 北京:中国建筑工业出版社,2002 年
6. 钱易,张忠祥. 城市可持续发展与水污染防治对策. 北京:中国建筑工业出版社,1998 年
7. 董辅祥,董欣东. 城市工业节约用水理论. 北京:中国建筑工业出版社,2000 年
8. 国家城市给水排水工程技术研究中心. 研究报告. 天津,2003 年
9. 邵益生. 谈 21 世纪中国城市的水战略. 中国水工业科技与产业. 北京:中国建筑工业出版社,2000 年
10. 吴季松. 现代水资源管理概论. 北京:中国水利水电出版社,2002 年
11. 严煦世,范瑾初. 给水工程(第四版). 北京:中国建筑工业出版社,1999 年
12. 张金松主编. 饮用水二氧化氯净化技术. 北京:化学工业出版社,2003 年
13. 秦钰慧,凌波,张晓健. 饮用水卫生与处理技术. 北京:化学工业出版社,2002 年
14. 洪觉民,王乃新,王静争. 中小自来水厂管理维护手册. 北京:中国建筑工业出版社,1990 年
15. 石瑾,孔令勇,王鲲命,张隽. 高密度澄清池(DENSADEG)的基本原理及其在净水厂中的应用 [J]. 净水技术,2007,26(6):58-61.
16. 谢钦. 高密度澄清池工艺简介 [J]. 给水排水,2006,32(增刊):38-39.
17. 蒋玖璐,李东升,陈树勤. 高密度澄清池设计 [J]. 给水排水,2002,28(9):27-29.
18. 徐正,赵建伟,刘杨,李名税,等. 高密度澄淀池的运行控制 [J]. 供水技术,2008,2(3):31-33.
19. 吴济华,马刚. 翻板型滤池 [J]. 给水排水,1999,25(12):21-24
20. 钟焕新. 翻板滤池净水结构安装技术 [J]. 山西建筑,2004,30(16):106-106;
21. 李树苑,吴瑜红,刘海燕. 饮用水臭氧活性炭深度处理工艺设计 [J]. 中国给水排水,2008,24(24):36-38.
22. 李瑞成,戴雄奇,陈鹰. 翻板型滤池在实际工程中的设计探讨 [J]. 中国给水排水,2006,22(18):48-51.
23. 张自杰,林荣忱,金儒霖. 排水工程,下册(第四版). 北京:中国建筑工业出版社,2000 年
24. 城市地下水管理手册编写委员会. 城市地下水管理手册. 北京:中国建筑工业出版社,1993 年

25　王洪臣. 城市污水处理厂运行控制与维护管理. 北京：科学出版社，1997 年
26　李胜海. 城市污水处理工程建设与运行. 合肥：安徽科学技术出版社，2001 年
27　高俊发，王社平. 污水处理厂工艺设计手册. 北京：化学工业出版社，2000 年
28　李金根. 给水排水工程快速设计手册（第 4 册）. 北京：中国建筑工业出版社，1996 年
29　上海市政工程设计院给水排水设计手册（第 9 册）. 北京：中国建筑工业出版社，1986 年
30　郑兴灿，李亚新. 污水除磷脱氮技术. 北京：中国建筑工业出版社，1998 年
31　冯生华. 城市中小型污水处理厂的建设与管理. 北京：化学工业出版社，2001 年
32　黄宁伟. 超声波流量计的使用与维护，化工自动化与仪表，2001 年 5 期
33　魏金辉. 电磁流量计应用质量问题探讨，传感器世界，1999 年 10 期
34　石桥多闻，赵洪宾等译. 给水工程的事故与防治措施. 北京：中国建筑工业出版社，1982 年
35　何维华. 城市给水管道. 成都：四川人民出版社，1983 年
36　孙成彦. 水道工. 北京：中国建筑工业出版社，1982 年
37　郑在洲，何成达. 城市水务管理. 北京：中国水利水电出版社，2003 年
38　雷林源. 地下管线探测与测漏. 北京：冶金工业出版社，2003 年
39　秦国治. 管道防腐蚀技术. 北京：化学工业出版社，2003 年
40　王全金主编. 给水排水管道工程. 北京：中国铁道出版社，2001 年
41　王绍周等编. 管道工程设计施工与维护. 北京：中国建材出版社，2000 年
42　孙慧修主编. 排水工程，上册（第四版）. 北京：中国建筑工业出版社，1999 年
43　严煦世，刘遂庆主编. 给水排水管网系统. 北京：中国建筑工业出版社，2002 年
44　邢丽贞主编. 给水排水管道设计与施工. 北京：化学工业出版社，2004 年
45　高廷耀，顾国维主编. 《水污染控制工程》上册（第二版）. 北京：高等教育出版社，1999 年
46　中华人民共和国国家标准，灰口铸铁管件（GB 3420—82）
47　中国市政工程华北设计院主编. 给水排水设计手册第 10 册器材与装置（第二版）. 北京：中国建筑工业出版社，2001 年
48　水利部农村水利司. 供水工程管理. 北京：中国水利水电出版社，1995 年
49　穆桂萍. 计算机调度管理与控制在泵站排水系统中的应用，电子工程师，2001 年 7 期：32～35
50　孙扬平. 在生产调度系统和地理信息系统支持下的城市排水综合管理系统，北方环境，2001 年 4 期：15～17
51　徐向阳，刘俊. 无锡市城区排水管理系统［J］. 给水排水，1997，12：13～14
52　胡开林，叶燎原，王云珊. 城镇基础设施工程规划. 重庆：重庆大学出版社，1999 年
53　阮仪三. 城市建设与规划基础理论. 天津：天津科学技术出版社，1999 年
54　余凯成，程文文，陈维政. 人力资源管理. 大连：大连理工大学出版社，1999 年
55　朱会冲，张燎. 基础设施项目投融资理论与实务. 上海：复旦大学出版社，2002 年
56　齐寅峰. 公司财务学. 北京：经济科学出版社，2002 年
57　张允宽，刘育明，任淮秀等. 中国城市基础设施投融资改革研究报告. 北京：中国建筑

工业出版社，2002 年

58 郑达谦. 给水排水工程施工. 北京：中国建筑工业出版社，1998 年
59 丛培经，张书行. 工程项目管理. 北京：中国建筑工业出版社，2003 年
60 姚文彧，郑海良，王树成. 中国水务市场的现状与发展趋势 [J]. 中国给水排水，2002，1：26~29：
61 Canthy Lake 著，张蓓译. 项目管理总论. 汕头：汕头大学出版社，2003 年
62 张钡，张世英. 城市水务管理与城市建设 [J]. 天津：天津大学学报（社会科学版），2003，3：211~215
63 徐承华. 贵州省城市供水特征与发展规划 [J]. 中国给水排水，2000，6：32~34
64 刘红. 莫斯科的排水系统和发展规划 [J]. 中国给水排水，2001，6：62~64
65 张勤，张建高. 水工程经济. 北京：中国建筑工业出版社，2002 年
66 成建国. 水资源规划与水政水务管理. 北京：中国环境科学出版社，2001 年
67 罗湘成. 中国基础水利水资源与水处理实务. 北京：中国环境科学出版社，1998 年
68 金永祥，吴礼顺. BOT 项目的结构设计. 广东省环保产业网，2004 年
69 国际水协（IWSA），刘晓玲译. 关于私营公司参与供水管理和经营的国际报告（1999 年布宜诺斯艾利斯）. 供水企业改革决策者参考资料汇编，2000 年
70 哈尔滨市太平污水处理厂 BOT 项目简介. 中国水网，2004 年
71 秦虹. 中国市政公用设施投融资现状与改革方向. 中国城市建设信息网，2003 年
72 顾泽南. 给水企业经营管理. 北京：中国建筑工业出版社，1991 年
73 汪光焘等. 城市供水行业 2000 年技术进步发展规划. 北京：中国建筑工业出版社，1993 年
74 傅祚鹏. 城市公用企业管理学. 长春：吉林教育出版社，1989 年
75 王关义. 生产管理. 北京：经济管理出版社，2004 年
76 鲁亮生. 成本会计教程. 北京：经济科学出版社，2001 年
77 周宝源. 管理会计学. 天津：南开大学出版社，2004 年
78 王垒. 人力资源管理. 北京：北京大学出版社，2001 年
79 城市给水计算机辅助调度系统应用指南编写组编著. 城市给水计算机辅助调度系统应用指南. 北京：学苑出版社，2002 年
80 周迎春. 简捷＝效益——最间接的企业公关（CI）管理. 中国时代经济出版社，2003 年
81 居延安. 公共关系学. 上海：复旦大学出版社，2001 年
82 郭欣. 客户服务与管理. 广东经济出版社，2002 年
83 江克宜. 电力客户服务员工培训教材. 北京：中国电力出版社，2002 年
84 伊莱妮·K·哈里斯. 客户服务实物（第三版）. 北京：中国人民大学出版社，2003 年
85 雷杨客. 客户服务管理. 北京：电子工业出版社，2004 年
86 高鸿业. 西方经济学. 北京：中国人民大学出版社，2000 年
87 王文锦. 高速公路企业收费管理. 北京：人民交通出版社，2003 年

高等学校给排水科学与工程学科专业指导委员会规划推荐教材

征订号	书名	作者	定价（元）	备注
22933	高等学校给排水科学与工程本科指导性专业规范	高等学校给水排水工程学科专业指导委员会	15.00	
39521	有机化学(第五版)(送课件)	蔡素德等	59.00	住房和城乡建设部"十四五"规划教材
27559	城市垃圾处理(送课件)	何品晶等	42.00	土建学科"十三五"规划教材
31821	水工程法规(第二版)(送课件)	张智等	46.00	土建学科"十三五"规划教材
31223	给排水科学与工程概论(第三版)(送课件)	李圭白等	26.00	土建学科"十三五"规划教材
32242	水处理生物学(第六版)(送课件)	顾夏声、胡洪营等	49.00	土建学科"十三五"规划教材
35065	水资源利用与保护(第四版)(送课件)	李广贺等	58.00	土建学科"十三五"规划教材
35780	水力学(第三版)(送课件)	吴玮、张维佳	38.00	土建学科"十三五"规划教材
36037	水文学(第六版)(送课件)	黄廷林	40.00	土建学科"十三五"规划教材
36442	给水排水管网系统(第四版)(送课件)	刘遂庆	45.00	土建学科"十三五"规划教材
36535	水质工程学(第三版)(上册)(送课件)	李圭白、张杰	58.00	土建学科"十三五"规划教材
36536	水质工程学(第三版)(下册)(送课件)	李圭白、张杰	52.00	土建学科"十三五"规划教材
37017	城镇防洪与雨水利用(第三版)(送课件)	张智等	60.00	土建学科"十三五"规划教材
37018	供水水文地质(第五版)	李广贺等	49.00	土建学科"十三五"规划教材
37679	土建工程基础(第四版)(送课件)	唐兴荣等	69.00	土建学科"十三五"规划教材
37789	泵与泵站(第七版)(送课件)	许仕荣等	49.00	土建学科"十三五"规划教材
37788	水处理实验设计与技术(第五版)	吴俊奇等	58.00	土建学科"十三五"规划教材
37766	建筑给水排水工程(第八版)(送课件)	王增长、岳秀萍	72.00	土建学科"十三五"规划教材

续表

征订号	书　名	作　者	定价(元)	备　注
38567	水工艺设备基础（第四版）（送课件）	黄廷林等	58.00	土建学科"十三五"规划教材
32208	水工程施工（第二版）（送课件）	张勤等	59.00	土建学科"十二五"规划教材
39200	水分析化学（第四版）（送课件）	黄君礼	68.00	土建学科"十二五"规划教材
33014	水工程经济（第二版）（送课件）	张勤等	56.00	土建学科"十二五"规划教材
29784	给排水工程仪表与控制（第三版）（含光盘）	崔福义等	47.00	国家级"十二五"规划教材
16933	水健康循环导论（送课件）	李冬、张杰	20.00	
37420	城市河湖水生态与水环境（送课件）	王超、陈卫	40.00	国家级"十一五"规划教材
37419	城市水系统运营与管理（第二版）（送课件）	陈卫、张金松	65.00	土建学科"十五"规划教材
33609	给水排水工程建设监理（第二版）（送课件）	王季震等	38.00	土建学科"十五"规划教材
20098	水工艺与工程的计算与模拟	李志华等	28.00	
32934	建筑概论（第四版）（送课件）	杨永祥等	20.00	
29663	物理化学（第三版）（送课件）	孙少瑞、何洪	25.00	
24964	给排水安装工程概预算（送课件）	张国珍等	37.00	
24128	给排水科学与工程专业本科生优秀毕业设计（论文）汇编（含光盘）	本书编委会	54.00	
31241	给排水科学与工程专业优秀教改论文汇编	本书编委会	18.00	

　　以上为已出版的指导委员会规划推荐教材。欲了解更多信息，请登录中国建筑工业出版社网站：www.cabp.com.cn 查询。在使用本套教材的过程中，若有任何意见或建议，可发 Email 至：wangmeilingbj@126.com。